高等院校土木与建筑专业系列教材

房 屋 建 筑 构 造

（第三版）

常宏达　杨金铎　主编

中国建材工业出版社

图书在版编目（CIP）数据

房屋建筑构造/常宏达，杨金铎主编. —3 版. —
北京：中国建材工业出版社，2016.5（2018.8 重印）
ISBN 978 - 7 - 5160 - 1314 - 4

Ⅰ.①房…　Ⅱ.①杨…　Ⅲ.①建筑构造—高等学校—
教材　Ⅳ.①TU22

中国版本图书馆 CIP 数据核字（2015）第 272071 号

内 容 简 介

本书是根据高等学校建筑学专业、土木工程专业的教学计划和一级注册建筑师考试大纲编写。全书分绪论、砌体结构的建筑构造、框架结构的建筑构造、高层民用建筑的构造、民用建筑的工业化体系、单层工业厂房的建筑构造和附录八个部分。作者在修编时按现行最新规范与标准进行介绍，并以房屋构造为重点，兼顾设计的基本知识。全书文字简洁，插图清晰，具有全面性、实用性、资料性的特点，实为一本内容翔实的土建专业书籍。

本书可作为高校建筑学专业、土木工程专业、环境工程专业、建筑经济专业以及社会办学的土建专业和高职教育的建筑构造或房屋建筑学课程的教材，也可作为注册建筑师、注册结构工程师的考前复习资料，还可作为建筑设计人员进行施工图设计时的参考用书。

房 屋 建 筑 构 造（第三版）

常宏达　杨金铎　主编

出版发行：中国建材工业出版社
地　　址：北京市海淀区三里河路 1 号
邮　　编：100044
经　　销：全国各地新华书店
印　　刷：北京雁林吉兆印刷有限公司
开　　本：787mm×1092mm　　1/16
印　　张：28.25
字　　数：698 千字
版　　次：2016 年 5 月第 3 版
印　　次：2018 年 8 月第 3 次
定　　价：**69.80 元**

本社网址：www.jccbs.com.cn　　公众微信号：zgjcgycbs
本书如出现印装质量问题，由我社市场营销部负责调换。联系电话：（010）88386906

前　言

　　《房屋建筑构造（第三版）》是根据高等学校建筑学专业、土木工程专业的教学计划和一级注册建筑师考试大纲编写的。全书共分为绪论、砌体结构的建筑构造、框架结构的建筑构造、高层民用建筑的构造、民用建筑工业化体系、单层工业厂房的建筑构造和附录八大部分。作者在编写时注意按现行规范与标准进行介绍，并以房屋构造为重点，兼顾设计的基本知识。全书文字简洁、理论清楚、插图清晰准确，具有"全面性、实用性、资料性"的特点，实为一本内容翔实的土建专业书籍。

　　本书第一版出版于1997年，后又修订了两次。2008年5月四川汶川大地震以后，由于抗震规范的改变，涉及抗震构造措施的大量更改，又由于新型建筑材料、新的施工技术的大量涌现，致使建筑构造做法发生了众多变化，于2011年出版了第二版。近年来，本书引用的众多建筑规范、规程、标准都先后进行了修订。其中，《屋面工程技术规范》已改为2012年版，《建筑地面设计规范》已改为2013年版，《建筑设计防火规范》与《高层民用建筑设计防火规范》合并并改为2014年版，《建筑模数协调标准》已改为2013年版，《辐射供暖供冷技术规程》已改为2012年版，《种植屋面工程技术规程》已改为2013年版，《建筑工程建筑面积计算规范》已改为2013年版、《建筑轻质条板隔墙技术规程》已改为2014年版、《厂房建筑模数协调标准》已改为2010年版、《公共建筑节能设计标准》已改为2015年版、《车库建筑设计规范》已改为2015年版、《绿色建筑评价标准》已改为2014年版、《智能建筑设计标准》已改为2015年版等，致使2011年版教材的内容也明显滞后。本着全面反映"新规范、新材料、新构造"的编书理念，本人对2011年版教材进行了修订。2015年版除对上述内容进行了全面的更新、修订外，还增加了"绿色建筑"、"智能建筑"、"玻璃采光顶"、"聚碳酸酯板（阳光板）采光顶"、"防火隔离带"、"夹芯板构造"、"太阳能光伏系统"、"建筑面积计算细则"等内容，删除了"多孔砖构造"、"装配式框架"等一些明显过时的构造内容。本书将以全新的面貌出现在读者面前。

　　本书可作为高等学校建筑学专业、土木工程专业、环境工程专业、建筑经济专业以及社会办学的土建专业和高等职业教育的"建筑构造"或"房屋建筑学"课程的教材使用，亦可作为报考注册建筑师和注册结构工程师的考前复习资料，还可作为建筑设计人员进行施工图设计时的案头参考用书。

　　参加本书编写的有汪裕生、杨洪波、杨红、胡国齐等同志。本书在修改过程中吸取了一些读者的意见与建议，特此致谢。

编者

中国建材工业出版社
China Building Materials Press

我们提供 ▌▌▌

图书出版、图书广告宣传、企业/个人定向出版、设计业务、企业内刊等外包、代选代购图书、团体用书、会议、培训，其他深度合作等优质高效服务。

编 辑 部 ▌▌	出版咨询 ▌▌▌	市场销售 ▌▌	门市销售 ▌▌▌
010-88386119	010-68343948	010-68001605	010-88386906

邮箱：jccbs-zbs@163.com   网址：www.jccbs.com.cn

发展出版传媒　服务经济建设

传播科技进步　满足社会需求

目　　录

第一章 绪 论

第一节 建筑物的分类

为人们提供生活、学习、工作、居住以及从事生产和各种文化活动的房屋或场所称为建筑物。其他如水池、水塔、支架、烟囱等间接为人们提供服务的设施称为构筑物。

建筑物可以从多方面进行分类，常见的分类方法有以下四种。

一、按使用性质分

建筑物的使用性质又称为功能要求，具体分为以下几种类型：

1. 民用建筑

指的是供人们工作、学习、生活、居住等类型的建筑。又分为：

（1）居住建筑：如住宅、单身宿舍、招待所等。

（2）公共建筑：如办公、科教、文体、商业、医疗、邮电、广播、交通和其他建筑等。

2. 工业建筑

指的是各类生产用房和为生产服务的附属用房。又分为：

（1）单层工业厂房：这类厂房主要用于重工业类的生产企业。

（2）多层工业厂房：这类厂房主要用于轻工业类的生产企业。

（3）层次混合的工业厂房：这类厂房主要用于化工类的生产企业。

3. 农业建筑

指各类供农业生产使用的房屋，如种子库、拖拉机站等。

二、按结构类型分

结构类型是以承重构件的选用材料与制作方式、传力方法的不同而划分，一般分为以下几种。

1. 砌体结构

这种结构的竖向承重构件是以烧结砖（普通砖、多孔砖）、蒸压砖（灰砂砖、粉煤灰砖）、混凝土砖或混凝土小型空心砌块砌筑的墙体，水平承重构件是钢筋混凝土楼板及屋面板，主要用于多层建筑中。《建筑抗震设计规范》（GB 50011—2010）中规定的允许建造层数和建造高度见表1-1。

其他构造要求：

（1）横墙较少的多层砌体房屋，总高度应比表1-1的规定降低3m，层数相应减少一层；各层横墙很少的多层砌体房屋，还应再减少一层。

注：横墙较少是指同一楼层内开间大于4.2m的房间占该楼层总面积的40%以上；其中，开间不大于4.2m的房间占该楼层总面积不到20%且开间大于4.8m的房间占该楼层总面积的50%以上为横墙很少。此种情况多出现在医院、教学楼等建筑中。

（2）6、7度时，横墙较少的丙类多层砌体房屋，当按规定采取加强措施并满足抗震承载力要求时，其高度和层数允许按表 1-1 的规定采用。

注：丙类房屋是标准设防类建筑，指遭遇地震后，损失较少的一般性房屋，简称"丙类"。

表 1-1　房屋的层数和总高度限值（m）

房屋类别		最小抗震墙厚度（mm）	烈度和设计基本地震加速度									
			6		7				8				9
			0.05g		0.10g		0.15g		0.20g		0.30g		0.40g
			高度	层数	高度	层数	高度	层数	高度	层数	高度	层数	高度	层数
多层砌体房屋	普通砖	240	21	7	21	7	21	7	18	6	15	5	12	4
	多孔砖	240	21	7	21	7	18	6	18	6	15	5	9	3
	多孔砖	190	21	7	18	6	15	5	15	5	12	4	—	—
	小砌块	190	21	7	21	7	18	6	18	6	15	5	9	3
底部框架-抗震墙砌体房屋	普通砖 多孔砖	240	22	7	22	7	19	6	16	5	—	—	—	—
	多孔砖	190	22	7	19	6	16	5	13	4	—	—	—	—
	小砌块	190	22	7	22	7	19	6	16	5	—	—	—	—

注：① 房屋的总高度指室外地面到主要屋面板板顶或檐口的高度，半地下室从地下室室内地面算起，全地下室和嵌固条件好的半地下室应允许从室外地面算起；对带阁楼的坡屋面应算到山尖墙的 1/2 高度处；

② 室内外高差大于 0.6m 时，房屋总高度应允许比表中的数据适当增加，但增加量应少于 1.0m；

③ 乙类的多层砌体房屋仍按本地区设防烈度查表，其层数应减少一层且总高度应降低 3m；不应采用底部框架-抗震墙砌体房屋；

④ 本表小砌块砌体房屋不包括配筋混凝土小型空心砌块砌体房屋；

⑤ 表中所列"g"指设计基本地震加速度。以北京地区为例：抗震设防烈度为 8 度，设计基本地震加速度值为 0.20g 的有东城、西城、朝阳、丰台、石景山、海淀、房山、通州、顺义、大兴、平谷和延庆；抗震设防烈度为 7 度，设计基本地震加速度值为 0.15g 的有昌平、门头沟、怀柔和密云；

⑥ 乙类房屋是重点设防类建筑，指地震时使用功能不能中断或需要尽快恢复的生命线相关建筑，以及地震时可能导致大量人员伤亡等重大灾害后果，需要提高设防标准的建筑，简称"乙类"。

（3）采用蒸压灰砂砖和蒸压粉煤灰砖砌体的房屋，当砌体的抗剪强度仅达到烧结普通砖（黏土砖）砌体的 70％ 时，房屋的层数应比普通砖房屋减少一层，高度应减少 3m。当砌体的抗剪强度达到烧结普通砖（黏土砖）砌体的取值时，房屋层数和总高度的要求同普通砖房屋。

（4）多层砌体房屋的层高，不应超过 3.6m，底部框架-抗震墙房屋的底部，层高不应超过 4.5m；当底层采用约束砌体抗震墙时，底部的层高不应超过 4.2m。

注：当使用功能确有需要时，采用约束砌体等加强措施的普通砖房屋，层高不应超过 3.9m。

（5）抗震设防烈度和设计基本地震加速度值的对应关系见表 1-2。

表 1-2　抗震设防烈度和设计基本地震加速度值的对应关系

抗震设防烈度	6	7	8	9
设计基本地震加速度值	0.05g	0.10(0.15)g	0.20(0.30)g	0.40g

注：g 为重力加速度。

2. 框架结构

这种结构的承重部分是由钢筋混凝土或钢材制作的梁、板、柱形成的骨架承担，外部墙体起围护作用，内部墙体起分隔作用。这种结构可以用于多层建筑和高层建筑中。现浇钢筋混凝土结构的允许建造高度见表1-3。

3. 钢筋混凝土板墙结构

这种结构的竖向承重构件和水平承重构件均采用钢筋混凝土制作，施工时可以在现场浇筑或在加工厂预制，现场进行吊装。这种结构可以用于多层建筑和高层建筑中。《建筑抗震设计规范》(GB 50011—2010) 中规定了现浇钢筋混凝土结构的允许建造高度（表1-3）。

表1-3　现浇钢筋混凝土房屋适用的最大高度（m）

结构类型		烈　　　度				
		6	7	8 (0.2g)	8 (0.3g)	9
框架		60	50	40	35	24
框架-抗震墙		130	120	100	80	50
抗震墙		140	120	100	80	60
部分框支抗震墙		120	100	80	50	不应采用
筒体	框架-核心筒	150	130	100	90	70
	筒中筒	180	150	120	100	80
板柱-抗震墙		80	70	55	40	不应采用

注：① 房屋高度指室外地面到主要屋面板板顶的高度（不包括局部突出屋顶部分）；
　　② 框架-核心筒结构指周边稀柱框架与核心筒组成的结构；
　　③ 部分框支抗震墙结构指首层或底部两层为框支层的结构，不包括仅个别框支墙的情况；
　　④ 表中框架结构，不包括异形柱结构；
　　⑤ 板柱-抗震墙结构指板柱、框架和抗震墙组成的抗侧力体系的结构；
　　⑥ 乙类建筑可按本地区抗震设防烈度确定其适用的最大高度；
　　⑦ 超过表内高度的房屋，应进行专门研究和论证，采取有效的加强措施。

现浇钢筋混凝土房屋的抗震等级与建筑物的设防类别、烈度、结构类型和房屋高度有关，丙类建筑的抗震等级应按表1-4确定。

表1-4　现浇钢筋混凝土房屋的抗震等级

结构类型		设　防　烈　度									
		6		7		8			9	
框架结构	高度（m）	≤24	>24	≤24	>24	≤24	>24		≤24	
	框架	四	三	三	二	二	一		一	
	大跨度框架	三		二		一			一	
框架-抗震墙结构	高度（m）	≤60	>60	≤24	25～60	>60	≤24	25～60	>60	≤24	25～50
	框架	四	三	四	三	二	三	二	一	二	一
	抗震墙	三	三	三	二	二	二	一	一	一	一

结构类型		设防烈度									
		6		7			8			9	
抗震墙结构	高度（m）	≤80	>80	≤24	25～80	>80	≤24	25～80	>80	≤24	25～60
	抗震墙	四	三	四	三	二	三	二	一	二	一
部分框支抗震墙结构	高度（m）	≤80	>80	≤24	25～80	>80	≤24	25～80			
	抗震墙 一般部位	四	三	四	三	二	三	二			
	抗震墙 加强部位	三	二	三	二	一	二	一			
	框支层框架	二		二			一				
框架-核心筒结构	框架	三		二			一			一	
	核心筒	二								一	
筒中筒结构	外筒	三								一	
	内筒	三								一	
板柱-抗震墙结构	高度（m）	≤35	>35	≤35	>35	≤35	>35				
	框架、板柱的柱	三	二	三	二	二	一				
	抗震墙	二	二	二	二	二	一				

注：① 建筑场地为Ⅰ类时，除6度外应允许按表内降低一度所对应的抗震等级采取抗震构造措施，但相应的计算要求不应降低；

② 接近或等于高度分界时，应允许结合房屋不规则程度及场地、地基条件确定抗震等级；

③ 大跨度框架指跨度不小于18m的框架；

④ 高度不超过60m的框架-核心筒结构按框架-抗震墙的要求设计时，应按表中框架-抗震墙结构的规定确定其抗震等级。

4. 特种结构

这种结构又称为空间结构。它包括悬索、网架、拱、壳体等结构形式。这种结构多用于大跨度的公共建筑中。大跨度空间结构为30m以上跨度的大型空间结构。

三、按建筑层数或总高度分

建筑层数是房屋实际层数的控制指标，一般多与建筑总高度共同考虑。

1. 《民用建筑设计通则》（GB 50352—2005）中规定：

（1）住宅建筑的1～3层为低层；4～6层为多层；7～9层为中高层；10层及10层以上为高层。

（2）除住宅外的其他民用建筑高度大于24m的为高层，小于或等于24m的为多层。

（3）建筑高度超过100m的民用建筑为超高层。

2. 联合国科教文组织所属高层建筑委员会在1974年针对当时世界高层建筑的发展情况，建议把高层建筑划分为四种类型：

（1）低高层建筑：层数为9～16层，建筑总高度为50m以下。

（2）中高层建筑：层数为17～25层，建筑总高度为50～75m。

（3）高高层建筑：层数为26～40层，建筑总高度可达100m。

（4）超高层建筑：层数为40层以上，建筑总高度在100m以上。

3.《高层建筑混凝土结构技术规程》（JGJ 3—2010）中提到：10 层及 10 层以上或房屋高度大于 28m 的建筑物为高层建筑。

  注：建筑高度按下列方法确定：

    ①在重点文物保护单位和重要风景区附近的建筑物，其高度系指建筑物的最高点，包括电梯间、楼梯间、水箱、烟囱等。

    ②在前条所指地区以外的一般地区，其建筑高度平屋顶房屋按女儿墙高度计算；坡屋顶房屋按屋檐和屋脊的平均高度计算。屋顶上的附属物，如电梯间、楼梯间、水箱、烟囱等，其总面积不超过屋顶面积的 20%，高度不超过 4m 的不计入高度之内。

    ③消防要求的建筑物高度为建筑物室外地面到其屋顶平面或檐口的高度。

4.《智能建筑设计标准》（GB 50314—2015）中规定：建筑高度为 100m 或 35 层及以上的住宅建筑为超高层住宅建筑。

四、按施工方法分

施工方法是指建造房屋所采用的方法，一般分为以下几类：

1. 现浇、现砌式

这种施工方法是指主要构件均在施工现场砌筑（如砖墙等）或浇筑（如钢筋混凝土构件等）。

2. 预制、装配式

这种施工方法是指主要构件在加工厂预制，施工现场进行装配。

3. 部分现浇现砌、部分装配式

这种施工方法是一部分构件在现场浇筑或砌筑（大多为竖向构件），一部分构件为预制吊装（大多为水平构件）。

第二节 影响建筑构造的有关因素和建筑构造设计的原则

一、影响建筑构造的有关因素

影响建筑构造的因素很多，大体分为以下五个方面：

1. 外力的影响

外力又称荷载。作用在建筑物上的荷载有恒载（如自重等）和活载（如使用荷载等）；竖直荷载（如自重引起的荷载）和水平荷载（如风荷载、地震荷载等）。

荷载的大小对结构的选材和构件的断面尺寸、形状关系很大。不同的结构类型又带来构造方法的变化。

2. 自然气候的影响

自然气候的影响是指风吹、日晒、雨淋、积雪、冰冻、地下水、地震等因素给建筑物带来的影响。为防止自然因素对建筑物带来的破坏和保证其正常使用，在进行房屋设计时，应采取相应的防潮、防水、隔热、保温、隔蒸汽、防温度变形、防震等构造措施。

3. 人为因素的影响

人为因素指的是火灾、机械振动、噪声、化学腐蚀等影响。在进行构造设计时，应采取相应的防护措施。

4. 建筑技术条件的影响

建筑技术条件是指建筑材料、建筑结构、建筑施工等方面。随着这些技术的发展与变化，建筑构造也在改变。例如砌体结构建筑构造的做法与过去的砖木结构就有明显的不同。同样，钢筋混凝土建筑构造体系又与砌体结构建筑构造有很大的区别。所以建筑构造做法不能脱离一定的建筑技术条件而存在。

5. 建筑标准的影响

建筑标准一般指装修标准、设备标准、造价标准等方面。标准高的建筑，装修质量好，设备齐全而档次高，造价也较高，反之则较低；标准高的建筑，构造做法考究，反之则做法一般。不难看出，建筑构造的选材、选型和细部做法均与建筑标准有密切的关系。一般情况下，大量性建筑多属于一般标准的建筑，构造做法也多为常规做法，而大型性建筑，标准要求较高，构造做法复杂，尤其是美观因素考虑较多。

二、建筑构造的设计原则

建筑构造的设计原则，大体分为以下几个方面：

1. 坚固实用

在构造方案上首先应考虑坚固实用，保证房屋有足够的强度和整体刚度，安全可靠，经久耐用。

2. 技术先进

在构造做法选型时应该从材料、结构、施工三方面引入先进技术，注意因地制宜，就地取材，不脱离生产实际。

3. 经济合理

建筑构造设计应处处考虑经济合理，注意节约建筑材料，尤其是节约钢材、水泥、木材三大材料，并在保证质量的前提下降低造价。

4. 美观大方

建筑构造设计是初步设计的继续和深入，建筑要做到美观大方，必须通过技术手段来体现，而构造设计是其中重要的一环。

建筑设计方针中明确提出"适用、经济、在可能的条件下注意美观"的辩证关系，建筑构造设计也必须遵循上述原则。

第三节　建筑物的等级划分

建筑物的等级包括耐久等级、耐火等级和工程设计等级三大部分。

一、耐久等级

建筑物耐久等级的指标是设计使用年限。设计使用年限的长短是依据建筑物的性质决定的。影响建筑寿命长短的主要因素是结构构件的选材和结构体系。

在《民用建筑设计通则》（GB 50352—2005）中对建筑物的设计使用年限作出了如下规定（表 1-5）：

表 1-5　设计使用年限分类

类别	设计使用年限（年）	示　例	类别	设计使用年限（年）	示　例
1	5	临时性建筑	3	50	普通建筑和构筑物
2	25	易于替换结构构件的建筑	4	100	纪念性建筑和特别重要的建筑

注：设计使用年限指的是不需进行结构大修和更换结构构件的年限。

二、耐火等级

1. 耐火极限的定义

耐火等级取决于房屋主要构件的耐火极限和燃烧性能。耐火极限指的是在标准耐火试验条件下，建筑构件、配件或结构从受到火的作用起，到失掉稳定性、完整性或隔热性为止的时间，单位为 h。

2. 建筑结构材料的防火分类

（1）不燃性材料。指在空气中受到火烧或高温作用时，不起火、不燃烧、不炭化的材料。如砖、石、金属材料和其他无机材料。用不燃性材料制作的建筑构件通常称为"不燃性构件"。

（2）难燃性材料。指在空气中受到火烧或高温作用时，难起火、难燃烧、难炭化的材料，当火源移走后，燃烧或微燃立即停止的材料。如刨花板和经过防火处理的有机材料。用难燃性材料制作的建筑构件通常称为"难燃性构件"。

（3）可燃性材料。指在空气中受到火烧或高温作用时，立即起火燃烧且火源移走后仍能继续燃烧或微燃的材料。如木材、纸张等材料。用可燃性材料制作的建筑构件通常称为"可燃性构件"。

3. 民用建筑的防火分类

《建筑设计防火规范》（GB 50016－2014）规定民用建筑按建筑性质分为民用建筑和公共建筑，按其允许建筑高度分为单层、多层和高层建筑。高层公共建筑又根据其建筑高度、楼层建筑面积和重要程度分为一类高层和二类高层，其具体规定见表1-6。

表1-6　民用建筑的分类

名称	高层民用建筑		单层、多层民用建筑
	一类	二类	
住宅建筑	建筑高度大于54m的住宅建筑（包括设置商业服务网点的住宅建筑）	建筑高度大于27m，但不大于54m的住宅建筑（包括设置商业服务网点的住宅建筑）	建筑高度不大于27m的住宅建筑（包括设置商业服务网点的住宅建筑）
公共建筑	1. 建筑高度大于50m的公共建筑； 2. 建筑高度24m以上部分任一楼层建筑面积大于1000m²的商店、展览、电信、邮政、财贸金融建筑和其他多种功能组合的建筑； 3. 医疗建筑、重要公共建筑； 4. 省级及以上广播电视和防灾指挥调度建筑、网局级和省级电力调度建筑； 5. 藏书超过100万册的图书馆、书库	除一类高层公共建筑外的其他高层公共建筑	1. 建筑高度大于24m的单层公共建筑； 2. 建筑高度不大于24m的其他公共建筑

注：1. 表中未列入的建筑，其类别应根据本表类比确定。

2. 除本规范另有规定外，宿舍、公寓等非住宅类居住建筑的防火要求，应符合本规范有关公共建筑的规定。

3. 除本规范另有规定外，裙房的防火要求应符合本规范有关高层民用建筑的规定。

4. 民用建筑的耐火等级

《建筑设计防火规范》（GB 50016—2014）规定：民用建筑的耐火等级应根据其建筑高度、使用功能、重要性和火灾扑救难度等确定，分为一级、二级、三级和四级。

（1）地下、半地下建筑（室）和一类高层建筑的耐火等级不应低于一级；

（2）单层、多层重要公共建筑和二类高层建筑的耐火等级不应低于二级。

5. 民用建筑构件的燃烧性能和耐火极限

民用建筑不同耐火等级建筑相应构件的燃烧性能和耐火极限不应低于表 1-7 的规定。

表 1-7　民用建筑不同耐火等级建筑相应构件的燃烧性能和耐火极限 （h）

构件名称		耐火等级			
		一级	二级	三级	四级
墙	防火墙	不燃性 3.00	不燃性 3.00	不燃性 3.00	不燃性 3.00
	承重墙	不燃性 3.00	不燃性 2.50	不燃性 2.00	难燃性 0.50
	非承重外墙	不燃性 1.00	不燃性 1.00	不燃性 0.50	可燃性
	楼梯间和前室的墙、电梯井的墙、住宅建筑单元之间的墙和分户墙	不燃性 2.00	不燃性 2.00	不燃性 1.50	难燃性 0.50
	疏散走道两侧的隔墙	不燃性 1.00	不燃性 1.00	不燃性 0.50	难燃性 0.25
	房间隔墙	不燃性 0.75	不燃性 0.50	难燃性 0.50	难燃性 0.25
柱		不燃性 3.00	不燃性 2.50	不燃性 2.00	难燃性 0.50
梁		不燃性 2.00	不燃性 1.50	不燃性 1.00	难燃性 0.50
楼板		不燃性 1.50	不燃性 1.00	不燃性 0.50	可燃性
屋顶承重构件		不燃性 1.50	不燃性 1.00	可燃性 0.50	可燃性
疏散楼梯		不燃性 1.50	不燃性 1.00	不燃性 0.50	可燃性
吊顶（包括吊顶格栅）		不燃性 0.25	难燃性 0.25	难燃性 0.15	可燃性

注：1. 除本规范另有规定外，以木柱承重且墙体采用不燃材料的建筑，其耐火等级应按四级确定。

　　2. 住宅建筑构件的耐火极限和燃烧性能可按国家标准《住宅建筑规范》（GB 50368—2005）的规定执行。

6. 民用建筑耐火等级的特殊要求

（1）建筑高度大于 100m 的民用建筑，其楼板的耐火极限不应低于 2.00h。

（2）一、二级耐火等级建筑的上人平屋顶，其屋面板的耐火极限分别不应低于 1.50h 和 1.00h。

（3）一、二级耐火等级建筑的屋面板应采用不燃材料。屋面防水层宜采用不燃、难燃材料，当采用可燃防水材料且铺设在可燃、难燃保温材料上时，防水材料或可燃、难燃保温材料应采用不燃材料作保护层。

（4）二级耐火等级建筑内采用难燃性墙体的房间隔墙，其耐火极限不应低于 0.75h；当房间的建筑面积不大于 100m² 时，房间隔墙可采用耐火极限不低于 0.50h 的难燃性墙体或耐火极限不低于 0.30h 的不燃性墙体。

（5）二级耐火等级多层住宅建筑内采用预应力钢筋混凝土的楼板，其耐火极限不应低于 0.75h。

（6）建筑中的非承重外墙、房间隔墙和屋面板，当确需采用金属夹芯板时，其芯材应为不燃材料，且耐火极限应符合《建筑设计防火规范》（GB 50016—2014）的有关规定。

（7）二级耐火等级建筑内采用不燃材料的吊顶，其耐火极限不限。三级耐火等级的医疗建筑、中小学校的教学建筑、老年人建筑及托儿所、幼儿园的儿童用房和儿童游乐厅等儿童活动场所的吊顶，应采用不燃材料；当采用难燃材料时，其耐火极限不低于 0.25h。二、三级耐火等级建筑内门厅、走道的吊顶应采用不燃材料。

（8）建筑内预制钢筋混凝土构件的节点外露部位，应采取防火保护措施，且节点的耐火极限不应低于相应构件的耐火极限。

7. 民用建筑的允许建筑高度、层数或防火分区的建筑面积

（1）不同耐火等级建筑的允许建筑高度或层数、防火分区最大允许建筑面积应符合表 1-8 的规定。

表 1-8　不同耐火等级建筑的允许建筑高度或层数、防火分区最大允许建筑面积

名称	耐火等级	建筑高度或层数	防火分区的允许最大建筑面积（m²）	备注
高层民用建筑	一、二级	详表 1-6 的规定	1500	对于体育馆、剧场的观众厅，防火分区的最大允许建筑面积可适当增加
单层、多层民用建筑	一、二级	详表 1-6 的规定	2500	—
	三级	5 层	1200	
	四级	2 层	600	
地下或半地下建筑（室）	一级	—	500	设备用房的防火分区最大允许建筑面积不应大于 1000m²

注：1. 表中规定的防火分区最大允许建筑面积，当建筑内设置自动灭火系统时，可按本表的规定增加 1.0 倍；局部设置时，防火分区的增加面积可按该局部面积的 1.0 倍计算。
　　2. 裙房与高层建筑主体之间设置防火墙时，裙房的防火分区可按单、多层建筑的要求确定。

（2）当建筑物内设置自动扶梯、敞开楼梯等上下层相连通的开口时，其防火分区面积应按上下层相连通的面积叠加计算。

8. 各类非木结构构件的燃烧性能和耐火极限

《建筑设计防火规范》（GB 50016—2014）对各类非木结构构件的燃烧性能和耐火极限的规定（摘录）见表1-9。

表1-9　各类非木结构构件的燃烧性能和耐火极限

序号	构件名称		构件厚度或截面最小尺寸（mm）	耐火极限（h）	燃烧性能
一　承重墙					
1	普通黏土砖、硅酸盐砖、混凝土、钢筋混凝土实体墙		120	2.50	不燃性
			180	3.50	不燃性
			240	5.50	不燃性
			370	10.50	不燃性
2	加气混凝土砌块墙		100	2.00	不燃性
3	轻质混凝土砌块、天然石材的墙		120	1.50	不燃性
			240	3.50	不燃性
			370	5.50	不燃性
二　非承重墙					
1. 普通黏土砖墙	不包括两侧抹灰		60	1.50	不燃性
			120	3.00	不燃性
	包括两侧抹灰（每侧15mm抹灰）		150	4.50	不燃性
			180	5.00	不燃性
			240	8.00	不燃性
2. 轻质混凝土墙	加气混凝土砌块墙		75	2.50	不燃性
			100	6.00	不燃性
			200	8.00	不燃性
	钢筋加气混凝土垂直墙板墙		150	3.00	不燃性
	粉煤灰加气混凝土砌块墙		100	3.40	不燃性
	充气混凝土砌块墙		150	7.50	不燃性
3. 钢筋混凝土墙	大板墙（C20）		60	1.00	不燃性
			120	2.60	不燃性
4. 钢龙骨两面钉纸面石膏板隔墙，单位（mm）	20＋46＋12		78	0.33	不燃性
	2×12＋70（空）＋2×12		118	1.20	不燃性
	2×12＋70（空）＋3×12		130	1.25	不燃性
	2×12＋75（填岩棉，容重为100kg/m³）＋2×12		123	1.50	不燃性
	12＋75（填50玻璃棉）＋12		99	0.50	不燃性
	2×12＋75（填50玻璃棉）＋2×12		123	1.00	不燃性
	3×12＋75（填50玻璃棉）＋3×12		147	1.50	不燃性
	12＋75（空）＋12		99	0.52	不燃性
	12＋75（其中50厚岩棉）＋12		99	0.90	不燃性
	15＋9.5＋75＋15		114.5	1.50	不燃性

序号	构件名称	构件厚度或截面最小尺寸（mm）	耐火极限（h）	燃烧性能
5. 钢龙骨两面钉双层石膏板隔墙，单位（mm）	2×12+75（空）+2×12	123	1.10	不燃性
	18+70（空）+18	106	1.35	不燃性
	2×12+75（空）+2×12	123	1.35	不燃性
	2×12+75（填岩棉，容重为100kg/m³）+2×12	123	2.10	不燃性
6. 轻钢龙骨两面钉耐火纸面石膏板隔墙，单位（mm）	3×12+100（岩棉）+2×12	160	2.00	不燃性
	3×15+100（50厚岩棉）+2×12	169	2.95	不燃性
	3×15+100（80厚岩棉）+2×15	175	2.82	不燃性
	3×15+150（100厚岩棉）+3×15	240	4.00	不燃性
	9.5+3×12+100（空）+100（80厚岩棉）+2×12+9.5+12	291	3.00	不燃性
7. 混凝土砌块墙	轻集料小型空心砌块	规格尺寸为330mm×140mm	1.98	不燃性
		规格尺寸为330mm×190mm	1.25	不燃性
	轻集料（陶粒）混凝土砌块	规格尺寸为330mm×240mm	2.92	不燃性
		规格尺寸为330mm×290mm	4.00	不燃性
	轻集料小型空心砌块（实体墙体）	规格尺寸为330mm×190mm	4.00	不燃性
	普通混凝土承重空心砌块	规格尺寸为330mm×140mm	1.65	不燃性
		规格尺寸为330mm×190mm	1.93	不燃性
		规格尺寸为330mm×290mm	4.00	不燃性
8. 轻集料混凝土条板隔墙	板厚（mm）	90	1.50	不燃性
	板厚（mm）	120	2.00	不燃性
三 柱				
1. 钢筋混凝土矩形柱	截面尺寸（mm）	180×240	1.20	不燃性
		200×200	1.40	不燃性
		200×300	2.50	不燃性
		240×240	2.00	不燃性
		300×300	3.00	不燃性
		200×400	2.70	不燃性
		200×500	3.00	不燃性
		300×500	3.50	不燃性
		370×370	5.00	不燃性

序号	构件名称		构件厚度或截面最小尺寸（mm）	耐火极限（h）	燃烧性能
2. 普通黏土砖柱	截面尺寸（mm）		370×370	5.00	不燃性
3. 钢筋混凝土圆柱	直径（mm）		300	3.00	不燃性
			450	4.00	不燃性
4. 有保护层的钢柱	金属网抹 M5 砂浆保护层，厚度（mm）		25	0.80	不燃性
			50	1.30	不燃性
	加气混凝土保护层，厚度（mm）		40	1.00	不燃性
			50	1.40	不燃性
			70	2.00	不燃性
			80	2.33	不燃性
	C20 混凝土保护层，厚度（mm）		25	0.80	不燃性
			50	2.00	不燃性
			100	2.85	不燃性
	普通黏土砖保护层，厚度（mm）		120	2.85	不燃性
	陶粒混凝土保护层，厚度（mm）		80	3.00	不燃性
	薄涂型钢结构防火涂料保护层，厚度（mm）		5.5	1.00	不燃性
			7.0	1.50	不燃性
	厚涂性钢结构防火涂料保护层，厚度（mm）		15	1.00	不燃性
			20	1.50	不燃性
			30	2.00	不燃性
			40	2.50	不燃性
			50	3.00	不燃性
四 梁					
简支的钢筋混凝土梁	非预应力钢筋，保护层厚度（mm）		10	1.20	不燃性
			20	1.75	不燃性
			25	2.00	不燃性
			30	2.30	不燃性
			40	2.90	不燃性
			50	3.50	不燃性
	预应力钢筋或高强度钢丝，保护层厚度（mm）		25	1.00	不燃性
			30	1.20	不燃性
			40	1.50	不燃性
			50	2.00	不燃性
	有保护层的钢梁		15mm 厚 LG 防火隔热涂料	1.50	不燃性
			20mm 厚 LY 防火隔热涂料	2.30	不燃性

序号	构件名称		构件厚度或截面最小尺寸（mm）	耐火极限（h）	燃烧性能
五　楼板和屋顶承重构件					
1. 非预应力简支钢筋混凝土圆孔空心楼板	保护层厚度（mm）		10	0.90	不燃性
			20	1.25	不燃性
			30	1.50	不燃性
2. 预应力简支钢筋混凝土圆孔空心楼板	保护层厚度（mm）		10	0.40	不燃性
			20	0.70	不燃性
			30	0.85	不燃性
3. 四边简支的钢筋混凝土楼板	保护层厚度、板厚（mm）		10、70	1.40	不燃性
			15、80	1.45	不燃性
			20、80	1.50	不燃性
			30、90	1.85	不燃性
4. 现浇的整体式梁板	保护层厚度、板厚（mm）		10、100	2.00	不燃性
			15、100	2.00	不燃性
			20、100	2.10	不燃性
			30、100	2.15	不燃性
5. 屋面板	钢筋加气混凝土屋面板，保护层厚度10mm		—	1.25	不燃性
	钢筋充气混凝土屋面板，保护层厚度10mm		—	1.60	不燃性
	钢筋混凝土方孔屋面板，保护层厚度10mm		—	1.20	不燃性
	预应力钢筋混凝土槽形屋面板，保护层厚度10mm		—	0.50	不燃性
	预应力钢筋混凝土槽瓦，保护层厚度10mm		—	0.50	不燃性
	轻型纤维石膏板屋面板		—	0.60	不燃性
六　吊顶					
1. 钢吊顶搁栅	钢丝网（板）抹灰		15	0.25	不燃性
	钉石棉板		10	0.85	不燃性
	钉双层石膏板		10	0.30	不燃性
	挂石棉型硅酸钙板		10	0.30	不燃性
	两侧挂0.5mm厚薄钢板，内填容重为100kg/m³的陶瓷棉复合板		40	0.40	不燃性
2. 夹芯板	双面单层彩钢面岩棉夹芯板，中间填容重为120kg/m³的岩棉		50	0.30	不燃性
			100	0.50	不燃性

序号	构件名称		构件厚度或截面最小尺寸（mm）	耐火极限（h）	燃烧性能
3. 钢龙骨，防火板，填容重 100kg/m³的岩棉（mm）	9＋75（岩棉）		84	0.50	不燃性
	12＋100（岩棉）		112	0.75	不燃性
	2×9＋100（岩棉）		118	0.90	不燃性
4. 纸面石膏板（mm）	12＋2填缝料＋60（空）		74	0.10	不燃性
	12＋1填缝料＋12＋1填缝料＋60（空）		86	0.40	不燃性
5. 防火纸面石膏板（mm）	12＋50（填 60kg/m³的岩棉）		62＋	0.20	不燃性
	15＋1填缝料＋15＋1填缝料60＋（空）		92	0.50	不燃性
七 防火门					
1. 木质防火门	木质面板或木质面板内设防火板	（丙级）40～50厚		0.50	难燃性
	(1) 门扇内填充珍珠岩	（乙级）45～50厚		1.00	难燃性
	(2) 门扇内填充氯化镁、氧化镁	（甲级）50～90厚		1.50	难燃性
2. 钢木质防火门	(1) 木质面板 1) 钢质或钢木质复合门框、木质骨架，迎/背火面一面或两面设防火板，或不设防火板。门扇内填充珍珠岩，或氯化镁、氧化镁	（丙级）40～50厚		0.50	难燃性
	2) 木质门框、木质骨架，迎/背火面一面或两面设防火板，或不设防火板。门扇内填充珍珠岩，或氯化镁、氧化镁	（乙级）45～50		1.00	难燃性
	(2) 钢制面板 钢质或钢木质复合门框、钢质或木质骨架，迎/背火面一面或两面设防火板，或不设防火板。门扇内填充珍珠岩，或氯化镁、氧化镁	（甲级）50～90		1.50	难燃性
3. 钢质防火门	钢制门框、钢制面板、钢质骨架，迎/背火面一面或两面设防火板，或不设防火板。门扇内填充珍珠岩，或氯化镁、氧化镁	（丙级）40～50		0.50	不燃性
		（乙级）45～70		1.00	不燃性
		（甲级）50～90		1.50	不燃性
八 防火窗					
1. 钢制防火窗	窗框钢质，窗扇钢质，窗框填充水泥砂浆，窗扇内填充珍珠岩，或氧化镁、氯化镁，或防火板。复合防火玻璃		25～30	1.00	不燃性
			30～38	1.50	不燃性
2. 木质防火窗	窗框、窗扇均为木质，或均为防火板和木质复合。窗框无填充材料，窗扇迎/背火面外设防火板和木质面板，或为阻燃实木。复合防火玻璃		25～30	1.00	难燃性
			30～38	1.50	难燃性
3. 钢木复合防火窗	窗框钢质，窗扇木质，窗框填充水泥砂浆，窗扇迎/背火面外设防火板和木质面板，或为阻燃实木。复合防火玻璃		25～30	1.00	难燃性
			30～38	1.50	难燃性

序号	构件名称	构件厚度或截面最小尺寸（mm）	耐火极限（h）	燃烧性能
九　防火卷帘				
1	钢质普通型防火卷帘（帘板为单层）	—	1.50～3.00	不燃性
2	钢制复合型防火卷帘（帘板为双层）	—	2.00～4.00	不燃性
3	无机复合防火卷帘（采用多种无机材料复合而成）		3.00～4.00	不燃性
4	无机复合轻质防火卷帘（双层、不需水幕保护）		4.00	不燃性

注：1. λ 为钢管混凝土构件长细比，对于圆钢管混凝土，$\lambda = 4L/D$；对于方、矩形钢管混凝土，$\lambda = \sqrt{3L/B}$；L 为构件的计算长度。

2. 对于矩形钢管混凝土柱，应以截面短边长度为依据。

3. 钢管混凝土柱的耐火极限为根据福州大学土木建筑学院提供的理论计算值，未经逐个试验验证。

4. 确定墙体的耐火极限不考虑墙上有无洞孔。

5. 墙的总厚度包括抹灰粉刷层。

6. 中间尺寸的构件，其耐火极限建议经试验确定，亦可按插入法计算。

7. 计算保护层时，应包括抹灰粉刷层在内。

8. 现浇的无梁楼板按简支板数据采用。

9. 无防火保护层的钢梁、钢柱、钢楼板和钢屋架，其耐火极限可按 0.25h 确定。

10. 人孔盖板的耐火极限可参照防火门确定。

11. 防火门和防火窗中的"木质"均为经阻燃处理。

三、建筑结构的安全等级

进行建筑结构设计时，应根据结构破坏可能产生的后果（危及人的生命、造成经济损失、产生社会影响等）的严重性，采用不同的安全等级。《建筑结构可靠度统一设计标准》（GB 50068—2001）中规定建筑结构安全等级的划分应符合表 1-10 的要求。

表 1-10　建筑结构的安全等级

安 全 等 级	破 坏 后 果	建 筑 物 类 型
一　级	很严重	重要的房屋
二　级	严　重	一般的房屋
三　级	不严重	次要的房屋

注：1. 对特殊的建筑物，其安全等级应根据具体情况另行商定。

2. 地基基础设计安全等级及按抗震要求设计时，建筑结构的安全等级，尚应符合国家现行规范的规定。

《住宅建筑规范》（GB 50368—2005）提出住宅结构的设计使用年限应不少于 50 年，其安全等级不应低于二级。

四、装修材料的耐火等级

1. 装修材料的分类

《建筑内部装修设计防火规范》（GB 50222—95）2001 年版中规定：装修材料按其使用

部位和功能，可划分为顶棚装修材料、墙面装修材料、地面装修材料、隔断装修材料、固定家具、装饰织物、其他装饰材料七类。

注：①装饰织物系指窗帘、帷幕、床罩、家具包布等；

②其他装饰材料系指楼梯扶手、挂镜线、踢脚板、窗帘盒、暖气罩等。

2. 装修材料的分级

装修材料按其燃烧性能应划分为四级，并应符合表 1-11 的规定。

表 1-11　装修材料燃烧性能等级

等　　级	装修材料燃烧性能	等　　级	装修材料燃烧性能
A	不燃性	B_2	可燃性
B_1	难燃性	B_3	易燃性

3. 装修材料的划分举例

常用建筑内部装修材料燃烧性能等级划分举例详见表 1-12。

表 1-12　常用建筑内部装修材料燃烧性能等级划分举例

材料类别	级别	材 料 举 例
各部位材料	A	花岗石、大理石、水磨石、水泥制品、混凝土制品、石膏板、石灰制品、黏土制品、玻璃、瓷砖、马赛克、钢铁、铝、铜合金等
顶棚材料	B_1	纸面石膏板、纤维石膏板、水泥刨花板、矿棉装饰吸声板、玻璃棉装饰吸声板、珍珠岩装饰吸声板、难燃胶合板、难燃中密度纤维板、岩棉装饰板、难燃木材、铝箔复合材料、难燃酚醛胶合板、铝箔玻璃钢复合材料等
墙面材料	B_1	纸面石膏板、纤维石膏板、水泥刨花板、矿棉板、玻璃棉板、珍珠岩板、难燃胶合板、难燃中密度纤维板、防火塑料装饰板、难燃双面刨花板、多彩涂料、难燃墙纸、难燃墙布、难燃仿花岗石装饰板、氯氧镁水泥装配式墙板、难燃玻璃钢平板、PVC 塑料护墙板、轻质高强复合墙板、阻燃模压木质复合板材、彩色阻燃人造板、难燃玻璃钢等
墙面材料	B_2	各类天然木材、木制人造板、竹材、纸制装饰板、装饰微薄木贴面板、印刷木纹人造板、塑料贴面装饰板、聚酯装饰板、复塑装饰板、塑纤板、胶合板、塑料壁纸、无纺贴墙布、墙布、复合壁纸、天然材料壁纸、人造革等
地面材料	B_1	硬 PVC 塑料地板、水泥刨花板、水泥木丝板、氯丁橡胶地板等
地面材料	B_2	半硬质 PVC 塑料地板、PVC 卷材地板、木地板、氯纶地毯等
装饰织物	B_1	经阻燃处理的各类难燃织物等
装饰织物	B_2	纯毛装饰布、纯麻装饰布、经阻燃处理的其他织物等
其他装饰材料	B_1	聚氯乙烯塑料、酚醛塑料、聚碳酸酯塑料、聚四氯乙烯塑料、三聚氰胺、脲醛塑料、硅树酯塑料装饰型材、经阻燃处理的各类织物等。另见顶棚材料和墙面材料内中的有关材料
其他装饰材料	B_2	经阻燃处理的聚乙烯、聚丙烯、聚氨酯、聚苯乙烯、玻璃钢、化纤织物、木制品等

4. 单层、多层民用建筑各部位的燃烧性能

(1) 单层、多层民用建筑内部各部位装修材料的燃烧性能等级，不应低于表 1-13

的规定。

表 1-13 单层、多层民用建筑内部各部位装修材料的燃烧性能等级

建筑物及场所	建筑规模、性质	顶棚	墙面	地面	隔断	固定家具	窗帘	帷幕	其他装饰材料
候机楼的候机大厅、商店、餐厅、贵宾候机室、售票厅等	建筑面积>10000m² 的候机楼	A	A	B₁	B₁	B₁	B₁		B₁
	建筑面积≤10000m² 的候机楼	A	B₁	B₁	B₂	B₂	B₂		B₂
汽车站、火车站、轮船客运站的候车（船）室、餐厅、商场等	建筑面积>10000m² 的车站、码头	A	A	B₁	B₂	B₂	B₁		B₁
	建筑面积≤10000m² 的车站、码头	B₁	B₁	B₁	B₂	B₂	B₂		B₂
影院、会堂、礼堂、剧院、音乐厅	>800 座位	A	A	B₁	B₁	B₁	B₁	B₁	B₁
	≤800 座位	A	B₁	B₁	B₁	B₁	B₂	B₂	B₂
体育馆	>3000 座位	A	A	B₁	B₁	B₁	B₂	B₂	B₂
	≤3000 座位	A	B₁	B₁	B₁	B₁	B₂	B₂	B₂
商场营业厅	每层建筑面积＞3000m² 或总建筑面积>9000m² 的营业厅	A	B₁	A	A	B₁	B₁		B₂
	每层建筑面积 1000～3000m² 或总建筑面积为 3000～9000m² 的营业厅	A	B₁	B₁	B₁	B₁	B₁		B₂
	每层建筑面积＜1000m² 或总建筑面积＜3000m² 的营业厅	B₁	B₁	B₁	B₁	B₂	B₂		B₂
饭店、旅馆的客房及公共活动用房等	设有中央空调系统的饭店、旅馆	A	B₁	B₁	B₁	B₂	B₂		B₂
	其他饭店、旅馆	B₁	B₁	B₁	B₂	B₂	B₂		B₂
歌舞厅、餐馆的客房及公共活动用房等	营业面积>100m²	A	B₁	B₁	B₁	B₂	B₂		B₂
	营业面积≤100m²	B₁	B₁	B₁	B₂	B₂	B₂		B₂
幼儿园、托儿所、医院病房楼、疗养院、养老院		A	B₁	B₁	B₁	B₂	B₁		B₂
纪念馆、展览馆、博物馆、图书馆、档案馆、资料馆等	国家级、省级	A	B₁	B₁	B₁	B₂	B₁		B₂
	省级以下	B₁	B₁	B₁	B₂	B₂	B₂		B₂
办公楼、综合楼	设有中央空调系统的办公楼、综合楼	A	B₁	B₁	B₁	B₂	B₂		B₂
	其他办公楼、综合楼	B₁	B₁	B₁	B₂	B₂	B₂		
住宅	高级住宅	B₁	B₁	B₁	B₁	B₂	B₂		B₂
	普通住宅	B₁	B₁	B₂	B₂	B₂	B₂		

（2）单层、多层民用建筑内面积小于 100m² 的房间，当采用防火墙和耐火极限不低于 1.2h 的防火门窗与其他部位分隔时，其装修材料的燃烧性能等级可在表 1-12 的基础上降一级。

（3）当单层、多层民用建筑内装有自动灭火系统时，除顶棚外，其内部装修材料的燃烧性能等级可在表 1-12 规定的基础上降低一级；当同时装有火灾自动报警装置和自动灭火系统时，其顶棚装修材料的燃烧性能等级可在表 1-12 规定的基础上降低一级，其他装修材料性能等级可不限制。

5. 高层民用建筑各部位的燃烧性能

（1）高层民用建筑内部各部位装修材料的燃烧性能等级，不应低于表 1-14 的规定。

表 1-14　高层民用建筑内部各部位装修材料的燃烧性能等级

建　筑　物	建筑规模、性质	装修材料燃烧性能等级									
		顶棚	墙面	地面	隔断	固定家具	装饰织物				其他装饰材料
							窗帘	帷幕	床罩	家具包布	
高级旅馆	＞800 座位的观众厅、会议厅；顶层餐厅	A	B₁	B₁	B₁	B₁	B₁	B₁		B₁	B₁
	≤800 座位的观众厅、会议厅	A	B₁	B₁	B₁	B₂	B₁	B₁		B₁	B₁
	其他部位	A	B₁	B₁	B₂	B₂	B₂	B₂	B₁	B₂	B₁
商业楼、展览楼、综合楼、商住楼、医院病房楼	一类建筑	A	B₁	B₁	B₁	B₂	B₁	B₂		B₂	B₂
	二类建筑	B₁	B₁	B₂	B₂	B₂	B₂	B₂		B₂	B₂
电信楼、财贸金融楼、邮政楼、广播电视楼、电力调度楼、防灾指挥调度楼	一类建筑	A	A	B₁	B₁	B₁	B₁	B₁		B₁	B₁
	二类建筑	B₁	B₁	B₂	B₂	B₂	B₁	B₂		B₂	B₂
教学楼、办公楼、科研楼、档案楼、图书馆	一类建筑	A	B₁	B₁	B₁	B₂	B₁	B₂		B₂	B₂
	二类建筑	B₁	B₁	B₂	B₂	B₂	B₂	B₂		B₂	B₂
住宅、普通旅馆	一类普通旅馆高级住宅	A	B₁	B₁	B₁	B₂	B₁		B₁	B₂	B₁
	二类普通旅馆普通住宅	B₁	B₁	B₂	B₂	B₂	B₂		B₂	B₂	B₂

注：1. "顶层餐厅"包括设在高空的餐厅、观光厅等；
　　2. 建筑物的类别、规模、性质应符合国家现行标准《建筑设计防火规范》（GB 50016—2014）的有关规定。

（2）除 100m 以上的高层民用建筑及大于 800 座位的观众厅、会议厅、顶层餐厅外，当设有火灾自动报警装置和自动灭火系统时，除顶棚外，其内部装修材料的燃烧性能等级可在表 1-13 规定的基础上降低一级。

（3）电视塔等特殊高层建筑的内部装修，均应采用 A 级装修材料。

五、建筑工程的抗震设防类别和设防标准

1. 抗震设防类别

《建筑工程抗震设防分类标准》（GB 50223—2008）中指出，建筑工程的设防类别为 4 类，它是根据遭遇地震破坏后，可能造成人员伤亡、直接或间接经济损失、社会影响的程度及其在抗震救灾中的作用等因素，对各类建筑所做的设防类别划分。

（1）特殊设防类：指使用上有特殊设施，涉及国家公共安全的重大建筑工程和地震时可能发生严重次生灾害等特别重大灾害后果，需要进行特殊设防的建筑。简称甲类。

（2）重点设防类：指地震时使用功能不能中断或需尽快恢复的生命线相关建筑，以及地震时可能导致大量人员伤亡等重大灾害后果，需要提高设防标准的建筑。简称乙类。

（3）标准设防类：指大量的除（1）、（2）、（4）款以外按标准要求进行设防的建筑。简称丙类。

（4）适度设防类：指使用上人员稀少且震损不致产生次生灾害，允许在一定条件下适度降低要求的建筑。简称丁类。

2. 抗震设防标准

抗震设防标准是衡量设防要求高低的尺度，由抗震设防烈度和设计地震动态参数及建筑抗震设防类别而确定的。抗震设防标准亦分为 4 类，它们分别是：

（1）标准设防类，应按本地区抗震设防烈度确定其抗震措施和地震作用，达到在遭遇高于当地抗震设防烈度的预估罕遇地震影响时不致倒塌或发生危及生命安全的严重破坏的抗震设防目标。如居住建筑。

（2）重点设防类，应按高于本地区抗震设防烈度一度的要求加强其抗震措施；但抗震设防烈度为 9 度时应按比 9 度更高的要求采取抗震措施；地基基础的抗震措施，应符合有关规定。同时，应按本地区抗震设防烈度确定其地震作用。如幼儿园、中小学教学用房、宿舍、食堂、电影院、剧场、礼堂、报告厅等均属于重点设防类。

（3）特殊设防类，应按高于本地区抗震设防烈度提高一度的要求加强其抗震措施；但抗震设防烈度为 9 度时应按比 9 度更高的要求采取抗震措施。同时，应按批准的地震安全性评价的结果且高于本地区抗震设防烈度的要求确定其地震作用。如：国家和区域的电力调度中心、国家级卫星地球站上行站等均属特殊设防类。

（4）适度设防类，允许比本地区抗震设防烈度的要求适当降低其抗震措施，但抗震设防烈度为 6 度时不应降低。一般情况下，仍应按本地区抗震设防烈度确定其地震作用。如仓库类等人员活动少、无次生灾害的建筑。

第四节　建筑模数协调标准

为了实现建筑设计、制造、施工安装的互相协调；合理对建筑各部位尺寸进行分割，确定各部位的尺寸和边界条件；优选某种类型的标准化方式，使得标准化部件的种类最优；有利于部件的互换性；有利于建筑部件的定位和安装，协调建筑部件与功能空间之间的尺寸关系，中华人民共和国住房和城乡建设部制定了《建筑模数协调标准》（GB/T 50002—2013），以此作为设计、构件制作与安装、构件互换的依据，进而使标准化达到最优。

一、基本模数

建筑模数协调标准中的基本数值，用 M 表示，$1M=100mm$。主要应用于建筑物的高度、层高和门窗洞口的高度。

二、导出模数

1. 扩大模数。导出模数的一种。扩大模数是基本模数的倍数。扩大方式为：$2M$（200mm）、$3M$（300mm）、$6M$（600mm）、$9M$（900mm）、$12M$（1200mm）……主要应用于开间或柱距、进深或跨度，梁、板、隔墙和门窗洞口宽度等分部件的截面尺寸，其数列应为 $2nM$、$3nM$（n 为自然数）。

2. 分模数。导出模数的另一种。分模数是基本模数的分倍数。分解方式为：$M/10$（10mm）、$M/5$（20mm）、$M/2$（50mm）。主要用于构造节点和分部件的接口尺寸。

三、部件优先尺寸的应用

部件优先尺寸指的是从模数数列中选出的模数尺寸或扩大模数尺寸。

1. 承重墙和外围护墙厚度的优选尺寸系列宜根据 $1M$ 的倍数及其与 $M/2$ 的组合确定，宜为 150mm、200mm、250mm、300mm。

2. 内隔墙和管道井墙厚度的优选尺寸系列宜根据分倍数及 1M 的组合确定，宜为 50mm、100mm、150mm。

3. 层高和室内净高的优先尺寸系列宜为 $n \times M$。

4. 柱、梁截面的优先尺寸系列宜根据 1M 的倍数与 M/2 的组合确定。

5. 门窗洞口的水平、垂直方向定位优先尺寸系列宜为 $n \times M$。

四、四种尺寸

1. 标志尺寸

符合模数数列的规定，用以标注建筑物的定位线或基准面之间的垂直距离以及建筑部件、有关设备安装基准之间的尺寸。

2. 制作尺寸

制作部件或分部件所依据的设计尺寸

3. 实际尺寸

部件、分部件等生产制作后的实际测得的尺寸。

4. 技术尺寸

模数尺寸条件下，非模数尺寸或生产过程中出现误差时所需要的技术处理尺寸。

五、房屋的定位轴线

为满足部件受力合理、生产简便、优化尺寸、减少部件种类的需要和满足部件的互换、位置可变以及符合模数的要求。定位方法可从以下三种中选用：

1. 中心线定位法（图 1-1）

2. 界面定位法（图 1-2）

3. 混合定位法（中心线定位与界面定位混合法）

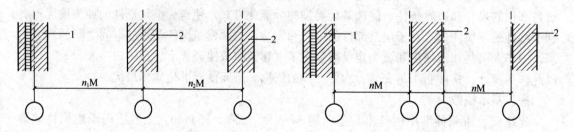

图 1-1　中心线定位法　　　　　　　　图 1-2　界面定位法
　1—外墙；2—柱、墙等构件　　　　　　　1—外墙；2—柱、墙等构件

六、当前并行的其他模数制

1. 前苏联制

基本模数为 125mm，如现行的烧结普通砖尺寸 240mm×115mm×53mm 就采用了这种模数。

2. 英制

基本模数为 4 英寸（1 英寸＝25.4mm），主要用于门窗小五金、水暖器材的尺寸上。

第五节　建筑标准化

建筑标准化是建筑工业化的组成部分之一。建筑标准化是建筑工业化的前提。

建筑标准化一般包括以下两项内容。其一是建筑设计方面的有关条例，如建筑法规、建筑设计规范、建筑标准、定额与技术经济指标等。其二是推广标准设计。标准设计包括构配件的标准设计，房屋的标准设计和工业化建筑体系设计等。

一、标准构件与标准配件

标准构件是房屋的受力构件，如楼板、梁、楼梯等；标准配件是房屋的非受力构件，如门窗、装修做法等。标准构件与标准配件一般由国家或地方设计部门进行编制，供设计人员选用，同时也为加工生产单位提供依据。标准构件一般用"G"来表示；标准配件一般用"J"来表示。如北京地区的标准构件——过梁，其代号为京 92 G21，标准配件——常用木门，其代号为 88J13-1。

二、标准设计

标准设计包括整个房屋的设计和单元的设计两个部分。标准设计一般由地方设计院进行编制，供建设单位选择使用。整个房屋的标准设计一般只进行地上部分，地下部分的基础与地下室，由设计单位根据当地地质勘探资料，另行出图。单元设计一般指平面图的一个组成部分，应用时一般进行拼接，形成一个完整的建筑组合体。标准设计在大量性建造的房屋中应用比较普遍，如住宅、托儿所、中小学等。

三、工业化建筑体系

为了适应建筑工业化的要求，除考虑将房屋的构配件及水电设备等进行定型化，还应该对构件生产、运输、施工现场吊装乃至组织管理等一系列问题进行通盘设计，作出统一的规划，这就是工业化建筑体系。如北京地区的大模板住宅建筑体系、装配式大板住宅建筑体系等。

工业化建筑体系又分为两种做法：

1. 通用建筑体系

通用建筑体系以构配件定型为主，各体系之间的构件可以互换，灵活性比较突出。

2. 专用建筑体系

专用建筑体系以房屋定型为主，构配件不能进行互换。

第六节 民用建筑的常用术语

一、需用术语

为了学好建筑构造的有关内容，了解其内在关系，必须了解下列有关的常用术语。《民用建筑设计术语标准》（GB/T 50504—2009）中指出：

1. 横向

指建筑物的宽度方向。

2. 纵向

指建筑物的长度方向。

3. 横向轴线

沿建筑物宽度方向设置的轴线。用以确定墙体、柱、梁、基础的位置。其编号方法采用阿拉伯数字注写在轴线圆内。

4. 纵向轴线

沿建筑物长度方向设置的轴线。用以确定墙体、柱、梁、基础的位置。其编号方法采用拉丁字母注写在轴线圆内。但 I、O、Z 不用作轴线编号。

5. 开间（柱距）

两条横向定位轴线之间距。另一种解释为"建筑物纵向两个相邻的墙或柱中心线之间的距离"。

6. 进深（跨度）

两条纵向定位轴线之间距。另一种解释为"建筑物横向两个相邻的墙或柱中心线之间的距离"。

7. 相对标高

以建筑物首层地坪作为零点的标高，用±0.000 表示。单位是"m"。

8. 绝对标高

又称高程，是全国统一的标高，其零点在青岛附近黄海海平面。世界第三极珠穆朗玛峰顶岩石的高程为 8844.43m。艾丁湖洼地的高程是－154.31m。

9. 层高

指层间高度。即地面至楼面或楼面至楼面的高度（顶层为顶层楼面至屋顶板上皮的高度）。

另一种解释为"建筑物各楼层之间以楼、地面面层（完成面）计算的垂直距离。对于平屋面，屋顶层层高是指该层墙面面层（完成面）至平屋面的结构面层（上表面）的高度；对于坡屋面，屋顶层的层高是指该层楼面面层（完成面）至坡屋面的结构面层（上表面）与外墙外皮延长线的交叉点计算的垂直距离"。

10. 净高

指房间的净空高度。即地面至顶板或吊顶下皮的高度。它等于层高减去楼地面厚度、楼板厚度和顶棚高度。

11. 建筑总高度

指室外地坪至檐口顶部的总高度。

12. 建筑面积

单位为 m^2。指建筑物外包尺寸（有外保温材料的墙体，应从保温材料外皮计起）的乘积再乘以层数。它由使用面积、交通面积和结构面积三部分组成。另一种解释为"建筑物（包括墙体）所形成的楼地面面积"。

13. 净面积

房间中开间尺寸扣除墙厚与进深尺寸扣除墙厚的乘积，单位为 m^2。

14. 使用面积

指主要使用房间和辅助使用房间的净面积。建筑装修所占面积应计入使用面积中。另一种解释为"建筑面积中减去公共交通面积、结构面积等，留下可供使用的面积。

15. 交通面积

指走道、楼梯间等交通联系设施所占的净面积。

16. 结构面积

指墙体、柱子所占的净面积（不包括装修，装修所占面积应计入使用面积中）。

二、常用单位

民用建筑设计的常用单位多为非国际单位制单位，它与国际单位制的关系，见表1-15。

表 1-15　习用非国际单位制与国际单位制的换算

量的名称	非国际单位制单位		国际单位制单位		换算关系
	名　称	符号	名　称	符号	
力	千克力	kgf	牛顿	N	$1kgf=9.80665N≈10N$
力　矩	千克力米	kgf・m	牛顿米	N・m	$1kgf・m=9.80665N・m≈10N・m$
力偶矩	千克力二次方米	kgf・m²	牛顿二次方米	N・m²	$1kgf・m^2=9.80665N・m^2≈10N・m^2$
重力密度	千克力每立方米	kgf/m³	牛顿每立方米	N/m³	$1kgf/m^3=9.80665N/m^3≈10N/m^3$
压强	千克力每平方米	kgf/m²	帕斯卡	Pa	$1kgf/m^2=9.80665Pa≈10Pa$
压力、强度	千克力每平方厘米 千克力每平方毫米	kgf/cm² kgf/mm²	帕斯卡 帕斯卡	Pa Pa	$1kgf/cm^2=9.80665×10^4Pa≈0.1MPa$ $1kgf/mm^2=9.80665×10^6Pa≈10MPa$

第七节　绿色建筑简介

一、绿色建筑的定义

《绿色建筑评价标准》(GB/T 50378—2014)中指出：绿色建筑是指建筑在全寿命期内，最大限度地节约资源(节能、节地、节水、节材)、保护环境、减少污染，为人们提供健康、适用和高效的使用空间，与自然和谐共生的建筑。

二、绿色建筑的评价原则

1. 绿色建筑的评价应以单栋建筑或建筑群为评价对象。

2. 绿色建筑的评价分为设计评价和运行评价。

(1) 设计评价应在建筑工程施工图设计文件审查通过后进行；

(2) 运行评价应在建筑通过竣工验收并投入使用一年后进行。

3. 评价绿色建筑应对规划、设计、施工、运行阶段进行全过程控制。

4. 评价应由专门机构依据《绿色建筑评价标准》(GB/T 50378—2014)的规定进行。

三、绿色建筑的评价内容

1. 绿色建筑主要在居住建筑中的住宅建筑和公共建筑的办公建筑、商场建筑和旅馆建筑中进行，并逐步扩展到各类民用建筑。

2. 绿色建筑的评价体系包括以下内容：

(1) 节地与室外环境；

(2) 节能与能源利用；

(3) 节水与水资源利用；

(4) 节材与材料资源利用；

(5) 室内环境质量；

(6) 施工管理；

(7) 运营管理。

3. 绿色建筑的评价体中包括控制项指标和评分项指标两部分。

4. 绿色建筑的评价体系中的控制项指标必须全部满足；评分项指标可以全部满足或部分满足，并依据评分项的得分多少确定等级。

5. 绿色建筑的设计评价，只评价(1)~(5)项的内容，(6)、(7)项不作评价。

6. 绿色建筑的运行评价，应对(1)~(7)项进行全部评价。

7. 绿色建筑依据最终得分情况，分为一星级、二星级和三星级。

四、绿色建筑评价体系中控制项指标包括的内容

绿色建筑评价体系中控制项指标包括的内容详表 1-16 的规定。

表 1-16　绿色建筑评价体系中控制项指标包括的内容

项目	评价内容
节地与室外环境	1. 应符合城乡规划和符合保护区、文物古迹保护的要求。 2. 建筑场地应无洪涝、滑坡、泥石流等的威胁，并无危险化学品、易燃易爆危险源和无电磁辐射、含氡土壤等危害。 3. 无排放超标的污染源。 4. 满足日照要求，并保证周边建筑的日照
节能与能源利用	1. 符合建筑节能设计标准的规定。 2. 供暖热源和空气的加湿热源不应采用直接加热设备系统。 3. 冷热源、输配系统和照明等应独立计量。 4. 照明功率密度值不高于国家标准的规定值
节水与水资源利用	1. 统筹利用各种水资源。 2. 给排水系统应合理、完善、安全。 3. 采用节水器具
节材与材料资源利用	1. 不得采用禁止和限制使用的建筑材料及制品。 2. 混凝土结构中受力钢筋采用 400MPa 级以上的热轧带肋钢筋。 3. 建筑造型简约、无大量的装饰性构件
室内环境质量	1. 主要房间的室内噪声级和外墙、隔墙、楼板和门窗的隔声性能应满足规范规定的低限要求。 2. 照明数量和质量满足规范的规定。 3. 集中供暖空调系统建筑的房间内的温度、湿度、新风量等参数符合规范的规定。 4. 在设计温、湿度条件下，围护结构内表面不得结露。 5. 屋顶和东、西向外墙隔热性能满足规范的规定。 6. 室内空气中的氨、甲醛、苯、总挥发性有机物、氡等污染物的浓度不超标
施工管理	建立绿色建筑项目的施工管理体系和组织机构。
运营管理	1. 制定并实施节能、节水、节材、绿化管理制度。 2. 制定垃圾管理制度，进行垃圾分类收集以及垃圾容器的规定。 3. 废气、污水等污染物进行达标排放。 4. 供暖、通风、空调、照明等设备的自动监控系统工作正常

注：当前推广使用的建筑材料与建筑制品详本书附录。

五、绿色建筑评价体系中评分项指标的内容

绿色建筑评价体系中评分项指标的内容见表 1-17。

表 1-17　绿色建筑评价体系中评分项指标的内容

项目		评价内容
节地与室外环境	土地利用	1. 居住建筑应控制人均居住用地指标，公共建筑控制容积率。 2. 绿化指标为新建小区达到 30%，旧区改造宜达到 25%。 3. 地下空间的利用，居住建筑达到 15%～25%。公共建筑达到 50%；地下一层建筑面积与总用地面积的比率为 50%～70%

项目		评价内容
节地与室外环境	室外环境	1. 建筑及照明设计避免光污染。 2. 场地内环境噪声符合规范的规定。 3. 场地内风环境有利于室外活动和建筑的自然通风。 4. 降低热岛强度
	交通设施与公共服务	1. 场地与公共交通设施具有便捷的联系。 （1）场地到达公共交通站点的距离不大于 500m，到达轨道交通站点的距离不大于 800m； （2）场地 800m 范围内设有 2 条及 2 条以上的公共交通线路； （3）有人行通道联系公共交通站点。 2. 人行通道采用无障碍设计。 3. 合理设置停车场所。 4. 提供便利的公共服务。 （1）居住建筑：到达幼儿园的距离不大于 300m；到达小学的距离不大于 500m；到达商业服务设施的距离不大于 500m。 （2）公共建筑：两种及两种以上的不同功能的公共建筑集中设置或公共建筑具有两种及两种以上的服务功能；配套辅助设施设备共同使用、资源共享及社会活动场地错时向周边居民免费开放等
	场地设计与场地生态	1. 保护场地内原有的自然水域、湿地和植被，采取表层土利用等生态补偿措施。 2. 设置绿色雨水基础设施，对大于 10hm² 的场地应进行雨水专项设计。 3. 合理规划地表与屋面雨水径流，对场地雨水实施外排总量控制。 4. 合理选择绿化方式，科学配置绿化植物
节能与能源利用	建筑与围护结构	1. 对建筑体形、朝向、楼距、窗墙面积比等进行优化设计。 2. 外窗、玻璃幕墙的可开启部分能使建筑获得良好的通风。 （1）只设玻璃幕墙的建筑，其透明部分可开启面积比例达到 5%。 （2）只设外窗的建筑，外窗可开启面积比例达到 30%
	供暖、通风与空调	1. 供暖空调系统的冷、热源机组能效达到规范的规定。 2. 集中供暖系统热水循环泵的耗电输热比和通风空调系统风机的单位风量耗功率符合规范的规定。 3. 合理选择和优化供暖、通风与空调系统。 4. 采取措施降低过渡季供暖、通风与空调系统能耗。 5. 采取措施降低部分负荷、部分空调使用下的供暖、通风与空调系统能耗
	照明与电气	1. 走廊、楼梯间、门厅、大堂、大空间、地下停车场等场所采取分区、定时、感应等照明节能控制措施。 2. 照明功率密度值达到规范的规定值。 3. 合理选择电梯和自动扶梯，并采用电梯群控、扶梯自动启停等措施。 4. 合理选用节能型电气设备
	能量综合利用	1. 排风能量回收系统设计合理并运行可靠。 2. 合理采用蓄冷、系统。 3. 合理利用余热废热解决建筑的蒸汽、供暖或生活热水需求。 4. 合理利用可再生能源

项目		评价内容
节水与水资源利用	节水系统	1. 建筑日平均用水量满足规定的节约用水定额的要求。 2. 采取措施避免管网漏损。 3. 给水系统无超压出流现象。 4. 设置用水计量装置。 5. 公用浴室应采取节水措施
	节水器具与设备	1. 使用较高用水效率的卫生器具。 2. 绿化灌溉应采用节水方式。 3. 空调设备或系统应采用节水冷却技术。 4. 其他用水采用节水技术或措施
	非传统水源利用	1. 合理使用非传统水源。 2. 冷却水补水使用非传统水源。 3. 结合雨水利用进行景观水体设计
节材与材料资源利用	节材设计	1. 择优选用建筑形体。 2. 对地基基础、结构体系、结构构件进行优化设计。 3. 土建工程与装修工程进行一体化设计。 4. 公共建筑中可变换功能的室内空间采用可重复使用的隔断（墙）。 5. 采用工业化生产的预制构件。 6. 采用整体化定型设计的厨房、卫浴间
	材料选用	1. 选用本地生产的建筑材料。 2. 采用预拌混凝土。 3. 采用预拌砂浆，其比例至少应达到50%。 4. 采用高强建筑结构材料。采用400MPa级及以上受力普通钢筋和强度等级不小于C50的混凝土；钢结构采用Q345及以上的高强钢材； 5. 合理采用高耐久性建筑结构材料。 6. 采用可再利用的材料和可再循环的材料。 7. 使用以废弃物为原料生产的建筑材料。 8. 合理采用耐久性好、易维护的装饰装修材料，如清水混凝土等
室内环境质量	室内声环境	1. 主要房间室内噪声级应达到规范规定的低限标准和高要求标准的平均值。 2. 主要房房间的隔声性能良好。 3. 采取减少噪声干扰的措施。 4. 公共建筑的多功能厅、接待大厅、大型会议室和其他有声学要求的房间进行声学专项设计
	室内光环境与视野	1. 建筑主要房间具有良好的户外视野。居住建筑与相邻建筑的直接间距应超过18m；公共建筑的主要房间能通过外窗看到室外的自然景观，无视线干扰。 2. 主要房间的采光系数满足规范的要求。 3. 改善建筑室内天然采光效果
	室内热湿环境	1. 采用可调节的遮阳措施，降低夏季太阳辐射热。 2. 供暖空调系统末端现场可独立调节。
	室内空气质量	1. 优化建筑空间、平面布局和构造设计，改善自然通风效果。 2. 气流组织合理。 3. 主要房间中人员密度较高且随时间变化大的区域设置空气质量监控系统。 4. 地下车库设置与排风设备联动的一氧化碳浓度监测装置

项目		评价内容
施工管理	环境保护	1. 采取洒水、覆盖、遮挡等降尘措施。 2. 采取有效地降噪措施，满足规范的规定。 3. 制定并实施施工废弃物减量化、资源化计划
	资源节约	1. 制定并实施施工节能和用能方案。 2. 制定并实施施工节水和用水方案。 3. 减少预拌混凝土的耗损。 4. 降低钢筋损耗。 5. 使用工具式定型模板，增加模板周转次数
	过程管理	1. 设计文件中有关于绿色建筑的重点内容。 2. 严格控制设计文件变更。 3. 实现土建装修一体化施工。 4. 工程竣工验收前，应进行机电系统的综合调试和联合试运转
运营管理	管理制度	1. 物业管理机构获得 ISO 14001、ISO 9001 等认证。 2. 节能、节水、节材、绿化的操作规程、应急预案的完善与有效实施。 3. 能源管理激励机制，管理业绩与节约能源资源与经济效益挂钩。 4. 建立绿色教育宣传机制
	技术管理	1. 定期检查、调试公共设施设备。 2. 空调通风系统的定期检查和清洗。 3. 非传统水源水质的保证和用水记录完整、准确。 4. 智能化系统的运行效果。 5. 应用信息化手段进行物业管理
	环境管理	1. 采用无公害病虫防治技术，规范杀虫剂、除草剂、化肥、农药等化学品的使用，有效避免对土壤和地下水环境的损害。 2. 栽种和移植的树木一次成活率大于 90%，植物生长状态良好。 3. 垃圾收集站（点）及垃圾间不污染环境，不散发臭味。 4. 实行垃圾分类收集和处理

六、绿色建筑评价体系中提高与创新的内容

《绿色建筑评价标准》（GB/T 50378—2014）中规定的绿色建筑评价提高和创新的内容为：

（1）性能提高

1）围护结构热工性能比国家相关建筑节能设计标准的规定高 20%，或者供暖空调全年计算负荷降低幅度达到 15%。

2）供暖空调系统的冷、热源机组能效均优于现行国家标准《公共建筑节能设计标准》（GB 50189—2015）的规定以及有关国家标准能效节能评价值的要求。对电机驱动的蒸汽压缩循环冷水（热泵）机组，直燃型和蒸汽型溴化锂吸收式冷（温）水机组，单元式空气调节机、风管送风式和屋顶式空调机组，多联式空调（热泵）机组，燃煤、燃油和燃气锅炉，其能效指标比现行国家标准《公共建筑节能设计标准》（GB 50189—2015）的规定值提高或降低幅度满足表 1-18 的要求；对房间空气调节器和家用燃气热水炉，其能效等级满足有关国家标准规定的Ⅰ级要求。

表 1-18 冷、热源机组能效指标的提高或降低幅度

机组类型		能效指标	提高或降低幅度
电机驱动的蒸汽压缩循环冷水（热泵）机组		制冷性能系数（COP）	提高 12%
溴化锂吸收式冷水机组	直燃型	制冷、供热性能系数（COP）	提高 12%
	蒸汽型	单位制冷量蒸汽耗量	降低 12%
单元式空气调节机、风管送风式和屋顶式空调机组		能效比（EER）	提高 12%
多联式空调（热泵）机组		制冷综合性能系数 [IPLV（C）]	提高 16%
锅炉	燃煤	热效率	提高 6 个百分点
	燃油燃气	热效率	提高 4 个百分点

3）采用分布式热电冷联供技术，系统全年能源综合利用率不低于 70%。

4）卫生器具的用水效率均达到国家标准有关卫生器具用水效率等级标准规定的Ⅰ级。

5）采用资源消耗少和环境影响小的建筑结构。

6）对主要功能房间采取有效的空气处理措施。

7）室内空气中氨、甲醛、苯、总挥发性有机物、氡、可吸入颗粒物等污染物浓度不高于现行国家标准《民用建筑工程室内环境污染控制规范》（GB 50325—2010）2013 版规定限值的 70%。

（2）创新

1）建筑方案充分考虑建筑所在地域的气候、环境、资源，结合场地特征和建筑功能，进行技术经济分析，显著提高能源资源利用效率和建筑性能。

2）合理选用废弃场地进行建设，或充分利用尚可使用的旧建筑。

3）应用建筑信息模型（BIM）技术。在建筑的规划设计、施工建造和运行维护阶段中应用。

4）进行建筑碳排放计算分析，采取措施降低单位建筑面积碳排放强度。

5）采取节约能源资源、保护生态环境、保障安全健康的其他创新，并有明显效益。

第八节　智能建筑简介

依据《智能建筑设计标准》（GB 50314—2015）综合摘编：

一、智能建筑的定义

智能建筑是以建筑物为平台，基于对各类智能化信息的综合应用，集架构、系统、应用、管理及优化组合为一体，具有感知、传输、记忆、推理、判断和决策的综合智慧能力，形成以人、建筑、环境互为协调的整合体，为人们提供安全、高效、便利及可持续发展功能环境的建筑。

二、智能建筑应达到的目标

智能建筑工程设计应以建设绿色建筑为目标，做到功能使用、技术适时、安全高效运营管理和经济合理。

智能建筑设计适用于新建、扩建和改建的住宅、办公、旅馆、文化、博物馆、观演、会展、教育、金融、交通、医疗、体育、商店等民用建筑及通用工业建筑的智能化系统工程设计，以及多功能组合的综合体建筑智能化系统工程设计。

智能建筑工程设计应增强建筑物的科技功能和提升智能化系统的技术功效，具有适用性、开放性、可维护性和可扩展性。

三、智能建筑包括的内容

1. 工程架构

以建筑物的应用需求为依据，通过对智能化系统工程的设施、业务及管理等应用功能作层次化结构规划，从而构成由若干智能化设施组合而成的架构形式。

2. 智能化应用系统

以信息设施系统和建筑设备管理系统等智能化系统为基础，为满足建筑物的各类专业化业务、规范化运营及管理的需要，由多种类信息设施、操作程序和相关应用设备等组合而成的系统。

智能化应用系统宜包括公共服务、智能卡应用、物业管理、信息设施运行管理、信息安全管理、通用业务和专业业务等内容。

3. 智能化集成系统

为实现建筑物的运营和管理目标，基于统一的信息平台，以多种类智能化信息集成方式，形成的具有信息汇集、资源共享、协同运行、优化管理等综合应用功能的系统。

智能化集成系统宜包括操作系统、数据库、集成系统平台应用程序、各纳入集成管理的智能化设施系统与集成互为关联的各类信息通信接口等内容。

4. 信息设施系统

为满足建筑物的应用与管理对信息通信的需求，将各类具有接收、交换、传输、处理、存储和显示等功能的信息系统整合，形成建筑物公共通信服务综合基础条件的系统。

信息设施系统宜包括信息接入系统、布线系统、移动通信室内信号覆盖系统、卫星通信系统、用户电话交换系统、无线对讲系统、信息网络系统、有线电视及卫星电视接收系统、公共广播系统、会议系统、信息引导及发布系统、时钟系统等内容。

5. 建筑设备管理系统

对建筑设备监控系统和公共安全系统等实施综合管理的系统。

建筑设备管理系统宜包括建筑设备监控系统、建筑能效监管系统，以及需纳入管理的其他业务设施系统等。

6. 公共安全系统

为维护公共安全，运用现代科学技术，具有以应对危害社会安全的各类突发事件而构建的综合技术防范或安全保障体系综合功能的系统。

公共安全系统宜包括火灾自动报警系统、安全技术防范系统和应急响应系统等内容。

7. 机房工程

为提供机房内各智能化系统的设备和装置的安置和运行条件，以确保各智能化系统安全、可靠和高效地运行与便于维护的建筑环境而实施的综合工程。

机房工程宜包括信息接入机房、有线电视前端机房、信息设施系统总配线机房、智能化总控室、信息网络机房、消防控制室、安防监控中心、应急响应中心和智能化设备间（弱电间、电信间）等内容。上述机房（房间）可独立设置或组合配置。

四、工程架构包括的内容

1. 智能化系统工程架构的设计应包括设计等级、架构规划、系统配置等。

2. 智能化系统工程的设计等级应根据建筑的建设目标、功能类别、地域状况、运营及管理要求、投资规模等综合因素确立。

3. 智能化系统工程的架构规划应根据建筑的功能需求、基础条件和应用方式等作层次化结构的搭建设计，并构成由若干智能化设施组合的架构形式。

4. 智能化系统工程的系统配置应根据智能化系统工程的设计等级和架构规划，选择配置相关的智能化系统。

五、各类智能建筑应满足的设计要求

各类智能建筑应满足的设计要求见表 1-19。

表 1-19　各类智能建筑应满足的设计要求

建筑类别	包括的内容	建筑智能化应符合的规定
（1）住宅建筑	—	1. 应适应生态、环保、健康的绿色居住需求； 2. 应营造以人为本，安全、便利的家居环境； 3. 应满足住宅建筑物业的规范化运营管理要求。
（2）办公建筑	通用办公 行政办公	1. 应满足办公业务信息化的应用技术； 2. 应具有高效办公环境的基础保障； 3. 应满足办公建筑物业规范化运营管理的需要。
（3）旅馆建筑	—	1. 应满足旅馆业务经营的需求； 2. 应提升旅馆经营及服务的质量； 3. 应满足旅馆建筑物业规范化运营管理的需要。
（4）文化建筑	图书馆 档案馆 文化馆	1. 应满足文献资料信息的采集、加工、利用和安全防护等要求； 2. 应具有为读者、公众提供文化学习和文化服务的能力； 3. 应满足文化建筑物业规范化运营管理的需要。
（5）博物馆建筑	—	1. 应适应对文献和文物的展示、查阅、陈列、学研等应用要求； 2. 应适应博览物品向公众展示信息化的发展； 3. 应满足博物馆建筑物业规范化运营管理的需要。
（6）观演建筑	剧场 电影院 广播电视服务建筑	1. 应适应观演业务信息化运行的要求； 2. 应具备观演建筑业务设施基础保障的条件； 3. 应满足观演建筑物业规范化运营管理的需要。
（7）会展建筑	—	1. 应适应对展区和展物的布设及展示、会务及交流等的需求； 2. 应适应信息化综合服务功能的发展； 3. 应满足会展建筑物业规范化运营管理的需要。

建筑类别	包括的内容	建筑智能化应符合的规定
(8) 教育建筑	高等学校 高级中学 初级中学和小学	1. 应适应教育建筑教学业务的需求； 2. 应适应教学和科研的信息化发展； 3. 应满足教育建筑物业规范化运营管理的需求。
(9) 金融建筑	—	1. 应适应金融业务的需求； 2. 应为金融业务运行提供基础保障； 3. 应满足金融建筑物业规范化运营管理的需求。
(10) 交通建筑	民用机场航站楼 铁路客运站 城市轨道交通站 汽车客运站	1. 应适应交通业务的需求； 2. 应为交通运营业务环境设施提供基础保障； 3. 应满足现代交通建筑物业规范化运营管理的需求。
(11) 医疗建筑	综合医院 疗养院	1. 应适应医疗业务的信息化需求； 2. 应向医患者提供就医环境的技术保障； 3. 应满足医疗建筑物业规范化运营管理的需求。
(12) 体育建筑	—	1. 应适应体育赛事业务的信息化需求； 2. 应具备体育赛事和其他多功能使用环境设施的基础保障； 3. 应满足体育建筑物业规范化运营管理的需求。
(13) 商店建筑	—	1. 应适应商店经营及服务的需求； 2. 应满足商业经营及服务质量的需求； 3. 应满足商店建筑物业规范化运营管理的需求。
(14) 通用工业建筑	—	1. 应满足通用工业建筑实现安全、节能、环保和降低生产成本目标需求； 2. 应向生产组织、业务管理等提供保障业务信息化流程所需的基础条件； 3. 应实施对通用要求能源供给、作业环境支撑设施的智能化监控及建筑物业规范化运营管理。

复习思考题

1. 建筑物如何进行分类？

2. 影响建筑构造的有关因素有哪些？

3. 民用建筑由哪些部分组成？

4. 建筑构造的设计原则包括哪些方面？

5. 建筑物的等级划分怎样进行？

6. 建筑模数协调统一标准中的有关内容。

7. 常用的建筑名词术语。

8. 各类住宅的区别及特点。

9. 砌体结构与框架结构的区别是什么？

10. 大量性建造的房屋，其耐久等级与耐火等级各属于几级？

11. 如何区分标志尺寸、构造尺寸、实际尺寸和技术尺寸？

12. 建筑材料按其耐火性能分为几类？

第二章　砌体结构的建筑构造

图 2-1 为砌体结构住宅的轴测图，从图中我们可以看到砌体结构房屋的主要组成部分。

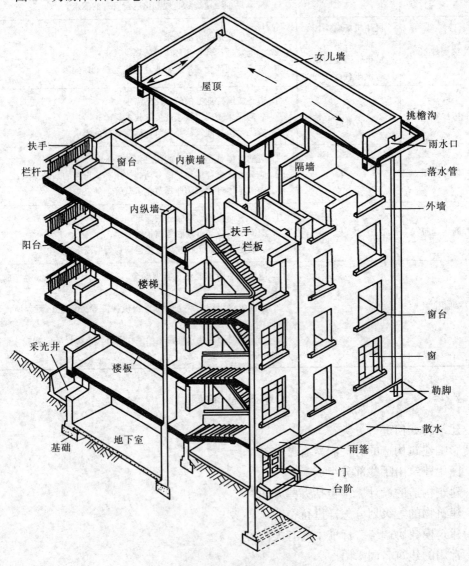

图 2-1　砌体结构建筑的构造组成

1. 基础：它是地下的承重构件，承受建筑物的全部荷载，并下传给地基。

2. 墙：它是建筑物的承重与围护构件。承重作用是承受屋顶和楼层传来的荷载，并将这些荷载传给基础。围护作用主要体现在抵御各种自然因素的影响与破坏。

3. 楼地层：它是楼房建筑中的水平承重构件，承受着家具、设备和人的重量，并将这些荷载传给承重墙或承重柱。

4. 楼梯：它是楼房建筑的垂直交通设施，属于承重构件，供人们平时上下和紧急疏散时使用。

5. 屋顶：它是建筑物顶部的围护和承重构件，由屋面和屋面板两部分组成。屋面抵御自然界雨、雪的侵袭，屋顶板承受着房屋顶部的荷载。

6. 门窗：门主要用作内外交通联系及分隔房间；窗的作用是采光和通风。门窗属于非承重构件（配件）。

除上述六大组成部分以外，还有一些附属部分，如阳台、雨篷、台阶、烟囱等。

房屋各组成部分各起着不同的作用，但概括起来主要是两大类，即承重结构和围护结构。建筑构造设计主要侧重于围护结构即建筑配件的设计。

第一节　地基和基础的构造

一、地基和基础的概念

图 2-2 是应用于砌体结构的条形基础的剖面图。从图形中可以看到地基和基础的构成，以及相关的一些问题。

1. 基础

建筑物地面以下的承重构件。如上所述，它承受建筑物上部结构传下来的荷载，并把这些荷载连同基础本身的自重一起传给地基。

2. 地基

承受由基础传下来荷载的土层或岩体。地基承受建筑物荷载而产生的应力和应变是随着土层的深度的增加而减小，在达到一定的深度以后就可以忽略不计。

3. 持力层

直接承受建筑荷载的土层或岩体。持力层以下的土层为下卧层。它是地基与基础的分界线。

4. 基础埋深

指室外地坪至基础底面的高度尺寸。基础埋深由勘测部门根据地基情况决定。它是建筑设计的依据之一。

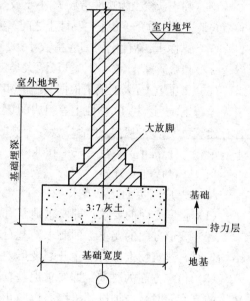

图 2-2　地基与基础的构成

5. 基础宽度

又称为基槽宽度，即基础底面的宽度。基础宽度由计算决定。

6. 大放脚

基础墙加大加厚的部分，用烧结普通砖、混凝土、灰土等材料制作的基础均应作大放脚。

7. 灰土垫层

采用 3：7 灰土(消石灰 3 份与优质素土 7 份拌合而成)制作的基础底层。它是基础的一部分。

二、地基的有关问题

1. 土层的分类

《建筑地基基础设计规范》（GB 50007—2002）中规定，作为建筑地基的土层分为岩石、碎石土、砂土、粉土、黏性土和人工填土。

（1）岩石：岩石为颗粒间牢固联结，呈整体或具有节理裂隙的岩体。岩石根据其坚固性可分为坚硬岩（$f_{tk}>60$）、较硬岩（$60\geqslant f_{tk}\geqslant 30$）、较软岩（$30\geqslant f_{tk}\geqslant 15$）、软岩（$15\geqslant f_{tk}>5$）、极软岩（$f_{tk}\leqslant 5$）。岩石承载力的标准值 f_{rk} 为 500～6000kPa。

（2）碎石土：碎石土为粒径大于 2mm 的颗粒含量超过全重50％的土（下同）。碎石土根据颗粒形状和粒组含量又分为漂石、块石（料径大于 200mm）；卵石、碎石（粒径大于 20mm）；圆砾、角砾（粒径大于 2mm）。碎石土承载力的标准值 f_{rk} 为 200～1000kPa。

（3）砂土：砂土为粒径大于 2mm 的颗粒含量不超过全重的 50％，粒径大于 0.075mm 的颗粒超过全重 50％的土。砂土根据其粒组含量又分为砾砂（粒径大于 2mm 的颗粒占 25％～50％）；粗砂（粒径大于 0.5mm 的颗粒超过全重的 50％）；中砂（粒径大于 0.25mm 的颗粒超过全重的 50％）；细砂（粒径大于 0.075mm 的颗粒超过全重的 85％）；粉砂（粒径大于 0.075mm 的颗粒超过全重的 50％）。砂土的承载力为（标准值）$f_{rk}=140～500kPa$。

（4）粉土：粉土为塑性指数 I_p 小于或等于 10 且粒径大于 0.075mm 的颗粒含量不超过全重 50％的土。其性质介于砂土与黏性土之间。粉土的承载力为（标准值）$f_{rk}=105～410kPa$。

（5）黏性土：黏性土为塑性指数 I_p 大于 10 的土，按其塑性指数 I_p 值的大小又分为黏土（$I_p>17$）和粉质黏土（$10<I_p\leqslant 17$）两大类。黏性土的承载力为（标准值）$f_{rk}=105～475kPa$。

（6）人工填土：人工填土根据其组成和成因可分为素填土、压实填土、杂填土、冲填土。素填土为碎石土、砂土、粉土、黏性土等组成的填土；经过压实或夯实的素填土为压实填土；杂填土为含有建筑垃圾、工业废料、生活垃圾等杂物的填土；冲填土为水力冲填泥砂形成的填土。人工填土的承载力（标准值）为 $f_{rk}=65～160kPa$。

注：1kPa 约等于 0.1t/m²。

2. 地基应满足的几点要求

（1）强度方面的要求：即要求地基有足够的承载力。应优先考虑采用天然地基。

（2）变形方面的要求：即要求地基有均匀的压缩量，以保证有均匀的下沉。若地基下沉不均匀时，建筑物上部会产生开裂变形。

（3）稳定方面的要求：即要求地基有防止产生滑坡、倾斜方面的能力。必要时（特别是较大的高度差时）应加设挡土墙，以防止滑坡变形的出现。

3. 天然地基与人工地基

（1）天然地基：凡天然土层具有足够的承载能力，不需经过人工加固，可直接在其上部建筑房屋的土层。天然地基的土层分布及承载力大小由勘测部门实测提供。

（2）人工地基：当土层的承载力较差或虽然土层质地较好，但上部荷载过大时，为使地基具有足够的承载能力，应对土层进行加固。这种经过人工处理的土层叫人工地基。

人工地基的加固处理方法有以下几种：

1）压实法。利用重锤（夯）、碾压（压路机）和振动法将土层压实。这种方法简单易行，对提高地基承载力收效较大。

2）换土法。当地基土为淤泥、冲填土、杂填土及其他高压缩性土时，应采用换土法。

换土所用材料选用中砂、粗砂、碎石或级配石等空隙大、压缩性低、无侵蚀性的材料。换土范围由计算确定。

3）桩基。在建筑物荷载大、层数多、高度高、地基土又较松软时，一般应采用桩基。常见的桩基有以下几种：

①支承桩（柱桩、预制桩）。这种桩为钢筋混凝土预制桩，借助打桩机打入土中。这种桩的断面尺寸为300mm×300mm～600mm×600mm，其长度视需要而定，一般在6～12m之间。桩端应有桩靴，以保证支承桩能顺利地打入土层中。

②钻孔桩。这种桩是先利用钻孔机钻孔，然后放入钢筋骨架，最后浇筑混凝土而成。钻孔直径一般为300～500mm，桩长不超过12m。近期，广泛采用在钻孔桩内填灰土、砂石、砂子、碎石等做法，如CFG桩是采用水泥、粉煤灰、碎石制做的桩，其作用主要是挤密土壤。

③振动桩。这种桩是先利用打桩机把钢管打入地下，然后将钢管取出，最后放入钢筋骨架，并浇筑混凝土而成。其直径、桩长与钻孔桩相同。

④爆扩桩。这种桩由钻孔、引爆、浇筑混凝土而成。引爆的作用是将桩端扩大，以提高承载力。

采用桩基时，应在桩顶加做承台梁或承台板，以承托基础和墙柱。

图2-3为桩基组成，图2-4为支承桩，图2-5为钻孔桩，图2-6为爆扩桩。

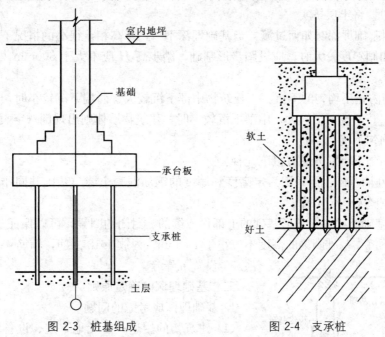

图2-3 桩基组成　　　　　　　　图2-4 支承桩

4. 地基特殊问题的处理

（1）地基中遇有坟坑如何处理：在基础施工中，若遇有坟坑，应全部挖出。并沿坟坑四周多挖300mm，然后夯实并回填3∶7灰土，遇潮湿土壤应回填级配砂石。最后按正规基础做法施工。

（2）基槽中遇有枯井怎么处理：在基槽转角部位遇有枯井，可以采用挑梁法，即用两个方向的横梁越过井口，上部可继续做基础墙，井内可以回填级配砂石。

（3）基槽中遇有沉降缝应怎样过渡：新旧基础连接并遇有沉降缝时，应在新基础上加做挑梁，使墙体靠近旧基础，通过挑梁解决不均匀下沉问题。

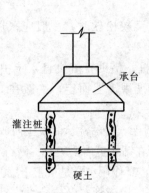

图 2-5　钻孔桩

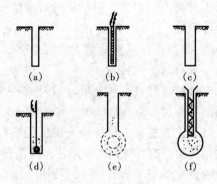

图 2-6　爆扩桩

(a) 钻成约 $\phi50$ 的导孔；(b) 放下炸药管；(c) 爆扩成孔清除松土；(d) 放下炸药包填入 50％桩头混凝土；(e) 爆成桩头；(f) 放钢筋骨架浇筑混凝土

（4）基槽中遇有橡皮土应如何处理：基槽中的土层含水量过多，饱和度达到 0.8 以上时，土壤中的孔隙几乎全充满水，出现软弹现象，这种土层叫橡皮土。遇有这种土层，要避免直接在土层上用夯打。处理方法应先晾槽，也可以掺入石灰末来降低含水量。或用碎石或卵石压入土中，将土层挤实。

（5）不同基础埋深时如何过渡：当基础埋深不一，标高相差很小的情况下，基础可作成斜坡处理。如倾斜度较大时，应设踏步形基础，踏步高 H 应不大于 500mm，踏步长度应大于或等于 $2H$。

（6）如何防止不均匀的下沉：当建筑物中部下沉较大、两端下沉较小时，建筑物墙体出现八字裂缝。若两端下沉较大，中部下沉较小时，建筑物墙体则出现倒八字裂缝。上述两种下沉均属不均匀下沉。

解决不均匀下沉的方法有以下几种：

1）作刚性墙基础：即采用一定高度和厚度的钢筋混凝土墙与基础共同作用，能均匀地传递荷载，调整不均匀沉降。

2）加设基础圈梁：在条形基础的上部作连续的、封闭的圈梁，可以保证建筑的整体性，防止不均匀下沉。基础圈梁的高度不应小于 180mm，内放 $4\phi12$ 主筋，箍筋 $\phi8$ 间距 200mm。

3）设置沉降缝。

三、基础埋深的确定原则

1. 基础埋深应考虑的问题

（1）建筑物的用途；有无地下室、设备基础和地下设施；基础的型式和构造；

（2）作用在地基上的荷载大小和性质；

（3）工程地质和水文地质条件；

（4）相邻建筑物的基础埋深（详见图 2-7）；

（5）地基土冻胀和融陷的影响。

2. 基础埋深的具体要求

（1）在满足地基稳定和变形要求的前提下，基础宜浅埋，当上层地基的承载力大于下层

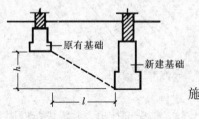

$\dfrac{h}{l} \leqslant 0.5 \sim 1$ 或 $l = 1.5h \sim 2.0h$

h—新建与原有建筑物基础底面标高之差；
l—新建与原有建筑物基础边缘的最小距离

图 2-7　相邻基础的关系

土时，宜利用上层土作持力层。除岩石地基外，基础埋深不宜小于 0.5m。

（2）高层建筑筏形和箱形基础的埋置深度应满足地基承载力、变形和稳定性要求。在抗震设防区，除岩石地基外，天然地基上的箱形和筏形基础其埋置深度不宜小于建筑物高度的 1/15；桩箱或桩筏基础的埋置深度（不计桩长）不宜小于建筑物高度的 1/18～1/20。位于岩石地基上的高层建筑，其基础埋深应满足抗滑要求。多层建筑的基础埋深约为建筑物高度的 1/10 左右。

（3）基础宜埋置在地下水位以上，当必须埋在地下水位以下时，应采取地基土在施工时不受扰动的措施。

当基础埋置在易风化的岩层上，施工时应在基坑开挖后立即铺筑垫层。

（4）当存在相邻建筑物时，新建建筑物的基础埋深不宜大于原有建筑基础。当埋深大于原有建筑基础时，两基础间应保持一定净距，其数值应根据原有建筑荷载大小、基础形式和土质情况确定。当上述要求不能满足时，应采取分段施工，设临时加固支撑、打板桩、地下连续墙等施工措施或加固原有建筑物地基。

（5）当基础埋深大于或等于 5m 或基础埋深大于或等于基础宽度的 4 倍时，叫深基础；基础埋深小于 5m 或基础埋深小于基础宽度的 4 倍时，叫浅基础。

四、基础宽度的确定原则

基础宽度的确定因素有：基础以上墙体和楼层传下来的总荷载 F；基础埋置深度范围内的基础自重和附土层重 G；地基承载力的标准值 $[f_{rk}]$，见图 2-8。基础底面压力计算公式如下：

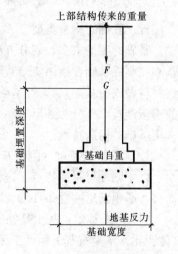

$$P=\frac{F+G}{A}\leqslant[f_{rk}]$$

式中　P——基底底面压力（kN）；

　　　　F——上部结构的荷载（kN/m^2）；

　　　　G——基础自重和基础周围的土重，由 b，h，$\bar{\gamma}$ 相乘而得。其中 b 为基础底面宽度；h 为基础自重计算高度；$\bar{\gamma}$ 为基础和周围土重的平均值，一般取 2kN/m^3；

　　　$[f_{rk}]$——地基承载力的标准值（kPa）；

　　　　A——基础宽度（m）。

图 2-8　基础宽度的确定

当基础为条形基础时，可截取单位长度（一般取 1m）来计算，因而可以直接求出基础宽度 A。

表 2-1 和表 2-2 分别提供了砌体结构房屋承重墙与非承重墙下条形基础的最小宽度，可供参考。

表 2-1　砌体结构房屋承重墙下条形基础宽度 A（m）

		地基耐压力（kN/m^2）						
		80	100	120	140	160	180	200
房	1 层	0.70	0.70	0.70	0.70	0.70	0.70	0.70
屋	2 层	1.20	0.85	0.70	0.70	0.70	0.70	0.70
总	3 层	1.80	1.30	1.00	0.85	0.70	0.70	0.70
层	4 层	—	1.70	1.35	1.10	1.00	0.80	0.70
数	5 层	—	—	1.70	1.40	1.20	1.00	0.90
	6 层	—	—	—	1.65	1.40	1.20	1.10

注：1. 本表适用于层高为 3m、开间为 3～3.6m，一般荷载等级的建筑。
　　2. 本表的基础埋深为 1.5m，如埋深＞1.5m，$[f_{rk}]\leqslant$120kPa 时，基础宽度应适当增加，加宽数值由计算确定。

表 2-2　砌体结构房屋非承重墙下条形基础宽度 A（m）

		地基耐压力（kN/m²）						
		80	100	120	140	160	180	200
房屋总层数	1 层	0.70	0.70	0.70	0.70	0.70	0.70	0.70
	2 层	0.70	0.70	0.70	0.70	0.70	0.70	0.70
	3 层	1.30	0.90	0.70	0.70	0.70	0.70	0.70
	4 层	—	1.25	1.00	0.80	0.70	0.70	0.70
	5 层	—	—	1.20	1.00	0.85	0.70	0.70
	6 层	—	—	—	1.20	1.20	0.90	0.80

注：1. 表中所列墙厚为 360mm，双面抹灰，无门窗洞口；

　　2. 如墙厚为 240mm，表中所列基础宽度可以相应减少 20%；

　　3. 如墙有门窗洞口时，表中所列基础宽度可相应减少 20%；

　　4. 任何情况下基础宽度不得小于 0.70m。

五、基础的构造类型

基础的类型很多，划分方法也不尽相同。从基础的材料及受力来划分，可分为无筋扩展基础（刚性基础，指用烧结普通砖、灰土、混凝土、三合土等受压强度大而受拉强度小的刚性材料做成的基础）、柔性基础（指用钢筋混凝土制成的受压、受拉均较强的基础）。从基础的构造型式，可分为条形基础、独立基础、筏形基础、箱形基础、桩基础等。下面介绍几种常用基础的构造特点。

1. 无筋扩展基础（刚性基础）

由于刚性材料的特点，这种基础只适合于受压而不适合受弯、受拉和抗剪，因此基础剖面尺寸必须满足刚性条件的要求。一般砌体结构房屋的基础常采用无筋扩展基础。

（1）灰土基础：灰土是经过消解后的生石灰和黏性土按一定的比例拌合而成，其配合比（体积比）常为石灰：黏性土＝3：7，俗称"三七"灰土。

灰土基础适合于 6 层和 6 层以下、地下水位较低的砌体结构房屋和墙体承重的工业厂房。灰土基础的厚度与建筑层数有关。4 层及 4 层以上的建筑物，一般采用 450mm；3 层及以下的建筑物，一般采用 300mm，夯实后的灰土厚度每 150mm 称为"一步"，300mm 可称为"两步"灰土。

灰土基础的优点是施工简便，造价较低，就地取材，可以节省水泥、砖石等材料。缺点是它的抗冻、耐水性能差，在地下水位线以下或很潮湿的地基上不宜采用。

（2）烧结普通砖基础：用做基础的烧结普通砖，其强度等级必须在 MU10 及以上，砂浆强度等级一般不低于 M5。图 2-9 是烧结普通砖基础的剖面图。基础墙的下部要做成阶梯形，以使上部的荷载能均匀地传到地基上。

烧结普通砖基础的阶梯放大的部分叫做"大放脚"。"大放脚"的计算方法将在后边介绍。

这种基础施工简便，适应面广。

为了节省"大放脚"的材料，可以在砖基础下部做灰土垫层，形成灰土砖基础（亦叫灰土基础，图 2-10）。

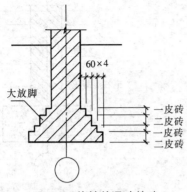

图 2-9　烧结普通砖基础

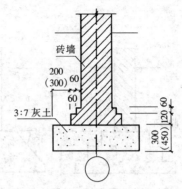

图 2-10　灰土砖基础

（3）毛石基础：毛石是指开采下来未经雕琢成形的石块，采用强度等级不小于 M5 砂浆砌筑的基础。毛石形状不规则，其质量与码石块的技术和砌筑方法关系很大，一般应搭板满槽砌筑。毛石基础厚度和台阶高度均不小于 100mm，当台阶多于两阶时，每个台阶伸出宽度不宜大于 200mm。为便于砌筑上部砖墙，可在毛石基础的顶面浇铺一层 60mm 厚、强度等级为 C10 的混凝土找平层。毛石基础的优点是可以就地取材，但整体性欠佳，故有震动的房屋很少采用（图 2-11）。

（4）三合土基础：这种基础是石灰、砂、骨料等三种材料，按 1：2：4～1：3：6 的体积比进行配合，然后在基槽内分层夯实，每层夯实前虚铺 220mm，夯实后净剩 150mm。三合土铺筑至设计标高后，在最后一遍夯打时，宜浇筑石灰浆，待表面灰浆略为风干后，再铺上一层砂子，最后整平夯实。这种基础在我国南方地区应用很广。它的造价低廉，施工简单，但强度较低，所以只能用于 4 层及 4 层以下房屋的基础（图 2-12）。

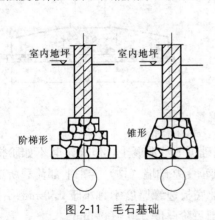

图 2-11　毛石基础

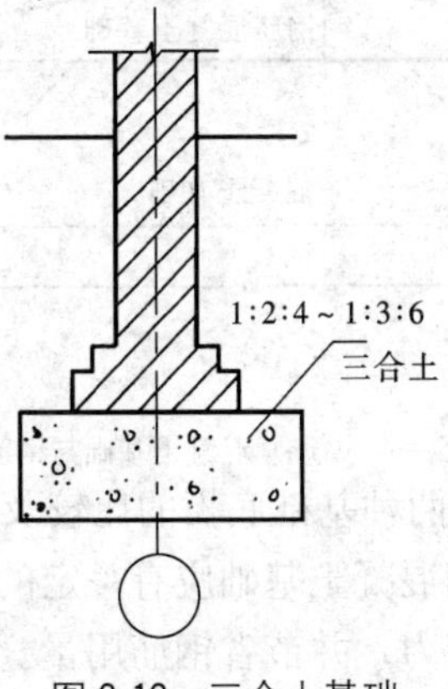

图 2-12　三合土基础

（5）混凝土基础：这是指用强度等级不低于 C15 的混凝土制作的基础。混凝土基础的优点是强度高，整体性好，不怕水。它适用于潮湿的地基或有水的基槽中。有阶梯形和锥形两种类型。

混凝土基础的厚度一般为 300～500mm，混凝土基础的宽高比为 1：1（图 2-13）。

（6）毛石混凝土基础：为了节约水泥用量，对于体积较大的混凝土基础，可以在浇筑混凝土时加入 20%～30% 的毛石，这种基础叫毛石混凝土基础。毛石的尺寸不宜超过 300mm。当基础埋深较大时，也可用毛石混凝土作成台阶形，每阶宽度不应小于 400mm。如果地下水对普通水泥有侵蚀作用时，应采用矿渣水泥或火山灰水泥拌制混凝土（图 2-14）。

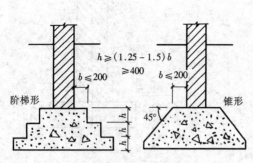

图 2-13 混凝土基础

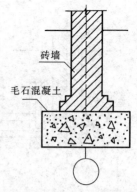

图 2-14 毛石混凝土基础

2. 柔性基础（钢筋混凝土基础）

柔性基础一般指钢筋混凝土基础。这种基础的做法应首先在基础底板下均匀浇筑一层素混凝土垫层，目的是保证基础钢筋和地基之间有足够的距离，以免钢筋锈蚀，而且还可以作为绑扎钢筋的工作面。垫层一般采用强度等级为 C10 素混凝土，厚度 100mm。垫层两边应伸出底板各 50mm。钢筋混凝土基础由底板及基础墙（柱）组成。现浇底板是钢筋混凝土的主要受力结构，其厚度和配筋数量均由计算确定。

（1）基础底板的类型：基础底板的外形一般有锥形和阶梯形两种（图 2-15，图 2-16）。

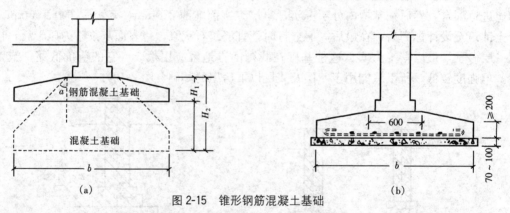

图 2-15 锥形钢筋混凝土基础

（a）混凝土基础与钢筋混凝土基础的埋深变化；（b）钢筋混凝土锥形基础的构成

（2）两种基础底板的比较及尺寸要求：锥形基础可节约混凝土，但浇筑时不如阶梯形方便。钢筋混凝土基础应有一定的高度，以增加基础承受基础墙（柱）传来上部荷载所形成的一种冲切力，并节省钢筋用量。一般墙下条形基础底板边缘厚度不宜小于 150mm；柱下锥形基础底部边缘厚度不宜小于 200mm；阶梯形基础每阶厚度 250～500mm。

（3）独立基础与柱子的连接：钢筋混凝土柱下独立基础与柱子一起浇筑，也可以作成杯口形，将预制柱插入。杯形基础的杯底厚度应大于或等于 200mm，杯壁厚 150～200mm，杯口深度应大于或等于柱子长边＋50mm，并大于或等于 500mm。为了便于柱子的安装和浇筑细石混凝土，杯上口和柱边的距离为 75mm，杯下口和柱边的距离为 50mm。杯底和杯口底之间一般留 50mm 的调整距离。施工时在杯口底及四周均用强度等级不小于 C20 的细石混凝土浇筑（图 2-17）。

（4）结构构造要求

《建筑地基基础设计规范》（GB 50007—2011）中规定：

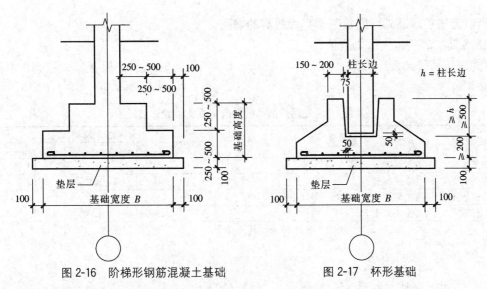

图 2-16　阶梯形钢筋混凝土基础　　　　　图 2-17　杯形基础

1）锥形扩展基础的边缘高度不宜小于 200mm，且两个方向的坡度不宜大于 1∶3；阶梯形扩展基础的每阶高度，宜为 300～500mm。

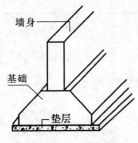

图 2-18　墙下钢筋混凝土
条形基础

2）扩展基础混凝土垫层的厚度不宜小于 70mm，垫层混凝土强度等级不宜小于 C10（图 2-18）。

3）柱下扩展基础受力钢筋的最小直径不应小于 10mm，间距应在 100～200mm 之间。墙下扩展基础纵向分布钢筋的直径不应小于 8mm，间距不应大于 300mm。

4）扩展基础的钢筋保护层：有垫层时不应小于 40mm，无垫层时不应小于 70mm。

5）扩展基础的混凝土强度等级不应低于 C20。

3. 其他类型的基础

（1）板式基础：又称为筏形基础，它是连片的钢筋混凝土基础，一般用于荷载集中，地基承载力差的建筑和高层建筑中（图 2-19）。

（2）箱形基础：当板式基础埋深较深，并有地下室时，一般采用箱形基础。箱形基础由底板、顶板和侧墙组成。这种基础整体性强，能承受很大的弯矩，主要用于高层建筑中（图 2-20）。

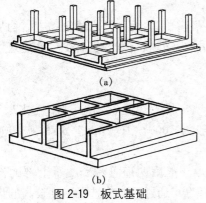

图 2-19　板式基础

（a）框架结构板式基础；（b）剪力墙结构板式基础

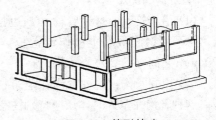

图 2-20　箱形基础

六、无筋扩展基础（刚性基础）大放脚的确定

1. 无筋扩展基础大放脚数值

《建筑地基基础设计规范》（GB 50007—2011）中规定的无筋扩展基础大放脚的数值详见表 2-3。

表 2-3　无筋扩展基础台阶宽高比的允许值

基础材料	质量要求	台阶宽高比的允许值		
		$p_k \leqslant 100$	$100 < p_k \leqslant 200$	$200 < p_k \leqslant 300$
混凝土基础	C15 混凝土	1：1.00	1：1.00	1：1.25
毛石混凝土基础	C15 混凝土	1：1.00	1：1.25	1：1.50
实心砖基础	实心砖不低于 MU10、砂浆不低于 M5	1：1.50	1：1.50	1：1.50
毛石基础	砂浆不低于 M5	1：1.25	1：1.50	—
灰土基础	体积比为 3：7 或 2：8 的灰土，其最小干密度： 粉土 1.55t/m³ 粉质黏土 1.50t/m³ 黏土 1.45t/m³	1：1.25	1：1.50	—
三合土基础	体积比 1：2：4～1：3：6 （石灰：砂：骨料），每层约虚铺 220mm，夯至 150mm	1：1.50	1：2.00	—

注：1. p_k 为荷载效应标准组合时基础底面处的平均压力值（kPa）；

　　2. 阶梯形毛石基础的每阶伸出宽度，不宜大于 200mm；

　　3. 当基础由不同材料叠合组成时，应对接触部分作抗压验算；

　　4. 基础底面处的平均压力值超过 300kPa 的混凝土基础，尚应进行抗剪验算。

2. 各种材料的大放脚宽高比值

（1）烧结普通砖：宽度 b 为 60mm，高度 h 有二皮（120mm）一皮（60mm）兼收，刚性角为 33°50′ 和二皮（120mm、120mm）等收，刚性角为 26°34′。前者用于一般基础，后者用于有地基梁的基础。

（2）混凝土：宽高比比值为 1：1，刚性角为 45°。常用的宽高尺寸均为 350～400mm。

（3）灰土：宽高比为 1：1.5，灰土高度常用 300mm 和 450mm 两种。300mm 用于 3 层及以下的建筑物，450mm 用于 4 层及以上的建筑物。

（4）毛石：宽高比值与混凝土宽高比值相同。

七、基础管沟

由于建筑内有采暖设备，这些设备的管线，在进入建筑物之前和进入建筑物之后均从管沟中通过，所以管沟是经常遇到的。这些管沟一般都沿内、外墙布置，也有少量从建筑物中间通过。图 2-21 是管沟的构造做法。

1. 管沟的类型

（1）沿墙管沟：这种管沟的一边是建筑物的基础墙，另一边是管沟墙，沟底用灰土垫层，沟顶用钢筋混凝土板作沟盖板。管沟的宽度一般为 1000～1600mm，深度为 1000～1700mm 之间（图 2-22）。

（2）中间管沟：这种管沟在建筑物的中部或室外，一般由两道管沟墙支承上部的沟盖板。这种管沟在室外时，还应特别注意是否过车，在有汽车通过时，应选择强度较高的沟盖板（图 2-23）。

（3）过门管沟：这是一种小沟。暖气的回水管线走在地上，遇有门口时，应将管线转入地下通过，需做过门管沟，这种管沟的断面尺寸为 400mm×400mm，上铺沟盖板（图 2-24）。

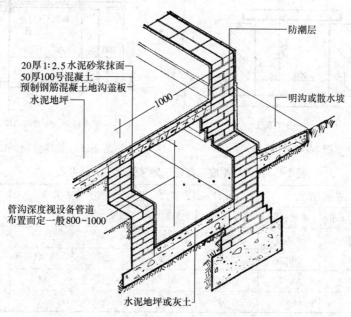

图 2-21　钢筋混凝土预制盖板管沟构造

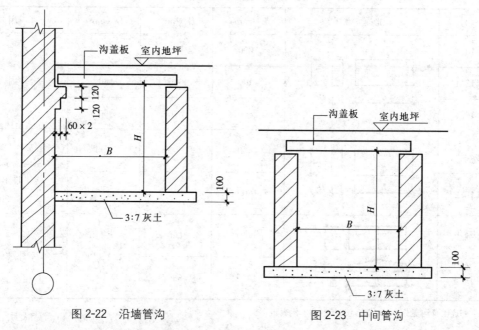

图 2-22　沿墙管沟　　　　　　　　图 2-23　中间管沟

2. 在设计和选用管沟时，一般应注意的几个问题

（1）管沟墙的厚度：基础管沟墙一般与沟深有关，选用时可以从表 2-4 中查找。

（2）沟盖板：沟盖板分为室内沟盖板、室外不过车沟盖板、室外过车沟盖板等几种规格。北京地区的沟盖板有表 2-5 所示几种情况。

（3）管沟穿墙洞口：在管沟穿墙洞口和管沟转角处应增加过梁或做砖券（图 2-25）。

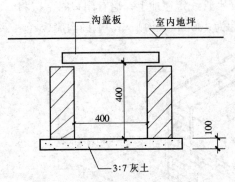

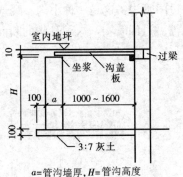

图 2-24 过门管沟   图 2-25 管沟穿墙洞口

表 2-4 管沟墙厚度、高度、砂浆强度等级参考表

管沟高度 (mm)	室 内 管 沟		室外不过车管沟		室外过车管沟		注
	墙厚（mm）	砂浆强度	墙厚（mm）	砂浆强度	墙厚（mm）	砂浆强度	
$H \leqslant 1000$	240	M2.5	240	M2.5	240	M5	
$H \leqslant 1200$	240	M2.5	240	M2.5	360	M5	砖的强度一律为 $\geqslant$MU7.5
$H \leqslant 1400$	360	M2.5	360	M2.5	360	M5	
$H \leqslant 1700$	—	—	360	M5	360	M5	

表 2-5 沟盖板的规格尺寸

代 号	形 状	L（mm）	B（mm）	D（mm）	应用
GB 10.1		1200	600	60	
GB 12.1		1400	600	60	室内
GB 16.1		1800	600	60	
GB 12.2		1400	600	100	室内、室外 不过车
GB 16.2		1800	600	100	
GB 12.3		1400	600	120~190	室外过车
GB 16.3		1800	600		

注：GB 代表沟盖板，10 代表 1000mm。1 代表板形。

复习思考题

1. 什么是地基？什么是基础？

2. 基础埋深如何确定？

3. 怎样区分无筋扩展（刚性）基础与柔性（钢筋混凝土）基础？

4. 地基加固的方法有几种？

5. 基础管沟的常用做法。

6. 什么是天然地基？什么是人工地基？

7. 什么是深基础？什么是浅基础？

第二节　墙　体　的　构　造

一、概述

在一般砌体结构房屋中，墙体是主要的承重构件。墙体的重量占建筑物总重量的 40%～45%，墙体的造价约占全部造价的 30%～40%。在其他类型的建筑中，墙体可能是承重构件，也可能是围护构件。但墙体所占的造价比重也较大。因而在建筑工程设计中，合理地选择墙体材料、确定结构方案和构造做法十分重要。

1. 墙体的作用

墙体在建筑物中的作用主要体现在以下几点：

（1）承重作用：砌体结构建筑中墙体要承受屋顶、楼板层、墙体自重以及人和设备等使用荷载。此外，砌体结构墙体和其他结构墙体还要承受风荷载、地震荷载等荷载。

（2）保温和节能作用：各种类型结构的墙体都要能够抵御自然界风、雨、雪、冰雹，噪声等的侵袭，还要有夏季减少过多的太阳能进入室内和冬季减少室内热量流失的功能。

（3）分隔作用：建筑物中的隔墙主要起到分隔空间和减少噪声干扰的功能。

（4）装饰作用：建筑物的墙体是建筑装修的重要组成部分，很多造型、装饰、色彩、配件都要通过墙体来实现。

2. 墙体应满足的要求

（1）具有足够的强度和稳定性。

（2）具有足够的热工性能，其中包括保温、隔热、节能、防止产生凝结水等。

（3）具有一定的隔声性能。

（4）具有一定的防火性能。

（5）适应工业化发展的要求。

3. 墙体的分类

（1）按材料分类

1）砖墙

《砌体结构设计规范》（GB 50003—2011）中规定的墙体材料有：

① 烧结普通砖、烧结多孔砖

A. 烧结普通砖：由煤矸石、页岩、粉煤灰或黏土为主要原料，经过焙烧而成的无孔洞的实心砖。分为烧结煤矸石砖、烧结页岩砖、烧结粉煤灰砖或烧结黏土砖等。基本尺寸为 240mm×115mm×53mm。强度代号为 MU，强度等级有 MU30、MU25、MU20、MU15 和 MU10 等几种。用于砌体结构的最低强度等级为 MU10。

B. 烧结多孔砖：由煤矸石、页岩、粉煤灰或黏土为主要原料，经过焙烧而成的。孔洞率不少于 35%，孔的尺寸小而数量多，主要用于承重部位的砖。强度代号为 MU，强度等级有 MU30、MU25、MU20、MU15 和 MU10 等几种。用于砌体结构的最低强度等级为 MU10。

注：北京市规定这些砖若使用黏土，其掺加量不得超过总量的25%。

② 蒸压灰砂普通砖、蒸压粉煤灰普通砖

A. 蒸压灰砂普通砖：以石灰等钙质材料和砂等硅质材料为主要原料，经坯料制备、压制排汽成型、高压蒸汽养护而成的无孔洞的实心砖。基本尺寸为 240mm×115mm×53mm。强度代号为 MU，强度等级有 MU25、MU20、MU15。用于砌体结构的最低强度等级为 MU15。

B. 蒸压粉煤灰普通砖：以石灰、消石灰（如电石渣）和水泥等钙质材料与粉煤灰等硅质材料及集料（砂等）为主要原料，掺加适量石膏，经坯料制备、压制排汽成型、高压蒸汽养护而成的无孔洞的实心砖。基本尺寸为 240mm×115mm×53mm。强度代号为 MU，强度等级有 MU25、MU20、MU15。用于砌体结构的最低强度等级为 MU15。

③ 空心砖

空心砖是自承重墙体的材料。强度代号为 MU，强度等级：MU10、MU7.5、MU5 和 MU3.5。用于砌体结构的最低强度等级为 MU7.5。

④ 混凝土普通砖、混凝土多孔砖

A. 混凝土普通砖：以水泥为胶凝材料，以砂、石等为主要集料，加水搅拌、养护制成的实心砖。强度等级有 MU30、MU25、MU20、MU15。主规格尺寸为 240mm×115mm×53mm 或 240mm×115mm×90mm。用于砌体结构的最低强度等级为 MU15。

B. 混凝土多孔砖：以水泥为胶凝材料，以砂、石等为主要集料，加水搅拌、养护制成的一种多孔的混凝土半盲孔砖。主规格尺寸为 240mm×115mm×90mm、240mm×190mm×90mm 或 190mm×190mm×90mm。强度等级有 MU30、MU25、MU20、MU15。用于砌体结构的最低强度等级为 MU15。

2）砌块墙

① 混凝土小型空心砌块（简称混凝土砌块或砌块）

混凝土小型空心砌块是以水泥、矿物掺合料、轻骨料（或部分轻骨料）、水等为原材料，经搅拌、压振成型、养护等工艺制成的主规格尺寸为 390mm×190mm×190mm，空心率为 25%～50% 的小型空心砌块。《混凝土小型空心砌块建筑技术规程》（JGJ/T 14—2011）中指出：普通混凝土空心小型砌块的强度等级应不低于 MU7.5，砌筑砂浆的强度等级应不低于 Mb7.5。8 度设防时允许建造高度为 18m，建造层数为 6 层。

② 轻集料混凝土砌块

采用陶粒、焦渣等轻集料制作的混凝土砌块，其强度等级为 MU10、MU7.5、MU5 和 MU3.5。用于砌体结构的最低强度等级为 MU3.5。

③ 蒸压加气混凝土砌块

《蒸压加气混凝土建筑应用技术规程》（JGJ/T 17—2008）中指出：

A. 蒸压加气混凝土砌块可用作承重墙体、非承重墙体和保温隔热材料。

B. 蒸压加气混凝土配筋板材除用于隔墙板外，还可做成屋面板、外墙板和楼板。

C. 加气混凝土强度等级的代号为 A，用于承重墙时的强度等级不应低于 A5。

D. 蒸压加气混凝土砌块应采用专用砂浆砌筑，砂浆代号为 Ma。

E. 地震区加气混凝土砌块横墙承重房屋总层数和总高度见表 2-6。

表 2-6　加气混凝土砌块横墙承重房屋总层数和总高度

强度等级	抗震设防烈度		
	6 度	7 度	8 度
A5	5 层（16m）	5 层（16m）	4 层（13m）
A7.5	6 层（19m）	6 层（19m）	5 层（16m）

注：房屋承重砌块的最小厚度不宜小于 250mm。

F. 下列部位不得采用加气混凝土制品：

（a）建筑物防潮层以下的外墙；

（b）长期处于浸水和化学侵蚀环境；

（c）承重制品表面温度经常处于 80℃ 以上的部位。

G. 蒸压加气混凝土砌块的密度级别与强度级别的关系见表 2-7。

表 2-7　蒸压加气混凝土砌块的密度级别与强度级别的关系

干体积密度级别		B03	B04	B05	B06	B07	B08
干体积密度 （kg/m³）	优等品≤	300	400	500	600	700	800
	合格品≤	325	425	525	625	725	825
强度级别	优等品≥	A1.0	A2.0	A3.5	A5.0	A7.5	A10.0
	合格品≥			A2.5	A3.5	A5.0	A7.5

注：1. 用于非承重墙，宜以 B05 级、B06 级、A2.5 级、A3.5 级为主；

　　2. 用于承重墙，宜以 A5.0 级为主；

　　3. 作为砌体保温砌块材料使用时，宜采用低密度级别的产品，如 B03 级、B04 级。

3）石材墙

石材的强度等级有 MU100、MU80、MU60、MU50、MU40、MU30 和 MU20 等。用于砌体结构的最低强度等级为 MU30。

4）各类墙体的砌筑砂浆

① 砌筑砂浆用于地上部位时，应采用混合砂浆；用于地下部位时，应采用水泥砂浆。砂浆的基本代号为 M，不同材料砌筑砂浆的标注还应注意小号（如 Ma、Mb、Ms 等）。

② 各类墙体所采用的砂浆品种和最低强度等级见表 2-8。

表 2-8　各类墙体所采用的砂浆品种和最低强度等级

墙体类型	砂浆代号	砂浆强度等级范围	最低强度等级
烧结普通砖、烧结多孔砖、蒸压灰砂普通砖和蒸压粉煤灰普通砖	M	M15、M10、M7.5、M5.0、M2.5	M5.0
混凝土普通砖、混凝土多孔砖、单排孔混凝土砌块和煤矸石混凝土砌块	Mb	Mb20、Mb15、Mb10、Mb7.5、Mb5	Mb5.0
蒸压灰砂普通砖和蒸压粉煤灰普通砖	Ms	Ms15、Ms10、Ms7.5、Ms5.0	Ms5.0
双排孔或多排孔轻集料混凝土砌块	Mb	Mb10、Mb7.5、Mb5.0	Mb5.0
空心砖	M	M15、M10、M7.5、M5、M2.5	M5
毛料石、毛石	M	M7.5、M5、M2.5	M5.0
蒸压加气混凝土砌块	Ma	A5、A7.5	A5

5）板材墙

板材墙有钢筋混凝土等重质板材和加气混凝土、泰柏板等轻质板材。重质板材主要用于承重墙，轻质板材多用于隔墙。

（2）按所在功能分类

墙体按所在位置一般分为外墙及内墙两大部分，每部分又各有纵、横两个方向，这样共形成四种墙体，即纵向外墙（又称檐墙）、横向外墙（又称山墙）、纵向内墙、横向内墙。

（3）按受力方式分类

1）横墙承重

楼板等荷载主要传给横向墙时，叫横墙承重，这种做法多用于住宅、宿舍等横墙较多的建筑中。

2）纵墙承重

楼板等荷载主要传给纵向墙时，叫纵墙承重。这种做法多用于中小学等纵墙较多的建筑中。

3）混合承重

楼板的荷载一部分传给纵向墙，另一部分传给横向墙时，叫混合承重。这种做法多用于中间有走廊或一侧有走廊的办公楼中（图 2-26）。

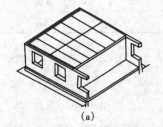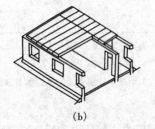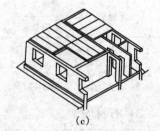

图 2-26　墙体的受力方式
(a) 横墙承重；(b) 纵墙承重；(c) 混合承重

（4）按受力特点分类

1）承重墙

这种墙体承受屋顶和楼板等构件传下来的垂直荷载和风力、地震力等水平荷载。由于承重墙所处的位置不同，又分为承重内墙和承重外墙。特点是墙下有条形基础。

2）承自重墙

这种墙体只承受墙体自身重量而不承受屋顶、楼板等竖直荷载。墙下亦有条形基础。

（5）按功能分类

1）围护墙

围护墙又称为填充墙。它起着防风、雪、雨的侵袭，并起着保温、隔热、隔声、防水等作用。它对保证房间内具有良好的生活环境和工作条件关系很大。砌体结构的围护墙是外墙，墙下有条形基础，框架结构的外墙墙体重量大多由梁承托并传给柱子或基础。

2）隔墙

这种墙体主要作用是分隔房间。隔墙应满足隔声的要求。这种墙的荷载大多由楼板（底层为地面）承托，底部不做基础。

（6）按构造做法分类

1）实心墙

可以采用单一材料（多孔砖、普通砖、石块、混凝土和钢筋混凝土等）或复合材料（钢筋混凝土与加气混凝土分层复合、实心砖与焦渣分层复合等）制作的不留空隙的墙体。

2）多孔砖、空心砖墙

这种墙体使用的多孔砖，其竖向孔洞虽然减少了砖的承压面积，但是砖的厚度增加，砖的承重能力与普通砖相比还略有增加。表观密度为 1350kg/m³（普通砖的表观密度为 1800kg/m³）。由于有竖向孔隙，所以外墙的保温能力有提高。这是由于空隙是静止的空气层所致。试验证明，190mm 的多孔砖墙，相当于 240mm 的普通砖墙的保温能力。空心砖主要用于框架结构的外围护墙和内分隔墙。目前在工程中广泛采用的陶粒空心砖就是一种较好的围护墙材料（图 2-27）。

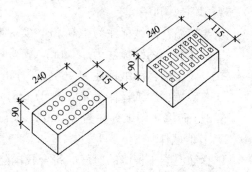

图 2-27 多孔砖的外观

3）空斗墙

空斗墙在我国民间流传很久。这种墙体的材料是普通砖。它的砌筑方法分斗砖与眠砖，砖竖放叫斗砖，平放叫眠砖。空斗墙不应在抗震设防地区中使用（图 2-28）。

4）复合墙

这种墙体多用于居住建筑，也可用于托儿所、幼儿园、医疗等小型公共建筑。墙体的主体结构为普通砖（多孔砖）或钢筋混凝土板材。在其内侧（称为内保温）或外侧（称为外保温）复合轻质保温材料。常用的保温材料有膨胀型聚苯乙烯板（EPS 板）、挤塑型聚苯乙烯板（XPS 板）、胶粉聚苯颗粒和硬泡聚氨酯（PU）等。主体结构采用普通砖或多孔砖墙时，其厚度为 200～240mm；采用钢筋混凝土板墙时，其厚度应不小于 180mm。保温材料的厚度随地区而改变，北京地区为 50～110mm，若作空气间层时，其厚度为 20mm（图 2-29）。

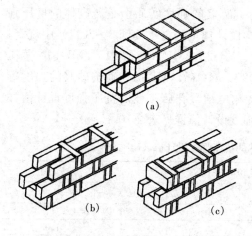

图 2-28 空斗墙
(a) 有眠空斗墙；(b)、(c) 无眠空斗墙

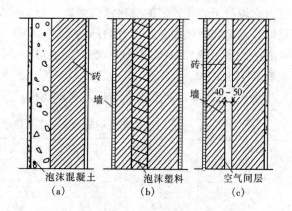

图 2-29 复合墙
(a) 保温层在外侧；(b) 夹芯构造；(c) 空气间层构造

4. 墙体厚度的确定

1) 实心砖墙

实心砖墙的厚度通常用砖的长度确定。我国现行实心砖的规格是 240mm×115mm×53mm（长×宽×厚），连同灰缝 10mm 在内，砖的规格形成长∶宽∶厚＝4∶2∶1 的关系。同时在 1m 长的墙体中有 4 个长度、8 个宽度、16 个厚度。这样在 1m³ 的砌体中砖的用量为 4×8×16＝512 块。砂浆用量为 0.26m³。

现行墙体厚度有：

① 半砖墙：图纸标注为 120mm，实际厚度为 115mm。

② 一砖墙：图纸标注为 240mm，实际厚度为 240mm。

③ 一砖半墙：图纸标注为 360(370)mm，实际厚度为 365mm。

④ 二砖墙：图纸标注为 490(500)mm，实际厚度为 490mm。

⑤ 3/4 砖墙：图纸标注为 180mm，实际厚度为 178mm。

2) 其他墙体

① 钢筋混凝土板墙的厚度应符合我国建筑模数制中分模数的规定，用于承重墙时为 160～180mm，用于隔墙时为 50mm。

② 加气混凝土墙体用于外围护墙时常用 200～250mm，用于隔墙时常用 100～150mm。

③ 混凝土小型砌块的墙厚与砌块规格有关，用于外墙时多为 190mm（图纸标注为 200mm），用于内墙时多为 90mm（图纸标注为 100mm）。

5. 墙体的砌合方法

墙体的砌合是指砌体在施工时的排列组合方法。墙体砌合的原则是"横平竖直、砂浆饱满、错缝搭接、避免通缝"，以保证砖墙的强度和稳定性。

常见的墙体砌合方式有：一顺一丁式、全顺式、顺丁相间式、多顺一丁式等（图 2-30）。

二、墙体应满足的几点要求

1. 结构要求

结构要求主要表现在强度和稳定性两个方面。

(1) 强度：砖墙的强度多采用验算的方法进行。砖墙的强度实质上是砖砌体的抗压强度，它取决于砖和砂浆的材料强度等级。《砌体结构设计规范》（GB 50003—2011）中规定，烧结普通砖和烧结多孔砖的材料强度等级有 MU30、MU25、MU20、MU15、MU10。蒸压灰砂砖和蒸压粉煤灰砖的强度等级有 MU25、MU20、MU15、MU10。砌筑砂浆的强度等级有 M15、M10、M7.5、M5、M2.5。烧结普通砖和烧结多孔砖砌体的抗压强度设计值详见表 2-9。蒸压灰砂砖和蒸压粉煤灰砖砌体的抗压强度设计值详见表 2-10。

表 2-9　烧结普通砖和烧结多孔砖砌体的抗压强度设计值（MPa）

砖强度等级	砂浆强度等级					砂浆强度
	M15	M10	M7.5	M5	M2.5	0
MU30	3.94	3.27	2.93	2.59	2.26	1.15
MU25	3.60	2.98	2.68	2.37	2.06	1.05
MU20	3.22	2.67	2.39	2.12	1.84	0.94
MU15	2.79	2.31	2.07	1.83	1.60	0.82
MU10	—	1.89	1.69	1.50	1.30	0.67

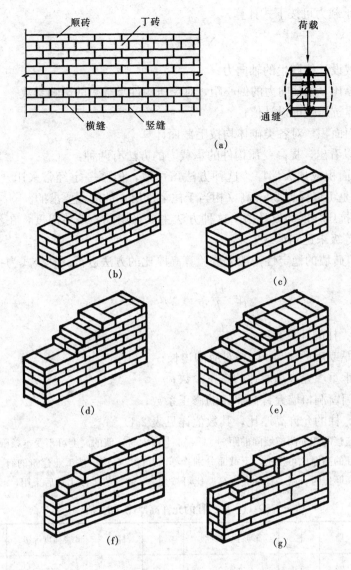

图 2-30   墙体的砌合

（a）砖缝形式；（b）一顺一丁式；（c）多顺一丁式；（d）顺丁相间式；

（e）365 墙砌法；（f）115 墙砌法；（g）178 墙砌法

表 2-10   蒸压灰砂砖和蒸压粉煤灰砖砌体的抗压强度设计值（MPa）

砖强度等级	砂浆强度等级				砂浆强度
	M15	M10	M7.5	M5	0
MU25	3.60	2.98	2.68	2.37	1.05
MU20	3.22	2.67	2.39	2.12	0.94
MU15	2.79	2.31	2.07	1.83	0.82
MU10	—	1.89	1.69	1.50	0.67

受压构件的承载力可按下式计算：

$$N \leqslant \varphi \cdot f \cdot A$$

式中　N——荷载设计值产生的轴向力；

　　　φ——高厚比 β 和轴向力的偏心距 e 对受压构件承载力的影响系数；

　　　f——砌体抗压强度设计值；

　　　A——截面面积，对各类砌体均按毛截面计算。

通过上式可以看出，提高受压构件的承载力的方法有两种：

1）加大截面面积或加大墙厚。这种方法虽可取，但不一定经常采用。工程实践表明，240mm 厚的砖墙是可以保证 20m 高（相当于住宅六层）的承载要求的。

2）提高砌体抗压强度的设计值。这种方法主要采用同一墙体厚度，在不同部位通过改变砖和砂浆强度等级来达到承载要求。

（2）稳定性：砖墙的稳定性一般采取验算高厚比的方法进行。其公式为：

$$\beta = \frac{H_0}{h} \leqslant \mu_1 \cdot \mu_2 \cdot [\beta]$$

式中　H_0——墙、柱的计算高度；

　　　h——墙厚或矩形柱与 H_0 相对应的边长；

　　　μ_1——自承重墙允许高厚比的修正系数；

　　　μ_2——有门窗洞口墙允许高厚比的修正系数；

　　　$[\beta]$——墙、柱的允许高厚比，其数值详见表 2-11。

注：1. 当与墙连接的相邻两横墙间的距离 $s \leqslant \mu_1 \mu_2 [\beta] h$ 时，墙的高度可不受本条限制；

　　2. 变截面柱的高厚比可按上、下截面分别验算，其计算高度应按工业建筑的有关规定采用。验算上柱的高厚比时，墙、柱的允许高厚比可按表 2-8 的数值乘以 1.3 后采用。

表 2-11　墙、柱的允许高厚比 [β] 值

砂浆强度等级	墙	柱	砂浆强度等级	墙	柱	砂浆强度等级	墙	柱
M2.5	22	15	M5.0	24	16	≥M7.5	26	17

注：1. 毛石墙、柱允许高厚比应按表中数值降低 20%；

　　2. 组合砖砌体构件的允许高厚比，可按表中数值提高 20%，但不得大于 28；

　　3. 验算施工阶段砂浆尚未硬化的新砌砌体高厚比时，允许高厚比对墙取 14，对柱取 11。

从上式可以看出，砂浆强度等级愈高，则允许高厚比值愈大。提高砖墙稳定性可以降低墙体高度或加大墙厚。

2. 保温与节能要求

墙体的保温因素，主要表现在阻止热量传出的能力和防止在墙体表面和内部产生凝结水的能力两大方面。墙体的节能主要体现在以下的各个方面，如体形系数、窗墙面积比、限制传热系数（热阻）、限制凸窗的设置、采取适合节能的构造措施等。

（1）建筑气候分区对建筑的基本要求

建筑气候分区对建筑的基本要求应符合表 2-12 的规定。

表 2-12 不同分区对建筑的基本要求

分区名称		热工分区名称	气候主要指标	建筑的基本要求
I	I A I B I C I D	严寒地区	1月平均气温≤−10℃ 7月平均气温≤25℃ 7月平均相对湿度≥50%	1. 建筑物必须满足冬季保温、防寒、防冻等要求 2. I A、I B区应防止冻土、积雪对建筑物的危害 3. I B、I C、I D区的西部，建筑物应防冰雹、防风沙
II	II A II B	寒冷地区	1月平均气温−10~0℃ 7月平均气温18~28℃	1. 建筑物应满足冬季保温、防寒、防冻等要求，夏季部分地区应兼顾防热； 2. II A区建筑物应防热、防潮、防暴风雨，沿海地带应防盐雾侵蚀
III	III A III B III C	夏热冬冷地区	1月平均气温0~10℃； 7月平均气温25~30℃	1. 建筑物必须满足夏季防热、遮阳、通风降温要求，冬季应兼顾防寒； 2. 建筑物应防雨、防潮、防洪、防雷电； 3. III A区应防台风、暴雨袭击及盐雾侵蚀
IV	IV A IV B	夏热冬暖地区	1月平均气温>10℃； 7月平均气温25~29℃	1. 建筑物必须满足夏季防热、遮阳、通风、防雨要求； 2. 建筑物应防暴雨、防潮、防洪、防雷电； 3. IV A区应防台风、暴雨袭击及盐雾侵蚀
V	V A V B	温和地区	7月平均气温18~25℃； 1月平均气温0~13℃	1. 建筑物应满足防雨和通风要求； 2. V A区建筑物应注意防寒，V B区应特别注意防雷电
VI	VI A VI B	严寒地区	7月平均气温<18℃； 1月平均气温0~−22℃	1. 热工应符合严寒和寒冷地区相关要求； 2. VI A、VI B应防冻土对建筑物地基及地下管道的影响，并应特别注意防风沙； 3. VI C区的东部，建筑物应防雷电
	VI C	寒冷地区		
VII	VII A VII B VII C	严寒地区	7月平均气温≥18℃； 1月平均气温−5~−20℃； 7月平均相对湿度<50%	1. 热工应符合严寒和寒冷地区相关要求； 2. 除VII D区外，应防冻土对建筑物地基及地下管道的危害； 3. VII B区建筑物应特别注意积雪的危害； 4. VII C区建筑物应特别注意防风沙，夏季兼顾防热； 5. VII D区建筑物应注意夏季防热，吐鲁番盆地应特别注意隔热、降温
	VII D	寒冷地区		

（2）冬季保温设计要求

《民用建筑热工设计规范》（GB 50176—93）中指出：

1）建筑物宜设在避风、向阳地段、尽量争取主要房间有较多日照。

2）建筑物的外表面积与其包围的体积之比（体形系数）应尽可能地小。平、立面不宜出现过多的凹凸面。

3）室温要求相近的房间宜集中布置。

4）严寒地区居住建筑不应设冷外廊和开敞式楼梯间，公共建筑主入口处应设置转门、热风幕等避风设施。寒冷地区居住建筑和公共建筑宜设置门斗。

5）严寒和寒冷地区北向窗户的面积应予控制，其他朝向的窗户面积也不宜过大，应尽量减少窗户缝隙长度，并加强窗户的密闭性。

6）严寒和寒冷地区的外墙和屋顶应进行保温验算，保证不低于所在地区要求的总热阻值。

7）热桥部分（主要传热渠道）应通过保温验算，并作适当的保温处理。

（3）夏季防热设计要求

《民用建筑热工设计规范》（GB 50176—93）中指出：

1）建筑物的夏季防热应采取环境绿化、自然通风、建筑遮阳和围护结构隔热等综合性措施。

2）建筑物的总体布置，单体的平、剖面设计和门窗的设置，应有利于自然通风，并尽量避免主要房间受东、西日晒。

3）南向房间可利用上层阳台、凹廊、外廊等达到遮阳目的。东、西向房间可适当采用固定或活动式遮阳设施。

4）屋顶、东西外墙的内表面温度应保证满足隔热设计标准要求。

5）为防止潮霉季节地面泛潮，底层地面宜采用架空做法。地面面层宜选用微孔吸湿材料。

6）围护结构的隔热措施有：

① 外表面做浅色饰面。

② 设置通风间层，如通风屋顶、通风墙（空气间层厚 20～50mm）等。

③ 采用空心墙体，如多孔混凝土、轻骨料空心砌块等。

④ 复合墙体的内侧宜采用砖或混凝土等重质材料。

⑤ 设置带铝箔的封闭空气间层（可以减少辐射传热）。当为单面铝箔空气间层时，铝箔宜设置在温度较高的一侧。

⑥ 采用 150～200mm 的蓄水屋顶、屋顶绿化、墙面垂直绿化等。

⑦ 为防止霉潮季节湿空气在地面冷凝泛潮，地面下部宜采用保温措施或架空做法，地面面层宜采用微孔吸湿材料。

（4）严寒和寒冷地区居住建筑的节能设计要求

《严寒和寒冷地区居住建筑节能设计标准》（JGJ 26—2010）中规定：

1）严寒和寒冷地区的子气候区的代表城市：

① 严寒地区

A. 严寒 A 区（ⅠA）：代表城市有图里河、海拉尔、漠河、黑河等。

B. 严寒 B 区（ⅠB）：代表城市有哈尔滨、二连浩特、安达、鸡西等。

C. 严寒 C 区（ⅠC）：代表城市有呼和浩特、沈阳、长春、德钦、西宁、乌鲁木齐等。

② 寒冷地区

A. 寒冷 A 区（ⅡA）：代表城市有徐州、亳州、拉萨、西安、兰州、银川等。

B. 寒冷 B 区（ⅡB）：代表城市有北京、天津、石家庄、太原、济南等。

2）居住建筑采暖度日数（HDD18）和空调度日数（CDD26）的控制范围

居住建筑采暖度日数（HDD18）和空调度日数（CDD26）的控制范围详表2-13所示。

表2-13　严寒和寒冷地区居住建筑的采暖度日数和空调度日数

	气　候　子　区	分　区　依　据
严寒地区 （Ⅰ区）	严寒（A）区（冬季异常寒冷、夏季凉爽）	6000≤HDD18
	严寒（B）区（冬季非常寒冷、夏季凉爽）	5000≤HDD18<6000
	严寒（C）区（冬季很寒冷、夏季凉爽）	3800≤HDD18<5000
寒冷地区 （Ⅱ区）	寒冷（A）区（冬季寒冷、夏季凉爽）	2000≤HDD18<3800，CDD≤90
	寒冷（B）区（冬季寒冷、夏季热）	2000≤HDD18<3800，CDD26>90

注：北京地区属于寒冷（B）区（HDD为2699，CDD为94）。

3）居住建筑的总体设计

①居住建筑群的总体布置，单体建筑的平、立面设计和门窗的设置，应考虑冬季利用日照并避开冬季主导风向。

②建筑物宜朝向南北或接近朝向南北。建筑物不宜设有三面外墙的房间，一个房间不宜在不同方向的墙面上设置两个或更多的窗。

4）居住建筑的体形系数

居住建筑的体形系数不应大于表2-14规定的限值，当体形系数大于其规定的限值时，则必须进行围护结构热工性能的权衡判断。

表2-14　严寒和寒冷地区居住建筑的体形系数限值

地　　区	建　筑　层　数			
	≤3层	4～8层	9～13层	≥14层
严寒地区	0.50	0.30	0.28	0.25
寒冷地区	0.52	0.33	0.30	0.26

5）居住建筑的窗墙面积比

建筑物的窗墙面积比不应大于表2-15的规定，当窗墙面积比大于其规定的限值时，则必须进行围护结构热工性能的权衡判断。在权衡判断时，各朝向窗墙面积比最大也只能比表2-15中的对应值大0.1。

表2-15　严寒和寒冷地区居住建筑的窗墙面积比限值

朝　　向	窗墙面积比	
	严寒地区	寒冷地区
北	0.25	0.30
东、西	0.30	0.35
南	0.45	0.50

注：1. 敞开式阳台的阳台门上部透明部分计入窗户面积，下部不透明部分不计入窗户面积。

2. 表中的窗墙面积比按开间计算。表中的"北"代表从北偏东小于60°至北偏西小于60°的范围，"东、西"代表从东或西偏北小于等于30°至偏南小于60°的范围，"南"代表从南偏东小于等于30°至偏西小于等于30°的范围。

6）居住建筑围护结构的传热系数和热阻限值

①各气候子区居住建筑的屋面、外墙、架空或外挑楼板、非采暖地下室顶板、分隔采暖与非采暖空间的隔墙、分隔采暖与非采暖空间的户门、阳台门下部门芯板、外窗的传热系数K［W/（m²·K）］应满足规范的规定。

② 各气候子区居住建筑围护结构的周边地面和地下室外墙（与土壤接触的外墙）的保温材料层热阻 R [（m² · K）/W] 应满足有关规范的规定。

③ 寒冷（B）区外窗综合遮阳系数应满足有关规范的规定。

7）居住建筑的构造要求

① 楼梯间及外走廊与室外连接的开口处应设置窗或门，且该窗或门应能密闭。严寒（A）区和严寒（B）区的楼梯间宜采暖，设置采暖的楼梯间的外墙和外窗应采取保温措施。

② 寒冷（B）区建筑的南向外窗（包括阳台的透明部分）宜设置水平遮阳或活动遮阳。东、西向的外窗宜设置活动遮阳。

③ 居住建筑不宜设置凸窗。严寒地区除南向外不应设置凸窗，寒冷地区北向的卧室、起居室不得设置凸窗。当设置凸窗时，凸窗突出（从外墙面至凸窗外表面）不应大于 400mm。凸窗的传热系数限值应比普通窗降低 15%，且其不透明的顶部、底部、侧面的传热系数应小于或等于外墙的传热系数。当计算窗墙面积比时，凸窗的窗面积和凸窗所占的墙面积应按窗洞口面积计算。

④ 外窗及敞开式阳台门应具有良好的密闭性能，具体规定为：

A. 严寒地区外窗及敞开式阳台门的气密性等级不应低于国家标准《建筑外门窗气密、水密、抗风压性能分级及检测方法》（GB/T 7016—2008）中规定的 6 级。

B. 寒冷地区 1~6 层的外窗及敞开式阳台门的气密性等级不应低于国家标准《建筑外门窗气密、水密、抗风压性能分级及检测方法》（GB/T 7016—2008）中规定的 4 级，7 层及 7 层以上不应低于 6 级。

⑤ 封闭式阳台的保温应符合下列规定：

A. 阳台和直接连通的房间之间应设置隔墙和门、窗。

B. 当阳台和直接连通的房间之间不设置隔墙和门、窗时，应将阳台作为所连通房间的一部分。阳台与室外空气接触的墙板、顶板、地板的传热系数必须符合围护结构热工性能的相关要求，阳台的窗墙面积比也应符合围护结构热工性能的相关要求。

C. 当阳台和直接连通的房间之间设置隔墙和门、窗，且所设隔墙、门、窗的传热系数不大于相关限值，窗墙面积比不超过规定的限值时，可不对阳台外表面作特殊热工要求。

D. 当阳台和直接连通的房间之间设置隔墙和门、窗，且所设隔墙、门、窗的传热系数大于相关规定时，阳台与室外空气接触的墙板、顶板、地板的传热系数不应大于规定数值的 120%，严寒地区阳台窗的传热系数不应大于 2.5W/（m² · K），寒冷地区阳台窗的传热系数不应大于 3.1W/（m² · K），阳台外表面的窗墙面积比不应大于 60%。阳台和直接连通房间隔墙的窗墙面积比不应超过规范规定的限值，当阳台的面宽小于直接连通房间的开间宽度时，可按房间的开间计算隔墙的窗墙面积比。

⑥ 外窗（门）框与墙体之间的缝隙，应采用高效保温材料填堵，不应采用普通水泥砂浆补缝。

⑦ 外窗（门）洞口室外部分的侧墙面应作保温处理，并应保证窗（门）洞口室内部分的侧墙面的内表面温度不低于室内空气设计温、湿度条件下的露点温度，减少附加热损失。

⑧ 外墙与屋面的热桥部位均应进行保温处理，以保证热桥部位的内表面温度不低于室内空气设计温、湿度条件下的露点温度，减小附加热损失。

⑨ 地下室外墙应根据地下室的不同用途，采取合理的保温措施。

（5）夏热冬冷地区的节能设计要求

《夏热冬冷地区居住建筑节能设计标准》（JGJ 134—2010）中指出：

1）夏热冬冷地区的范围和代表性城市

夏热冬冷地区指的是我国长江中下游及其周围地区。涉及 16 个省、直辖市和自治区。代表城市有上海、重庆两个直辖市及江苏南京、浙江杭州、湖南长沙、湖北武汉、江西南昌、四川成都等省会城市。

2）居住建筑的总平面设计

① 建筑群的总体布置、单体建筑的平面布置与立面设计应有利于自然通风。

② 建筑物宜朝向南北或接近朝向南北。

3）居住建筑的体形系数

夏热冬冷地区居住建筑的体形系数应符合表 2-16 的规定，当体形系数不满足其规定，则必须进行建筑围护结构热工性能的综合判断。

表 2-16　夏热冬冷地区居住建筑的体形系数限值

建筑层数	≤3 层	（4～11）层	≥12 层
体形系数	0.55	0.40	0.35

4）居住建筑的传热系数和热惰性指标

居住建筑的屋面、外墙、底面接触室外空气的架空或外挑楼板、分户墙、室内楼板、楼梯间隔墙、外走廊隔墙、户门、外窗（含阳台透明部分）的传热系数 K [W/（m²·K）] 应满足不同热惰性指标规定的数值。

5）窗墙面积比与综合遮阳系数

① 不同朝向的外窗（包括阳台门的透明部分）的窗墙面积比不应超过表 2-17 的规定。

表 2-17　不同朝向的外窗（包括阳台门的透明部分）的窗墙面积比

朝向	窗墙面积比	朝向	窗墙面积比
北	0.40	南	0.45
东、西	0.35	每套房间允许一个房间（不分朝向）	0.60

② 不同朝向、不同窗墙面积比的外窗传热系数不应大于表 2-17 规定的限值。综合遮阳系数应符合表 2-18 的规定。当外窗为凸窗时，凸窗的传热系数应比表 2-18 规定的限值小 10%。计算窗墙面积比时，凸窗的面积按洞口面积计算。当设计建筑的窗墙面积比或传热系数、遮阳系数不符合表 2-17 和表 2-18 的规定时，必须进行建筑围护结构热工性能的综合判断。

表 2-18　不同朝向、不同窗墙面积比的外窗传热系数和综合遮阳系数限值

体形系数	窗墙面积比	传热系数 K [W/（m²·K）]	外窗综合遮阳系数 S_{CW}（东、西向/南向）
体形系数≤0.40	窗墙面积比≤0.20	4.7	—
	0.20<窗墙面积比≤0.30	4.0	—
	0.30<窗墙面积比≤0.40	3.2	夏季≤0.40/夏季≤0.45
	0.40<窗墙面积比≤0.45	2.8	夏季≤0.35/夏季≤0.40
	0.45<窗墙面积比≤0.60	2.5	东、西、南向设置外遮阳 夏季≤0.25　冬季≥0.60

体形系数	窗墙面积比	传热系数 K [W/ (m²·K)]	外窗综合遮阳系数 S_{CW} (东、西向/南向)
体形系数>0.40	窗墙面积比≤0.20	4.0	—
	0.20<窗墙面积比≤0.30	3.2	—
	0.30<窗墙面积比≤0.40	2.8	夏季≤0.40/夏季≤0.45
	0.40<窗墙面积比≤0.45	2.5	夏季≤0.35/夏季≤0.40
	0.45<窗墙面积比≤0.60	2.3	东、西、南向设置外遮阳 夏季≤0.25 冬季≥0.60

注：1. 表中的"东、西"代表从东或西偏北30°（含30°）至偏南60°（含60°）的范围，"南"代表从南偏东30°至偏西30°的范围。
　　2. 楼梯间、外走廊的窗不按本表规定执行。

③ 东偏北30°至东偏南60°，西偏北30°至西偏南60°范围的外窗应设置挡板式遮阳或可以遮住窗户正面的活动外遮阳，南向的外窗宜设置水平遮阳或可以遮住窗户正面的活动外遮阳。各朝向的窗户，当设置了可以遮住正面的活动外遮阳（如卷帘、百叶窗等）时，应认定满足表2-15对外窗遮阳的要求。

6）构造要求

① 外窗可开启面积（含阳台门面积）不应小于外窗所在房间地面面积的5%，多层住宅外窗宜采用平开窗。

② 建筑物1～6层的外窗及敞开式阳台门的气密性等级，不应低于现行国家标准《建筑外门窗气密、水密、抗风压性能分级及其检测方法》（GB/T 7016—2008）规定的4级；7层及7层以上的外窗及敞开式阳台门的气密性等级，不应低于该标准规定的6级。

③ 当外窗采用凸窗时，应符合下列规定：

A. 窗的传热系数限值应比表2-18的相应数值小10%；

B. 计算窗墙面积比时，凸窗的面积按窗洞口面积计算；

C. 对凸窗不透明的上顶板、下底板和侧板，应进行保温处理，且板的传热系数不应低于外墙的传热系数的限值要求。

④ 围护结构的外表面宜采用浅色饰面材料。平屋顶宜采取绿化、涂刷隔热涂料等隔热措施。

⑤ 当采用分体式空气调节器（含风管机、多联机）时，室外机的安装位置应符合下列规定：

A. 应稳定牢固，不应存在安全隐患；

B. 室外机的换热器应通风良好，排出空气与吸入空气之间应避免气流短路；

C. 应便于室外机的维护；

D. 应尽量减小对周围环境的热影响和噪声影响。

（6）夏热冬暖地区的节能设计要求

《夏热冬暖地区居住建筑节能设计标准》（JGJ 75—2012）中指出：

1）夏热冬暖地区的范围和代表性城市

夏热冬暖地区指的是我国广东、广西、福建、海南等省、自治区。代表性城市有广州、南宁、福州、海口等。这个地区的特点是夏季炎热干燥、冬季温和多雨。夏热冬暖地区的子气候区分为北区和南区。

① 夏热冬暖地区的北区：建筑节能设计应主要考虑夏季空调，兼顾冬季采暖。代表城市有柳州、英德、龙岩等；

② 夏热冬暖地区的南区：建筑节能设计应考虑夏季空调，可不考虑冬季采暖。代表城市有南宁、百色、凭祥、漳州、厦门、广州、汕头、香港、澳门等。

2）设计指标

① 夏季空调室内设计计算温度为26℃，计算换气次数1.0次/h；

② 北区冬季采暖室内设计计算温度为16℃，计算换气次数1.0次/h。

3）建筑总体设计

① 建筑群的总体规划应有利于自然通风和减轻热岛效应。建筑的平面和立面设计应有利于自然通风。

② 居住建筑的朝向宜采用南北向或接近南北向。

4）体形系数

夏热冬暖地区居住建筑的体形系数见表2-19。

表2-19 夏热冬暖地区居住建筑的体形系数

区 域	住宅类型	
北区	单元式、通廊式住宅	塔式住宅
	不宜大于0.35	不宜大于0.40

5）窗墙面积比

夏热冬暖地区居住建筑各朝向的单一朝向窗墙面积比，南、北向不应大于0.40；东、西向不应大于0.30。

6）窗地面积比

① 建筑的卧室、书房、起居室等主要房间的窗地面积比不应小于1/7。当房间的窗地面积比小于1/5时，外窗玻璃的可见光透射比不应小于0.40。

② 居住建筑的天窗面积不应大于屋顶总面积的4%，传热系数 K 不应大于4.0 W/(m² · K)，遮阳系数 SC 不应大于0.40。

7）居住建筑屋顶和外墙的传热系数和热惰性指标

居住建筑屋顶和外墙的传热系数 K 和热惰性指标 D 应符合表2-20的规定。

表2-20 居住建筑屋顶和外墙的传热系数 K 和热惰性指标 D

屋 顶	外 墙
0.4<K≤0.9，D≥2.5	2.0<K≤2.5，D≥3.0 或 1.5<K≤2.0，D≥2.8 或 0.7<K≤1.5，D≥2.5
K≤0.4	K≤0.7

注：1. <2.5的轻质屋顶和东、西墙，还应满足现行国家标准《民用建筑热工设计规范》（GB 50176—93）所规定的隔热要求。

2. 外墙传热系数 K 和热惰性指标 D 要求中，2.0<K≤2.5，D≥3.0这一档仅适用于南区。

8）居住建筑外窗的平均传热系数和平均综合遮阳系数

居住建筑外窗的平均传热系数 K 和平均综合遮阳系数 S_w 的限值应符合规范的规定。

9）居住建筑的遮阳

① 居住建筑的东、西向外窗必须采取建筑外遮阳措施，建筑外遮阳系数 SD 不应大于 0.8。

② 居住建筑南、北向外窗应采取建筑外遮阳措施，建筑外遮阳系数 SD 不应大于 0.9。当采用水平、垂直或综合建筑外遮阳构造时，外遮阳构造的挑出长度不应小于表 2-21 的规定。

表 2-21　建筑外遮阳构造的挑出长度限值（m）

朝向	南向			北向		
遮阳形式	水平	垂直	综合	水平	垂直	综合
北区	0.25	0.20	0.15	0.40	0.25	0.15
南区	0.30	0.25	0.15	0.45	0.30	0.20

③ 窗口的建筑外遮阳系数 SD，北区建筑应取冬季和夏季建筑外遮阳系数的平均值，南区应取夏季的建筑外遮阳系数。窗口上方的上一楼层阳台和外廊应作为水平遮阳计算；同一立面对相邻立面上的多个窗口形成自遮挡时应逐一进行窗口计算。典型形式的建筑外遮阳系数可按表 2-22 取值。

表 2-22　典型形式的建筑外遮阳系数 SD

遮阳形式	建筑外遮阳系数 SD
可完全遮挡直射阳光的固定百叶、固定挡板、遮阳板等	0.5
可基本遮挡直射阳光的固定百叶、固定挡板、遮阳板等	0.7
较密的花格	0.7
可完全覆盖窗的不透明活动百叶、金属卷帘	0.5
可完全覆盖窗的织物卷帘	0.7

注：位于窗口上方的上一楼层的阳台也作为遮阳板考虑。

10）居住建筑的通风

① 外窗（包含阳台门）的通风开口面积不应小于房间地面面积的 10% 或外窗面积的 45%。

② 居住建筑应能自然通风，每户至少应有 1 个居住房间通风开口和通风路径的设计满足自然通风要求。

③ 居住建筑 1～9 层外窗的气密性能不应低于国家标准《建筑外门窗气密、水密、抗风压性能分级及检测方法》（GB/T 7016—2008）中规定的 4 级水平；10 层及 10 层以上外窗的气密性能应满足该规范规定的 6 级水平。

11）居住建筑的屋顶和外墙宜采用下列隔热措施：

① 反射隔热外饰面；

② 屋顶内设置贴铝箔的封闭空气间层；

③ 用含水多孔材料做屋面或外墙面的面层；

④ 屋面蓄水；

⑤ 屋面遮阳；

⑥ 屋面种植；

⑦ 东、西外墙采用花格构件或植物遮阳。

（7）公共建筑的节能要求

《公共建筑节能设计标准》（GB 50189—2015）中指出：

1）公共建筑的分类

① 甲类公共建筑：单栋建筑面积大于 300m²，或单栋建筑面积小于或等于 300m² 且总建筑面积大于 1000m² 的建筑群。

② 乙类公共建筑：单栋建筑面积小于或等于 300m² 的建筑。

2）公共建筑热工设计分区

① 严寒地区

A. 严寒 A 区、严寒 B 区：代表城市有哈尔滨等。

B. 严寒 C 区：代表城市有长春、沈阳、呼和浩特、西宁、乌鲁木齐等。

② 寒冷地区（寒冷 A 区、寒冷 B 区）代表城市有北京、天津、石家庄、西安、济南、郑州、太原、银川、兰州、拉萨等。

③ 夏热冬冷地区（夏热冬冷 A 区、夏热冬冷 B 区）：代表城市有南京、武汉、合肥、上海、杭州、长沙、南昌、成都、重庆等。

④ 夏热冬暖地区（夏热冬暖 A 区、夏热冬暖 B 区）：代表城市有福州、海口、南宁、广州等。

⑤ 温和地区（温和 A 区、温和 B 区）：代表城市有昆明、贵阳等。

3）公共建筑的节能要求

① 体形系数

严寒和寒冷地区公共建筑体形系数应符合表 2-23 的规定：

表 2-23　严寒和寒冷地区公共建筑的体形系数

单栋建筑面积 A（m²）	建筑体形系数
300<A≤800	≤0.50
A>800	≤0.40

② 窗墙面积比

A. 严寒地区的甲类公共建筑各单一立面窗墙面积比（包括透光幕墙）均不宜大于 0.40。

注：甲类公共建筑单一立面窗墙面积比小于 0.40 时，透光材料的可见光透射比不应小于 0.60；甲类公共建筑单一立面窗墙面积比大于等于 0.40 时，透光材料的可见光透射比不应小于 0.40。

B. 其他地区甲类公共建筑各单一立面窗墙面积比（包括透光幕墙）均不宜大于 0.70。

③ 遮阳措施

A. 夏热冬暖、夏热冬冷、温和地区的建筑各朝向外窗（包括透光幕墙）均应采用遮阳措施；寒冷地区建筑的外窗宜采用遮阳措施。

B. 设置外遮阳的规定；

（a）东西向宜设置活动外遮阳，南向宜设置水平外遮阳；

（b）建筑外遮阳装置应兼顾通风及冬季日照。

④ 屋顶透明面积

甲类公共建筑的屋顶透明部分面积不应大于屋顶总面积的 20%。

⑤ 有效通风面积

A. 甲类公共建筑的外窗（包括透光幕墙）应设可开启窗扇，其有效通风换气面积不宜小于所在房间外墙面积的 10％；当透光幕墙受条件限制无法设置可开启窗扇时，应设置通风换气装置。

B. 乙类公共建筑外窗有效通风换气面积不宜小于窗面积的 30％。

⑥ 节能构造措施

A. 严寒地区建筑的外门应设置门斗；

B. 寒冷地区建筑面向冬季主导风向的外门应设置门斗或双层外门，其他外门宜设置门斗或采取其他减少冷风渗透的措施；

C. 夏热冬冷、夏热冬暖和温和地区建筑的外门应采取保温隔热措施。

D. 各地区建筑的中庭应充分利用自然通风降温，并可设置机械排风装置加强自然补风。

E. 建筑设计应充分利用天然采光。天然采光不能满足照明要求的场所，宜采用导光、反光等装置将自然光引入室内。

⑦ 人员长期停留房间的内表面可见光反射比

人员长期停留房间的内表面可见光反射比宜符合表 2-24 的规定。

表 2-24　人员长期停留房间的内表面可见光反射比

房间内表面位置	可见光反射比
顶部	0.7～0.9
墙面	0.5～0.8
地面	0.3～0.5

⑧ 电梯、自动扶梯和自动人行道的节能

A. 电梯应具备节能运行功能。两台及以上电梯集中排列时，应设置群控措施。电梯应具备无外部召唤且轿厢内一段时间无预置指令时，自动转为节能运行模式的功能。

B. 自动扶梯、自动人行步道应具备空载时暂停或低速运转的功能。

4）围护结构的热工要求

① 各地区建筑的屋面、外墙（包括非透光幕墙）、底面接触室外空气的架空或外挑楼板、地下车库与供暖房间之间的楼板、非供暖楼梯间与供暖房间之间的隔墙、单一立面外窗（包括透光幕墙）、屋顶透光部分（屋顶透光部分面积≤20％）的传热系数 K [W/（m²·K）] 应满足规范的规定。

② 各地区建筑围护结构的周边地面、保暖地下室与土壤接触的外墙、变形缝（两侧墙内保温时）保温材料层的热阻 R [（m²·K）/W] 应满足规范的规定。

③ 屋面、外墙和地下室的热桥部位的内表面温度不应低于室内空气露点温度。

④ 建筑外门、外窗的气密性分级应符合现行国家标准《建筑外门窗气密、水密、抗风压性能分级及检测方法》（GB/T 7106—2008）中的规定，并应满足下列要求：

A. 10 层及以上建筑外窗的气密性不应低于 7 级；

B. 10 层以下建筑外窗的气密性不应低于 6 级；

C. 严寒和寒冷地区外门的气密性不应低于 4 级。

⑤ 建筑幕墙的气密性应符合现行国家标准《建筑幕墙》（GB/T 21086—2007）的规定且不应低于 3 级。

⑥ 当公共建筑入口大堂采用全玻璃墙时，全玻璃墙中非中空玻璃的面积不应超过同一立面透光面积（门窗和全玻璃墙）的 15%，且应按同一立面透光面积（含全玻璃墙面积）加权计算平均传热系数。

（8）传热系数与热阻

众所周知，热量通常由围护结构的高温一侧向低温一侧传递。散热量的多少与围护结构的传热面积、传热时间、内表面与外表面的温度差有关。一般可按下式求出散热量。

$$Q = K(\tau_n - \tau_w) \cdot F \cdot Z$$

式中　Q——围护结构传出热量（W）；

　　　K——围护结构的传热系数 $[W/(m^2 \cdot K)]$；

　　　τ_n——围护结构内表面温度（℃）；

　　　τ_w——围护结构外表面温度（℃）；

　　　F——围护结构的面积（m^2）；

　　　Z——传热的时间（h）。

1）传热系数

传热系数 K，表示围护结构的不同厚度、不同材料的传热性能。总传热系数 K_0 由吸热、传热和放热三个系数组成，其数值为三个系数之和。这三个系数中的吸热系数和放热系数为常数、传热系数与材料的导热系数 λ 成正比，与材料的厚度 δ 成反比，即 $K = \dfrac{\lambda}{\delta}$。其中 λ 值与材料的密度和孔隙率有关。密度大的材料，导热系数也大，如砖砌体的导热系数为 $0.81[W/(m \cdot K)]$，钢筋混凝土的导热系数为 $1.74[W/(m \cdot K)]$。孔隙率大的材料，导热系数则小，如加气混凝土导热系数为 $0.22[W/(m \cdot K)]$，膨胀珍珠岩的导热系数为 $0.07[W/(m \cdot K)]$。导热系数在 0.23 及以下的材料叫保温材料。墙体的传热系数 K，采用外保温做法时，4 层及 4 层以上的建筑为 $0.60[W/(m^2 \cdot K)]$，3 层及 3 层以下的建筑为 $0.45[W/(m^2 \cdot K)]$。传热系数愈小，则围护结构的保温能力愈强。

2）热阻

传热阻 R，表示围护结构阻止热流传播的能力。总传热阻 R_0 由吸热阻（内表面换热阻）R_i、传热阻 R 和放热阻（外表面换热阻）R_e 三部分组成。其中 R_i 和 R_e 为常数，R 与材料的导热系数 λ 成反比，与围护结构的厚度 δ 成正比，即 $R = \dfrac{1}{K} = \dfrac{\delta}{\lambda}$。热阻值愈大，则围护结构的保温能力愈强。

（9）窗子面积和层数的决定

在围护结构上开窗面积不宜过大，否则，热损失将会很大。窗子和阳台门的总热阻值应符合表 2-25 的规定。

表 2-25　窗子和阳台门的总热阻值 $[(m^2 \cdot K)/W]$

窗子和阳台门的类型	总热阻 R_0	窗子和阳台门的类型	总热阻 R_0
单层木窗	0.172	双层金属窗	0.307
双层木窗	0.344	双层玻璃、单层窗	0.282
单层金属窗	0.156	商店橱窗	0.215
塑料单玻窗	0.285	塑料双玻窗	0.403
玻璃钢窗	0.600	断桥铝合金窗	0.560

北京地区各向窗的总热阻 R_0 必须大于或等于 0.357（$m^2 \cdot K$）/W，相当于传热系数 $K_0 = 2.80$W/（$m^2 \cdot K$）。考虑节能必须采用双层木窗、双层塑钢窗或断桥铝合金窗。

居住建筑各朝向的窗墙面积比，《民用建筑热工设计规范》（GB 50176—93）中规定：北向不大于 0.20；东、西向不大于 0.25～0.30；南向不大于 0.35。

北京市地方标准《居住建筑节能设计标准》（DB11/891—2012）中指出：住宅建筑各朝向的窗墙面积比应以表 2-26 的规定为准。

表 2-26　住宅建筑各朝向的窗墙面积比

朝　　向	窗墙面积比的限值	窗墙面积比的最大值
北	0.30	0.40
东、西	0.35	0.45
南	0.50	0.60

注：窗墙面积比的最大值为对围护结构热工性能进行权衡判断后才可取用的数值。

（10）围护结构的蒸汽渗透

围护结构在内表面或外表面产生凝结水现象是由于水蒸气渗透遇冷后而产生的。

由于冬季室内空气温度和绝对湿度都比室外高，因此，在围护结构的两侧存在着水蒸气分压力差。水蒸气分子由压力高的一侧向压力低的一侧扩散，这种现象叫蒸汽渗透。

材料遇水后，导热系数增大，保温能力会大大降低。为避免凝结水的产生，一般采取控制室内相对湿度和提高围护结构热阻的办法解决。

室内相对湿度 Φ 是空气的水蒸气分压力与最大水蒸气分压力的比值。一般以 30%～40% 为极限，住宅建筑的相对湿度以 40%～50% 为佳。

（11）围护结构的保温与节能构造

为了满足墙体的保温要求，在严寒和寒冷地区外墙的厚度与做法应由热工计算并考虑节能要求确定。

采用单一材料的墙体，其厚度应由计算确定，并按模数统一尺寸。

为减轻墙体自重，可以采用夹心墙体，带有空气间层的墙体及外贴保温材料的做法。值得注意的是，外贴保温材料，以布置在围护结构靠低温的一侧为好，而将体积质量大，其蓄热系数也大的材料布置在靠高温的一侧为佳。这是因为保温材料体积质量小、孔隙多，其导热系数小，则每小时所能吸收或散出的热量也愈少。而蓄热系数大的材料布置在内侧，就会使外表面材料的热量和少量变化对内表面温度的影响甚微，因而保温能力较强。

当前，我国重点推广的是外保温做法。外保温墙体具有以下优点：

1）外保温材料对主体结构有保护作用，室外气候条件引起墙体内部较大的温度变化，发生在保温层内部时可避免内部主体结构产生很大的温度变化，使热应力减小，寿命延长。

2）有利于消除或减弱热桥的影响，若采用内保温，则热桥现象十分严重。

3）主体结构在室内一侧，由于蓄热能力较强，对房间的热稳定有利，可避免室温出现较大波动。

4）我们国家的房屋，尤其是住宅，大多进行二次装修。采用内保温时，保温层会遭到破坏，外保温则可以避免。

5）外保温可以取得较好的经济效益，尤其是可以增加使用面积 1.8%～2.0%。

（12）常用的外墙保温材料

1）A级保温材料：具有密度小、导热能力差、承载能力高、施工方便、经济耐用等特点。如：水泥发泡聚苯板、玻璃微珠保温砂浆、岩棉板、玻璃棉板等。

2）B_1级保温材料：大多在有机保温材料中添加大量的阻燃剂，如：膨胀型聚苯板、挤塑型聚苯板、酚醛板、聚氨酯板等。

3）B_2级保温材料：一般在有机保温材料中添加适量的阻燃剂。

（13）外墙保温材料的选择

《建筑设计防火规范》（GB 50016—2014）规定：

1）建筑的内、外保温系统，宜采用燃烧性能为A级的保温材料，不宜采用B_2级保温材料，严禁采用B_3级保温材料。

2）建筑外墙采用内保温系统时，保温系统应符合下列规定：

① 对于人员密集场所，用火、燃油、燃气等具有火灾危险性的场所以及各类建筑内的疏散楼梯间、避难走道、避难间、避难层等场所或部位，应采用燃烧性能为A级的保温材料。

② 对于其他场所，应采用低烟、低毒且燃烧性能不低于B_1级的保温材料。

③ 保温系统应采用不燃材料做保护层。采用燃烧性能为B_1级的保温材料时，保护层的厚度不应小于10mm。

3）建筑外墙采用保温材料与两侧墙体构成无空腔复合保温结构体系时，该结构体的耐火极限应符合《建筑设计防火规范》的有关规定。当保温材料的燃烧性能为B_1、B_2级时，保温材料两侧的墙体应采用不燃材料且厚度均不应小于50mm。

4）设置人员密集场所的建筑，其外墙外保温材料的燃烧性能应为A级。

5）与基层墙体、装饰层之间无空腔的建筑外墙外保温系统，其保温材料应符合下列规定：

① 住宅建筑

A. 建筑高度大于100m时，保温材料的燃烧性能应为A级；

B. 建筑高度大于27m，但不大于100m时，保温材料的燃烧性能不应低于B_1级；

C. 建筑高度不大于27m时，保温材料的燃烧性能不应低于B_2级。

② 除住宅建筑和设置人员密集场所的建筑外，其他建筑：

A. 建筑高度大于50m时，保温材料的燃烧性能应为A级；

B. 建筑高度大于24m，但不大于50m时，保温材料的燃烧性能不应低于B_1级；

C. 建筑高度不大于24m时，保温材料的燃烧性能不应低于B_2级。

6）除设置人员密集场所的建筑外，与基层墙体、装饰层之间有空腔的建筑外墙外保温系统，其保温材料应符合下列规定：

① 建筑高度大于24m时，保温材料的燃烧性能应为A级；

② 建筑高度不大于24m时，保温材料的燃烧性能不应低于B_1级。

7）除上述3）规定的情况外，当建筑的外墙外保温系统按本节规定采用燃烧性能为B_1、B_2级的保温材料时，应符合下列规定：

① 除采用B_1级保温材料且建筑高度不大于24m的公共建筑或采用B_1级保温材料且建筑高度不大于27m的住宅建筑外，建筑外墙上的门、窗的耐火完整性不应低于0.50h。

② 应在保温系统中每层设置水平防火隔离带。防火隔离带应采用 A 级的材料,防火隔离带的高度不应小于 300mm。

8) 建筑的外墙外保温系统应采用不燃材料在其表面设置防护层,防护层应将保温材料完全包覆。除上述 3) 规定的情况外,当按本节规定采用 B₁、B₂ 级的保温材料时,保护层的厚度首层不应小于 15mm,其他层不应小于 5mm。

9) 建筑外墙外保温系统与基层墙体、装饰层之间的空腔,应在每层楼板处采用防火封堵材料封堵。

10) 建筑的屋面外保温系统,当屋面板的耐火极限不低于 1.00h 时,保温材料的燃烧性能不应低于 B₂ 级。采用 B₁、B₂ 级保温材料的外保温系统应采用不燃材料作保护层,保护层的厚度不应小于 10mm。

当建筑的屋面和外墙系统均采用 B₁、B₂ 级保温材料时,屋面与外墙之间应采用宽度不小于 500mm 的不燃材料设置防火隔离带进行分隔。

11) 电气线路不应穿越或敷设在燃烧性能为 B₁ 或 B₂ 级的保温材料中;确需穿越或敷设时,应采取穿金属管并在金属管周围采用不燃材料进行防火隔离等防火保护措施。设置开关、插座等电器配件的部位周围应采用不燃隔热材料进行防火隔离等防火保护措施。

12) 建筑外墙的装饰层应采用燃烧性能为 A 级的材料,但建筑高度不大于 50m 时,可采用 B₁ 级材料。

(14) 外墙外保温的五种做法

《外墙外保温工程技术规程》(JGJ 144—2004)中指出:外墙外保温的基层为砖墙或钢筋混凝土墙,保温层为 EPS 板(膨胀型聚苯乙烯泡沫塑料板)、胶粉 EPS 颗粒保温浆料和 EPS 钢筋网架板。使用寿命为不少于 25 年。施工期间及完工后的 24h 内,基层及环境温度不应低于 5℃。夏季应避免阳光暴晒。在 5 级以上大风天气和雨天不得施工。五种具体做法如下:

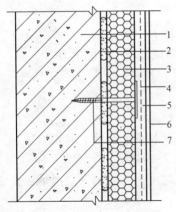

图 2-31 EPS 板薄抹灰系统
1—基层;2—胶粘剂;3—EPS 板;
4—玻纤网;5—薄抹面层;
6—饰面涂层;7—锚栓

1) EPS 板薄抹灰系统

做法要点:由 EPS 板保温层、薄抹灰层和饰面涂层构成。建筑物高度在 20m 以上时或受负风压作用较大的部位,EPS 板宜使用锚栓固定。EPS 板宽度不宜大于 1200mm,高度不宜大于 600mm。粘结 EPS 板时,涂胶粘剂面积不得小于 EPS 板面积的 40%。薄抹灰层的厚度为 3~6mm。

EPS 板薄抹灰系统的构造详图见图 2-31。

2) 胶粉 EPS 颗粒保温浆料系统

做法要点:由界面层、胶粉 EPS 保温浆料保温层、抗裂砂浆薄抹面层(满铺玻纤网)和饰面层构成。保温浆料的设计厚度不宜超过 100mm。保温浆料宜分遍抹灰,每遍间隔时间应在 24h 以上,每遍厚度不宜超过 20mm。

胶粉 EPS 颗粒保温浆料系统的构造详图见图 2-32。

3) EPS 板现浇混凝土系统

做法要点:以现浇混凝土外墙作为基层、EPS 板为保温层、EPS 板表面抹抗裂砂浆(满铺玻纤网)、锚栓作辅助固定。EPS 板宽度宜为 1200mm,高度宜为建筑物全高。锚栓每

$1m^2$ 宜设 2～3 个。混凝土一次浇注高度不宜大于 1m。

EPS 板现浇混凝土系统的构造详图见图 2-33。

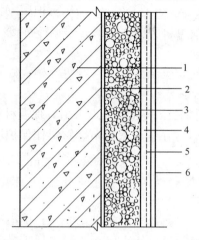

图 2-32　保温浆料系统

1—基层；2—界面砂浆；3—胶粉 EPS 颗粒保温浆料；

4—抗裂砂浆薄抹面层；5—玻纤网；6—饰面层

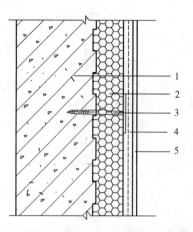

图 2-33　无网（EPS 板）现浇系统

1—现浇混凝土外墙；2—EPS 板；3—锚栓；

4—抗裂砂浆薄抹面层；5—饰面层

4）EPS 钢丝网现浇混凝土系统

做法要点：以现浇混凝土作为基层、EPS 单面钢丝网架板置于外墙外模板内侧，并安装 $\phi6$ 钢筋作为辅助固定件，混凝土浇灌后表面抹掺外加剂的水泥砂浆形成厚抹面层、外表作饰面层。$\phi6$ 钢筋每 $1m^2$ 宜设 4 根，锚固深度不得小于 100mm；混凝土一次浇灌高度不宜大于 1m。

EPS 钢丝网现浇混凝土系统的构造详图见图 2-34。

5）机械固定 EPS 钢丝网架板系统

做法要点：由机械固定装置、腹丝非穿透型 EPS 钢丝网架板、掺外加剂的水泥砂浆厚抹面层和饰面层构成。机械固定做法不适用于加气混凝土和轻骨料混凝土基层。机械固定装置每平方米不应小于 7 个。用于砌体外墙时，宜采用预埋钢筋网片固定 EPS 钢丝网架板。机械固定系统的所有金属件应做防锈处理。

机械固定 EPS 钢丝网架板系统的构造详图见图 2-35。

（15）防火隔离带的有关问题

《建筑外墙外保温防火隔离带技术规程》（JGJ 289—2012）中指出：防火隔离带是设置在可燃、难燃保温材料外墙外保温工程中，按水平方向分布，采用不燃烧保温材料制成，以阻止火灾沿外墙面或在外墙外保温系统内蔓延的防火构造。

1）防火隔离带的基本规定

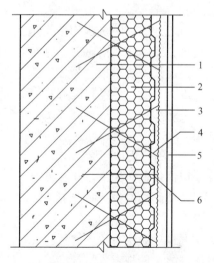

图 2-34　有网（EPS 钢丝网）现浇系统

1—现浇混凝土外墙；2—EPS 单面钢丝网架板；3—掺外加剂的水泥砂浆厚抹面层；4—钢丝网架；5—饰面层；6—$\phi6$ 钢筋

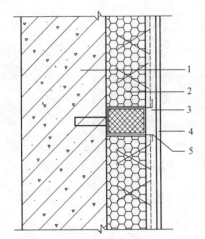

图 2-35 机械固定系统

1—基层；2—EPS 钢丝网架板；
3—掺外加剂的水泥砂浆厚抹面层；
4—饰面层；5—机械固定装置

① 防火隔离带应与基层墙体可靠连接，应能适应外保温的正常变形而不产生渗透、裂缝和空鼓；应能承受自重、风荷载和室外的反复作用而不产生破坏。

② 建筑外墙外保温防火隔离带保温材料的燃烧性能等级应为 A 级。

③ 防火隔离带的材料包括岩棉、发泡水泥板、泡沫玻璃板等。设置在薄抹灰外墙外保温系统中粘贴保温板防火隔离带，宜选用岩棉带防火隔离带。

2）防火隔离带的设计与构造

① 防火隔离带的宽度不应小于 300mm。

② 防火隔离带的厚度宜与外墙外保温系统厚度相同。

③ 防火隔离带保温板应与基层墙体全面积粘贴。

④ 防火隔离带应使用锚栓辅助连接，锚栓应压住底层玻璃纤维网布。锚栓间距不应大于 600mm，锚栓距离保温板端部不应小于 100mm，每块保温板上锚栓数量不应少于 1 个。当采用岩棉带时，锚栓的扩压盘直径不应小于 100mm。

⑤ 防火隔离带和外墙外保温系统应使用相同的抹面胶浆，且抹面胶浆应将保温材料和锚栓完全覆盖。

⑥ 防火隔离带应设置在门窗洞口上部，且防火隔离带下边距洞口上沿不应超过 500mm。

防火隔离带的构造如图 2-36 所示。

3. 抗震要求

由于建筑物的抗震构造措施大多与墙体有关，故在这里介绍砌体结构建筑物的抗震构造。

抗震设防要求以"烈度"为单位，北京地区的设防烈度为 8 度。烈度和震级的关系如下：

$$M = 0.58I + 1.5$$

式中　M——震级；

I——震中烈度。

以 8 度设防为例，其震级为 6.14。

砌体结构的抗震构造应以《建筑抗震设计规范》（GB 50011—2010）的有关规定为准。而这些规定又大多与墙身做法有关。概括起来有以下四个方面：

（1）一般规定

1）限制房屋总高度和建造层数

砌体结构房屋总高度和建造层数与抗震设防烈度和设计基本地震加速度有关，具体数值应以表 1-1 为准。

2）限制建筑体形高宽比

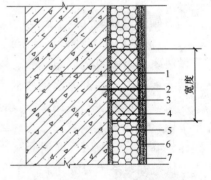

图 2-36　防火隔离带的构造

1—基层墙体；2—锚栓；3—胶粘剂；
4—防火隔离带保温板；5—外保温系统的保温材料；6—抹面胶浆＋玻璃纤维网布；7—饰面材料

限制建筑体形高宽比的目的在于减少过大的侧移、保证建筑的稳定。砌体结构房屋总高度与总宽度的最大限值，应符合表 2-27 的有关规定。

表 2-27　房屋最大高宽比

烈度	6	7	8	9
最大高宽比	2.5	2.5	2.0	1.5

注：① 单面走廊房屋的总宽度不包括走廊宽度；

②　建筑平面接近正方形时，其高宽比宜适当减小。

从表 2-19 中可以看出，若在 8 度设防区建造高度为 18m 的砌体结构房屋，其宽度应等于 9m 或大于 9m。

3）多层砌体房屋的结构体系，应符合下列要求：

① 应优先采用横墙承重或纵横墙共同承重的结构体系，不应采用砌体墙和混凝土混合承重的结构体系。

② 纵横向砌体抗震墙的布置应符合下列要求：

A. 宜均匀对称，沿平面内宜对齐，沿竖向应上下连续；且纵横墙体的数量不宜相差过大。

B. 平面轮廓凹凸尺寸，不应超过典型尺寸的 50％；当超过典型尺寸的 25％时，房屋转角处应采取加强措施；

C. 楼板局部大洞口的尺寸不宜超过楼板宽度的 30％，且不应在墙体两侧同时开洞；

D. 房屋错层的楼板高差超过 500mm 时，应按两层计算；错层部位的墙体应采取加强措施；

E. 同一轴线的窗间墙宽度宜均匀，墙面洞口的面积，6 度、7 度时不宜大于墙体面积的 55％，8 度、9 度时不宜大于 50％；

F. 在房屋宽度方向的中部应设置内纵墙，其累计长度不宜小于房屋总长度的 60％（高宽比大于 4 的墙段不计入）。

③ 房屋有下列情况之一时宜设置防震缝，缝的两侧均应设置墙体，砌体结构的缝宽应根据烈度和房屋高度确定，可采用 70～100mm：

A. 房屋立面高差在 6m 以上；

B. 房屋有错层，且楼板高差大于层高的 1/4；

C. 各部分的结构刚度、质量截然不同；

D. 楼梯间不宜设置在房屋的尽端或转角处；

E. 不应在房屋转角处设置转角窗；

F. 横墙较少、跨度较大的房屋，宜采用现浇钢筋混凝土楼、屋盖。

4）限制抗震横墙的最大间距

砌体结构抗震横墙的最大间距不应超过表 2-28 的规定。

表 2-28　房屋抗震横墙的最大间距（m）

房屋类别		烈　　度			
		6	7	8	9
多层砌体	现浇或装配整体式钢筋混凝土楼、屋盖	15	15	11	7
	装配式钢筋混凝土楼、屋盖	11	11	9	4
	木屋盖	9	9	4	—

房屋类别		烈 度			
		6	7	8	9
底部框架-抗震墙	上部各层	同多层砌体房屋			—
	底层或底部两层	18	15	11	—

注：1. 多层砌体房屋的顶层，除木屋盖外的最大横墙间距应允许适当放宽，但应采取相应加强措施。

　　2. 多孔砖抗震横墙厚度为190mm时，最大横墙间距应比表中数值减少3m。

5）多层砌体房屋中砌体墙段的局部尺寸限值

多层砌体房屋中砌体墙段的局部尺寸限值应符合表2-29的有关规定。

表 2-29　房屋的局部尺寸限值（m）

部 位	6 度	7 度	8 度	9 度
承重窗间墙最小宽度	1.0	1.0	1.2	1.5
承重外墙尽端至门窗洞边的最小距离	1.0	1.0	1.2	1.5
非承重外墙尽端至门窗洞边的最小距离	1.0	1.0	1.0	1.0
内墙阳角至门窗洞边的最小距离	1.0	1.0	1.5	2.0
无锚固女儿墙（非出入口处）的最大高度	0.5	0.5	0.5	0.0

注：1. 局部尺寸不足时，应采取局部加强措施弥补，且最小宽度不得小于1/4层高和表列数值的80%；

　　2. 出入口处的女儿墙应有锚固。

6）其他结构要求

① 楼盖和屋盖

A. 现浇钢筋混凝土楼板或屋面板伸进纵、横墙内的长度，均不应小于120mm。

B. 装配式钢筋混凝土楼板或屋面板，当圈梁未设在板的同一标高时，板端伸进外墙的长度不应小于120mm，伸进内墙的长度不应小于100mm或采用硬架支模连接，在梁上不应小于80mm或采用硬架支模连接。

C. 当板的跨度大于4.8m并与外墙平行时，靠外墙的预制板侧边应与墙或圈梁拉结。

D. 房屋端部大房间的楼盖，6度时房屋的屋盖和7～9度时房屋的楼、屋盖，当圈梁设在板底时，钢筋混凝土预制板应互相拉结，并应与梁、墙或圈梁拉结。

② 楼梯间

A. 顶层楼梯间横墙和外墙应沿墙高每隔500mm设2φ6通长钢筋和φ4分布短钢筋平面内点焊组成的拉结网片或φ4点焊网片；7～9度时其他各层楼梯间墙体应在休息平台或楼层半高处设置60mm厚、纵向钢筋不应少于2φ10钢筋混凝土带或配筋砖带，配筋砖带不少于3皮，每皮的配筋不少于2φ6，砂浆强度等级不应低于M7.5，且不低于同层墙体的砂浆强度等级。

B. 楼梯间及门厅内墙阳角的大梁支承长度不应小于500mm，并应与圈梁连接。

C. 装配式楼梯段应与平台板的梁可靠连接，8度、9度时不应采取装配式楼梯段；不应采用墙中悬挑式或踏步竖肋插入墙体的楼梯，不应采用无筋砖砌栏板。

D. 突出屋顶的楼、电梯间，构造柱应伸向顶部，并与顶部圈梁连接，所有墙体应沿墙高每隔500mm设2φ6通长钢筋和φ4分布短筋平面内点焊组成的拉结网片或φ4点焊网片。

③ 其他

A. 门窗洞口处不应采用无筋砖过梁；过梁的支承长度：6~8度时不应小于240mm，9度时不应小于360mm。

B. 预制阳台，6度、7度时应与圈梁和楼板的现浇板带可靠连接，8度、9度时不应采用预制阳台。

C. 后砌的非承重砌体隔墙、烟道、风道、垃圾道均应有可靠拉结。

D. 同一结构单元的基础（或桩承台），宜采用同一类型的基础，底面宜埋置在同一标高上，否则应增设基础圈梁并应按1：2的台阶逐步放坡。

E. 坡屋顶房屋的屋架应与顶层圈梁可靠连接，檩条或屋面板应与墙、屋架可靠连接，房屋出入口处的檐口瓦应与屋面构件锚固。采用硬山搁檩时，顶层内纵墙顶宜增砌支承山墙的踏步式墙垛，并设置构造柱。

F. 6度、7度时长度大于7.2m的大房间，以及8度、9度时外墙转角及内外墙交接处，应沿墙高每隔500mm配置2φ6通长钢筋和φ4分布短筋平面内点焊组成的拉结网片或φ4点焊网片。

（2）增设圈梁

圈梁的作用有以下三点：一是增强楼层平面的整体刚度；二是防止地基的不均匀下沉；三是与构造柱一起形成骨架，提高砌体结构的抗震能力。圈梁应采用钢筋混凝土制作，并应现场浇筑。《建筑抗震设计规范》（GB 50011—2010）中指出：

1）圈梁的设置原则

① 装配式钢筋混凝土楼、屋盖或木屋盖的砖房，横墙承重时应按表2-30的要求设置圈梁，纵墙承重时，抗震横墙上的圈梁间距应比表2-30内的要求适当加密。

表2-30 多层砖砌体房屋现浇钢筋混凝土圈梁的设置要求

墙体类别		烈　　　度		
		6、7	8	9
圈梁设置	外墙和内纵墙	屋盖处及每层楼盖处	屋盖处及每层楼盖处	屋盖处及每层楼盖处
	内横墙	同上；屋盖处间距不应大于4.5m；楼盖处间距不应大于7.2m；构造柱对应部位	同上；各层所有横墙，且间距不应大于4.5m；构造柱对应部位	同上；各层所有横墙
配筋	最小纵筋	4φ10	4φ12	4φ14
	φ6箍筋最大间距（mm）	250	200	150

② 现浇或装配整体式钢筋混凝土楼、屋盖与墙体有可靠连接的房屋，应允许不设圈梁，但楼板沿抗震墙体周边应加设配筋并应与相应的构造柱钢筋可靠连接。

2）圈梁的构造要求

① 圈梁应闭合，遇有洞口，圈梁应上下搭接。圈梁宜与预制板设置在同一标高处或紧靠板底。

② 圈梁在表2-30内只有轴线（无横墙）时，应利用梁或板缝中配筋替代圈梁。

③ 圈梁的截面高度不应小于120mm，基础圈梁的截面高度不应小于180mm、配筋不应

少于 $4\phi12$。

④ 圈梁的截面宽度不应小于 240mm。

⑤ 现浇钢筋混凝土圈梁在墙身上的位置应考虑充分发挥作用并满足最小断面尺寸。外墙圈梁一般与楼板相平,内墙圈梁一般在板下。

现浇钢筋混凝土圈梁被门窗洞口截断时,应在洞口部位增设相同截面的附加圈梁。附加圈梁与圈梁的搭接长度不应小于其垂直间距的两倍,并不小于 1m。现浇钢筋混凝土圈梁的构造如图 2-37 所示。

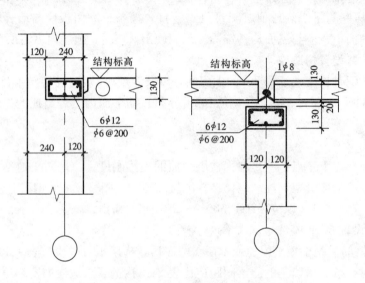

图 2-37　钢筋混凝土圈梁的构造

（3）增设构造柱

构造柱的作用是与圈梁一起形成封闭骨架,提高砌体结构的抗震能力。构造柱应是现浇钢筋混凝土柱。《建筑抗震设计规范》（GB 50011—2010）中指出:

1）构造柱的设置原则

① 构造柱的设置部位,应以表 2-31 为准。

表 2-31　多层砖砌体房屋构造柱设置要求

房屋层数				设置部位	
6 度	7 度	8 度	9 度		
四、五	三、四	二、三		楼、电梯间四角,楼梯斜梯段上下端对应的墙体处;外墙四角和对应转角;错层部位横墙与外纵墙交接处;大房间内外墙交接处;较大洞口两侧	隔 12m 或单元横墙与外纵墙交接处 楼梯间对应的另一侧内横墙与外纵墙交接处
六	五	四	二		隔开间横墙（轴线）与外墙交接处;山墙与内纵墙交接处
七	≥六	≥五	≥三		内墙（轴线）与外墙交接处;内墙的局部较小墙垛处;内纵墙与横墙（轴线）交接处

注: 较大洞口,内墙指大于 2.1m 的洞口;外墙在内外墙交接处已设置构造柱时应允许适当放宽,但洞侧墙体应加强。

② 外廊式和单面走廊式的多层房屋，应根据房屋增加一层的层数，按表 2-31 的要求设置构造柱，且单面走廊两侧的纵墙均应按外墙处理。

③ 横墙较少的房屋，应根据房屋增加一层的层数，按表 2-31 的要求设置构造柱；当横墙较少的房屋为外廊式或单面走廊时，应按②款要求设置构造柱；但 6 度不超过四层、7 度不超过三层和 8 度不超过二层时应按增加二层的层数对待。

④ 各层横墙很少的房屋，应按增加二层的层数设置构造柱。

⑤ 采用蒸压灰砂砖和蒸压粉煤灰砖砌体的房屋，当砌体的抗剪强度仅达到烧结普通砖的 70% 时，应按增加一层的层数按①～④款要求设置构造柱；但 6 度不超过四层、7 度不超过三层和 8 度不超过二层时，应按增加二层的层数对待。

2）构造柱的构造要求

① 构造柱最小截面可采用 180mm×240mm（墙厚 190mm 时为 180mm×190mm），纵向钢筋宜采用 4φ12，箍筋间距不宜大于 250mm，且在上下端应适当加密；6、7 度时超过六层、8 度时超过五层和 9 度时，构造柱纵向钢筋宜采用 4φ14，箍筋间距不应大于 200mm；房屋四角的构造柱应适当加大截面及配筋。

② 构造柱与墙体连接处应砌成马牙槎，沿墙高每隔 500mm 设 2φ6 水平钢筋和 φ4 分布短筋平面内点焊组成的拉结网片或 φ4 点焊钢筋网片，每边深入墙内不宜小于 1m。6、7 度时底部 1/3 楼层，8 度时底部 1/2 楼层，9 度时全部楼层，相邻构造柱的墙体应沿墙高每隔 500mm 设置 2φ6 通长水平钢筋和 φ4 分布短筋组成的拉结网片，并锚入构造柱内。

③ 构造柱与圈梁连接处，构造柱的纵筋应在圈梁纵筋内侧穿过，保证构造柱纵筋上下贯通。

④ 构造柱可不单独设置基础，但应深入室外地面下 500mm 或与埋深小于 500mm 的基础圈梁相连。

⑤ 房屋高度和层数接近房屋的层数和总高度限值（表 1-1）时，纵、横墙内构造柱间距还应符合下列要求：

A 横墙内的构造柱间距不宜大于层高的二倍；下部 1/3 楼层的构造柱间距应适当减小；

B 当外纵墙开间大于 3.9m 时，应另设加强措施；内纵墙的构造柱间距不宜大于 4.2m。

3）构造柱的施工要求

① 构造柱施工时，应先放构造柱的钢筋骨架，再砌砖墙，最后浇筑混凝土，这样做的好处是结合牢固、节省模板。

② 构造柱两侧的墙体应做到"五进五出"，即每 300mm 高伸出 60mm，每 300mm 高再收回 60mm。墙厚为 360mm 时，外侧形成 120mm 厚的保护墙。

③ 每层楼板的上下部和地梁上部、顶板下部的各 500mm 处为构造柱的箍筋加密区，加密区的箍筋间距为 100mm。

构造柱的平面图和剖面图详见图 2-38。

（4）建筑非结构构件

《非结构构件抗震设计规范》（JGJ 339—2015）中规定：建筑非结构构件主要包括非承重墙体（砌体结构中的隔墙和框架结构中的填充墙和隔墙）、附着于楼板和屋面板的构件

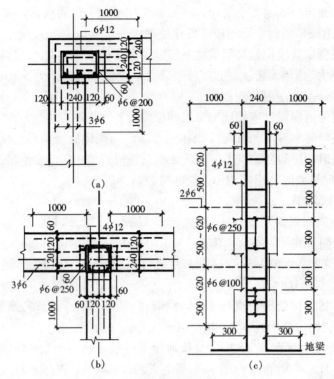

图 2-38　钢筋混凝土构造柱

（如女儿墙）、装饰构件和部件以及固定于楼面的大型储物柜等。

1）非承重墙体

① 非承重墙体宜优先采用轻质材料；采用烧结砖砌体墙时，墙内应设置拉结筋、水平系梁、圈梁、构造柱等构造措施。

②多层砌体结构中的非承重墙体的抗震构造应符合下列规定：

A. 非承重外墙尽端至门窗洞边的最小距离不应小于 1.00m，否则应在洞边设置构造柱。

B. 后砌的非承重隔墙应沿墙高每隔 500～600mm 配置 2ϕ6 拉结钢筋与承重墙或柱拉结，每边伸入墙内不应少于 500mm；8 度、9 度时，长度大于 5m 的后砌隔墙，墙顶尚应与楼板或梁拉结，独立墙肢端部或大门洞边宜设钢筋混凝土构造柱。

2）女儿墙（挑檐）

① 女儿墙可以采用砖砌体（最小厚度 240mm）、加气混凝土砌块（最小厚度 190mm）和现浇钢筋混凝土（最小厚度 160mm）制作。挑檐多用钢筋混凝土板材外挑，挑出墙外尺寸一般为 500mm。

② 高层建筑不得采取砌体女儿墙。

③ 多层建筑不应采用无锚固的砖砌漏空女儿墙。

④ 非出入口处无锚固砌体女儿墙的最大高度，6～8 度时不宜超过 0.50m；超过 0.50m 时、人流出入口、通道处或 9 度时，出屋面的砌体女儿墙应设置构造柱与主体结构锚固，构造柱间距宜取 2.00～2.50m。

注：《建筑抗震设计规范》（GB 50011—2010）和《砌体结构设计规范》（GB 50003—2011）均规定女

儿墙中的构造柱间距为 4.00m。

⑤ 砌体女儿墙顶部应采用现浇的通长钢筋混凝土压顶。压顶厚度不应小于 80mm。

⑥ 女儿墙在变形缝处应留有足够的宽度，缝两侧的女儿墙自由端应予以加强。

⑦ 砌体女儿墙内不宜埋设灯杆、旗杆、大型广告牌等构件。

⑧ 因屋面板插入而削弱女儿墙根部时应加强女儿墙与主体结构的连接。

⑨ 不应采用无锚固的钢筋混凝土预制挑檐。

3）烟囱

① 烟道、风道、垃圾道等不应削弱墙体；当墙体被削弱时，应对墙体采取加强措施；不宜采用无竖向配筋的附墙烟囱。

② 不应采用无竖向配筋的出屋面砌体烟囱。

3）楼、电梯间和人流通道墙

① 楼、电梯间及人流通道处的墙体，应采用钢丝网砂浆面层加强。

② 电梯隔墙不应对主体结构产生不利影响，应避免地震时破坏导致电梯轿厢和配重运行导轨的变形。

4．隔声要求

墙体的隔声要求包括隔除室外噪声和相邻房间噪声两个方面。

噪声来源于空气传播的噪声和固体撞击传播的噪声两个方面。空气传播的噪声指的是露天中的声音传播、围护结构缝隙中的噪声传播和由于声波振动引起结构振动而传播的声音。撞击传声是物体的直接撞击或敲打物体所引起的撞击声。

（1）隔声减噪的等级标准（表 2-32）：

表 2-32　隔声减噪的等级标准

特级	一级	二级	三级
特殊标准	较高标准	一般标准	最低标准

（2）噪声的声源：

噪声的声源包括街道噪声、工厂噪声、建筑物室内噪声等多方面，见表 2-33。

表 2-33　各种场所的室外噪声

噪声声源名称	至声源距离（m）	噪声级（dB）	噪声声源名称	至声源距离（m）	噪声级（dB）
安静的街道	10	60	建筑物内高声谈话	5	70～75
汽车鸣喇叭	15	75	室内若干人高声谈话	5	80
街道上鸣高音喇叭	10	85～90	室内一般谈话	5	60～70
工厂汽笛	20	105	室内关门声	5	75
锻压钢板	5	115	机车汽笛声	10～15	100～105
铆工车间	—	120			

（3）隔声标准

1）室内允许噪声级

① 《民用建筑设计通则》（GB 50352—2005）中的规定见表 2-34。

表 2-34　室内允许噪声级（昼间）

建筑类别	房间名称	允许噪声级（A 声级，dB）			
		特级	一级	二级	三级
住宅	卧室、书房	—	≤40	≤45	≤50
	起居室	—	≤45	≤50	≤50
学校	有特殊安静要求的房间	—	≤40	—	—
	一般教室	—	—	≤50	—
	无特殊安静要求的房间	—	—	—	≤55
医院	病房、医务人员休息室	—	≤40	≤45	≤50
	门诊室	—	≤55	≤55	≤60
	手术室	—	≤45	≤45	≤50
	听力测听室	—	≤25	≤25	≤30
旅馆	客房	≤35	≤40	≤45	≤55
	会议室	≤40	≤45	≤50	≤50
	多用途大厅	≤40	≤45	≤50	—
	办公室	≤45	≤50	≤55	≤55
	餐厅、宴会厅	≤50	≤55	≤60	—
办公	办公室	—	≤45	≤50	≤55
	设计制图室	—	≤45	≤50	≤50
	会议室	—	≤40	≤45	≤50
	多功能厅	—	≤45	≤50	≤50

注：1. 夜间室内允许噪声级的数值比昼间小 10dB（A）；

　　2. 办公建筑资料来源于《办公建筑设计规范》（JGJ 67—2006）。

②《民用建筑隔声设计规范》（GB 50118—2010）中的规定：

A. 住宅（表 2-35）

表 2-35　住宅卧室、起居室（厅）内的允许噪声级

房间名称	允许噪声级（A 声级，dB）			
	昼间		夜间	
	一般标准	较高标准	一般标准	较高标准
卧室	≤45	≤40	≤37	≤30
起居室（厅）	≤45		≤40	

B. 学校（表 2-36）

表 2-36　学校建筑中各种教学用房内的允许噪声级

房间名称	允许噪声级（A 声级，dB）
语言教室、阅览室	≤40
普通教室、实验室、计算机房	≤45
音乐教室、琴房	≤45

房间名称	允许噪声级（A 声级，dB）
舞蹈教室	≤50
教师办公室、休息室、会议室	≤45
健身房	≤50
教学楼中封闭的走廊、楼梯间	≤50

2）空气声隔声标准

①《民用建筑设计通则》（GB 50352—2005）中的规定见表 2-37。

表 2-37　空气声隔声标准

建筑类别	围护结构部位	计权隔声量（dB）			
		三级	特级	一级	二级
住宅	分户墙、楼板	—	≥50	≥45	≥40
学校	隔墙、楼板	—	≥50	≥45	≥40
医院	病房与病房之间	—	≥45	≥40	≥35
	病房与产生噪声房间之间	—	≥50	≥50	≥45
	手术室与病房之间	—	≥50	≥45	≥40
	手术室与产生噪声房间之间	—	≥50	≥50	≥45
	听力测听室围护结构（上部）	—	≥50	≥50	≥50
旅馆	客房与客房间隔墙	≥50	≥45	≥40	≥40
	客房与走廊间隔墙（含门）	≥40	≥40	≥35	≥30
	客房外墙（含窗）	≥40	≥35	≥25	≥20

注：住宅临街外窗不应小于 30dB；住宅户门不应小于 25dB。

②《民用建筑隔声设计规范》（GB 50118—2010）中的规定：

A. 住宅（表 2-38）

表 2-38　住宅分户构件空气声隔声标准

构件名称	空气声隔声单值评价量＋频道修谱量（dB）	
分户墙、分户楼板（低标准）	计权隔声量（R_w）＋粉红噪声频谱修正量（C）	＞45
分隔住宅和非居住用途空间的楼板	计权隔声量（R_w）＋交通噪声频谱修正量（C_{tr}）	＞51
分户墙、分户楼板（高要求）	计权隔声量（R_w）＋粉红噪声频谱修正量（C）	＞50

B. 学校（表 2-39）

表 2-39　教学用房隔墙、楼板的空气声隔声标准

构件名称	空气声隔声单值评价量＋频谱修正量（dB）	
语言教室、阅览室的隔墙与楼板	计权隔声量（R_w）＋粉红噪声频谱修正量（C）	＞50
普通教室与各种产生噪声的房间之间的隔墙、楼板	计权隔声量（R_w）＋粉红噪声频谱修正量（C）	＞50
普通教室之间的隔墙与楼板	计权隔声量（R_w）＋粉红噪声频谱修正量（C）	＞45
音乐教室、琴房之间的隔墙与楼板	计权隔声量（R_w）＋粉红噪声频谱修正量（C）	＞45

3）撞击声隔声标准

①《民用建筑设计通则》（GB 50352—2005）中的规定见表 2-40。

表 2-40　撞击声隔声标准

建筑类别	围护结构部位	计权隔声量（dB）			
		特级	一级	二级	三级
住宅	分户层间	—	≤65	≤75	≤75
学校	教室层间	—	≤65	≤65	≤75
医院	病房与病房之间	—	≤65	≤75	≤75
	病房与手术室之间	—	—	≤75	≤75
	听力测听室上部	—	≤65	≤65	≤65
旅馆	客房层间	≤55	≤65	≤75	≤75
	客房与有振动房间之间	≤55	≤55	≤65	≤65

②《民用建筑隔声设计规范》（GB 50118—2010）中的规定：

A. 住宅（表 2-41）

表 2-41　分户楼板撞击声隔声标准

构件名称	撞击声隔声单值评价量（dB）	
卧室、起居室（厅）的分户楼板（一般标准）	计权规范化撞击声压级 $L'_{n,w}$（实验室测量）	<75
	计权规范化撞击声压级 $L'_{nT,w}$（现场测量）	≤75
卧室、起居室（厅）的分户楼板（较高标准）	计权规范化撞击声压级 $L'_{nT,w}$（实验室测量）	<65
	计权规范化撞击声压级 $L'_{nT,w}$（现场测量）	≤65

B. 学校（表 2-42）

表 2-42　教学用房楼板的撞击声隔声标准

构件名称	撞击声隔声单值评价量（dB）	
	计权规范化撞击声压级 $L_{n,w}$（实验室测量）	计权标准化撞击声压级 $L'_{nT,w}$（现场测量）
语言教室、阅览室与上层房间之间的楼板	<65	≤65
普通教室、实验室、计算机房与上层产生噪声房间之间的楼板	<65	≤65
琴房、音乐教室之间的楼板	<65	≤65
普通教室之间的楼板	<75	≤75

注：当确有困难时，可允许普通教室之间楼板的撞击声隔声单值评价量小于或等于85dB，但在楼板结构上应预留改善的可能条件。

（4）隔声减噪设计的有关规定

民用建筑的隔声减噪设计应符合下列规定：

1）对于结构整体性较强的民用建筑，应对附着于墙体和楼板的传声源部件采取防止结构声传播的措施。

2）有噪声和振动的设备用房应采取隔声、隔振和吸声的措施，并应对设备和管道采取减振、消声处理；平面布置中，不宜将有噪声和振动的设备用房设在主要用房的直接上层或贴邻布置，当其设在同一楼层时，应分区布置。

3）安静要求较高的房间内设置吊顶时，应将隔墙砌至梁、板底面；采用轻质隔墙时，其隔声性能应符合有关隔声标准的规定。

4）隔除噪声的方法

隔除噪声的方法，包括采用实体结构、增设隔声材料和加做空气层等几个方面。

① 实体结构隔声

构件材料的密度越大，越密实，其隔声效果也就越高。双面抹灰的 1/4 砖墙，空气隔声量平均值为 32dB；双面抹灰的 1/2 砖墙，空气隔声量平均值为 45dB；双面抹灰的一砖墙，空气隔声量为 48dB。

② 采用隔声材料隔声

隔声材料指的是玻璃棉毡、轻质纤维等材料，一般应放在靠近声源的一侧。

③ 采用空气层隔声

夹层墙可以提高隔声效果，中间空气层的厚度 80～100mm 为宜。

图 2-39 介绍了常用的隔声构造做法。

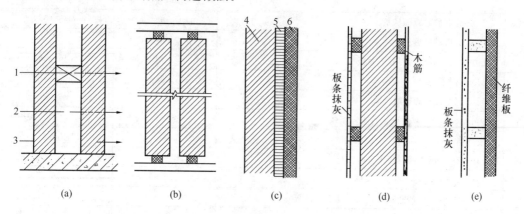

图 2-39　墙体的隔声构造

（a）双层墙隔声；（b）隔声墙垫；（c）弹性隔声层；（d）双面空气间层；（e）中空隔声层

1—声桥；2—空气层；3—墙体；4—墙体；5—弹性层；6—软质纤维板

（5）墙体的隔声性能

1）《蒸压加气混凝土建筑应用技术规程》（JGJ/T 17—2008）中指出：蒸压加气混凝土隔墙隔声性能详见表 2-43。

表 2-43　蒸压加气混凝土隔墙隔声性能

编号	隔墙做法	500～1000Hz 的计权隔声量 R_w（dB）
1	75mm 厚砌块墙，两侧各 10mm 抹灰	38.8
2	100mm 厚砌块墙，两侧各 10mm 抹灰	41.0
3	150mm 厚砌块墙，两侧各 20mm 抹灰	44.0（砌块）
		46.0（板材）（B6 级制品无抹灰层）

编号	隔墙做法	500～1000Hz 的计权隔声量 R_w（dB）
4	100mm 厚条板，双面各刮 3mm 腻子喷浆	39.0
5	两道 75mm 厚砌块墙，75mm 中空，两侧各抹 5mm 混合灰	49.0
6	两道 75mm 厚条板墙，75mm 中空，两侧各抹 5mm 混合灰	56.0
7	一道 75mm 厚砌块墙，50mm 中空，一道 120mm 厚砖墙，两侧各 20mm 抹灰	55.0
8	200mm 厚条板，双面各刮 5mm 腻子喷浆	45.2（板材）
9	200mm 厚砌块，双面各刮 5mm 腻子喷浆	48.4（B6 级制品无抹灰层）

注：1. 上述检测数据，均为 B05 级水泥、矿渣、砂加气混凝土砌块。

2. 砌块均为普通水泥砂浆砌筑。

2）其他墙体构造的隔声性能见表 2-44。

表 2-44　其他墙体构造的隔声性能

编号	构件名称	面密度（kg/m²）	空气声隔声指数（dB）
1	240mm 砖墙，双面抹灰	500	48～53
2	140mm 震动砖墙板	300	48～50
3	140～180mm 钢筋混凝土大板	250～400	46～50
4	250mm 加气混凝土双面抹灰	220	47～48
5	3～4 层纸面石膏板组合墙	60	45～49
6	20mm×90mm 双层碳化石灰板喷浆	130	45
7	板条墙	90	45～47
8	140～160mm 钢筋混凝土空心大板	200～240	43～47
9	石膏板与其他板材的复合墙体	65～69	44～47
10	200～240mm 焦渣砖或粉煤灰砖墙双面抹灰	—	44～47
11	120mm 砖墙，双面抹灰	280	43～47
12	200mm 混凝土空心砌块，双面抹灰	200～285	43～47
13	石膏龙骨四层石膏板（板竖向排列）	60	45～47
14	石膏龙骨四层石膏板（板横向排列）	60	41
15	抽空石膏条板，双面抹灰	110	42
16	120～150mm 加气混凝土，双面抹灰	150～165	40～45
17	80～90mm 石膏复合板填矿渣棉	32	37～41
18	复合板与加气混凝土组合墙体	70	38～39
19	100mm 石膏蜂窝板加贴石膏板一层	44	35
20	20mm×60mm 双面珍珠岩石膏板	70	30～35
21	80～90mm 双层纸面石膏板（木龙骨）	25	31～34
22	90mm 单层碳化石灰板	65	32
23	80mm 双层水泥刨花板	45	50
24	90mm 单层珍珠岩石膏板	35	24

5. 防水要求

（1）外墙面防水

1）基本要求

① 建筑外墙防水应达到阻止雨水、雪水侵入墙体，并应具有抗冻融、耐高低温、承受风荷载等性能；

② 建筑外墙的防水层应设置在迎水面；

③ 建筑外墙节点的防水应包括门窗洞口、雨篷、阳台、变形缝、伸出外墙管道、女儿墙压顶、外墙预埋件、预制构件等交接部位的防水；

④ 墙体不同材料的交接处应采用每边不少于150mm的耐碱玻纤网格布或热镀锌电焊网作抗裂增强处理。

2）建筑外墙防水的设置原则

《建筑外墙防水工程技术规程》（JGJ/T 235—2011）中规定：

① 整体防水

在正常使用和合理维护的前提下，下列情况之一的建筑外墙，宜进行墙面整体防水。

A. 年降雨量大于或等于800mm地区的高层建筑外墙；

B. 年降雨量大于或等于600mm且基本风压大于等于0.50kN/m² 地区的外墙；

C. 年降雨量大于或等于400mm且基本风压大于等于0.40kN/m² 地区有外保温的外墙；

D. 年降雨量大于或等于500mm且基本风压大于等于0.35kN/m² 地区有外保温的外墙；

E. 年降雨量大于或等于600mm且基本风压大于等于0.30kN/m² 地区有外保温的外墙；

② 节点防水

除上述整体防水5种情况应进行外墙整体防水以外，年降雨量大于或等于400mm地区的其他建筑外墙还应采用节点构造防水措施。

3）整体防水的构造要点

① 无外保温的外墙

A. 采用涂料饰面时，防水层应设在找平层与涂料饰面层之间，防水层宜采用聚合物水泥防水砂浆或普通防水砂浆；

B. 采用块材饰面时，防水层应设在找平层与块材粘结层之间，防水层宜采用聚合物水泥防水砂浆或普通防水砂浆；

C. 采用幕墙饰面时，防水层应设在找平层与幕墙饰面之间，防水层宜采用聚合物水泥防水砂浆、普通防水砂浆、聚合物水泥防水涂料、聚合物乳液防水涂料或聚氨酯防水涂料。

② 有外保温的外墙

A. 采用涂料或块材饰面时，防水层宜设在保温层与墙体基层之间，防水层可采用聚合物水泥防水砂浆或普通防水砂浆；

B. 采用幕墙饰面时，设在找平层上的防水层宜采用聚合物水泥防水砂浆、普通防水砂浆、聚合物水泥防水涂料、聚合物乳液防水涂料或聚氨酯防水涂料；当外墙保温层选用矿物棉保温材料时，防水层宜采用防水透气膜。

C. 砂浆防水层中可增设耐碱玻纤网格布或热镀锌电焊网增强，并宜用锚栓固定于结构墙体中。

D. 防水层的最小厚度应符合表2-45的规定：

表 2-45　防水层的最小厚度（mm）

墙体基层种类	饰面层种类	聚合物水泥防水砂浆		普通防水砂浆	防水涂料
		干粉类	乳液类		
现浇混凝土	涂料	3	5	8	1.0
	面砖				—
	幕墙				1.0
砌体	涂料	5	8	10	1.2
	面砖				—
	干挂幕墙				1.2

E. 砂浆防水层宜留分格缝，分格缝宜设置在墙体结构不同材料交界处。水平分格缝宜与窗口上沿或下沿平齐；垂直分格缝间距不宜大于 6.00m，且宜与门、窗框两边线对齐。分格缝宽宜为 8～10mm，缝内应采用密封材料作密封处理。

F. 外墙防水层应与地下墙体防水层搭接。

4）节点防水的构造要点

① 门窗框与墙体间的缝隙宜采用聚合物水泥砂浆或发泡聚氨酯填充；外墙防水层应沿伸至门窗框，并应嵌填密封材料；门窗上楣的外口应做滴水线；外窗台应设置不小于 5% 的外排水坡度。

② 雨篷应设置不小于 1% 的外排水坡度，外口下沿应做滴水线；雨篷与外墙交接处的防水层应连续；雨篷防水层应沿外口下翻至滴水线。

③ 阳台应向水落口设置不小于 1% 的排水坡度，阳台外口下沿应做滴水线。

④ 变形缝部位应增设合成高分子防水卷材附加层，卷材两端应满粘于墙体，满粘的宽度不应小于 150mm，并应钉压固定。

⑤ 穿过外墙的管道宜采用套管，套管应内高外低，坡度不应小于 5%。

⑥ 女儿墙压顶宜采用现浇钢筋混凝土或金属压顶，压顶应向内找坡，坡度不应小于 2%。当采用混凝土压顶时，外墙防水层应沿伸至压顶内侧的滴水线部位；当采用金属压顶时，外墙防水层应做到压顶的顶部，金属压顶应采用专用金属配件固定。

（2）内墙面防水

1）基本要求

① 卫生间、浴室的墙面和顶棚应设置防潮层，门口应有阻止积水外溢的措施。

② 厨房的墙面宜设置防潮层；厨房布置在无用水点房间的下层时，顶棚应设置防潮层。

③ 厨房的立管排水支架和洗涤池不应直接安装在与卧室相邻的墙体上。

④ 设有配水点的封闭阳台，墙面应设防水层，顶棚宜设防潮层。

2）技术措施

《住宅室内防水工程技术规范》（JGJ 298—2013）中规定：

① 内墙面防水的构造要点

A. 卫生间、浴室和设有配水点的封闭阳台等处的墙面应设置防水层；防水层距楼面、地面面层的高度宜为 1.20m；

B. 当卫生间有非封闭式洗浴设施时，花洒所在及其邻近墙面防水层高度不应低于1.80m。

② 有防水设防要求的功能房间，除设置防水层的墙面外，其余墙面和顶棚均应设置防潮层。

3）内墙面防水材料的种类

① 防水涂料

A. 住宅室内防水宜使用聚氨酯防水涂料、聚合物乳液防水涂料、聚合物水泥防水涂料和水乳型沥青防水涂料等水性和反应性防水涂料。

B. 住宅室内防水不得使用溶剂型防水涂料。

C. 对于住宅室内长期浸水的部位，不宜使用遇水产生溶胀的防水涂料。

D. 用于附加层的胎体材料宜选用30～50g/m² 的聚酯纤维无纺布、聚丙纶纤维无纺布或耐碱玻璃纤维网格布。

E. 住宅室内防水工程采用防水涂料时，涂膜厚度应符合表2-46的规定：

表2-46　涂膜厚度（mm）

涂料类型	水平面涂膜厚度	垂直面涂膜厚度
聚合物水泥防水涂料	≥1.5	≥1.2
聚合物乳液防水涂料	≥1.5	≥1.2
聚氨酯防水涂料	≥1.5	≥1.2
水乳型沥青防水涂料	≥2.0	≥1.2

② 防水卷材

A. 住宅室内防水可选用自粘聚合物改性沥青防水卷材和聚乙烯丙纶复合防水卷材及聚乙烯丙纶复合防水卷材与相配套的聚合物水泥防水粘结料共同组成的复合防水层。

B. 卷材防水层的厚度应符合表2-47的规定：

表2-47　卷材防水层厚度（mm）

防水卷材类型	卷材防水层厚度	
自粘聚合物改性沥青防水卷材	无胎基≥1.5	聚酯胎基≥1.5
聚乙烯丙纶复合防水卷材	卷材≥0.7（芯材≥0.5），胶结料≥1.3	

③ 防水砂浆

防水砂浆应使用掺外加剂的防水砂浆、聚合物水泥防水砂浆和商品砂浆。

④ 防水混凝土

A. 防水混凝土中的水泥宜采用硅酸盐水泥、普通硅酸盐水泥；不得使用过期或受潮结块的水泥。

B. 防水混凝土的化学外加剂、矿物掺合料、砂、石及拌合用水应符合相关规定。

⑤ 密封材料

住宅室内防水的密封材料宜采用丙烯酸建筑密封胶、聚氨酯建筑密封胶或硅酮建筑密封胶。

⑥ 防潮材料

A. 墙面、顶棚宜采用防水砂浆、聚合物水泥防水涂料作防潮层；无地下室的地面可采用聚氨酯防水涂料、聚合物乳液防水涂料、水乳型沥青防水涂料和防水卷材作防潮层。

B. 采用不同材料作防潮层时，防潮层厚度可按表2-48确定。

表2-48　防潮层厚度（mm）

材料种类		防潮层厚度
防水砂浆	掺防水剂的防水砂浆	15～20
	涂刷型聚合物水泥防水砂浆	2～3
	挤压型聚合物水泥防水砂浆	10～15
防水涂料	聚合物水泥防水涂料	1.0～1.2
	聚合物乳液防水涂料	1.0～1.2
	聚氨酯防水涂料	1.0～1.2
	水乳型沥青防水涂料	1.0～1.5
防水卷材	自粘聚合物改性沥青防水卷材　无胎基	1.2
	自粘聚合物改性沥青防水卷材　聚酯胎基	2.0
	聚乙烯丙纶复合防水卷材	卷材≥0.7（芯材≥0.5），胶结料≥1.3

三、墙身的细部构造

1. 防潮层

（1）作用

在墙身中设置防潮层的目的是防止土壤中的水分沿基础墙上升和勒脚部位的地面水影响墙身。它的作用是提高建筑物的耐久性，保持室内干燥卫生。

（2）设置原则

1）墙基为混凝土、钢筋混凝土或石砌体时，可不做墙身防潮层。

2）其他类型的墙体应做水平防潮层。

3）湿度大的房间除做水平防潮层外，还应在外墙或内墙内侧应设置垂直防潮层或防水层。

（3）位置

水平防潮层的具体位置应在室内地坪与室外地坪之间，以地面垫层中部为最理想，相当于标高－0.06m处。

（4）防潮层的材料

1）防水砂浆防潮层

具体做法是抹一层20mm的1∶2.5水泥砂浆加水泥质量的3％～5％防水粉拌合而成的防水砂浆，另一种是用防水砂浆砌筑4～6皮砖，位置在室内地坪上下（后者应慎用）。

2）防水卷材防潮层

在防潮层部位先抹20mm厚的砂浆找平层，然后干铺防水卷材一层或用热沥青粘贴一毡二油。防水卷材的宽度应与墙厚一致，或稍大一些。防水卷材沿长度铺设，搭接长度100mm。防水卷材防潮较好，但会使基础墙和上部墙身断开，减弱了砖墙的抗震能力。

3）混凝土防潮层

由于混凝土本身具有一定的防水性能，常把防水要求和结构做法合并考虑。即在室内外地坪之间浇筑60mm厚的C20混凝土防潮层，内放3ϕ6、ϕ4@250的钢筋网片。

上述三种做法，在抗震设防地区应选取防水砂浆防潮层（图 2-40）。

（5）特殊位置的防潮层

当墙体两侧的地面均为室内地面时，除按要求做好水平防潮层外，还应在墙身的内侧做垂直防潮层（图 2-41）。

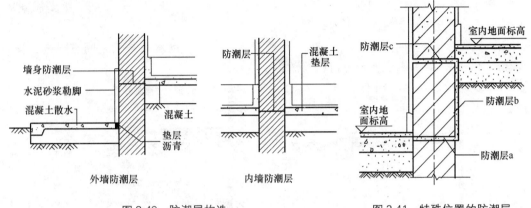

图 2-40　防潮层构造　　　　　　　　图 2-41　特殊位置的防潮层

2. 勒脚

外墙墙身下部靠近室外地坪的部分叫勒脚。勒脚的作用是防止地面水、屋檐滴下的雨水的侵蚀，从而保护墙面，保证室内干燥，提高建筑物的耐久性；同时，还有美化建筑外观的作用。勒脚除采用与立面装修的材质相同外，经常采用的做法包括水泥砂浆、水刷石或加大墙厚的办法做成。勒脚的高度一般为室内地坪与室外地坪之高差，也可以根据立面的需要而提高勒脚的高度尺寸（图 2-42）。

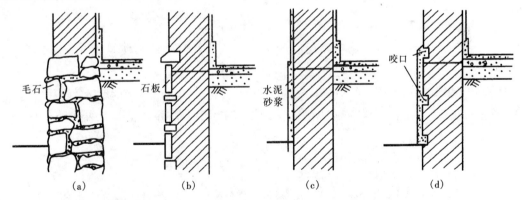

图 2-42　勒脚
（a）毛石勒脚；（b）石板贴面勒脚；（c）抹灰勒脚；（d）带咬口的抹灰勒脚

3. 散水与明沟

散水指的是靠近勒脚下部的水平排水坡，明沟是靠近勒脚下部设置的水平排水沟。它们的作用都是为了迅速排除从屋檐下滴的雨水，防止因积水渗入地基而造成建筑物的下沉。在建筑物外墙周围做绿化时，可以采用暗埋式混凝土散水的做法应满足以下要求：

（1）散水的宽度

应根据土壤性质、气候条件、建筑物的高度和屋面排水形式确定，宜为 600～1000mm；

当采用无组织排水时，散水的宽度可按檐口线放出 200～300mm。

（2）散水的坡度

散水的坡度一般为 3‰～5‰。

（3）散水面层材料

常用的有细石混凝土、混凝土、水泥砂浆、卵石、块石、花岗石等，垫层则多用 3：7 灰土或卵石灌强度等级为 M2.5 混合砂浆。

当散水采用混凝土时，宜按 20～30m 间距设置伸缩缝。散水与外墙之间宜设缝，缝宽可为 20～30mm，缝内应填沥青类材料［图 2-43（1）］。

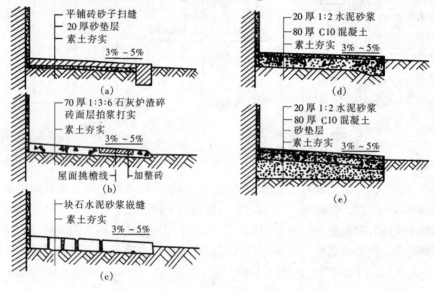

图 2-43（1） 散水构造

（a）砖散水；（b）三合土散水；（c）块石散水；（d）混凝土散水；（e）冰冻区散水

（4）明沟

明沟是将积水通过明沟引向下水道，一般在年降雨量为 900mm 以上的地区才选用。沟宽一般在 200mm 左右，沟底应有 0.5‰ 左右的纵坡。明沟的材料可以用砖、混凝土等[图 2-43(2)]。

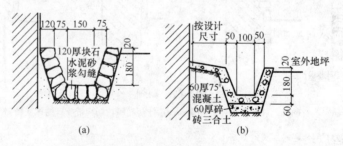

图 2-43（2） 明沟构造

（a）纯明沟做法；（b）散水带明沟做法

（5）散水的特殊做法

1）散水的特殊做法是指适用于沿建筑物外墙周围，有绿化要求的暗埋式混凝土散水。

这种做法是散水在草皮及种植土的底部，混凝土的强度等级为 C20，厚度不应小于 80mm。外墙饰面应做至混凝土的下部。散水与墙身交接处刷 1.5mm 厚聚合物水泥砂浆防水涂料。

2）当散水不外露须采用隐式散水时，散水上面的覆土厚度不应大于 300mm，且应对墙身下部做防水处理，其高度不宜小于覆土层以上 300mm，并应防止草根对墙体的伤害（图 2-44）。

（6）湿陷型黄土地区散水应采用现浇混凝土，并应设置厚 150mm 的 3：7 灰土或 300mm 的夯实素土垫层；垫层的外缘应超出散水和建筑外墙基底外缘 500mm。散水坡度不应小于 5%，宜每隔 6～10m 设置伸缩缝。散水与外墙交接处应设缝，其缝宽和伸缩缝缝宽均宜为 20mm，缝内应填柔性密封材料。沿散水外缘不宜设置雨水明沟。

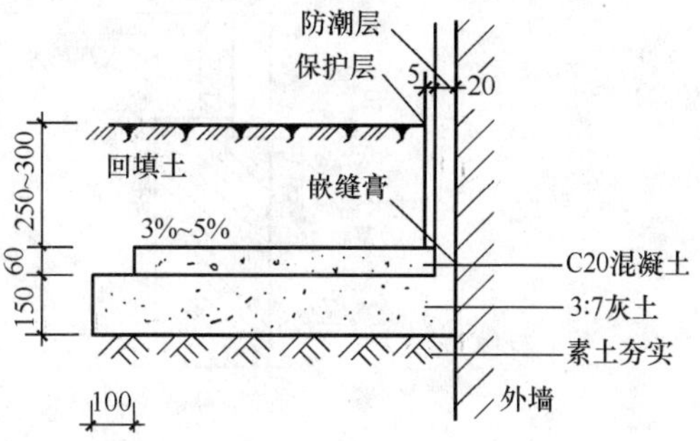

图 2-44　种植散水

4. 踢脚

踢脚是外墙内侧或内墙两侧的下部和室内地坪交接处的构造，目的是防止扫地时污染墙面。踢脚的高度一般在 80～150mm。

踢脚常用的材料有水泥砂浆、水磨石、木材、缸砖、油漆等，选用时一般应与地面材料一致。有墙裙或墙身饰面可以代替踢脚的，应不再做踢脚。

5. 墙裙

室内墙面有防水、防潮湿、防污染、防碰撞等要求时，应设置墙裙，其高度一般为 1200～1800mm。为避免积灰，墙裙顶部宜与内墙面齐平。

《中小学校设计规范》（GB 50099—2011）中规定：小学墙裙的高度不宜低于 1.20m，中学墙裙的高度不宜低于 1.40m，舞蹈教室、风雨操场墙裙的高度不宜低于 2.10m。

6. 窗台

窗洞口的下部应设置窗台。窗台根据窗子的安装位置可形成内窗台和外窗台。外窗台是为了防止在窗洞底部积水，并流向室内。内窗台则为了排除窗上的凝结水，以保护室内墙面，或存放东西、摆放花盆等。窗台高度一般为 900～1000mm，幼儿园活动室可以取 600mm，车站售票台取 1100mm。

窗台高度低于 800mm（住宅窗台低于 900mm）时，应采取防护措施。窗台的净高或防护栏杆的高度均应从可踏面起算，保证净高 900mm。

窗台的底面檐口处，应做成锐角形或宽度及高度均为 10mm 的凹槽（叫"滴水"），便于排水，以免污染墙面。

（1）外窗台

1）砖窗台

砖窗台应用较广，有平砌挑砖和立砌挑砖两种做法。表面可抹 1：3 水泥砂浆，并应有 10% 左右的坡度。挑出尺寸大多为 60mm。

2）混凝土窗台

这种窗台一般是现场浇筑而成。

（2）内窗台的做法

1）水泥砂浆抹窗台

一般是在窗台上表面抹 20mm 厚的水泥砂浆，并应突出墙面 5mm 为好。

2）窗台板

对于装修要求较高而且窗台下设置暖气片的房间，一般均采用窗台板。窗台板可以用预制水泥板或水磨石板。装修要求特别高的房间还可以采用木窗台板（图 2-45）。

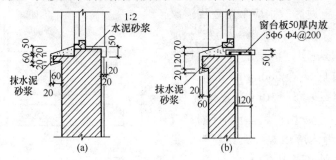

图 2-45 窗台板构造

（a）外侧半砖内侧抹水泥砂浆；（b）外侧半砖内侧窗台板

7. 过梁

为承受门窗洞口上部的荷载，并把它传到门窗两侧的墙体上，以免压坏门窗框，所以在其上部要加设过梁。过梁上的荷载一般呈三角形分布，为计算方便，可以把三角形荷载折算成 1/3 洞口宽度的匀部荷载。因而过梁的断面不大，梁内配筋也较小。过梁有钢筋混凝土过梁和钢筋砖过梁两种。《建筑抗震设计规范》（GB 50011—2010）中规定抗震设防地区不应采用不加钢筋的过梁。

（1）预制钢筋混凝土过梁

预制钢筋混凝土过梁是采用比较普遍的一种过梁。过梁的宽度与半砖长相同，基本宽度为 115mm。梁长及梁高均和洞口尺寸有关，并应符合模数。过梁在洞口两侧的支承长度为每侧 240mm（图 2-46）。

（2）钢筋砖过梁

钢筋砖过梁又称苏式过梁。这种过梁用砖的强度等级应不低于 MU10，砂浆强度等级应不低于 M5。洞口上部应先支木模，上放直径不小于 5mm 的钢筋，间距小于等于 120mm，伸入两边墙内应不小于 240mm。钢筋上下应抹不小于 30mm 的砂浆层。这种过梁的最大跨度为 1.50m（图 2-47）。

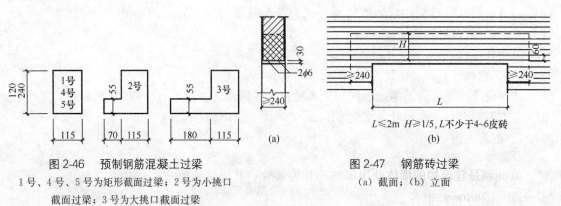

图 2-46 预制钢筋混凝土过梁

1 号、4 号、5 号为矩形截面过梁；2 号为小挑口
截面过梁；3 号为大挑口截面过梁

图 2-47 钢筋砖过梁

（a）截面；（b）立面

88

8. 窗帘盒

窗帘盒可以采用木材、塑料、金属板材等制作，用特制金属连接件与墙体连接。其宽度为 140～200mm 之间，高度不应小于 140mm（图 2-48）。

9. 腰线与窗套

这些都是立面装修的做法。窗套是由带挑檐的过梁、窗台和两侧窗边挑出立砖而构成，外抹水泥砂浆后，可再刷外墙涂料或做其他装饰。腰线是指过梁和窗台形成的上下水平线条，外抹水泥砂浆后，刷外墙涂料或做其他装饰（图 2-49）。

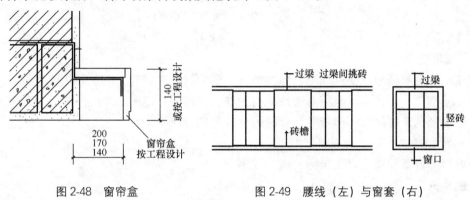

图 2-48 窗帘盒   图 2-49 腰线（左）与窗套（右）

10. 凸窗

居住建筑不宜设置凸窗，当必须设置时，凸窗凸出外墙面（从外墙面计）不应大于 400mm。严寒地区不应设置凸窗，寒冷地区及夏热冬冷地区的北向卧室、起居室不应设置凸窗。

11. 圈梁与构造柱

圈梁与构造柱应满足抗震构造柱的构造要求（图 2-50、图 2-51）。

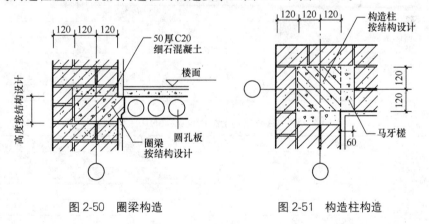

图 2-50 圈梁构造   图 2-51 构造柱构造

12. 檐部做法

（1）挑檐板

挑檐板应采用现浇钢筋混凝土板制作。挑出尺寸不宜过大，一般以 500mm 左右为宜。

（2）女儿墙

女儿墙是建筑物的墙体凸出屋面的延伸部分，其厚度一般为：砖砌体 240mm，加气混凝土砌块 200mm，混凝土小型砌块 190mm。女儿墙的高度与建筑高度有关。临空高度在

24m 以下时，取 1.05m；临空高度在 24m 以上时，取 1.10m。采用矮女儿墙与栏杆扶手时，扶手的高度与上述相同。

为保证女儿墙的稳定和满足抗震要求，应在女儿墙的顶部设置钢筋混凝土压顶，压顶厚度不应小于 60mm；并应在女儿墙内部设置构造柱，构造柱的上端与压顶相连，下端应与建筑物的圈梁相接。构造柱的间距应在 2.50～4.00m。

为避免女儿墙与屋顶的连接处形成"热桥"，应在女儿墙的内部加做保温设施。

（3）斜板挑檐

斜板挑檐是在女儿墙的顶部和挑檐板的端部加做斜板的屋檐做法，其尺寸应符合前挑檐板和女儿墙的规定。

13. 变形缝

建筑中的变形缝包括三种缝隙，即伸缩缝、沉降缝和防震缝，它的作用是保证房屋在温度变化、基础不均匀沉降或地震时构件能有一些自由伸缩，以防止墙体开裂、结构破坏。在抗震设防地区的上述缝隙一律按照防震缝的要求处理。

（1）伸缩缝

伸缩缝的设置原则是以建筑的长度为依据，设置在因温度可能产生膨胀和收缩变形可能性最大的地方。

伸缩缝的特点是只在 ±0.000 以上的部分将墙体断开，基础不断开。缝宽一般为 20～30mm。《砌体结构设计规范》（GB 50003—2010）中规定的砌体房屋伸缩缝的最大间距见表 2-49；《混凝土结构设计规范》（GB 50010—2010）中规定的钢筋混凝土结构伸缩缝的最大间距见表 2-50。

表 2-49　砌体房屋伸缩缝的最大间距

屋盖或楼盖类别		间距（m）
整体式或装配整体式钢筋混凝土结构	有保温层或隔热层的屋盖、楼盖	50
	无保温层或隔热层的屋盖	40
装配式无檩体系钢筋混凝土结构	有保温层或隔热层的屋盖、楼盖	60
	无保温层或隔热层的屋盖	50
装配式有檩体系钢筋混凝土结构	有保温层或隔热层的屋盖	75
	无保温层或隔热层的屋盖	60
瓦材屋盖、木屋盖或楼盖、轻钢楼盖		100

表 2-50　钢筋混凝土结构伸缩缝的最大间距

结构类别		室内或土中（m）	露天（m）
排架结构	装配式	100	70
框架结构	装配式	75	50
	现浇式	55	35
剪力墙结构	装配式	65	40
	现浇式	45	30
挡土墙、地下室墙壁等类结构	装配式	40	30
	现浇式	30	20

（2）沉降缝

沉降缝的设置原则是依据《建筑地基基础设计规范》（GB 50007—2011）的规定进行的。其中包括：建筑平面的转折部位，高度差异或荷载差异处，长高比过大的砌体承重结构或钢筋混凝土框架结构的适当部位，地基土的压缩性有显著差异处，建筑结构或基础类型不同处，分期建造房屋的交界处。沉降缝的构造特点是基础及上部结构全部断开。沉降缝的宽度见表 2-51。

表 2-51　房屋沉降缝的宽度

房屋层数	沉降缝宽度（mm）	房屋层数	沉降缝宽度（mm）
2～3 层	50～80	5 层以上	≥120
4～5 层	80～120	—	—

（3）防震缝

防震缝的设置原则是依据《建筑抗震设计规范》(GB 50011—2010)的规定进行的。防震缝的两侧均应设置墙体，砌体结构的缝宽应根据设防烈度和房屋高度确定，可采用 70～100mm。

14. 烟道、通风道和垃圾管道

在住宅或其他民用建筑中，为了排除烟气或其他污浊空气，常在墙体内设置烟道和通风道。烟道和通风道有现场砌筑或预制构件进行拼装两种做法。砖砌烟道和通风道的断面尺寸应根据排汽量来决定，但不应小于 120mm×120mm。烟道和通风道除单层房屋以外，均应有进汽口和排汽口。烟道的排汽口在下，距楼板 1m 左右较合适。通风道的排汽口应靠上，距楼板底部 300mm 较合适，烟道和通风道不能混用，以避免串气。

混凝土烟风道、石棉锯末烟风道、GRC（抗碱玻璃纤维增强混凝土）烟风道，一般为每层一个预制构件，上下拼接而成（图 2-52）。

（1）烟道和通风道应伸出屋面，伸出高度应有利烟气扩散，并应根据屋面形式、排出口周围遮挡物的高度、距离和积雪深度确定。平屋面伸出高度不得小于 0.60m，且不得低于女

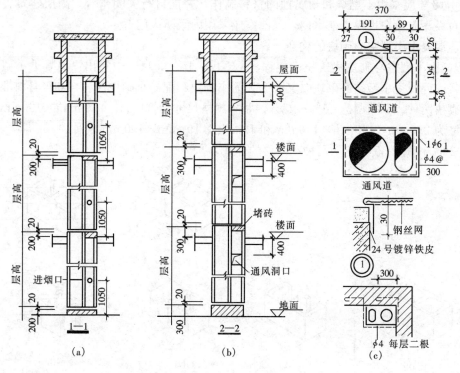

图 2-52　通风道

（a）普通砖砌烟风道；（b）砖砌通风道；（c）通风道构件

儿墙的高度。坡屋面伸出高度应符合下列规定：

1）烟道和通风道中心线距屋脊小于 1.50m 时，应高出屋脊 0.60m；

2）烟道和通风道中心线距屋脊 1.50～3.00m 时，应高于屋脊，且伸出屋面高度不得小于 0.60m；

3）烟道和通风道中心线距屋脊大于 3m 时，其顶部同屋脊的连线同水平线之间的夹角不应大于 10°，且伸出屋面高度不得小于 0.60m。

烟道和通风道出屋面的关系如图 2-53 所示。

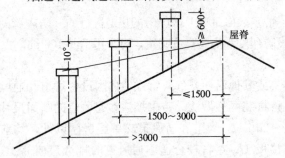

图 2-53　烟道和通风道出屋面的关系

（2）垃圾道

1）民用建筑不宜设置垃圾管道。多层建筑不设垃圾管道时，应根据垃圾收集方式设置相应设施。中高层及高层建筑不设置垃圾管道时，每层应设置封闭的垃圾分类、贮存收集空间，并宜有冲洗排污设施。

2）如设置垃圾管道时，应符合下列规定：

① 垃圾管道宜靠外墙布置，管道主体应伸出屋面，伸出屋面部分加设顶盖和网栅，并采取防倒灌措施；

② 垃圾出口应有卫生隔离，底部存纳和出运垃圾的方式应与城市垃圾管理方式相适应；

③ 垃圾道内壁应光滑、无突出物；

④ 垃圾斗应采用不燃烧和耐腐蚀的材料制作，并能自行关闭密合；高层建筑、超高层建筑的垃圾斗应设在垃圾道前室内，该前室应采用丙级防火门。

四、混凝土小型空心砌块的构造

《混凝土小型空心砌块建筑技术规程》（JGJ/T 14—2011）中指出：混凝土小型空心砌块包括普通混凝土小型空心砌块（又分为无筋小砌块和配筋小砌块两种）和轻骨料混凝土小型空心砌块两种。孔洞率为 46%～48%。基本规格尺寸为 390mm×190mm×190mm。辅助规格尺寸为 290mm×190mm×190mm 和 190mm×190mm×190mm 两种。

图 2-54 和图 2-55 介绍了两种小砌块的外观。

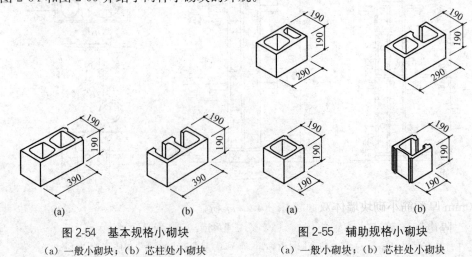

（a）　　　　　　　（b）　　　　　　　（a）　　　　　　　（b）

图 2-54　基本规格小砌块　　　　　图 2-55　辅助规格小砌块
（a）一般小砌块；（b）芯柱处小砌块　　（a）一般小砌块；（b）芯柱处小砌块

1. 砌块的强度等级

（1）普通混凝土小型空心砌块的强度等级：MU20、MU15、MU10、MU7.5 和 MU5。

（2）轻骨料混凝土小型空心砌块的强度等级：MU15、MU10、MU7.5、MU5 和 MU3.5。

（3）砌筑砂浆的强度等级：Mb20、Mb15、Mb10、Mb7.5、和 Mb5。

（4）灌孔混凝土的强度等级：Cb40、Cb35、Cb30、Cb25 和 Cb20。

2. 允许建造高度

（1）普通（无筋）混凝土小砌块房屋

墙体厚度为 190mm、8 度设防 0.20g 时，允许建造层数为 6 层，允许建造高度为 18m；8 度设防 0.30g 时，允许建造层数为 5 层，允许建造高度为 15m。层高不应超过 3.60m。

（2）配筋混凝土小砌块房屋

墙体厚度为 190mm、8 度设防 0.20g 时，允许建造高度为 40m；8 度设防 0.30g 时，允许建造高度为 30m。底部加强部位的层高，抗震等级为一、二级时，不宜大于 3.20m；三、四级时，不宜大于 3.90m。其他部位的层高，抗震等级为一、二级时，不宜大于 3.90m；三、四级时，不宜大于 4.80m。

3. 建筑设计

（1）平面及竖向

1）混凝土小型空心砌块的平面设计及竖向均应做墙体的排块设计，排块时应以采用主规格砌块为主，减少辅助规格砌块的用量和种类。

2）平面应简洁，体形不宜凹凸转折过多。小砌块住宅的体形系数不宜大于 0.3。

3）立面设计宜利用装饰砌块凸出小砌块建筑的特色。

（2）防水

1）在多雨地区，单排孔小砌块墙体应做双面粉刷，勒脚应采用水泥砂浆粉刷。

2）对伸出墙外的雨篷、开敞式阳台、室外空调机搁板、遮阳板、窗套、室外楼梯根部及水平装饰线脚等处，均应采用有效的防水措施。

3）室外散水坡顶面以上和室内地面以下的砌体内，宜设置防潮层。

4）卫生间等有防水要求的房间，四周墙体下部应灌实一皮砌块或设置高度为 200mm 的现浇混凝土带。内粉刷应采取有效的防水措施。

5）处于潮湿环境的小砌块墙体，墙面应采用防水砂浆粉刷等有效的防潮措施。

6）在夹芯板的外叶墙每层圈梁上的砌块竖缝底部宜设置排水孔。

（3）防火

混凝土小型空心砌块的小砌块属于不燃烧体，其耐火极限与砌块的厚度有关，90mm 厚的小砌块耐火极限为 1.0h；190mm 厚的无筋小砌块用于承重墙时，耐火极限为 2.0h；190mm 厚配筋小砌块用于承重墙时，耐火极限为 3.5h。

（4）隔声

1）190mm 厚无筋小砌块墙体双面各抹 20mm 厚粉刷的空气声计权隔声量可按 45dB 采用；190mm 厚配筋小砌块墙体双面各抹 20mm 厚粉刷的空气声计权隔声量可按 50dB 采用。

2）对隔声要求较高的小砌块建筑，可采用下列措施提高隔声性能：

① 孔洞内填矿渣棉、膨胀珍珠岩、膨胀蛭石等松散材料；

② 在小砌块墙体的一面或双面采用纸面石膏板或其他板材做带有空气隔层的复合墙体构造；

③ 对有吸声要求的建筑或其局部，墙体宜采用吸声砌块砌筑。

（5）屋面构造

1）小砌块建筑采用钢筋混凝土平屋面时，应在屋面上设置保温隔热层；

2）小砌块住宅建筑宜做成有檩体系坡屋面。当采用钢筋混凝土基层坡屋面时，坡屋面宜外挑出墙面，并应在坡屋面上设置保温隔热层；

3）钢筋混凝土屋面板及上面的保温隔热防水层中的砂浆找平层、刚性面层等应设置分格缝，并应与周边的女儿墙断开。

4．保温与节能设计

（1）小砌块建筑的体形系数、窗墙面积比及其对应的窗的传热系数、遮阳系数和空气渗透性能应符合建筑所在气候地区现行居住建筑与公共建筑节能设计标准的规定。

（2）普通（无筋）小砌块及配筋小砌块砌体的热阻和热惰性指标见表 2-52。

表 2-52　普通小砌块及配筋小砌块砌体的热阻 R_{ma} 和热惰性指标 D_{ma}

小砌块砌体块型	厚度（mm）	孔洞率（%）	表观密度（kg/m³）	热阻 R_{ma}（m²·K/W）	热惰性 D_{ma}
单排孔无筋小砌块	90	30	1500	0.12	0.85
	190	40	1280	0.17	1.47
双排孔无筋小砌块	190	40	1280	0.22	1.70
三排孔无筋小砌块	240	45	1200	0.35	2.31
单排孔配筋小砌块	190	—	2400	0.11	1.88

5．构造要求

（1）无筋混凝土小砌块的强度等级不应低于 MU7.5，砌筑砂浆的强度等级不应低于 Mb7.5；配筋混凝土小砌块的强度等级不应低于 MU10，砌筑砂浆的强度等级不应低于 Mb10。

（2）地面以下或防潮层以下的墙体、潮湿房间的墙体所用材料的最低强度等级应符合表 2-53 的要求。

表 2-53　地面以下或防潮层以下的墙体、潮湿房间的墙体所用材料的最低强度等级

基土潮湿程度	混凝土小砌块	水泥砂浆
稍潮湿的	MU7.5	Mb5
很潮湿的	MU10	Mb7.5
含水饱和的	MU15	Mb10

注：1. 砌块孔洞应采用强度等级不低于 C20 的混凝土灌实；

　　2. 对安全等级为一级或设计使用年限大于 50 年的房屋，表中材料强度等级应至少提高一级。

（3）墙体的下列部位，应采用 C20 混凝土灌实砌体的孔洞：

1）无圈梁和混凝土垫块的檩条和钢筋混凝土楼板支承面下的一皮砌块。

2）未设置圈梁和混凝土垫块的屋架、梁等构件支承处，灌实宽度不应小于 600mm，高度不应小于 600mm 的砌块。

3）挑梁支承面下，其支承部位的内外墙交接处，纵横各灌实 3 个孔洞，灌实宽度不小于 3 皮砌块。

（4）门窗洞口顶部应采用钢筋混凝土过梁。

（5）女儿墙应设置钢筋混凝土芯柱或构造柱，构造柱间距不宜大于 4m（或每开间设置），插筋芯柱间距不宜大于 1.60m，构造柱或芯柱插筋应伸至女儿墙顶，并与现浇钢筋混凝土压顶整浇在一起。

（6）小砌块墙与后砌隔墙交接处，应沿墙高每 400mm 在水平灰缝内设置不少于 2φ4，横筋间距不大于 200mm 的焊接钢筋网片。

6. 抗震构造措施

（1）钢筋混凝土圈梁

1）圈梁的设置位置：应在基础部位、楼板部位、檐口部位设置圈梁。

2）圈梁宜连续地设在同一水平面上，并形成封闭状；当不能在同一水平面上闭合时，应增设附加圈梁，其搭接长度不应小于圈梁间的垂直距离，且不应小于 1m。

3）圈梁的最小截面：截面宽度应与墙厚相同，截面高度不应小于 200mm。

4）圈梁的配筋：纵向钢筋（主筋）不应少于 4φ10，箍筋间距不应大于 300mm，混凝土强度等级不应低于 C20。

5）圈梁兼做过梁时，过梁部分的钢筋应按计算用量另行增配。

6）挑梁与圈梁相遇时，应整体现浇；当采用预制挑梁时，应采取措施保证挑梁、圈梁和芯柱的整体连接。

（2）钢筋混凝土芯柱（图 2-56）

1）芯柱的设置位置：宜在 1～4 层的纵横墙交接处的孔洞、外墙转角、楼梯间四角处设置；5 层及 5 层以上的建筑应在上述的部位设置。

2）芯柱的最小截面：芯柱的最小截面为 120mm×120mm。宜采用强度等级不低于 Cb20 的混凝土灌实孔洞。

3）芯柱的配筋：竖向插筋为 1 根 10mm 的钢筋，芯柱的灌孔混凝土应沿房屋的全高贯通，并应在各层与圈梁整体现浇。

（3）钢筋混凝土构造柱（图 2-57）

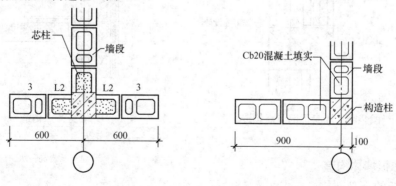

图 2-56　芯柱的平面　　　　　　　　图 2-57　构造柱的平面

1）构造柱的设置位置：建筑的外墙四角、楼梯间四角的纵横墙交接处应设置构造柱，并在竖向每隔 400mm 设置直径为 4mm 的焊接钢筋网片，埋入长度从墙的转角处伸入墙体不应小于 700mm。

2）构造柱的最小截面：最小截面为 190mm×190mm。

3）构造柱的最少配筋：竖向钢筋宜采用 4 根直径为 12mm 的钢筋，水平箍筋的间距不应大于 200mm。

4）构造柱与砌块连接处宜砌成马牙槎，并应沿墙高每个 400mm 设焊接钢筋网片（纵向钢筋不应少于 2φ4，横向钢筋间距不应大于 200mm），伸入墙体不应小于 600mm。

5）与圈梁连接处的构造柱的竖筋应穿过圈梁，构造柱竖筋应上下贯通（图 2-57）。

7. 施工要求

（1）小砌块在砌筑前与砌筑中均不应浇水。

（2）小砌块墙体内不得混砌黏土砖或其他块体材料。镶砌时，应采用实心小砌块（90mm×190mm×53mm）或与小砌块材料强度同等级的预制混凝土块。

（2）混凝土小砌块砌筑时的搭接长度应为 1/2 主规格（195mm）。

8. 节点构造

（1）墙身下部节点构造（图 2-58）。

（2）墙身中部、顶部节点构造（图 2-59）。

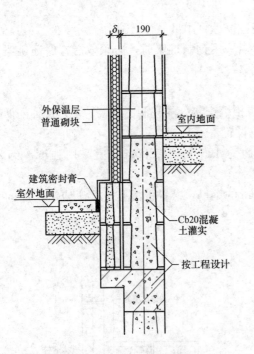

图 2-58　墙身下部节点构造

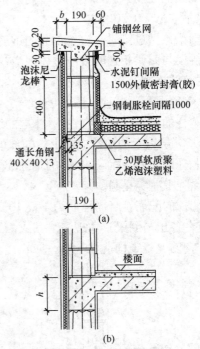

图 2-59　墙身节点构造

（a）顶部节点；（b）中部节点

五、夹芯板墙体构造

1. 夹芯板的定义

夹芯板是将 0.5～0.6mm 厚的彩色涂层钢板面板及底板与保温材料通过粘结剂复合而成的保温复合围护板材。芯材可以采用硬质聚氨酯（成型板材或现场发泡）、聚苯乙烯和岩棉。

2. 夹芯板的厚度

夹芯板的厚度范围为 30～250mm。建筑围护结构常用的厚度为 50～100mm。夹芯板的宽度有 750mm 和 1000mm 两种类型，夹芯板的长度可随工程需要制作，一般控制在 12m 之内。

3. 夹芯板的技术经济指标

(1) 硬质聚氨酯夹芯板的挠度与跨度比值为 1/200；燃烧性能属于 B_1 级，导热系数≤0.033W/(m·K)，体积密度≥30kg/m³，面密度在 7.3～13.2kg/m² 之间，粘结强度应≥0.09MPa。

(2) 聚苯乙烯夹芯板的挠度与跨度比值为 1/250；属于阻燃型（ZR），氧指数≥30%；导热系数≤0.041W/(m·K)，体积密度≥18kg/m³，面密度在 9.0～14.0kg/m² 之间，粘结强度应≥0.10MPa。

(3) 岩棉夹芯板的挠度与跨度比值为 1/250。燃烧性能为厚度≥80mm 时，耐火极限为 60min、厚度＜80mm 时，耐火极限为 30min。体积密度≥100kg/m³，面密度在 13.5～30.1kg/m² 之间，粘结强度应≥0.06MPa。

4. 夹芯板的外观质量

夹芯板的外观质量见表 2-54。

表 2-54　夹芯板的外观质量

项目	质量要求
板面	板面平整、无明显凹凸、翘曲、变形；表面清洁；色泽均匀；无胶痕、油污、无明显划痕、磕碰、伤痕等
表面	表面清洁，无胶痕与油污
缺陷	除卷边与切割边外，其余板面无明显划痕、磕碰、伤痕等
切口	切口平直、切面整齐；无毛刺；板边缘无明显翘角、脱胶与波浪形；面板宜向内弯
芯板	芯板切面应整齐；无大块剥落，块与块之间接缝无明显间隙；面材与芯材之间粘结牢固；芯材密实

5. 夹芯板的连接

(1) 有骨架连接：有骨架的轻型钢结构房屋采用紧固件或连接件将夹芯板固定在檩条或横梁上。其外墙板根部做法详图 2-60，檐部做法详图 2-61。

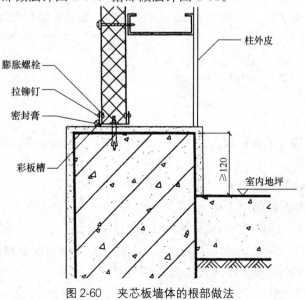

图 2-60　夹芯板墙体的根部做法

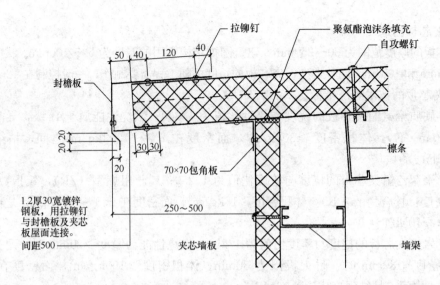

图 2-61　夹芯板墙体的檐部做法

（2）无骨架连接：无骨架的小型房屋可通过连接件将夹芯板组合成型，形成自承重的盒子式房屋。

六、墙面的内外装修

墙面内外装修的作用是保护墙面，提高墙体抵抗风、雨、温湿度、酸、碱等的侵蚀能力；满足立面装修的要求，增强美感；增强隔热保温及隔声的效能。

1. 墙面装修分为清水装修和混水装修两大类做法。

（1）清水装修

清水装修是指在砖缝之间采用砂浆勾缝的做法。砖的水平缝和垂立缝预留 8～10mm，勾缝砂浆一般采用 1∶3 水泥砂浆。这种做法多用于外墙面。

（2）混水装修

混水装修是在墙体的外表面采用不同的装修手段，对墙体进行全面装修的做法。混水装修内外墙面均可采用。混水装修包括抹灰类、石材挂贴类、饰面砖镶贴类和涂饰类几种做法。

2. 抹灰类装修

（1）抹灰砂浆的品种与选用

《抹灰砂浆技术规程》（JGJ/T 220—2010）规定：

1）砂浆种类

① 水泥抹灰砂浆

A. 定义：以水泥为胶凝材料，加入细骨料和水按一定比例配制而成的抹灰砂浆。

B. 抗压强度等级：M15、M20、M25、M30。

C. 密度：拌合物的表观密度不宜小于 $1900kg/m^3$。

② 水泥粉煤灰抹灰砂浆

A. 定义：以水泥、粉煤灰为胶凝材料，加入细骨料和水按一定比例配制而成的抹灰砂浆。

B. 抗压强度等级：M5、M10、M15。

C. 密度：拌合物的表观密度不宜小于 $1900kg/m^3$。

③ 水泥石灰抹灰砂浆

A. 定义：以水泥为胶凝材料，加入石灰膏、细骨料和水按一定比例配制而成的抹灰砂浆，简称混合砂浆。

B. 抗压强度等级：M2.5、M5、M7.5、M10。

C. 密度：拌合物的表观密度不宜小于 1800kg/m³。

④ 掺塑化剂水泥抹灰砂浆

A. 定义：以水泥（或添加粉煤灰）为胶凝材料，加入细骨料、水和适量塑化剂按一定比例配制而成的抹灰砂浆。

B. 抗压强度等级：M5、M10、M15。

C. 密度：拌合物的表观密度不宜小于 1800kg/m³。

⑤ 聚合物水泥抹灰砂浆

A. 定义：以水泥为胶凝材料，加入细骨料、水和适量聚合物按一定比例配制而成的抹灰砂浆，包括普通聚合物水泥抹灰砂浆、柔性聚合物水泥抹灰砂浆和防水聚合物水泥抹灰砂浆。

B. 抗压强度等级：不小于 M5。

C. 密度：拌合物的表观密度不宜小于 1900kg/m³。

⑥ 石膏抹灰砂浆

A. 定义：以半水石膏或Ⅱ型无水石膏单独或两者混合后为胶凝材料，加入细骨料、水和多种外加剂按一定比例配制而成的抹灰砂浆。

B. 抗压强度等级：不小于 4.0MPa。

2）基本规定

① 一般抹灰工程用砂浆宜选用预拌抹灰砂浆。抹灰砂浆应采用机械搅拌。

② 抹灰砂浆强度不宜比基体材料强度高出两个及以上强度等级，并应符合下列规定：

A. 对于无粘贴饰面砖的外墙，底层抹灰砂浆宜比基体材料高一个强度等级或等于基体材料等级。

B. 对于无粘贴饰面砖的内墙，底层抹灰砂浆宜比基体材料低一个强度等级。

C. 对于有粘贴饰面砖的内墙和外墙，中层抹灰砂浆宜比基体材料高一个强度等级且不宜低于 M15，并宜选用水泥抹灰砂浆。

D. 孔洞填补和窗台、阳台抹面等宜采用 M15 或 M20 水泥抹灰砂浆。

③ 配置强度等级不大于 M20 的抹灰砂浆，宜用 32.5 级通用硅酸盐水泥或砌筑水泥；配置强度等级大于 M20 的抹灰砂浆，宜用 42.5 级通用硅酸盐水泥。通用硅酸盐水泥宜采用散装的。

④ 用通用硅酸盐水泥拌制抹灰砂浆时，可掺入适量的石灰膏、粉煤灰、粒化高炉矿渣粉、沸石粉等，不应掺入消石灰粉。用砌筑水泥拌制抹灰砂浆时，不得再掺加粉煤灰等矿物掺合料。

⑤ 拌制抹灰砂浆，可根据需要掺入改善砂浆性能的添加剂。

⑥ 抹灰砂浆的品种宜根据使用部位或基体种类按表 2-55 选用。

表 2-55　抹灰砂浆的品种与选用

使用部位或基体种类	抹灰砂浆品种
内墙	水泥抹灰砂浆、水泥石灰抹灰砂浆、水泥粉煤灰抹灰砂浆、掺塑化剂水泥抹灰砂浆、聚合物水泥抹灰砂浆、石膏抹灰砂浆

使用部位或基体种类	抹灰砂浆品种
外墙、门窗洞口外侧壁	水泥抹灰砂浆、水泥粉煤灰抹灰砂浆
温（湿）度较高的车间和房屋、地下室、屋檐、勒脚等	水泥抹灰砂浆、水泥粉煤灰抹灰砂浆
混凝土板和墙	水泥抹灰砂浆、水泥石灰抹灰砂浆、聚合物水泥抹灰砂浆、石膏抹灰砂浆
混凝土顶棚、条板	聚合物水泥抹灰砂浆、石膏抹灰砂浆
加气混凝土砌块（板）	水泥石灰抹灰砂浆、水泥粉煤灰抹灰砂浆、掺塑化剂水泥抹灰砂浆、聚合物水泥抹灰砂浆、石膏抹灰砂浆

⑦ 抹灰砂浆的施工稠度宜按表 2-56 选用。聚合物水泥抹灰砂浆的施工稠度宜为 50～60mm，石膏抹灰砂浆的施工稠度宜为 50～70mm。

表 2-56　抹灰砂浆的施工稠度（mm）

抹灰层	施工稠度
底层	90～110
中层	70～90
面层	70～80

（2）抹灰砂浆的厚度

1）内墙：普通抹灰的平均厚度不宜大于 20mm，高级抹灰的平均厚度不宜大于 25mm。

2）外墙：墙面抹灰的平均厚度不宜大于 20mm，勒脚抹灰的平均厚度不宜大于 25mm。

3）顶棚：现浇混凝土抹灰的平均厚度不宜大于 5mm，条板、预制混凝土抹灰的平均厚度不宜大于 10mm。

4）蒸压加气混凝土砌块基层抹灰平均厚度宜控制在 15mm 以内，当采用聚合物水泥砂浆抹灰时，平均厚度宜控制在 5mm 以内，采用石膏砂浆抹灰时，平均厚度宜控制在 10mm 以内。

（3）施工要求

1）抹灰应分层进行，水泥抹灰砂浆每层厚度宜为 5～7mm，水泥石灰砂浆每层厚度宜为 7～9mm，并应待前一层达到 6～7 成干后再涂抹后一层。

2）强度高的水泥抹灰砂浆不应涂抹在强度低的水泥抹灰砂浆基层上。

3）当抹灰层厚度大于 35mm 时，应采取与基体粘结的加强措施。不同材料的基体交接处应设加强网，加强网与各基体的搭接宽度不应小于 100mm。

3. 饰面石材装修

（1）材料特点

1）饰面石材的材质分为花岗石（火成岩）、大理石（沉积岩）和砂岩。按石材的坚硬程度和释放有害物质的多少，应用的部位也不尽相同。花岗岩（火成岩）可用于室内和室外的任何部位；大理石（沉积岩）只可用于室内、不宜用于室外；砂岩只能用于室内。

2）饰面石材的放射性应符合现行国家标准《建筑材料放射性核素限量》（GB/T6566－2010）中依据装饰装修材料中天然放射性核素镭-226、钍-232、钾-40 的放射性比活度大小，将装饰装修材料划分为 A 级、B 级、C 级，具体要求见表 2-57。

表 2-57 放射性物质比活度分级

级别	比活度	使用范围
A	内照射指数 $I_{Ra}\leqslant1.0$ 和外照射指数 $I_r\leqslant1.3$	产销和使用范围不受限制
B	内照射指数 $I_{Ra}\leqslant1.3$ 和外照射指数 $I_r\leqslant1.9$	不可用于 Ⅰ 类民用建筑的内饰面，可以用于 Ⅱ 类民用建筑物、工业建筑内饰面及其他一切建筑的外饰面
C	外照射指数 $I_r\leqslant2.8$	只可用于建筑物外饰面及室外其他用途

注：1. Ⅰ类民用建筑包括：住宅、老年公寓、托儿所、医院和学校、办公楼、宾馆等。
   2. Ⅱ类民用建筑包括：商场、文化娱乐场所、书店、图书馆、展览馆、体育馆和公共交通等候室、餐厅、理发店等。

3）石材面板的厚度：天然花岗石弯曲强度标准值不小于 8.0MPa、吸水率≤0.6%、厚度不小于 25mm；天然大理石弯曲强度标准值不小于 7.0MPa、吸水率≤0.5%、厚度不小于 35mm；其他石材不小于 35mm。

4）当天然石材的弯曲强度的标准值在≤0.8 或≥4.0 时，单块面积不宜大于 1.00m²；其他石材单块面积不宜大于 1.50m²。

5）在严寒和寒冷地区，幕墙用石材面板的抗冻系数不应小于 0.80；

6）石材表面宜进行防护处理。对于处在大气污染较严重或处在酸雨环境下的石材面板，应根据污染物的种类和污染程度及石材的矿物化学物质、物理性质选用适当的防护产品对石材进行保护。

（2）施工要点

石材墙面的安装有湿挂法和干挂法两种。湿挂法适用于小面积墙面的铺装，干挂法适用于大面积墙面的铺装，石材幕墙采用的就是干挂法。

① 湿挂法：先在墙面上拴结 $\phi6\sim\phi10$ 钢筋网，再将设有拴接孔的石板用金属丝（最好是铜丝）拴挂在钢筋网上，随后在缝隙中灌注水泥砂浆，总体厚度在 50mm 左右。

湿挂法的施工要点是：浇水将饰面板的背面和基体润湿，再分层灌注 1：2.5 水泥砂浆，每层灌注高度为 150～200mm，并不得大于墙板高度的 1/3，随后振捣密实（图 2-62）。

② 干挂法：干挂法包括钢销安装法、短槽安装法和通槽安装法三种（图 2-63）。

4. 饰面砖镶贴装修

（1）饰面砖的类别

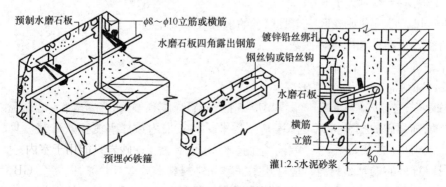

图 2-62 石材湿挂法

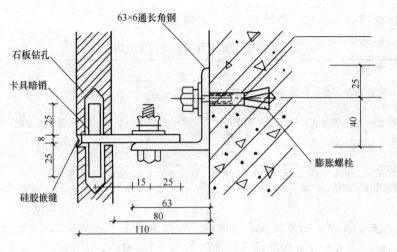

图 2-63 石材干挂法

1）陶瓷锦砖（陶瓷马赛克）

《建筑材料术语标准》（JGJ/T 191—2009）规定：由多块面积不大于 55cm² （相当于 700mm×790mm）的陶瓷小砖经衬材拼贴成联的釉面砖叫陶瓷锦砖。

2）陶瓷薄板

《建筑陶瓷薄板应用技术规程》（JGJ/T 172—2012）规定：由黏土和其他无机非金属材料经成型、高温烧成等工艺制成的厚度不大于 6mm、面积不小于 1.62m² （相当于 900mm× 1800mm）的板状陶瓷制品，可应用于室内地面、室内墙面。非抗震地区、6～8 度抗震设防地区不大于 24m 的室外墙面和非抗震地区、6～8 度抗震设防地区的幕墙工程。

3）外墙饰面砖

《外墙饰面砖工程施工及验收规程》（JGJ 126—2015）规定：

①外墙饰面砖的规格

A. 外墙饰面砖宜采用背面有燕尾槽的产品，燕尾槽深度不宜小于 0.5mm。

B. 用于二层（或高度 8m）以上外保温粘贴的外墙饰面砖单块面积不应大于 15000mm² （相当于 100mm×150mm），厚度不应大于 7mm。

② 外墙饰面砖的吸水率

A. Ⅰ、Ⅵ、Ⅶ区吸水率不应大于 3%；

B. Ⅱ区吸水率不应大于 6%；

C. Ⅲ、Ⅳ、Ⅴ区和冰冻区一个月以上的地区吸水率不宜大于 6%。

③ 外墙饰面砖的冻融循环次数

A. Ⅰ、Ⅵ、Ⅶ区冻融循环 50 次不得破坏；

B. Ⅱ区冻融循环 40 次不得破坏。

注：冻融循环应以低温环境为 −30℃±2℃，保持 2h 后放入不低于 10℃的清水中融化 2h 为一次循环。

④ 外墙饰面砖的找平材料：外墙基体找平材料宜采用预拌水泥抹灰砂浆。Ⅲ、Ⅳ、Ⅴ区应采用水泥防水砂浆。

⑤ 外墙饰面砖的粘结材料：应采用水泥基粘结材料。

⑥ 外墙饰面砖的填缝材料：外墙外保温系统粘结外墙饰面砖所用填缝材料的横向变形

不得小于 1.5mm。

⑦ 外墙饰面砖的伸缩缝材料：应采用耐候密封胶。

（2）设计规定

1）基体

① 基体的粘结强度不应小于 0.4MPa，当基体的强度小于 0.4MPa 时，应进行加强处理。

② 加气混凝土、轻质墙板、外墙外保温系统等基体，当采用外墙饰面砖时，应有可靠的加强及粘结质量保证措施。

2）外墙饰面砖粘结应设置伸缩缝。伸缩缝间距不宜大于 6m，伸缩缝宽度宜为 20mm。

3）外墙饰面砖伸缩缝应采用耐候密封胶嵌缝。

4）墙体变形缝两侧粘贴的外墙饰面砖之间的距离不应小于变形缝的宽度。

5）饰面砖接缝的宽度不应小于 5mm，缝深不宜大于 3mm，也可为平缝。

6）墙面阴阳角处宜采用异形角砖。

7）窗台、檐口、装饰线等墙面凹凸部位应采用防水和排水构造。

8）在水平阳角处，顶面排水坡度不应小于 3％；应采用顶面饰面砖压立面饰面砖或立面最低一排饰面砖压底平面面砖的做法，并应设置滴水构造。

（3）施工要点

1）施工温度

① 日最低气温应在 5℃以上，低于 5℃时，必须有可靠地防冻措施；

② 气温高于 35℃时，应有遮阳措施。

2）施工工艺

① 一般饰面砖的粘贴工艺

工艺流程为：基层处理—排砖、分格、弹线—粘贴饰面砖—填缝—清理表面。

② 联片饰面砖的粘贴工艺

工艺流程为：基层处理—排砖、分格、弹线—粘贴联片饰面砖—填缝—清理表面。

5. 涂饰类装修

《建筑涂饰工程施工及验收规程》（JGJ/T 29—2015）中规定：

（1）材料

内外墙涂饰材料有以下类型：

1）合成树脂乳液内、外墙涂料

① 由合成树脂乳液为基料，与颜料、体制颜料及各种助剂配制而成。

② 常用的品种有苯—丙乳液、丙烯酸酯乳液、硅—丙乳液、醋—丙乳液等。

2）合成树脂乳液砂壁状涂料

① 以合成树脂乳液为主要粘结料，以砂料和天然石粉为骨料。

② 具有仿石质感涂层的涂料。

3）弹性建筑涂料

① 以合成树脂乳液为基料，与颜料、填料及助剂配制而成。

② 施涂一定厚度（干膜厚度大于或等于 $150\mu m$）后，具有弥盖因基材伸缩（运动）产生细小裂纹的有弹性的功能性涂料。

4）复层涂料

复层涂料由底涂层、主涂层（中间涂层）、面涂层组成。

①底涂层：用于封闭基层和增加主涂层（中间涂层）涂料的附着力，可以采用乳液型或溶剂型涂料；

②主涂层（中间涂层）：用于形成凹凸状或平面状的装饰面，厚度（凸部厚度）为1mm以上，可以采用聚合物水泥、硅酸盐、合成树脂乳液、反固化型合成树脂乳液为粘结料配置的厚质涂料；

③面涂层：用于装饰面着色，提高耐候性、耐沾污性和防水性等功能，可采用乳液型或溶剂型涂料。

5）外墙无机涂料

以碱金属硅酸盐及硅溶液等无机高分子为主要成膜物质，加入适量固化剂、填料、颜料及助剂配制而成，属于单组分涂料。

6）溶剂型涂料

①以合成树脂溶液为基料配置的薄型涂料。

②常用的品种有丙烯酸酯树脂（包括固态丙烯酸树脂）、氯化橡胶树脂、硅—丙树脂、聚氨酯树脂等。

7）水性氟涂料

水性氟涂料以主要成膜物质分为以下3种：

① PVDF（水性含聚偏二氟乙烯涂料）；

② PEVE（水性氟烃/乙烯基醚（脂）共聚树脂氟涂料）；

③含氟丙烯酸类为水性含氟丙烯酸/丙烯酸酯类单体共聚树脂氟涂料。

8）建筑用反射隔热涂料

以合成树脂乳液为基料，以水为分散介质，加入颜料（主要是红外反射颜料）、填料和助剂，经一定工艺过程制成的涂料。别称反射隔热乳胶漆。

9）交联型氟树脂涂料

以含反应性官能团的氟树脂为主要成膜物，加颜料填料、溶剂、助剂等为助剂，以脂肪族多异氰酸脂树脂为固化剂的双组分常温固化型涂料。

10）水性复合岩片仿花岗石涂料

以彩色复合岩片和石材颗粒等为骨料，以合成树脂乳液为主要成膜物质，通过喷涂等施工工艺在建筑物表面上形成具有花岗岩质感涂层的建筑涂料。

（2）基层要求

1）基层应牢固不开裂、不掉粉、不起砂、不空鼓、无剥离、无石灰爆裂点和无附着力不良的旧涂层等；

2）基层应表面平整而不光滑、立面垂直、阴阳角方正和无缺棱掉角，分隔缝（线）应深浅一致、横平竖直；

3）基层表面无灰尘、无浮浆、无油迹、无锈斑、无霉点、无盐类析出物等；

4）基层的含水率：溶剂型涂料，含水率不得大于8%；水型涂料，含水率不得大于10%；

5）基层 pH 值不得大于10。

（3）涂饰施工的基本要求

1）涂饰装修的施工应按基层处理-底涂层-中涂层-面涂层的顺序进行。

2）外墙涂饰应遵循自上而下、先细部后大面的方法进行，材料的涂饰施工分段应以墙面分格缝（线）、墙面阴阳角或水落管为分界线。

3）涂饰施工温度：水性产品的环境温度和基层表面温度应保证在5℃以上，溶剂型产品应按产品的使用要求进行；

4）涂饰施工湿度：施工时空气相对湿度宜小于85％，当遇大雾、大风、下雨时，应停止外墙涂饰施工。

（4）施工顺序

1）内、外墙平涂涂料的施工顺序应符合表2-58的规定：

表2-58　内、外墙平涂涂料的施工顺序

次　序	工序名称	次　序	工序名称
1	清理基层	4	第一遍面层涂料
2	基层处理	5	第二遍面层涂料
3	底层涂料	—	—

2）合成树脂砂壁状涂料和质感涂料的施工顺序应符合表2-59的规定：

表2-59　合成树脂砂壁状涂料和质感涂料的施工顺序

次　序	工序名称	次　序	工序名称
1	清理基层	4	根据设计分格
2	基层处理	5	主层涂料
3	底层涂料	6	面层涂料

3）复层涂料的施工顺序应符合表2-60的规定：

表2-60　复层涂料的施工顺序

次　序	工序名称	次　序	工序名称
1	清理基层	5	压花
2	基层处理	5	第一遍面层涂料
3	底层涂料	6	第二遍面层涂料
4	中层涂料	—	—

4）仿金属版装饰效果涂料的施工顺序应符合表2-61的规定：

表2-61　仿金属版装饰效果涂料的施工顺序

次　序	工序名称	次　序	工序名称
1	清理基层	4	底层涂料
2	多道基层处理	5	第一遍面层涂料
3	依据设计分格	6	第二遍面层涂料

5）水性多彩涂料的施工顺序应符合表2-62的规定：

表2-62　水性多彩涂料的施工顺序

次　序	工序名称	次　序	工序名称
1	清理基层	5	1～2遍中层底层涂料
2	基层处理	6	喷涂水包水多彩涂料
3	底层涂料	6	涂饰罩光涂料
4	依据设计分格	—	—

七、隔墙

建筑中不承重，只起分隔室内空间作用的墙体叫隔断墙。通常人们把到顶板下皮的隔断墙叫隔墙，不到顶只有半截的叫隔断。

1. 隔断墙的作用和特点

（1）隔断墙应愈薄愈好，目的是减轻加给楼板的荷载。

（2）隔断墙的稳定性必须保证，特别要注意与承重墙的拉接。

（3）隔墙要满足隔声、耐水、耐火的要求。

2. 隔墙的常用做法

（1）块材类

1）半砖隔墙

这种隔墙是采用 115mm 厚普通砖的顺砖砌筑而成。它一般可以满足隔声、耐水、耐火的要求。由于这种墙较薄，因而必须注意稳定性的要求。满足砖砌隔墙的稳定性应从以下几个方面入手。

① 隔墙与外墙的连接处应加拉筋，拉筋应不少于 2 根，直径为 6mm，伸入隔墙长度为 1m。内外墙之间不应留直岔。

② 当墙高大于 3m，长度大于 5m 时，应每隔 8～10 皮砖砌入一根 $\phi6$ 钢筋。

③ 隔墙上部与楼板相接处，用立砖斜砌，使墙和楼板挤紧。

④ 隔墙上有门时，要用预埋铁件或用带有木楔的混凝土预制块，将砖墙与门框拉接牢固（图 2-64）。

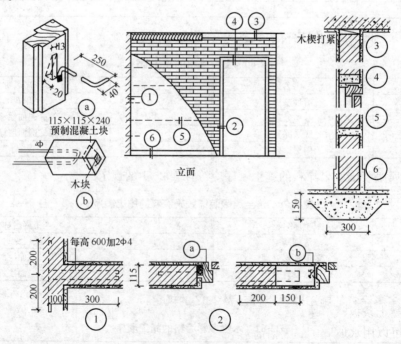

图 2-64　半砖隔墙

2）加气混凝土砌块隔墙

加气混凝土是一种轻质多孔的建筑材料。它具有密度小、保温效能高、吸声好、尺寸准确和可加工、可切割的特点。在建筑工程中采用加气混凝土制品可降低房屋自重，提高建筑物的功能，节约建筑材料，减少运输量，降低造价等优点。

加气混凝土砌块的规格尺寸为 75mm、100mm、125mm、150mm、200mm 厚，长度为500mm。砌筑加气混凝土砌块时，应采用1：3水泥砂浆，并考虑错缝搭接。为保证加气混凝土砌块隔墙的稳定性，应预先在其连接的墙上留出拉筋，并伸入隔墙中。钢筋数量应符合抗震设计规范的要求。具体做法同120mm 厚砖隔墙。

加气混凝土隔墙的顶上部必须与楼板或梁的底部顶紧，最好加木楔；如果条件许可时，可以加在楼板的缝内以保证其稳定（图 2-65）。

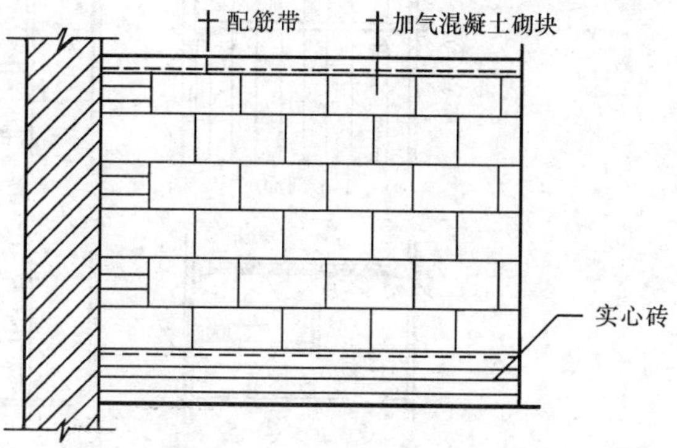

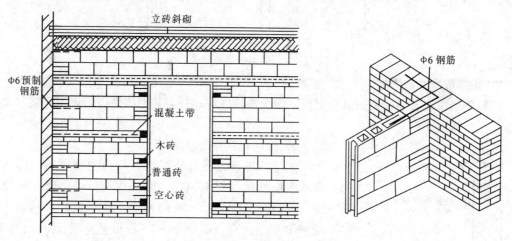

图 2-65　加气混凝土砌块隔墙

3）水泥焦渣空心砖隔墙

水泥焦渣空心砖采用水泥、炉渣经成型、蒸养而成。这种砖的密度小，保温隔热效果好。北京地区目前主要生产的空心砖强度等级为 MU2.5，一般适合于砌筑隔墙。砌筑焦渣空心砖隔墙时，应注意墙体的稳定性。在靠近外墙的地方和窗洞口两侧，常采用普通砖砌筑。为了防潮防水，一般在靠近地面和楼板的部位应先砌筑 3～5 皮砖（图 2-66）。

图 2-66　水泥焦渣空心砖隔墙

（2）板材类

1）加气混凝土板隔墙

加气混凝土条板厚 100mm，宽 600mm，具有质轻、多孔、易于加工等优点。加气混凝土条板之间可以用水玻璃矿渣胶粘剂粘结，也可以用聚乙烯醇缩甲醛（108 胶）粘结。在隔墙上固定门窗框的方法有以下几种：

①　膨胀螺栓法。在门窗框上钻孔，放胀管，拧紧螺钉或钉钉子。

②　胶粘圆木安装。在加气混凝土条板上钻孔，刷胶，打入涂胶圆木，然后立门窗框，并拧螺钉或钉钉子。

③ 胶粘连接。先立好窗框，用建筑胶粘结在加气混凝土墙板上，然后拧螺钉或钉钉子（图2-67）。

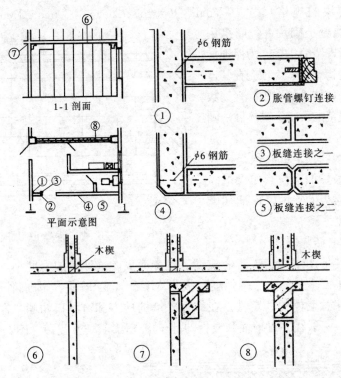

图 2-67 加气混凝土板隔墙

2）钢筋混凝土板隔墙

这种隔墙采用普通的钢筋混凝土板，四角加设埋件，并与其他墙体进行焊接连接。厚度 50mm 左右（图 2-68）。

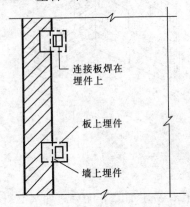

图 2-68 钢筋混凝土板隔墙

3）碳化石灰空心板隔墙

碳化石灰空心板是磨细生石灰为主要原料，掺入少量的玻璃纤维，加水搅拌，振动成型，经干燥、碳化而成。它具有制作简单，不用钢筋，成本低，自重轻，可以干作业等优点。碳化石灰空心板是一种竖向圆孔板，高度应与层高相适应。粘结砂浆应用水玻璃矿渣粘结剂。安装以后应用腻子刮平，表面粘贴塑料壁纸，厚度 100mm 左右（图 2-69）。

4）泰柏板

这种板又称为钢丝网泡沫塑料水泥砂浆复合墙板。它是以焊接钢丝网笼为构架，填充泡沫塑料芯层，面层经喷涂或抹水泥砂浆而成的轻质板材。这种板的特点是质量轻、强度高、防火（属于难燃性材料）、隔声、不腐烂等。其产品规格为 2440mm×1220mm×75mm（长×宽×厚）。抹灰后的厚度为 100mm。泰柏板在顶部与底部均采用钢制的固定夹连接（图 2-70）。

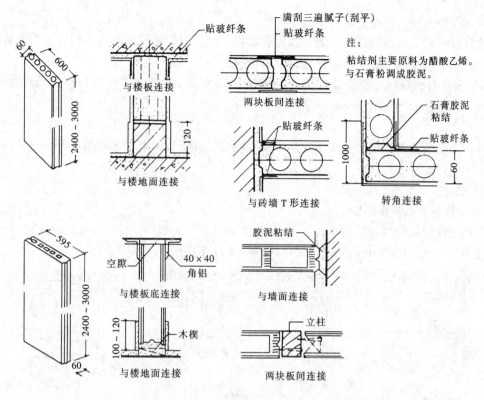

図 2-69　碳化石灰空心板隔墙

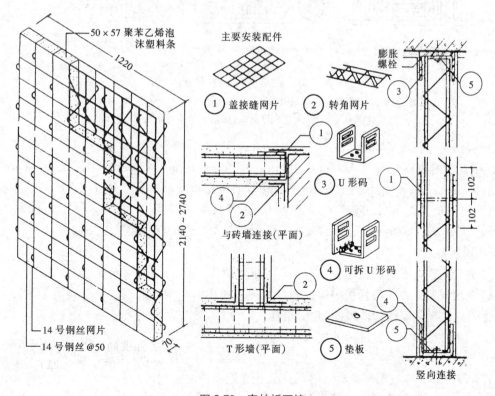

图 2-70　泰柏板隔墙

5）GY 板

这种板又称为钢丝网岩棉水泥砂浆复合墙板，它是以焊接钢丝网笼为构架，填充岩棉板芯层，面层经喷涂或抹水泥砂浆而成的轻质板材。

GY 板具有质量轻，强度高，防火、隔声、不腐烂等性能，其产品规格为长度 2400～3300mm，宽度 900～1200mm，厚度 55～60mm。

（3）骨架类

骨架类隔墙的做法很多，常见的有石膏板隔墙、纤维板隔墙、木板隔墙等，这里以石膏板隔墙为例，进行介绍。

1）类型

① 石膏龙骨石膏板隔墙

石膏龙骨的截面尺寸为 50mm×50mm，50mm×75mm，50mm×100mm，纸面石膏板的厚度为 9.5mm 和 12mm，通过粘结将板材与龙骨连接在一起（2-71）。

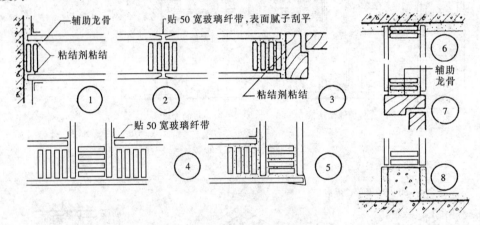

图 2-71　石膏龙骨石膏板隔墙
①墙边节点；②中间节点；③门洞边节点；④纵横墙交叉节点；⑤转角节点；
⑥墙体上部节点；⑦门框上部节点；⑧墙体下部节点

② 轻钢龙骨石膏板隔墙

轻钢龙骨的截面尺寸为 50mm×50mm×0.7mm，75mm×50mm×0.7mm，100mm×50mm×0.7mm（长×宽×厚）。一般石膏板隔墙采用单层板拼装，龙骨与面板的总厚度为 80mm、105mm、130mm。隔声石膏板隔墙采用双层板拼装，龙骨与面板的总厚度为 150mm、175mm、200mm。通过自攻螺钉将板材与龙骨连接在一起（图 2-72）。

2）构造要点

① 龙骨间距：龙骨间距与板宽有关，经常取值为 450mm 或 600mm。

② 高度限制：由于石膏板隔墙的强度较差，使用时应限制高度。一般隔墙的为墙厚的 30 倍左右，隔声隔墙的为墙厚的 20 倍左右。

③ 耐火性能：石膏板隔墙的耐火极限在 0.75～1.50h 之间，属于不燃性材料。

④ 隔声性能：隔声在 38～53dB 之间。若想提高隔声性能可以在龙骨的空隙之间加设岩棉。岩棉厚度小于空气层厚度时，岩棉应放在靠近声源的一侧。

⑤ 变形标准：石膏板隔墙的水平变形标准为小于或等于 $1/120H$。

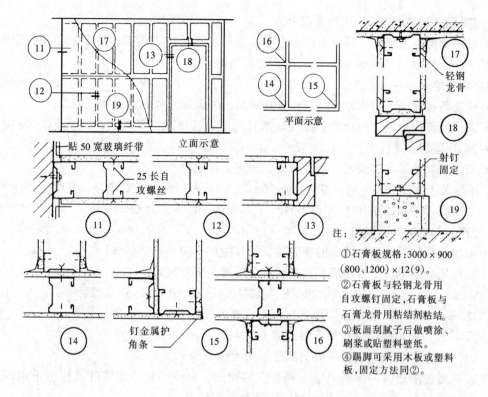

图 2-72　轻钢龙骨石膏板隔墙

⑪墙边节点；⑫中间节点；⑬门洞边节点；⑭纵横墙交叉节点；⑮转角节点；⑯十字节点；
⑰墙体上部节点；⑱门框上部节点；⑲墙体下部节点

⑥ 石膏板隔墙的面材必要时可以采用硅酸钙板或水泥加压平板替代。

⑦ 石膏板隔墙的底部应做高度不小于 100mm 的混凝土条带。

3.《建筑轻质条板隔墙技术规程》的有关要求

《建筑轻质条板隔墙技术规程》（JGJ/T 157—2014）中规定：抗震设防烈度为 8 度和 8 度以下地区及非抗震设防地区采用轻质材料或大孔洞轻型构造制做的、用于非承重内隔墙的预制条板。

（1）基本规定

1）面密度不大于 190kg/m² 、长宽比不小于 2.5。

2）按构造做法分为空心条板、实心条板和复合夹芯条板三种类型。

3）按应用部位分为普通条板、门框板、窗框板和与之配套的异形辅助板材。

（2）主要规格尺寸

1）长度的标志尺寸（L）：应为层高减去梁高或楼板厚度及安装预留空间，宜为 2200～3500mm。

2）宽度的标志尺寸（B）：宜按 100mm 递增。

3）厚度的标志尺寸（T）：宜按 100mm 或 25mm 递增。

（3）复合夹芯条板的要求

1）面板应采用燃烧性能为 A 级的无机类板材。

2）芯材的燃烧性能应为 B₁ 级及以上。

3）纸蜂窝夹芯条板的芯材应为面密度不小于 6kg/m² 的连续蜂窝状芯材；单层蜂窝厚度不宜大于 50mm，大于 50mm 时，应选用多层的结构。

（4）构造要求

1）轻质条板隔墙可用作分户隔墙、分室隔墙、外走廊隔墙和楼梯间隔墙等。

2）条板隔墙应根据使用功能和部位，选择单层条板或双层条板。60mm 及以下的条板不得用作单层隔墙。

3）条板隔墙的厚度应满足抗震、防火、隔声、保温等要求。

① 单层条板用作分户墙时，其厚度不应小于 120mm；用作分室墙时，其厚度不应小于 90mm；② 双层条板隔墙的单层厚度不宜小于 60mm，间层宜为 10～50mm，可作为空气层或填入吸声、保温等功能材料。

4）双层条板隔墙，两侧墙面的竖向接缝错开距离不应小于 200mm。

5）接板安装的单层条板隔墙，其安装高度应符合下列规定：

① 90mm、100mm 厚条板隔墙的接板安装高度不应大于 3.60m；

② 120mm、125mm 厚条板隔墙的接板安装高度不应大于 4.50m；

③ 150mm 厚条板隔墙的接板安装高度不应大于 4.80m；

④ 180mm 厚条板隔墙的接板安装高度不应大于 5.40m。

6）在抗震设防地区，条板隔墙与顶板、结构梁、主体墙和柱之间的连接应采用钢卡，并应使用胀管螺丝、射钉固定。钢卡固定应符合下列要求：

① 条板隔墙与顶板、结构梁的连接处，钢卡间距不应大于 600mm；

② 条板隔墙与主体墙、柱的连接处，钢卡可间断布置，且间距不应大于 1m；

③ 接板安装的条板隔墙，条板上端与顶板、结构梁的连接处应加设钢卡进行固定，且每块条板不应少于 2 个固定点。

7）当条板隔墙需悬挂重物和设备时，不得单点固定。固定点的间距应大于 300mm。

8）当条板隔墙用于厨房、卫生间及有防潮、防水要求的环境时，应采取防潮、防水处理构造措施。对于附设水池、水箱、洗手盆等设施的条板隔墙，墙面应作防水处理，且防水高度不宜低于 1.80m。

9）当防水型石膏条板隔墙及其他有防水、防潮要求的条板隔墙用于潮湿环境时，下端应做 C20 细石混凝土条形墙垫，且墙垫高度不应小于 100mm，并应做泛水处理。防潮墙垫宜采用细石混凝土现浇，不宜采用预制墙垫。

10）普通型石膏条板和防水性能较差的条板不宜用于潮湿环境及有防潮、防水要求的环境。当用于无地下室的首层时，宜在隔墙下部采取防潮措施。

11）有防火要求的分户隔墙、走廊隔墙和楼梯间隔墙，其燃烧性能和耐火极限均应满足《建筑设计防火规范》（GB 50016—2014）的要求。

12）对于有保温要求的分户隔墙、走廊隔墙和楼梯间隔墙，应采取相应的保温措施，并可选用复合夹芯条板隔墙或双层条板隔墙。严寒地区、寒冷地区、夏热冬冷地区居住建筑分户墙的传热系数应满足相关地区节能设计标准的规定。

13）条板隔墙的隔声性能应满足《民用建筑隔声设计标准》（GB 50118—2010）的规定。

14）顶端为自由端的条板隔墙，应做压顶。压顶宜采用通长角钢圈梁，并用水泥砂浆覆盖抹平,也可设置混凝土圈梁,且空心条板顶端孔洞均应局部灌实,每块板应埋设不少于 1 根钢筋与上部角钢圈梁或混凝土圈梁钢筋连接。隔墙上端应间断设置拉杆与主体结构固定;所有外露铁件均应做防锈处理。

复习思考题

1. 确定墙体厚度的因素有哪些?
2. 墙体的砌合方式有几种?
3. 墙体的承重方式有几种?
4. 墙体的抗震要求。
5. 墙体的保温与节能要求。
6. 墙体保温材料的选型与防火隔离带的构造。
7. 墙体的隔声要求。
8. 墙体的防水要求。
9. 墙身的细部构造。
10. 墙身的隔墙构造。
11. 墙身的装修构造。
12. 混凝土小型空心砌块的构造。
13. 夹芯板墙体的构造。

第三节 楼板层和地面的构造

一、楼板层的设计要求

1. 坚固要求

楼板和地面均应有足够的刚度,能够承受自重和不同类型的荷载,同时要求具有一定的刚度,即在荷载作用下,挠度不应超过规定的数值。

2. 抗震要求

在地震设防地区,楼板应满足抗震设防的要求。采用钢筋混凝土楼板时,应以现浇方式为主。

3. 隔声要求

楼板的隔声包括隔除空气传声和固体传声两个方面。

空气传声的隔绝可以采用空心构件,并通过铺设焦渣等材料来达到。固体传声应以减少对楼板的撞击来达到。在楼板的地面基层上铺设橡胶卷材或地毯来减轻冲击量效果较好。

4. 热工要求

楼板和地面应有一定的蓄热性,即地面应有良好的舒适感。

5. 防火要求

楼板材料应选用难燃性材料。采用钢筋混凝土楼板时,应以实心板为主,并应采用非预应力构件。

6. 经济要求

一般楼板和地面约占建筑物总造价的 20%～30%。

二、楼板的种类

1. 钢筋混凝土楼板

钢筋混凝土楼板由混凝土和钢筋共同制作。钢筋混凝土楼板有预制和现浇两大类做法。钢筋混凝土楼板是目前广泛采用的形式，它具有坚固、耐久、刚度大、强度高、防火性能好的特点。

2. 砖拱楼板

砖拱楼板采用密排的倒 T 形梁和拱壳砖（或普通砖）组合而成。这种楼板自重大、刚度差，抗震设防地区不宜采用。

3. 木楼板

木楼板由木梁和木地板构成。这种楼板自重较轻，但耐火性能差，只在别墅等建筑中采用。

4. 钢衬板楼板

钢衬板楼板由压型钢板衬板和现浇钢筋混凝土两部分组成，又称为组合式楼板，多用于高层建筑（图 2-73）。

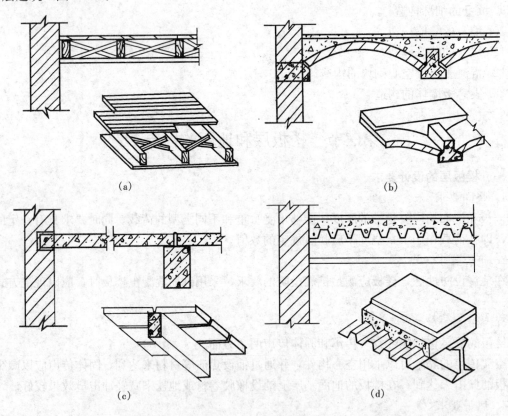

图 2-73 楼板的类型

(a) 木楼板；(b) 砖拱楼板；(c) 钢筋混凝土楼板；(d) 钢衬板楼板

三、现浇钢筋混凝土梁板的构造

现浇钢筋混凝土楼板包括现浇楼板与现浇梁两大部分。为了掌握现浇钢筋混凝土楼板的构造特点，应该对有关钢筋和混凝土的基本知识作必要的了解。这里以《混凝土结构设计规范》（GB 50010—2010）为准，介绍以下内容。

1. 有关钢筋和混凝土的基本知识

《混凝土结构设计规范》（GB 50010—2010）中指出：

（1）混凝土：

混凝土强度等级是以 150mm 的立方体、养护时间为 28d、保证率为 95％的抗压强度标准值。

混凝土结构的强度等级有 C15、C20、C25、C30、C35、C40、C45、C50、C55、C60、C65、C70、C75、C80 等 14 种。单位为 N/mm^2（标注时一般不注单位，只注代号）。

素混凝土结构的强度等级不应低于 C15；钢筋混凝土结构的强度等级不应低于 C20；采用强度等级 400MPa 级以上钢筋时，混凝土强度等级不应低于 C25。

预应力混凝土结构的强度等级不宜低于 C40，且不应低于 C30。

承受重复荷载的钢筋混凝土构件，混凝土强度等级不应低于 C30。

（2）钢筋

1）钢筋种类和级别

①纵向受力普通钢筋宜采用 HRB400、HRB500、HRBF400、HRBF500 钢筋，也可采用 HRB300、HRB335、HRBF335、RRB400 钢筋；

②梁、柱纵向受力普通钢筋应采用 HRB400、HRB500、HRBF400、HRBF500 钢筋；

③箍筋宜采用 HRB400、HRBF400、HPB300、HRB500、HRBF500 钢筋，也可采用 HRB335、HRB335 钢筋；

④预应力钢筋宜采用预应力钢丝、钢绞线和预应力螺纹钢筋。

2）钢筋直径：钢筋的直径以 mm 为单位。通常有 6、8、10、12、14、16、18、20、22、25、28、32、36、40、50 等共 15 种。

3）普通钢筋的屈服强度标准值 f_{yk}、极限强度标准值 f_{stk} 详表 2-63。

表 2-63　普通钢筋强度标准值（N/mm^2）

种　类	符　号	公称直径 d(mm)	屈服强度标准值 f_{yk}	屈服强度标准值 f_{stk}
HRB300	Φ	6～22	300	420
HRB335、HRBF335	Φ、$Φ^F$	6～50	335	455
HRB400、HRBF400、RRB400	$Φ$ $Φ^F$　$Φ^R$	6～50	400	540
HRB500、HRBF500	$Φ$、$Φ^F$	6～50	500	630

注：当采用直径大于 40mm 的钢筋时，应经相应的试验检验或有可靠的工程经验。

4）预应力钢丝、钢绞线和预应力螺纹钢筋的屈服强度标准值 f_{pyk}、极限强度标准值 f_{Ptk} 详表 2-64。

表 2-64　预应力筋强度标准值（N/mm^2）

种　　类		符　号	直径 (mm)	屈服强度标准值 f_{pyk}	屈服强度标准值 f_{ptk}
中强度预应力钢丝	光面 螺旋肋	$φ^{PM}$ $φ^{HM}$	5、7、9	680	800
				820	970
				1080	1270

种　类		符号	直径（mm）	屈服强度标准值 f_{pyk}	屈服强度标准值 f_{ptk}
消除应力钢丝	光面螺旋肋	ϕ^P ϕ^H	5	—	1570
				—	1860
			7	—	1570
			9	—	1470
				—	1570
钢绞线	1×3（三股）	ϕ^S	6.5、8.6、10.8、12.9	—	1570
				—	1860
				—	1960
	1×7（七股）		9.5、12.7、15.2、17.8	—	1720
				—	1860
				—	1960
			21.6	—	1720
精轧螺纹钢筋	螺旋纹	ϕ^T	18、25、32、40、50	785	980
				930	1080
				1080	1230

注：极限强度标准值为 1960N/mm² 的钢绞线作后张预应力配筋时，应有可靠的工程经验。

5）钢筋保护层：钢筋混凝土构件的钢筋不能外露，以防锈蚀。钢筋外表的混凝土面层叫保护层。钢筋保护层厚度与混凝土结构的环境类别有关，表 2-65 为混凝土结构环境类别的有关规定。表 2-66 为混凝土中纵向受力钢筋的保护层最小厚度。

表 2-65　混凝土结构的环境类别

环境类别	条　件
一	室内干燥环境；无侵蚀性静水浸没环境
二 a	室内潮湿环境；非严寒和非寒冷地区的露天环境；非严寒和非寒冷地区与无侵蚀的水或土壤直接接触的环境；严寒和寒冷地区的冰冻线以下与无侵蚀性的水和土壤直接接触的环境
二 b	干湿交替环境；水位频繁变动环境；严寒和寒冷地区的露天环境；严寒和寒冷地区的冰冻线以上与无侵蚀性的水和土壤直接接触的环境
三 a	严寒和寒冷地区冬季水位变动区环境；受除冰盐影响环境；海风环境
三 b	盐渍土环境；受除冰盐作用环境；海岸环境
四	海水环境
五	受人为或自然的侵蚀性物质影响的环境

表 2-66 受力钢筋的保护层最小厚度 (mm)

环 境 类 别	板、墙、壳	梁、柱、杆
一	15	20
二 a	20	25
二 b	25	35
三 a	30	40
三 b	40	50

注: 1. 混凝土强度等级不大于 C25 时, 表中保护层厚度数值应增加 5mm;

2. 钢筋混凝土基础宜设置混凝土垫层, 基础中的混凝土保护层应从垫层顶面算起, 且不应小于 40mm。

6) 钢筋弯钩

① 为保证钢筋和混凝土能共同工作, 在Ⅰ级 (HPB235) 钢筋所在的部位为受力钢筋时, 钢筋端部应加弯钩, 以加强钢筋与混凝土的锚固作用, 防止脱落。

② 钢筋弯钩以 180°钩, 135°钩, 90°钩以及 30°、45°、60°的弓起钢筋较多。Ⅰ级 (HPB235) 钢筋 180°弯钩的加长量为 $6.25d$ (d 为钢筋直径); 90°弯钩为构件厚度减去保护层尺寸; 135°钩在抗震设防地区为 $10d$。常用的 180°弯钩尺寸为 ($6.25d$, 零星尺寸取至 mm):

$\phi6$	40mm	$\phi8$	50mm
$\phi10$	60mm	$\phi12$	75mm
$\phi14$	90mm	$\phi16$	100mm
$\phi18$	113mm	$\phi20$	125mm

③ 弓起钢筋的斜线长度为:

高度在 190mm 以下时, 弓起角度为 30°, 其数值为 2×板的有效高度。

高度在 200～950mm 时, 弓起角度为 45°, 其数值为 1.414×有效梁高。

高度在 1000～1500mm 时, 弓起角度为 60°, 其数值为 1.154×有效梁高。

7) 钢筋接头和锚固长度

① 钢筋的长度不能满足构件要求时, 可以进行对焊或套接; 若条件不具备时, 可以进行搭接。搭接时, 应保证最小搭接长度 (最小搭接长度用 L_d 表示)。最小搭接长度如下: (d 为钢筋直径)

Ⅰ级钢筋	受拉区 $30d$	受压区 $20d$
Ⅱ级钢筋	受拉区 $35d$	受压区 $25d$
Ⅲ级钢筋	受拉区 $40d$	受压区 $30d$

② 受力钢筋伸入支座应满足一定的长度, 这长度叫锚固长度。锚固长度 $L_m = L_d - 5d$。还可采用下列方法之一做端部处理, 以防滑脱 (图 2-74)。

2. 现浇钢筋混凝土楼板和现浇钢筋混凝土梁柱

(1) 现浇钢筋混凝土楼板

现浇楼板包括四面支承的单向板、双向板, 单面支承的悬挑板等。

1) 单向板

单向板的平面长边与短边之比大于等于 3, 受力以后, 力传给长边为 1/8, 短边为 7/8, 故认为这种板受力以后仅向短边传递。单向板的代号, 如 B 代表板, 单向箭头表示主筋摆

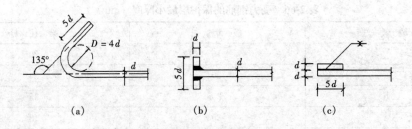

图 2-74　钢筋机械锚固的形式及构造要求

（a）末端带 135°弯钩；（b）末端与钢板穿孔塞焊；（c）末端与短钢筋双面贴焊

放方向，80 代表板厚为 80mm。现浇板的厚度应不大于跨度的 1/30，而且不小于 60mm（图 2-75）。

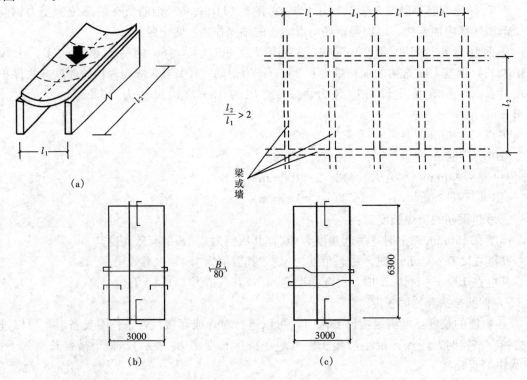

图 2-75　单向板构造

（a）单向板；（b）分离式配筋；（c）弓起式配筋

2）双向板

双向板的平面长边与短边之比小于等于 2，受力后，力向两个方向传递，短边受力大，长边受力小，受力主筋应平行短边，并摆在下部。双向板的代号，B 代表板，100 代表厚度为 100mm，双向箭头表示钢筋摆放方向，板厚的最小值应不大于跨度的 1/40 且不小于 80mm。平面长边与短边之比介于 2～3 之间时，宜按双向板计算（图 2-76）。

3）悬臂板

悬臂板主要用于雨罩、阳台等部位。悬臂板只有一端支承，因而受力钢筋应摆在板的上部。板厚应按 1/12 挑出尺寸取值。挑出尺寸小于或等于 500mm 时，取 60mm；挑出

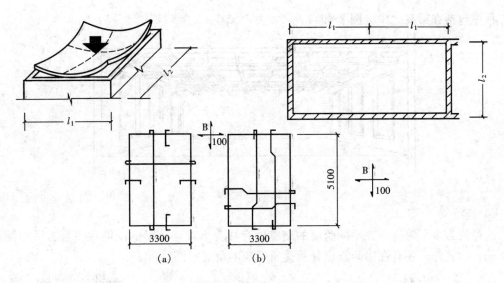

图 2-76 双向板构造
(a) 分离式；(b) 弓起式

尺寸大于 500mm 时，取 80mm（图 2-77）。

（2）现浇钢筋混凝土梁

现浇梁包括单向梁（简支梁）、双向梁（主次梁）、井字梁等类型。

1）单向梁

梁高一般为跨度的 1/10～1/12，板厚包括在梁高之内，梁宽取梁高的 1/2～1/3，单向梁的经济跨度为 4～6m。

2）双向梁（主次梁）

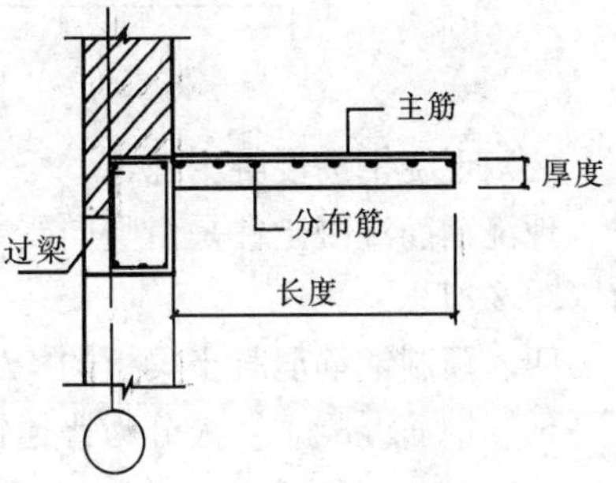

又称肋形楼盖。其构造顺序为板支承在次梁上，次梁支承在主梁上，主梁支承在墙上或柱上。次梁的梁高为跨度的 1/10～1/15；主梁的梁高为跨度的 1/8～1/12，梁宽为梁高的 1/2～1/3。主梁的经济跨度为 5～8m。主梁或次梁在墙或柱上的搭接尺寸应不小于 240mm。梁高包括板厚。密肋板的厚度，次梁间距小于或等于 700mm 时，取 40mm；次梁间距大于 700mm 时，取 50mm（图 2-78）。

图 2-77 悬臂板构造

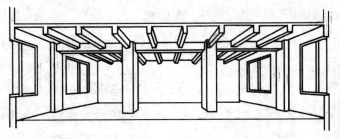

图 2-78 双向梁（主次梁）

3）井字梁

这是肋形楼盖的一种，其主梁、次梁高度相同，一般用于正方形或接近正方形的平面中。板厚包括在梁高之中（图 2-79）。

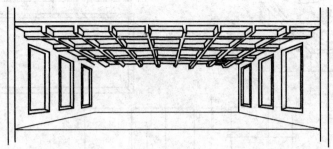

图 2-79　井字梁

4）连续梁

这种梁为多个跨度，在不同跨度的交接处有柱支承。连续梁的配筋除主筋、弓起钢筋、架立筋、箍筋外，还有在中间支座处承受负弯矩的负筋（图 2-80）。

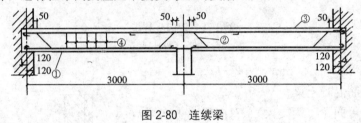

图 2-80　连续梁

（3）现浇钢筋混凝土柱

现浇钢筋混凝土柱是由竖向受力钢筋和箍筋构成，柱子的主筋主要承受压力和抵抗水平力（图 2-81）。

四、预制钢筋混凝土梁板的构造

预制钢筋混凝土楼板分为普通钢筋混凝土楼板和预应力钢筋混凝土楼板两大类。

1. 预应力的概念

混凝土的抗压能力很强，但抗拉能力很弱，经实验可知抗拉强度仅为抗压强度的 1/10。在混凝土构件中加钢筋可以提高抗拉能力。取一根梁为例，受力以后我们可以发现梁的上部受压、下部受拉。由于混凝土的抗拉能力低，故容易在梁的下部产生裂缝，因而在梁、板等构件中，钢筋应加在受拉部位。

预应力是使构件下部的混凝土预先受压，这叫预压应力。混凝土的预压应力是通过张拉钢筋的办法来实现。钢筋的张拉有先张和后张两种工艺。先张法是先张拉钢筋、后浇筑混凝

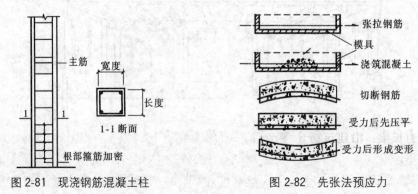

图 2-81　现浇钢筋混凝土柱　　　图 2-82　先张法预应力

土，待混凝土的强度达到 0.75 倍标准强度时切断钢筋，使回缩的钢筋对混凝土产生压力（图 2-82）。后张法是先浇筑混凝土，在混凝土的预留孔洞中穿放钢筋，再张拉钢筋达到设计应力的 1.05 倍时，并锚固在构件上，由于钢筋收缩对混凝土产生压力，使混凝土受压。采用预应力钢筋混凝土可以提高构件强度和减少构件厚度。小型构件一般采用先张法，并多在加工厂中进行。大型构件一般采用后张法，多在施工现场进行。目前在我国应优先选用预应力构件（图 2-83）。

2. 预制楼板和预制梁

这里以北京地区的预制楼板与预制梁为例进行介绍。

先浇筑混凝土
留穿钢筋孔

穿钢筋在工地
张拉

图 2-83　后张法预应力

（1）预制楼板

1）预应力短向圆孔板

① 短向范围：1800～4200mm，按 300mm 进级，共 9 种规格。

② 尺寸：

A. 长度的标志尺寸即轴线尺寸，构造尺寸是标志尺寸－90mm（90mm 是构造缝隙尺寸）。

B. 宽度的标志尺寸为 1200mm 和 900mm 两种，构造尺寸是标志尺寸－20mm（20mm 是板间的最小缝隙尺寸）。

C. 厚度一律 130mm。

2）预应力长向圆孔板

① 长向范围：4500～6600mm，按 300mm 进级，共 8 种规格。

② 尺寸：

A. 长度的标志尺寸即轴线尺寸，构造尺寸是标志尺寸－100mm（100mm 是构造缝隙尺寸）。

B. 宽度的标志尺寸为 1200mm 和 900mm 两种，构造尺寸是标志尺寸－20mm（20mm 是板间的最小缝隙尺寸）。

C. 厚度：6000mm 以下时为 185mm，6300mm 以上时为 190mm。

3）预制板的搭接长度

《建筑抗震设计规范》（GB 50010—2010）中规定，预制板在墙上的搭接长度不应小于 120mm，在梁上的搭接长度不应小于 100mm。小于上述数值时应采取构造措施。

（2）预制梁

1）预制梁的类别

①开间梁：沿建筑物开间方向摆放的预制梁，范围为 2700～4200mm，按 300mm 进级共 6 种。

②进深梁：沿建筑物进深方向摆放的预制梁，范围为 4500～6600mm，按 300mm 进级共 7 种。

③预应力长梁：沿建筑物开间方向摆放的预制梁，范围为 7200～10800mm，按 300mm 进级共 4 种。

2）预制梁的搭接长度

《建筑抗震设计规范》（GB 50010—2010）中规定，预制梁在墙上的搭接长度不应小于240mm。

图 2-84 为建筑物的预制板排板图。

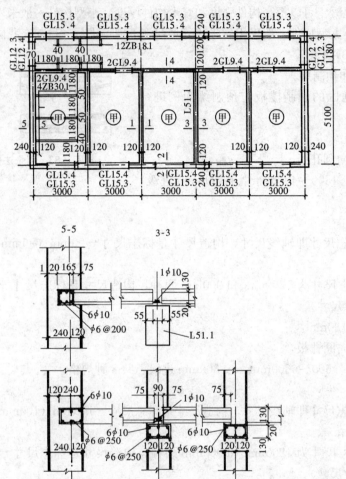

图 2-84　预制板排板图

五、底层地面与楼层地面

地面包括底层地面与楼层地面两大部分。它们属于建筑装修的一部分，不同功能的建筑对地面要求也不尽相同。概括起来，一般应满足以下几个方面的要求。

1. 地面应满足的要求

（1）坚固耐久

地面直接与人接触，家具、设备也大多都摆放在地面上，因而地面必须耐磨，行走时不起尘土，不起砂，并有足够的强度。

（2）减小吸热

由于人们直接与地面接触，地面则直接吸走人体的热量，为此应选用吸热系数小的材料做地面面层，或在地面上铺设辅助材料，用以减小地面对人体的吸热。如采用木材或其他有机材料（塑料地板等）做地面面层，比一般水泥面的效果要好得多。

（3）满足隔声

隔声要求主要在楼层地面。楼层上下的噪声传播，一般通过空气或固体传播，而其中固体噪声是主要的隔除对象，其方法在于楼地面垫层材料的厚度与材料的类型。北京地区大多采用1∶1∶6水泥粗砂焦渣或强度等级为CL7.5轻骨料混凝土，厚度在50～90mm之间。

（4）满足防水要求

对于经常有水的房间（如厕所、浴室等），底层地面和楼层地面必须考虑防水。经常采用的方法有设置地面和墙面防水层、加设地漏、设置排水坡度、采用防水防滑面层等措施。楼层结构则应选用现浇钢筋混凝土制作。

2. 地面的构造组成

（1）构造层次

1）《建筑地面设计规范》（GB 50037—2013）中规定的地面构造层次有：

① 面层：建筑地面直接承受各种物理和化学作用的表面层。

② 结合层：面层与下面构造层之间的连接层。

③ 找平层：在垫层、楼板或填充层上起抹平作用的构造层。

④ 隔离层：防止建筑地面上各种液体或水、潮气透过地面的构造层。

⑤ 防潮层：防止地下潮气透过地面的构造层。

⑥ 填充层：建筑地面中设置起隔声、保温、找坡或暗敷管线等作用的构造层。

⑦ 垫层：在建筑地基上设置承受并传递上部荷载的构造层。

⑧ 地基：承受底层地面荷载的土层。

2）《民用建筑设计通则》（GB 50352—2005）规定地面的构造层次有：

① 底层地面的构造层次宜为面层、垫层和地基。

② 楼层地面的基本构造层次宜为面层和楼板层（楼板及楼板下部的顶棚）。

③ 底层地面和楼层地面的基本构造层次不能满足使用或构造要求时，可增设结合层、隔离层、填充层、找平层和保温层等其他构造层。

图 2-85 为底层地面和楼层地面的构造示意图。

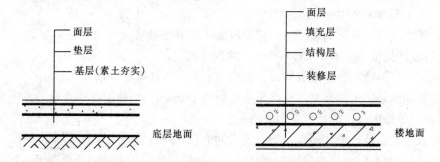

图 2-85 底层地面和楼层地面的构造示意图

（2）底层地面与楼地面应满足的功能要求

1）底层地面和楼层地面 除有特殊使用要求外，均应满足平整、耐磨、不起尘、防滑、防污染、隔声、易于清洁等要求。

2）经常被水浸湿的房间

① 厕浴间、厨房等受水或非腐蚀性液体经常浸湿的楼地面应采用防水、防滑类面层，且应低于相邻底层地面（楼层地面），一般低于为 20mm，并应设排水坡且坡向地漏。

② 厕浴间和有防水要求的建筑地面必须设置防水隔离层。

③ 楼层结构必须采用现浇钢筋混凝土或整块预制钢筋混凝土板，混凝土强度等级不应小于 C20。

④ 楼板四周除门洞外，应做混凝土翻边，其高度不应小于 120mm。门口处可设门槛等挡水设施。

⑤ 厕浴间地面的面层材料应采用不吸水、易冲洗、防滑的面层材料。

3）底层地面应根据需要采取防潮、防止基土冻胀、防止不均匀沉陷等构造措施。

4）存放食品、食料、种子或药物等的房间，其存放物品与楼地面直接接触时，严禁采用有毒性的材料作为楼地面。存放异味较强的食物时，应防止采用散发异味的楼地面材料。

5）受较大荷载或有冲击力作用的楼地面，应根据使用性质及场所选用由板状材料、块状材料、混凝土等组成的易于修复的刚性构造，亦可选用粒料、灰土等组成的柔性构造。

6）木地板地面应根据使用要求，采取防火、防腐、防潮、防蛀、通风等相应措施。

7）采暖房间的楼地面，可不采取保温措施，但遇下列情况之一时应采取局部保温措施：

① 架空或悬挑部分楼层地面，直接对室外或临空采暖房间的；

② 严寒地区建筑物周边无采暖管沟时，底层地面在外墙内侧 0.50～1.00m 范围内宜采取保温措施，其传热阻不应小于外 墙的传热阻。

3. 底层地面（楼地面）的选择

《建筑地面设计规范》（GB 50037—2013）规定：

（1）基本规定

1）建筑地面采用的大理石、花岗石等天然石材应符合《建筑材料放射性核素限量》（GB 6566—2010）的相关规定。

2）建筑地面采用的胶粘剂、沥青胶结料和涂料应符合《民用建筑工程室内环境污染控制规范》（G B50325—2010）的相关规定。

3）公共建筑中，人员活动场所的建筑地面，应方便残疾人安全使用，其地面材料应符合《无障碍设计规范》（GB 50763—2012）的相关规定。

4）木板、竹板地面，应采取防火、防腐、防潮、防蛀等相应措施。

5）建筑物的底层地面标高，宜高出室外地面 150mm。当使用有特殊要求或建筑物预期有较大沉降量等原因时，应增大室内外高差。

6）有水或非腐蚀性液体经常浸湿、流淌的地面，应设置隔离层并采用不吸水、易冲洗、防滑类的面层材料，隔离层应采用防水材料。楼层结构应采用现浇钢筋混凝土制作，当采用装配式钢筋混凝土楼板时，还应设置配筋混凝土的整浇层。

7）需在地面预留沟槽、管线时，其地面混凝土工程可按毛地面和面层两个阶段施工，毛地面混凝土强度等级不应小于 C15。

（2）底层地面（楼地面）面层类别及材料选择

底层地面面层类别及材料选择，应符合表 2-67 的有关规定。

表 2-67 底层地面（楼地面）面层类别及材料选择

面层类别	材 料 选 择
水泥类整体面层	水泥砂浆、水泥钢（铁）屑、现制水磨石、混凝土、细石混凝土、耐磨混凝土、钢纤维混凝土或混凝土密封固化剂
树脂类整体面层	丙烯酸涂料、聚氨酯涂层、聚氨酯自流平涂料、聚酯砂浆、环氧树脂自流平涂料、环氧树脂自流平砂浆或干式环氧树脂砂浆
板块面层	陶瓷锦砖、耐酸瓷板（砖）、陶瓷地砖、水泥花砖、大理石、花岗石、水磨石板块、条石、块石、玻璃板、聚氯乙烯板、石英塑料板、塑胶板、橡胶板、铸铁板、网纹板、网络地板
木、竹面层	实木地板、实木集成地板、浸渍纸层压木质地板（强化复合木地板）、竹地板
不发火花面层	不发火花水泥砂浆、不发火花细石混凝土、不发火花沥青砂浆、不发火花沥青混凝土
防静电面层	导静电水磨石、导静电水泥砂浆、导静电活动地板、导静电聚氯乙烯地板
防油渗面层	防油渗混凝土或防油渗涂料的水泥类整体面层
防腐蚀面层	耐酸板块（砖、石材）或耐酸整体面层
矿渣、碎石面层	矿渣、碎石
织物面层	地毯

（3）底层地面（楼地面）做法的选择

1）常用底层地面（楼地面）

① 公共建筑中，经常有大量人员走动或残疾人、老年人、儿童活动及轮椅、小型推车行驶的地面（楼地面），其地面面层应采用防滑、耐磨、不易起尘的块材面层或水泥类整体面层。

② 公共场所的门厅、走道、室外坡道及经常用水冲洗或潮湿、结露等容易受影响的地面（楼地面），应采用防滑面层。

③ 室内环境具有安静要求的地面（楼地面），其面层宜采用地毯、塑料或橡胶等柔性材料。

④ 供儿童及老年人公共活动的场所地面（楼地面），其面层宜采用木地板、强化复合木地板、塑胶地板等暖性材料。

⑤ 地毯地面（楼地面）的选用：

A. 有防霉、防蛀、防火和防静电等要求的地面（楼地面），应按相关技术规定选用地毯。

B. 经常有人员走动或小推车行驶的底层地面（楼地面），宜采用耐磨、耐压、绒毛密度较高的高分子类地毯。

⑥ 舞厅、娱乐场所的底层地面（楼地面）宜采用表面光滑、耐磨的水磨石、花岗石、玻璃板、混凝土密封固化剂等面层材料，或表面光滑、耐磨和略有弹性的木地板。

⑦ 有不起尘、易清洗和抗油腻沾污要求的餐厅、酒吧、咖啡厅等的底层地面（楼地面），其面层宜采用水磨石、防滑地砖、陶瓷锦砖、木地板或耐沾污地毯。

⑧ 室内体育运动场地、排练厅和表演厅的底层地面（楼地面）宜采用具有弹性的木地板、聚氨酯橡胶复合面层、运动橡胶面层；室内旱冰场地面，应采用具有坚硬耐磨、平整的现制水磨石面层和耐磨混凝土面层。

⑨ 存放书刊、文件或档案等纸质库房的底层地面（楼地面），珍藏各种文物或艺术品和装有贵重物品的库房地面（楼地面），宜采用木地板、橡胶地板、水磨石、防滑地砖等不起尘、易清洁的面层；底层地面应采取防潮和防结露措施；有贵重物品的库房，当采用水磨石、防滑地砖面层时，宜在适当范围内增铺柔性面层。

⑩ 有采暖要求的底层地面（楼地面），可选用热源为低温热水的地面辐射供暖，面层宜采用地砖、水泥砂浆、木板、强化复合木地板等。

2）有清洁、洁净、防尘和防菌要求的底层地面（楼地面）

① 有清洁和弹性要求的底层地面（楼地面），应符合下列要求：

A. 有清洁使用要求时，宜选用经处理后不起尘的水泥类面层、水磨石面层或板块材面层；

B. 有清洁和弹性使用要求时，宜采用树脂类自流平材料面层、橡胶板、聚氯乙烯板等面层；

C. 有清洁要求的底层地面，宜设置防潮层。当采用树脂类自流平材料面层时，应设置防潮层。

② 有空气洁净度等级要求的建筑地面（楼地面），其面层应平整、耐磨、不起尘、不易积聚静电，并易除尘、清洗。地面与墙、柱相交处宜做小圆角。底层地面应设防潮层。面层应采用不燃、难燃并宜有弹性与较低的导热系数的材料。面层应避免眩光，面层材料的光反射系数宜为 0.15～0.35。

③ 有空气洁净度等级要求的地面（楼地面）不宜设变形缝，空气洁净度等级为 N1～N5 级的房间地面不应设变形缝。

注：《洁净厂房设计规范》（GB 50073—2013）将空气洁净度分为 N1～N9 共 9 个等级。

④ 采用架空活动地板的建筑地面，架空活动地板材料应根据燃烧性能和防静电要求进行选择。架空活动地板有送风、回风要求时，活动地板下应采用现制水磨石、涂刷树脂类涂料的水泥砂浆或地砖等不起尘面层并应根据使用要求采取保温、防水措施。

3）有防腐蚀要求的底层地面（楼地面）

① 防腐蚀的底层地面（楼地面）应低于非防腐蚀地面，且不宜少于 20mm；也可设置挡水设施（如挡水门槛）。

② 防腐蚀地面宜采用整体面层。

③ 防腐蚀地面采用块材面层时，其结合层和灰缝应符合下列要求：

A. 当灰缝选用刚性材料时，结合层宜采用与灰缝材料相同的刚性材料；

B. 当耐酸瓷砖、耐酸瓷板面层的灰缝采用树脂胶泥时，结合层宜采用呋喃胶泥、环氧树脂胶泥、水玻璃砂浆、聚酯砂浆或聚合物水泥砂浆；

C. 当花岗石面层的灰缝采用树脂胶泥时，结合层可采用沥青砂浆、树脂砂浆；当灰缝采用沥青胶泥时，结合层宜采用沥青砂浆。

④ 防腐蚀的底层地面（楼地面）的排水坡度：底层地面不宜小于 2%，楼层地面不宜小于 1%。

⑤ 需经常冲洗的防腐蚀的底层地面（楼地面），应设隔离层。隔离层材料可以选用沥青玻璃布油毡、再生胶油毡、石油沥青油毡、树脂玻璃钢等柔性材料。当面层厚度小于30mm且结合层为刚性材料时，不应采用柔性材料做隔离层。

⑥ 防腐蚀地面与墙、柱交接处应设置踢脚板，高度不宜小于250mm。

4) 有撞击磨损作用的底层地面（楼地面）

有撞击磨损作用的底层地面（楼地面），应采用厚度不小于60mm的块材面层或水玻璃混凝土、树脂细石混凝土、密实混凝土等整体面层。使用小型运输工具的地面，可采用厚度不小于20mm的块材面层或树脂砂浆、聚合物水泥砂浆、沥青砂浆等整体面层。无运输工具的地面可采用树脂自流平涂料或防腐蚀耐磨涂料等整体面层。

5) 特殊要求的底层地面（楼地面）及其他类型的底层地面（楼地面）

① 湿热地区非空调建筑的底层地面，可采用微孔吸湿、表面粗糙的面层。

② 有保温、隔热、隔声等要求的底层地面（楼地面）应采取相应的技术措施。

③ 湿陷性黄土地区，受水浸湿或积水的底层地面，应按防水地面设计。地面下应做厚度为300~500mm的3∶7灰土垫层。管道穿过地面处，应做防水处理。排水沟宜采用钢筋混凝土制作并应与地面混凝土同时浇筑。

④ 当采用玻璃楼面时，应选择安全玻璃，并根据荷载大小选择玻璃厚度，一般应避免采用透光率较高的玻璃。

⑤ 存放食品、饮料或药品等房间，其存放物有可能与底层地面（楼地面）面层直接接触时，严禁采用有毒的塑料、涂料或水玻璃等做面层材料。

⑥ 加油、加气站场内和道路不得采用沥青路面，宜采用可行驶重型汽车的水泥路面或不产生静电火花的路面。

⑦ 冷库地面（楼地面）应采用隔热材料，其抗压强度不应小于0.25MPa。

⑧ 室外地面面层应避免选用釉面或磨光面等反射率较高和光滑的材料，以减少光污染和热岛效应及雨雪天气滑跌。

⑨ 室外地面宜选择具有渗水透气性能的饰面材料及垫层材料。

4. 底层地面（楼地面）各构造层次的材料要求和厚度

《建筑地面设计规范》（GB 50037—2013）规定：

（1）面层

面层的材料选择和厚度应符合表2-68的规定。

表2-68 面层的材料选择和厚度

面层名称	材料强度等级	厚度（mm）
混凝土（垫层兼面层）	≥C20	按垫层确定
细石混凝土	≥C20	40~60
聚合物水泥砂浆	≥M20	20
水泥砂浆	≥M15	20
防静电水泥砂浆	≥M15	40~50
水泥钢（铁）屑	≥M40	30~40
水泥石屑	≥M30	30

面层名称		材料强度等级	厚度（mm）
现制水磨石		≥C20	≥30
预制水磨石		≥C20	25～30
防静电水磨石		≥C20	40
不发火花细石混凝土		≥C20	40～50
不发火花沥青砂浆		—	20～30
防静电塑料板		—	2～3
防静电橡胶板		—	2～8
防静电活动地板		—	150～400
通风活动地板		—	300～400
矿渣、碎石（兼垫层）		—	80～150
煤矸石砖、耐火砖	（平铺）	≥MU10	53
	（侧铺）		115
水泥花砖		≥MU15	20～40
陶瓷锦砖（马赛克）		—	5～8
陶瓷地砖（防滑地砖、釉面地砖）		—	8～14
耐酸瓷板		—	20、30、50
花岗岩条石或块石		≥MU60	80～120
大理石、花岗石板		—	20～40
块石		≥MU30	100～150
玻璃板（不锈钢压边、收口）		—	12～24
网络地板		—	40～70
木板、竹板	（单层）	—	18～22
	（双层）	—	12～20
薄型木板（席纹拼花）		—	8～12
强化复合木地板		—	8～12
聚氨酯涂层		—	1.2
丙烯酸涂料		—	0.25
聚氨酯自流平涂料		—	2～4
聚氨酯自流平砂浆		≥80MPa	4～7
聚酯砂浆		—	4～7
橡胶板		—	3
聚氨酯橡胶复合面层		—	3.5～6.5（含发泡层、网格布等多种材料）

面层名称		材料强度等级	厚度（mm）
聚氯乙烯板含石英塑料板和塑胶板		—	1.6～3.2
地毯	单层		5～8
	双层		8～10
地面辐射供暖面层	地砖		80～150
	水泥砂浆		20～30
	木板、强化复合木地板		12～20

注：1. 双层木板、竹板地板面层厚度不包括毛地板厚，其面层用硬木制作时，板的净厚度宜为12～20mm；

2. 双层强化木地板面层厚度不包括泡沫塑料垫层、毛板、细木工板、中密度板厚；

3. 热源为低温热水的辐射地面供暖，由面层、找平层、隔离层、填充层、绝热层、防潮层等组成，并应符合现行国家标准《辐射供暖供冷技术规程》（JGJ 142—2012）的有关规定；

4. 本表中沥青类材料均指石油沥青；

5. 防油渗混凝土的抗渗性能宜按照现行国家标准《普通混凝土长期性能和耐久性能试验方法》（GB 50082—2009）进行检测，以10号机油为介质，以试件不出现渗油现象的最大不透油压力为1.5MPa；

6. 防油渗涂料粘结抗拉强度为≥0.3MPa；

7. 涂料的涂刷，不得少于3遍，其配合比和制备及施工，必须严格按各种涂料的要求进行；

8. 面层材料为水泥钢（铁）屑、现制水磨石、防静电水磨石、防静电水泥砂浆的厚度中包含结合层；

9. 防静电活动地板、通风活动地板的厚度是指地板成品的高度；

10. 玻璃板、强化复合木地板、聚氯乙烯板宜采用专用胶粘结或粘铺；

11. 双层地板的厚度包括橡胶海绵垫层；

12. 聚氨酯橡胶复合面层的厚度，包含发泡层、网格布等多种材料。

（2）结合层

1）以水泥为胶结料的结合层材料，拌合时可掺入适量化学胶（浆）料。

2）结合层的厚度应符合表2-69的规定。

表2-69　结合层厚度

面层名称	结合层材料	厚度（mm）
陶瓷锦砖（马赛克）	1：1水泥砂浆	5
水泥花砖	1：2水泥砂浆或1：3干硬性水泥砂浆	20～30
块石	砂、炉渣	60
花岗岩条（块）石	1：2水泥砂浆	15～20
	砂	60
大理石、花岗石板	1：2水泥砂浆或1：3干硬性水泥砂浆	20～30
陶瓷地砖（防滑地砖、釉面地砖）	1：2水泥砂浆或1：3干硬性水泥砂浆	10～30
耐酸瓷（板）砖	树脂胶泥	3～5
	水玻璃砂浆	15～20
	聚酯砂浆	10～20
	聚合物水泥砂浆	10～20

面层名称	结合层材料	厚度（mm）
耐酸花岗岩	沥青砂浆	20
	树脂砂浆	10～20
	聚合物水泥砂浆	10～20
玻璃板（用不锈钢压边收口）	专用胶粘剂粘结	—
	C30 细石混凝土表面找平	40
强化复合木地板	木板表面刷防腐剂及木龙骨	20
	泡沫塑料衬垫	3～5
	毛板、细木工板、中密度板	15～18
聚氨酯涂层	1：2 水泥砂浆	20
	C20～C30 细石混凝土	40
环氧树脂自流平涂料	环氧稀胶泥一道 C20～C30 细石混凝土	40～50
环氧树脂自流平砂浆 聚酯砂浆	环氧稀胶泥一道 C20～C30 细石混凝土	40～50
聚氯乙烯板（含石英塑料板、塑胶板）、橡胶板	专用粘结剂粘贴	—
	1：2 水泥砂浆	20
	C20 细石混凝土	30
聚氨酯橡胶复合面层、运动橡胶板面层	树脂胶泥自流平层	3
	C25～C30 细石混凝土	40～50
地面辐射供暖面层	1：3 水泥砂浆	20
	C20 细石混凝土内配钢丝网（中间配加热管）	60
网络地板面层	1：2～1：3 水泥砂浆	20

注：1. 防静电水磨石、防静电水泥砂浆的结合层应采用防静电水泥浆一道，1：3 防静电水泥砂浆内配导静电接地网；
　　2. 防静电塑料板、防静电橡胶板的结合层应采用专用胶粘剂；
　　3. 实贴木地板的结合层应采用粘结剂、木板小钉。

（3）找平层

1）当找平层铺设在混凝土垫层时，其强度等级不应小于混凝土垫层的强度等级。混凝土找平层兼面层时，其强度等级不应小于 C20。

2）找平层材料的强度等级、配合比及厚度应符合表 2-70 的规定。

表 2-70　找平层的强度等级、配合比及厚度

找平层材料	强度等级或配合比	厚度（mm）
水泥炉渣	1：6	30～80
水泥石灰炉渣	1：1：8	30～80
陶粒混凝土	C10	30～80
轻骨料混凝土	C10	30～80
加气混凝土块	A5.0（M5.0）	≥50
水泥膨胀珍珠岩块	1：6	≥50

（4）隔离层

建筑地面隔离层的层数应符合表 2-71 的规定。

表 2-71　隔离层的层数

隔离层材料	层数（或道数）	隔离层材料	层数（或道数）
石油沥青油毡	1 层或 2 层	防油渗胶泥玻璃纤维布	1 布 2 胶
防水卷材	1 层	防水涂膜（聚氨酯类涂料）	2 道或 3 道
有机防水涂料	1 布 3 胶		

注：1. 石油沥青油毡，不应低于 350g。

　　2. 防水涂膜总厚度一般为 1.5～2.0mm。

　　3. 防水薄膜（农用薄膜）作隔离层时，其厚度为 0.4～0.6mm。

　　4. 用于防油渗隔离层可采用具有防油渗性能的防水涂膜材料。

　　5.《建筑地面工程施工质量验收规范》（GB 50209—2010）中规定：在靠近柱、墙处，隔离层应高出面层 200～300mm。

（5）填充层

1）建筑地面填充层材料的密度宜小于 $900kg/m^3$。

2）填充层材料的强度等级、配合比及厚度应符合表 2-72 的规定。

表 2-72　填充层的强度等级、配合比及厚度

填充层材料	强度等级或配合比	厚度（mm）
水泥炉渣	1:6	30～80
水泥石灰炉渣	1:1:8	30～80
陶粒混凝土	CL1.0	30～80
轻骨料混凝土	CL1.0	30～80
加气混凝土块	A5.0（M5.0）	≥50
水泥膨胀珍珠岩块	1:6	≥50

注：《建筑地面工程施工质量验收规范》（GB 50209—2010）中规定：填充层亦可以选用隔声垫。当采用隔声垫时，应设置混凝土保护层。保护层的厚度不应小于 30mm，内配间距不大于 200mm×200mm 的 $\phi6$ 钢筋网片。

（6）垫层

1）地面垫层类型的选择

① 现浇整体面层、以粘结剂结合的整体面层和以粘结剂或砂浆结合的块材面层，宜采用混凝土垫层。

② 以砂或炉渣结合的块材面层，宜采用碎（卵）石、灰土、炉（矿）渣、三合土等垫层。

③ 有水及浸蚀介质作用的地面，应采用刚性垫层。

④ 通行车辆的面层，应采用混凝土垫层。

⑤ 有防油渗要求的地面，应采用钢纤维混凝土或配筋混凝土垫层。

2）地面垫层的最小厚度应符合表 2-73 的规定。

表 2-73 垫层最小厚度

垫层名称	材料强度等级或配合比	最小厚度（mm）
混凝土垫层	≥C15	80
混凝土垫层兼面层	≥C20	80
砂垫层	—	60
砂石垫层	—	100
碎石（砖）垫层	—	100
三合土垫层	1：2：4（石灰：砂：碎料）	100（分层夯实）
灰土垫层	3：7或2：8（熟化石灰：黏土、粉质黏土、粉土）	100
炉渣垫层	1：6（水泥：炉渣）或1：1：6（水泥：石灰：炉渣）	80

注：《建筑地面工程施工质量验收规范》（GB 50209—2010）中规定：四合土垫层的厚度不应小于80mm；水泥混凝土垫层的厚度不应小于60mm，陶粒混凝土垫层的厚度不应小于80mm。

3）垫层的防冻要求

① 季节性冰冻地区非采暖房间的地面以及散水、明沟、踏步、台阶和坡道等，当土壤标准冻深大于600mm，且在冻结深度范围内为冻胀土或强冻胀土，采用混凝土垫层时，应在垫层下部采取防冻害措施（设置防冻胀层）。

② 防冻胀层应采用中粗砂、砂卵石、炉渣、炉渣石灰土以及其他非冻胀材料。

③ 采用炉渣石灰土做防冻胀层时，炉渣、素土、熟化石灰的质量配合比宜为7：2：1，压实系数不宜小于0.85，且冻前龄期应大于30d。

（7）地面的地基

1）地面的地基应均匀密实。铺设在淤泥、淤泥质土、冲填土及杂填土等软弱地基上时，应按现行国家标准《建筑地基基础设计规范》（GB 50007—2011）的规定进行处理。

2）利用压实填土作地基的地面工程，应根据地面构造、荷载状况、填料性能、现场条件对压实填土进行处理。

3）对灰土地基、砂和砂石地基、土工合成材料地基、砂桩地基、振冲桩复合地基、土和灰土挤密桩复合地基、水泥粉煤灰碎石桩复合地基及夯实水泥土桩复合地基等，强度或承载力应符合设计要求。

4）地面垫层下的填土应选用砂土、粉土、黏性土及其他有效填料，不得使用过湿土、淤泥、腐植土、冻土、膨胀土及有机物含量大于8%的土。填料的质量和施工要求，应符合现行国家标准《建筑地基基础工程施工质量验收规范》（GB 50202—2012）的有关规定。

5）直接受大气影响的室外堆场、散水及坡道等地面，当采用混凝土垫层时，宜在垫层下铺设水稳性较好的砂、炉渣、碎石、矿渣、灰土及三合土等材料作为加强层，其厚度不宜小于垫层厚度的规定。

6）重要的建筑物地面，应计入地基可能产生的不均匀变形及其对建筑物的不利影响，并应符合现行国家标准《建筑地基基础设计规范》（GB 50007—2011）的有关规定。

7）压实填土地基的压实系数和控制含水量，应符合现行国家标准《建筑地基基础设计规范》（GB 50007—2011）的有关规定。

注：《建筑地面工程施工质量验收规范》（GB 50209—2010）规定：基土不应采用淤泥、腐殖土、冻土、耕植土、膨胀土和建筑杂物作为填土，填土土块的粒径不应大于50mm。

5. 地面的构造

地面的常见类型有整体地面、块状材料地面、竹木地面、辐射供暖地面等类型。

（1）整体地面的构造

1）混凝土地面（细石混凝土地面）

① 混凝土地面（细石混凝土地面）的厚度应以表2-58的规定为准。

② 混凝土地面采用的石子粗骨料，其最大颗粒粒径不应大于面层厚度的2/3，细石混凝土地面采用的石子粒径不应大于15mm。

③ 混凝土面层或细石混凝土面层的强度等级不应低于C20；耐磨混凝土面层或耐磨细石混凝土面层的强度等级不应低于C30；底层地面的混凝土垫层兼面层的强度等级不应低于C20，其厚度不应小于80mm；细石混凝土面层厚度不应小于40mm。

④ 垫层及面层宜分仓浇筑或留缝。

⑤ 当地面上静荷载或活荷载较大时，宜在混凝土垫层中加配钢筋或在垫层中加入钢纤维，钢纤维的抗拉强度不应小于1000MPa，钢纤维混凝土的弯曲韧度比不应小于0.5。当垫层中仅为构造配筋时，可配置直径为8~14mm，间距为150~200mm的钢筋网。

⑥ 水泥类整体面层需严格控制裂缝时，应在混凝土面层顶面下20mm处配置直径为4~8mm、间距为100~200mm的双向钢筋网；或面层中加入钢纤维，其弯曲韧度比不应小于0.4，体积率不应小于0.15%。

2）水泥砂浆地面

① 水泥砂浆地面的厚度应以表2-58的规定为准。

② 水泥砂浆的体积比应为1:2，强度等级不应低于M15，面层厚度不应小于20mm。

③ 水泥应采用硅酸盐水泥或普通硅酸盐水泥，其强度等级不应小于42.5级；不同品种、不同强度等级的水泥不得混用，砂应采用中粗砂。当采用石屑时，其粒径宜为3~5mm，且含泥量不应大于3%。

3）水磨石地面

① 水磨石面层应采用水泥与石粒的拌合料铺设，面层的厚度宜为12~18mm，结合层的水泥砂浆体积比宜为1:3，强度等级不应小于M10。

② 水磨石面层的石粒，应采用坚硬可磨白云石、大理石等岩石加工而成，石子应洁净无杂质，其粒径宜为6~15mm。

③ 水磨石面层分格尺寸不宜大于1.0m×1.0m，分格条宜采用铜条、铝合金条等平直、坚挺材料。当金属嵌条对某些生产工艺有害时，可采用玻璃条。

④ 白色或浅色的水磨石面层，应采用白水泥；深色的水磨石面层，宜采用强度等级不小于42.5级的硅酸盐水泥、普通硅酸盐水泥或矿渣硅酸盐水泥；同颜色的面层应使用同一批号水泥。

⑤ 彩色水磨石面层使用的颜料，应采用耐光、耐碱的无机矿物质颜料，宜同厂、同批。其掺入量宜为水泥质量的3%~6%。

4）自流平地面

① 定义

自流平地面指的是在基层上采用具有自行流平性能或稍加辅助性摊铺即能流动找平的地面材料、经搅拌后摊铺所形成的地面。

② 应用

自流平地面主要应用于洁净、耐磨、耐腐蚀、室内空气含尘量尽量低的建筑中。如：食品、烟草、电子、精密仪器仪表、医药、医院手术室、汽车、机场用品等生产制作场所。

③ 类型

《自流平地面工程技术规程》（JGJ/T 175—2009）规定的类型有：

A. 水泥基自流平砂浆地面：由基层、自流平界面剂、水泥基自流平砂浆构成。

B. 石膏基自流平砂浆地面：由基层、自流平界面剂、石膏基自流平砂浆构成。

C. 环氧树脂自流平地面：由基层、底涂、自流平环氧树脂地面涂层材料构成。

D. 聚氨酯自流平地面：由基层、底涂、自流平聚氨酯地面涂层材料构成。

E. 水泥基自流平砂浆-环氧树脂或聚氨酯薄涂地面：由基层、自流平界面剂、水泥基自流平砂浆、底涂、环氧树脂或聚氨酯薄涂构成。

④ 构造

A. 水泥基自流平砂浆可用于地面找平层，也可用于地面面层。用于地面找平层时，其厚度不得小于 2mm，用于地面面层时，其厚度不得小于 5mm。

B. 石膏基自流平砂浆不得直接作为地面面层。当采用水泥基自流平砂浆作为地面面层时，石膏基自流平砂浆可用于找平层，其厚度不得小于 2mm。

C. 环氧树脂和聚氨酯自流平地面面层厚度不得小于 0.8mm。

D. 当采用水泥基自流平砂浆作为环氧树脂和聚氨酯地面的找平层时，水泥基自流平砂浆的强度等级不得低于 C20。当采用环氧树脂和聚氨酯作为地面面层时，不得采用石膏基自流平砂浆做找平层。

E. 基层有坡度设计时，水泥基或石膏基自流平砂浆可用于坡度小于或等于 1.5% 的地面；对于坡度大于 1.5% 但不超过 5% 的地面，基层应采用环氧底涂撒砂处理，并应调整自流平砂浆流动度；坡度大于 5% 的基层不得使用自流平砂浆。

F. 面层分隔缝的设置应与基层的伸缩缝保持一致。

（2）块状材料地面

1）砖面层：砖面层可采用陶瓷锦砖、缸砖、陶瓷地砖和水泥花砖，应在结合层上铺设。各种类型的砖地面的厚度应以表 2-58 的规定为准。

2）天然石材面层：天然石材面层可以选用天然大理石、花岗石（或碎拼大理石、碎拼花岗石）板材，应在结合层上铺设。铺设大理石、花岗石面层前，板材应浸湿、晾干；结合层与板材应分段同时铺设。

石材面板的厚度：天然花岗石弯曲强度标准值不小于 8.0MPa，吸水率≤0.6%、厚度不小于 25mm；天然大理石弯曲强度标准值不小于 7.0MPa，吸水率≤0.5%、厚度不小于 35mm；其他石材不小于 35mm。

当天然石材的弯曲强度的标准值在≤0.8 或≥4.0 时，单块面积不宜大于 1.00m²；其他石材单块面积不宜大于 1.50m²。

石材的放射性应符合《建筑材料放射性核素限量》（GB/T 6566—2010）中依据装饰装修材料中天然放射性核素镭-226、钍-232、钾-40 的放射性比活度大小，将装饰装修材料划分为 A 级、B 级、C 级，具体要求见表 2-74。

表 2-74　放射性物质比活度分级

级别	比活度	使用范围
A	内照射指数 I_{Ra}≤1.0 和外照射指数 I_r≤1.3	产销和使用范围不受限制
B	内照射指数 I_{Ra}≤1.3 和外照射指数 I_r≤1.9	不可用于Ⅰ类民用建筑的内饰面，可以用于Ⅱ类民用建筑物、工业建筑内饰面及其他一切建筑的外饰面
C	外照射指数 I_r≤2.8	只可用于建筑物外饰面及室外其他用途

注：1. Ⅰ类民用建筑包括：住宅、老年公寓、托儿所、医院和学校、办公楼、宾馆等。
　　2. Ⅱ类民用建筑包括：商场、文化娱乐场所、书店、图书馆、展览馆、体育馆和公共交通等候室、餐厅、理发店等。

3）预制板块地面

① 预制板块面层

预制板块面层可采用水泥混凝土板块、水磨石板块、人造石板块，应在结合层上铺设。混凝土板块间的缝隙不宜大于 6mm，水磨石板块、人造石板块间的缝隙不应大于 2mm。预制板块面层铺完 24h 后，应用水泥砂浆灌缝至 2/3 高度，再用同色水泥浆擦（勾）缝。

② 铺地砖面层

A. 铺地砖应采用釉面砖并应控制吸水率，各类铺地砖的吸水率见表 2-75。

表 2-75　各类铺地砖的吸水率

铺地砖类型	吸水率	铺地砖类型	吸水率
全陶质瓷砖	小于 10%	全瓷质面砖（通体砖）	1%
陶胎釉面砖	3%～10%		

B. 铺地砖应在结合层上铺设。

4）料石面层

料石面层可采用天然条石和块石，应在结合层上铺设。条石面层的结合层宜采用水泥砂浆；块石面层的结合层宜采用砂垫层，厚度不应小于 60mm；基层土应为均匀密实的基土或夯实的基土。

5）塑料板面层

塑料板面层应采用塑料板块材、塑料板焊条、塑料卷材，用胶粘剂在水泥类基层上采用满粘或点粘法铺设。铺贴塑料板面层时，室内相对湿度不宜大于 70%，温度宜在 10～32℃ 之间。防静电塑料板的胶粘剂、焊条等应具有防静电功能。

6）活动地板面层

① 应用：活动地板面层宜用于有防尘和防静电要求的专用房间的建筑地面。

② 架空高度：活动地板的架空高度在 50～360mm 之间。

③ 构成：活动地板由面材、横梁及金属支架三部分构成。

A. 面材应采用特制的平压刨花板为基材，表面可饰以装饰板，底层应用镀锌板经胶粘结形成活动的板块。活动地板面层有标准地板、异型地板。

B. 横梁采用金属制作并配以橡胶垫条；

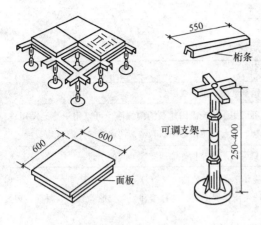

图 2-86　活动地板

C. 支架采用金属制作，可根据需要调节高度。

④ 基层：活动地板的金属支架应支承在现浇水泥混凝土基层（或面层）上，基层表面应平整、光洁，不起灰。活动地板在门口处或预留洞口处四周侧边应用耐磨硬质板材封闭或用镀锌钢板包裹，胶条封边（图 2-86）。

7）金属板面层

金属板面层应采用镀锌板、镀锡板、复合钢板、彩色涂层钢板、铸铁板、不锈钢板、铜板及其他金属板铺设。具有磁吸性的金属板面层不得用于有磁场所。

8）地毯面层

地毯面层应采用地毯块材或卷材，可以采用空铺法或实铺法进行铺设。

① 空铺法

A. 小块地毯宜先拼成整块；

B. 块材地毯的铺设，块与块之间应挤紧服帖；

C. 卷材地毯宜先长向缝合；

D. 地毯面层的周边应压入踢脚线下。

② 实铺法

A. 实铺地毯面层采用的金属卡条（倒刺板）、金属压条、专用双面胶带、胶粘剂等固定材料应符合设计要求；

B. 铺设时，地毯的表面层宜张拉适度，四周应采用卡条固定，门口处宜用金属压条或双面胶带等固定；

C. 地毯周边应塞入卡条和踢脚线下；

D. 地毯面层采用胶粘剂或双面胶带时，应与基层粘结牢固；

E. 地毯铺装方向，应是绒毛走向的背光方向。

（3）竹、木地面

1）实木地板、实木集成地板、竹地板面层

① 实木地板、实木集成地板、竹地板面层应采用条材、块材或拼花，以空铺或实铺方式在基层上铺设，实木地板的厚度为 18～20mm，实木集成地板的厚度为 9.5mm。

② 实木地板、实木集成地板、竹地板面层可以采用双层做法或单层做法。

③ 铺设实木地板、实木集成地板、竹地板面层时，木格栅（龙骨）的截面尺寸、间距和稳定方法均应符合要求。木格栅（龙骨）固定时，不得损坏基层和预埋管线。木格栅（龙骨）应垫实钉牢，与柱、墙之间留出 20mm 的缝隙，表面应平直，龙骨间距不宜大于 300mm，固定点间距不得大于 600mm。

④ 当面层下铺设垫层地板（毛地板）时，应与龙骨成 30°或 45°铺钉，板缝应为 2～3mm，相邻板的接缝应错开。垫层地板的髓心应向上，板间缝隙不应大于 3mm，与柱、墙之间应留出 8～12mm 的空隙，表面应刨平。

⑤ 实木地板、实木集成地板、竹地板面层铺设时，相邻板材接头位置应错开不小于 300mm 的距离，与柱、墙之间应留出 8～12mm 的空隙。

⑥ 采用实木制作的踢脚线，背面应抽槽并作防潮处理。

⑦ 席纹实木地板、拼花实木地板的面层应符合上述规定。

图 2-87 为空铺木地面的构造；图 2-88 为实铺木地面的构造。

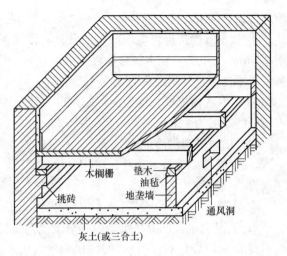

图 2-87　空铺木地面

2）浸渍纸层压木质地板（强化木地板）面层

① 浸渍纸层压木质地板面层应采用条材或块材，厚度在 8～12mm 之间，以空铺或粘贴方式在基层上铺设。

② 浸渍纸层压木质地板面层可采用有垫层地板或无垫层地板的方式铺设。

③ 浸渍纸层压木质地板面层铺设时，相邻板材接头位置应错开不小于 300mm 的距离；衬垫层、垫层地板及面层与柱、墙之间均应留出不小于 10mm 的空隙。

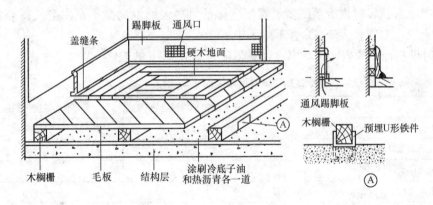

图 2-88　实铺木地面

④ 浸渍纸层压木质地板面层采用无龙骨的空铺法铺设时，宜在面层与基层之间设置衬垫层。衬垫层应在面层与柱、墙之间的空隙内加设金属弹簧卡或木楔子，其间距宜为 200～300mm。

⑤ 强化木地板安装第一排时，应凹槽靠墙，地板与墙之间应留有 8～10mm 的缝隙。

⑥ 强化木地板房间长度或宽度超过 8m 时，应在适当位置设置伸缩缝。

3）软木（栓皮栎）地板面层

① 软木（栓皮栎）地板的面层应采用软木（栓皮栎）地板或软木复合地板的条材或块材，在水泥类基层或垫层上铺设。软木（栓皮栎）地板面层应采用粘贴方式铺设，软木复合地板面层应采用空铺方式铺设。

② 软木（栓皮栎）地板的垫层地板在铺设时，与柱、墙之间应留出不大于 20mm 的空

隙，表面应刮平。

③ 软木（栓皮栎）地板面层铺设时，相邻板材接头位置应错开不小于 1/3 板长且不小于 200mm 的距离；软木复合地板面层铺设时，应在面层与柱、墙之间的空隙内加设金属弹簧卡或木楔子，其间距宜为 200～300mm。

④ 软木（栓皮栎）地板面层的厚度一般为 4～8mm，软木复合地板的厚度为 13mm，松木地板的厚度为 22mm。

（4）辐射供暖供冷地面

《辐射供暖供冷技术规程》（JGJ 142—2012）规定：

1）一般规定

① 热源

A. 低温热水：低温热水地面辐射供暖系统的供水温度不应大于 60℃，供水、回水温度差不宜大于 10℃ 且不宜小于 5℃。民用建筑供水温度宜采用 35～45℃。

B. 加热电缆

（a）当辐射间距等于 50mm，且加热电缆连续供暖时，加热电缆的线功率不宜大于 17W/m；当辐射间距大于 50mm 时，加热电缆的线功率不宜大于 20W/m。

（b）当面层采用带龙骨的架空木地板时，应采取散热措施。加热电缆的线功率不宜大于 17W/m，且功率密度不宜大于 $80W/m^2$。

（c）加热电缆布置时应考虑家具位置的影响。

C. 供冷水源：辐射供冷系统供水温度应保证供冷表面温度高于室内空气露点温度 1～2℃。供回水温度差不宜大于 5℃ 且不应小于 2℃。

② 辐射供暖地面的表面平均温度计算值应符合表 2-76 的规定。

表 2-76　辐射供暖表面平均温度（℃）

设置位置		宜采用的平均温度	平均温度上限值
地面	人员经常停留	25～27	29
	人员短期停留	28～30	32
	无人停留	35～40	42
顶棚	房间高度 2.5～3.0m	28～30	—
	房间高度 3.1～4.0m	33～36	—
墙面	距地面 1m 以下	35	
	距地面 1m 以上 3.5m 以下	45	

③ 辐射供冷表面平均温度宜符合表 2-77 的规定。

表 2-77　辐射供冷表面平均温度

设置位置		平均温度下限值
地面	人员经常停留	19
	人员短期停留	19
墙面		17
顶棚		17

2) 地面构造

① 三种做法

A. 混凝土填充式供暖地面；

B. 预制沟槽保温板式供暖地面；

C. 预制轻薄供暖板地面。

② 构造要求

A. 与土壤相邻的地面，必须设绝热层，且绝热层的下部必须设置防潮层。

B. 直接与室外空气相邻的楼板，必须设置绝热层。

C. 潮湿房间的混凝土填充式供暖地面的填充层上应设置隔离层。

D. 预制沟槽保温板或预制轻薄板供暖地面的面层下应设置隔离层。

③ 材料

A. 面层：辐射供暖地面的面层宜采用热阻小于 $0.05m^2 \cdot K/W$ 的材料。可以选用石材、铺地砖、木地板等材料。

B. 绝热层

（a）混凝土填充式辐射供暖地面的绝热层可以选用泡沫塑料、发泡水泥；采用预制沟槽保温板或供暖板时，与供暖房间相邻的楼板，可不设绝热层。土壤上部的绝热层宜采用发泡水泥；直接与室外空气或不供暖房间相邻的楼板，绝热层宜设在楼板下，绝热材料宜采用泡沫塑料绝热板。

（b）绝热层厚度不应小于表 2-78 规定的数值。

表 2-78　预制沟槽保温板和供暖板供暖地面的绝热层厚度

绝热层位置	绝热材料		厚度（mm）
与土壤接触的底层地板上	发泡水泥	干体积密度、350kg/m³	35
		干体积密度、400kg/m³	40
		干体积密度、450kg/m³	45
与室外空气相邻的地板下	模塑聚苯乙烯泡沫塑料		40
与不供暖房间相邻的地板下	模塑聚苯乙烯泡沫塑料		30

（c）发泡水泥宜用硅酸盐水泥、普通硅酸盐水泥、复合硅酸盐水泥；当受条件限制时，可采用矿渣硅酸盐水泥；水泥抗压强度等级不应低于 32.5。

（d）发泡水泥绝热层材料的技术指标应符合表 2-79 的规定：

表 2-79　发泡水泥绝热层技术指标

干体积密度（kg/m³）	抗压强度（kPa）		导热系数（W/m·K）
	7d	28d	
350	≥0.4	≥0.5	≤0.07
400	≥0.5	≥0.6	≤0.08
450	≥0.6	≥0.7	≤0.09

（e）当采用其他绝热材料时，其技术指标应按聚苯乙烯泡沫材料的规定选用同等效果的

绝热材料。

C. 填充层

混凝土填充式辐射供暖地面的加热部件应设置填充层，填充层的材料及厚度宜按表2-80选择确定。

表 2-80　混凝土填充式辐射供暖地面填充层材料和厚度

绝热层材料		填充层材料	最小填充层厚度（mm）
泡沫塑料板	加热管	豆石混凝土	50
	加热电缆		40
发泡水泥	加热管	水泥砂浆	40
	加热电缆		35

注：1. 豆石混凝土的强度等级为C15，豆石粒径宜为5～12mm。

2. 水泥砂浆的水泥宜选用硅酸盐水泥或矿渣硅酸盐水泥；砂子宜选用中粗砂且含泥量不应大于5%；水泥砂浆体积比不应小于1：3；水泥砂浆的强度等级不应低于M10。

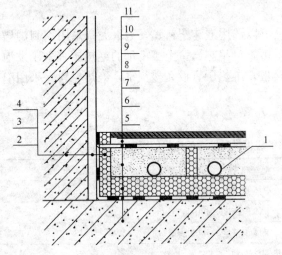

图 2-89　混凝土填充式供暖地面

1—加热管；2—侧面绝热层；3—抹灰层；4—外墙；5—楼板或与土壤相邻地面；6—防潮层；7—泡沫塑料绝热层（发泡水泥绝热层）；8—豆石混凝土填充层（水泥砂浆填充找平层）；9—隔离层（对潮湿房间）；10—找平层；11—装饰面层

D. 找平层

（a）豆石混凝土填充层上部应根据面层的需要铺设找平层；

（b）没有防水要求的房间，水泥砂浆填充层可同时作为面层找平层。

④构造层次

A. 混凝土填充式供暖地面（图 2-89）

B. 预制沟槽保温板式供暖地面（图 2-90）

C. 预制轻薄供暖板地面（图 2-91）

6. 地面的细部构造

《建筑地面设计规范》（GB 50037—2013）规定：

（1）变形缝

1）底层地面的沉降缝和楼层地面的沉降缝、伸缩缝及防震缝的设置，均应与结构相应的缝隙位置一致，且应贯通地面的各构造层，并做盖缝处理。

2）变形缝应设在排水坡的分水线上，不得通过有液体流经或聚集的部位。

3）变形缝的构造应能使其产生位移和变形时，不受阻、不被破坏，且不破坏地面；变形缝的材料，应按不同要求分别选用具有防火、防水、保温、防油渗、防腐蚀、防虫害的材料。

（2）地面垫层的施工缝

1）底层地面的混凝土垫层，应设置纵向缩缝（平行于施工方向的缩缝）、横向缩缝（垂直于施工方向的缩缝），并应符合下列要求：

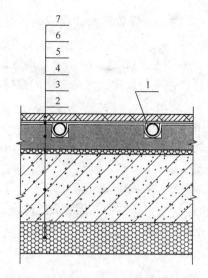

图 2-90 预制沟槽保温板式供暖地面

1—加热管或加热电缆；2—泡沫塑料绝热层；

3—楼板；4—可发性聚乙烯（EPE）垫层；

5—预制沟槽保温板；6—均热层；

7—木地板面层

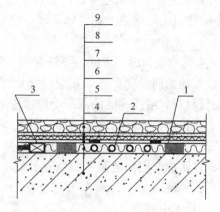

图 2-91 预制轻薄板供暖地面

1—木龙骨；2—加热管；3—二次分水器；4—楼板；

5—供暖板；6—隔离层（潮湿房间）；7—金属层；

8—找平层；9—地砖或石材面层

① 纵向缩缝应采用平头缝或企口缝 ［图 2-92（a）、图 2-92（b）］，其间距宜为 3～6m；

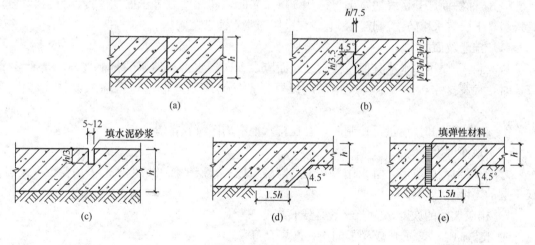

图 2-92 混凝土垫层缩缝

（a）平头缝；（b）企口缝；（c）假缝；（d）连续式变截面；（e）间断式变截面；h—混凝土垫层厚度

② 纵向缩缝采用企口缝时，垫层的构造厚度不宜小于 150mm，企口拆模时的混凝土抗压强度不宜低于 3MPa；

③ 横向缩缝宜采用假缝 ［图 2-92（c）］，其间距宜为 6～12m；高温季节施工时的地面假缝间距宜为 6m。假缝的宽度宜为 5～12mm；高度宜为垫层厚度的 1/3；缝内应填水泥砂浆或膨胀型砂浆；

④ 当纵向缩缝为企口缝时，横向缩缝应做假缝；

⑤ 在不同混凝土垫层厚度的交界处，当相邻垫层的厚度比大于 1、小于或等于 1.4 时，

141

可采取连续式变截面［图 2-92（d）］；当厚度比大于 1.4 时，可设置间断式变截面［图 2-92（e）］；

⑥ 大面积混凝土垫层应分区段浇筑。分区段时当结构设置变形缝，应结合变形缝位置、不同类型的建筑地面连接处和设备基础的位置进行划分，并应与设置的纵向、横向缩缝的间距一致。

⑦ 平头缝和企口缝的缝间应紧密相贴，中间不得放置隔离材料。

2）室外地面的混凝土垫层宜设伸缝，间距宜为 30m，缝宽宜为 20～30mm，缝内应填耐候性密封材料，沿缝两侧的混凝土边缘应局部加强。

3）大面积密集堆料的地面，其混凝土垫层的纵向缩缝、横向缩缝，应采用平头缝，间距宜为 6m。当混凝土垫层下存在软弱下卧层时，建筑地面与主体结构四周宜设沉降缝。

4）设置防冻胀层的地面采用混凝土垫层时，纵向缩缝和横向缩缝均应采用平头缝，其间距不宜大于 3m。

（3）面层的分格缝

直接铺设在混凝土垫层上的面层，除沥青类面层、块材类面层外，应设分格缝，并应符合下列要求：

1）细石混凝土面层的分格缝，应与垫层的缩缝对齐。

2）水磨石、水泥砂浆、聚合物砂浆等面层的分格缝，除应与垫层的缩缝对齐外，还应根据具体设计要求缩小间距。主梁两侧和柱周围宜分别设分格缝。

3）防油渗面层分格缝的宽度可采用 15～20mm，其深度可等于面层厚度；分格缝的嵌缝材料，下层宜采用防油渗胶泥，上层宜采用膨胀水泥砂浆封缝。

（4）排泄坡面

1）当有需要排除水或其他液体时，地面应设朝向排水沟或地漏的排泄坡面。排泄坡面较长时，宜设排水沟。排水沟或地漏应设置在不妨碍使用并能迅速排除水或其他液体的位置。

2）疏水面积和排泄量可控制时，宜在排水地漏周围设置排泄坡面。

（5）地面坡度

1）底层地面的坡度，宜采用修正地基高程筑坡。楼层地面的坡度，宜采用变更填充层、找平层的厚度或结构起坡。

2）排泄坡面的坡度，应符合下列要求：

① 整体面层或表面比较光滑的块材面层，可采用 0.5%～1.5%。

② 表面比较粗糙的块材面层，可采用 1%～2%。

3）排水沟的纵向坡度不宜小于 0.5%。排水沟宜设盖板。

（6）隔离层的设置

1）地漏四周、排水地沟及地面与墙、柱连接处的隔离层，应增加层数或局部采取加强措施。地面与墙、柱连接处隔离层应翻边，其高度不宜小于 150mm。

2）有水或其他液体流淌的地段与相邻地段之间，应设置挡水或调整相邻地面的高差。

3）有水或其他液体流淌的楼层地面孔洞四周翻边高度，不宜小于 150mm；平台临空边缘，应设置翻边或贴地遮挡，高度不宜小于 100mm。

（7）其他构造要求

1）楼地面填充层内敷设有管道时，应考虑管道大小及交叉时所需的尺寸来决定厚度。

2）有较高清洁要求及下部为高湿度房间的楼地面，宜设置防潮层。

3）有空气洁净度要求的楼地面应设防潮层。

4）当采用石材楼地面时，石材应进行防碱背涂处理。

5）档案馆建筑、图书馆的书库及非书资料库，当采用填实地面时，应有防潮措施。当采用架空地面时，架空高度不宜小于0.45m，并宜有通风措施。架空层的下部宜采用不小于1‰坡度的防水地面，并高于室外地面0.15m。架空层上部的地面宜采用隔潮措施。

6）观众厅纵向走道坡度大于1：10时的坡道面层应做防滑处理。

7）大面积的水泥楼地面、现浇水磨石楼地面的面层宜分格，每格面积不宜超过$25m^2$。分格位置应与垫层伸缩缝位置重合。

8）有特殊要求的水泥地面，宜采用在混凝土面层上部干撒水泥面压实赶光（俗称：随打随抹）的做法。

9）地面伸缩缝和变形缝的特殊要求

① 伸缩缝和变形缝不应从需要进行防水处理的房间中穿过；

② 伸缩缝和变形缝应进行防火、隔声处理。接触室外空气及上下与不采暖房间相邻的楼地面伸缩缝应进行保温隔热处理；

③ 伸缩缝和变形缝不应穿过电子计算机主机房；

④ 防空工程防护单元内不应设置伸缩缝和变形缝；

⑤ 空气洁净度为N2级～N3级的室内楼地面不宜设置伸缩缝和变形缝。

10）配电室等用房楼地面标高宜稍高于走道或其他房间，一般高差在20～30mm，亦可采用挡水门槛。

11）档案库库区的楼地面应比库区外高20mm。当采用水消防时，应设排水口。

（8）地面的防水构造

《住宅室内防水工程技术规范》（JGJ 298—2013）规定：

1）一般规定

卫生间、厨房、浴室、设有配水点的封闭阳台、独立水容器等处的地面应进行防水设计。

2）防水设计

① 卫生间、浴室的楼、地面应设置防水层，门口应有阻止积水外溢的措施。

② 厨房的楼、地面应设置防水层；厨房布置在无用水点房间的下层时，顶棚应设置防潮层。

③ 当厨房设有采暖系统的分集水器、生活热水控制总阀门时，楼、地面宜就近设置地漏。

④ 排水立管不应穿越下层住户的居室；当厨房设有地漏时，地漏的排水支管不应穿过楼板进入下层住户的居室。

⑤ 设有配水点的封闭阳台，楼、地面应有排水措施，并应设置防潮层。

⑥ 独立热水器应有整体的防水构造。现场浇筑的独立水容器应进行刚柔结合的防水设计。

⑦ 采用地面辐射采暖的无地下室住宅，底层无配水点的房间地面应在绝热层下部设置

防潮层。

3）技术措施

① 对于有排水要求的房间应以门口及沿墙周边为标志标高，标注主要排水坡度和地漏表面标高。

② 对于无地下室的住宅，地面宜采用强度等级为 C15 的混凝土作为刚性垫层，且厚度不宜小于 60mm。楼面基层宜为现浇钢筋混凝土楼板；当为预制钢筋混凝土条板时，板缝间应采用防水砂浆堵严抹平，并应沿通缝涂刷宽度不宜小于 300mm 的防水涂料形成防水涂膜带。

③ 混凝土找坡层最薄处的厚度不应小于 30mm；砂浆找坡层最薄处的厚度不应小于 20mm。找平层兼找坡层时，应采用强度等级为 C20 的细石混凝土；需设填充层铺设管道时，宜与找坡层合并，填充材料宜选用轻骨料混凝土。

④ 装饰层宜采用不透水材料和构造，主要排水坡度应为 0.5‰～1‰，粗糙面层排水坡度不应小于 1‰。

六、楼板下的顶棚构造

楼板下的顶棚（吊顶）的作用主要是封闭管线、装饰美化环境、满足声学要求等诸多方面。顶棚（吊顶）在一般房间要求是平整的，而在浴室等凝结水较多的房间应做出一定坡度，以保证凝结水顺墙面迅速排除。住宅建筑由于房间净空高度较低，一般多采用在结构板底喷涂料、找平后喷涂料或镶贴装饰材料（如壁纸）的做法，而公共建筑则大多采用吊顶的做法。

1. 顶棚的传统做法

（1）板条吊顶

板条吊顶的构造是在钢筋吊杆拉结的木龙骨上钉板条，在板条底部抹麻刀灰并喷涂料的做法（图 2-93）。

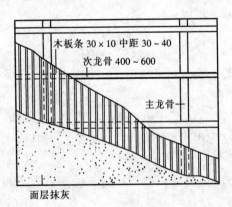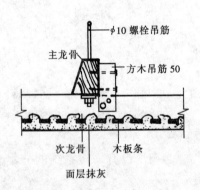

图 2-93 板条吊顶

（2）苇箔吊顶

苇箔吊顶的构造是在钢筋吊杆拉结的木龙骨上钉苇箔，在苇箔底部抹麻刀灰并喷涂料的做法（图 2-94）。

（3）木丝板吊顶

木丝板吊顶的构造是在钢筋吊杆拉结的木龙骨上钉木丝板,在木丝板底部喷涂料的做法(图2-95)。

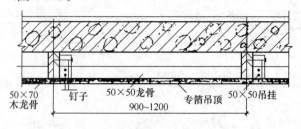

图2-94　苇箔吊顶

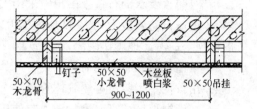

图2-95　木丝板吊顶

(4)纤维板吊顶

纤维板吊顶的构造是在钢筋吊杆拉结的木龙骨上钉纤维板,在纤维板底部刷无光油漆的做法(图2-96)。

2. 顶棚的通常做法

(1)楼板下表面喷浆

这种做法主要适用于板底较为平整的钢筋混凝土板,稍加找平后即可喷涂料。《人民防空地下室设计规范》(GB 50038—2005)规定:防空地下室的顶板不应抹灰,主要采用在结构板底喷耐擦洗涂料。

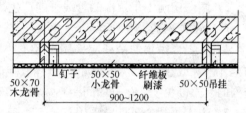

图2-96　纤维板吊顶

(2)楼板下表面抹灰喷浆

这种做法主要适用于结构板底不够平整,需先在板底抹灰找平后再喷涂耐擦洗涂料。

(3)楼板下表面粘贴装饰材料

这种做法主要适用于对室内装饰有特殊要求者,一般需先在板底抹灰找平后再粘贴壁纸、壁布等装饰材料。

3. 现代吊顶的构造

《公共建筑吊顶工程技术规程》(JGJ 345—2014)规定:

(1)吊顶构成

① 吊顶基层

A. 吊杆:吊杆可以采用镀锌钢丝、钢筋、全牙吊杆或镀锌低碳退火钢丝等材料制作。

B. 龙骨:龙骨可以采用轻质钢材和铝合金型材制作。铝合金型材的表面应采用阳极氧化、电泳喷涂、粉末喷涂或氟碳漆喷涂进行处理。

② 吊顶面层:吊顶面层采用的面板有石膏板(纸面石膏板、装饰纸面石膏板、装饰石膏板、嵌装式纸面石膏板、吸声用穿孔石膏板)、水泥木屑板、无石棉纤维增强水泥板、无石棉纤维增强硅酸钙板、矿物棉装饰吸声板或金属及金属复合材料吊顶板。

③ 集成吊顶:由在加工厂预制的、可自由组合的多功能的装饰模块、功能模块及构配件组成的吊顶。

(2)一般规定

1)吊顶材料及制品的燃烧性能应满足《建筑设计防火规范》(GB 50016—2014)的规

定，且不应低于 B₁ 级。

（3）吊顶设计

1）有防火要求的石膏板吊顶应采用大于 12mm 的耐火石膏板。

2）地震设防烈度为 8～9 度地区的大空间、大跨度建筑以及人员密集的疏散通道和门厅处的吊顶，应考虑地震作用。

3）重型设备和有振动荷载的设备严禁安装在吊顶工程的龙骨上。

4）吊顶内不得敷设可燃气体管道。

5）在潮湿地区或高湿度区域，宜使用硅酸钙板、纤维增强水泥板、装饰石膏板等面板。当采用纸面石膏板时，可选用单层厚度不小于 12mm 或双层 9.5mm 的耐水石膏板。

6）在潮湿地区或高湿度区域吊顶的次龙骨间距不宜大于 300mm。

7）潮湿房间中吊顶面板应采用防潮的材料。公共浴室、游泳馆等吊顶内应有凝结水的排放措施。

8）潮湿房间中吊顶内的管线可能产生冰冻或结露时，应采取防冻或防结露措施。

（4）吊顶构造

1）不上人吊顶的吊杆应采用直径不小于 4mm 的镀锌钢丝、直径为 6mm 的钢筋、M6 的全牙吊杆或直径不小于 2mm 的镀锌低碳退火钢丝制作。吊顶系统应直接连接到房间顶部结构的受力部位上。吊杆的间距不应大于 1200mm，主龙骨的间距不应大于 1200mm。

2）上人吊顶的吊杆应采用直径不小于 8mm 的钢筋或 M8 的全牙吊杆。主龙骨应选用截面为 U 型或 C 型、高度为 50mm 及以上型号的上人龙骨。吊杆的间距不应大于 1200mm，主龙骨的间距不应大于 1200mm，主龙骨的壁厚应大于 1.2mm。

3）当吊杆长度大于 1500mm 时，应设置反支撑。反支撑的间距不宜大于 3600mm，距墙不应大于 1800mm。反支撑应相邻对向设置。当吊杆长度大于 2500mm 时，应设置钢结构转换层。

4）当需要设置永久性马道时，马道应单独吊挂在建筑的承重结构上。

5）吊顶遇下列情况时，应设置伸缩缝：

① 大面积或狭长形的整体面层吊顶；

② 密拼缝处理的板块面层吊顶同标高面积大于 100m² 时；

③ 单向长度方向大于 15m 时；

④ 吊顶变形缝应与建筑结构变形缝的变形量相适应。

6）当采用整体面层及金属板类吊顶时，重量不大于 1kg 的筒灯、石英射灯、烟感器、扬声器等设施可直接安装在面板上；质量不大于 3kg 的灯具等设施可安装在 U 型或 C 型龙骨上，并应有可靠的固定措施。

7）矿棉板或玻璃纤维板吊顶，灯具、风口等设备不应直接安装在矿棉板或玻璃纤维板上。

8）安装有大功率、高热量照明灯具的吊顶系统应设有散热、排热风口。

9）吊顶内安装有震颤的设备时，设备下皮距主龙骨上皮不应小于 50mm。

10）透光玻璃纤维板吊顶中光源与玻璃纤维板之间的间距不宜小于 200mm。

图 2-97 为轻钢龙骨纸面石膏板的构造图。

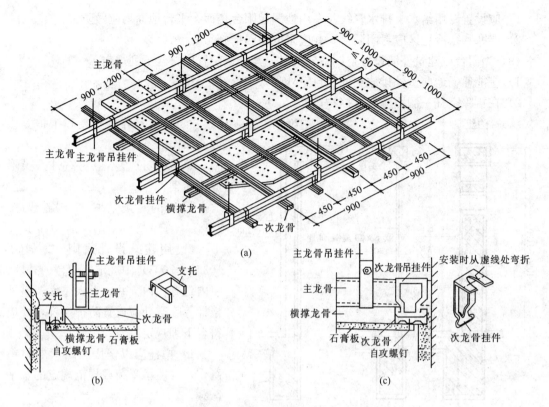

图 2-97　轻钢龙骨石膏板吊顶构造

(a) 龙骨布置；(b) 细部构造；(c) 细部构造

七、阳台和雨罩的构造

1. 阳台

阳台分为全部挑出墙外的挑阳台和阳台端部与外墙持平的凹阳台。阳台大多采用钢筋混凝土现场浇筑。《建筑抗震设计规范》（GB 50010—2010）规定：8、9 度抗震设防的地区，不应采用预制阳台。

(1)《住宅设计规范》（GB 50096—2011）中规定每套住宅宜在二层及以上设置阳台或在首层设置平台。

(2) 阳台的净深度不宜小于 1.00m。老年人居住建筑的起居室、卧室、老人疗养室、老人病房阳台的净深度应考虑轮椅车的回转空间，一般不宜小于 1.50m。

(3) 阳台应采用栏板或栏杆进行围护，栏板或栏杆的扶手净高，6 层及 6 层以下不应低于 1.05m，7 层及 7 层以上不应低于 1.10m。

(4) 阳台栏杆必须采用防止儿童攀登的构造，栏杆的垂直杆件间净距不应大于 0.11m；放置花盆处必须采取防止坠落措施；栏板底部 0.10m 不得留空。

(5) 封闭阳台栏杆也应满足阳台栏板或栏杆净高要求。7 层及 7 层以上住宅和寒冷、严寒地区住宅的阳台宜采用实体栏板。

(6) 各套住宅之间毗连的阳台应设分户隔板。

(7) 阳台、雨罩均应采取有组织排水措施，雨罩及不封闭的开敞阳台应采取防水措施。

(8) 当阳台设有洗衣设备时应符合下列规定：

1) 应设置专用给水、排水管线及专用地漏，阳台楼面、平台地面均应做防水；

2) 严寒和寒冷地区应封闭阳台，并应采取保温措施。

(9) 当阳台或建筑外墙设置空调室外机时，其安装位置应符合下列规定：

1) 应能通畅地向室外排放空气和自室外吸入空气；

2) 在排除空气一侧不应有遮挡物；

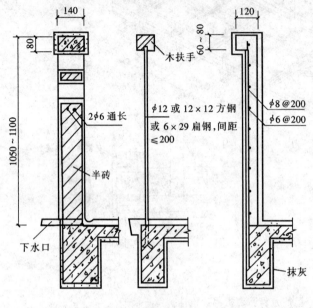

图 2-98 阳台栏杆

3) 应为室外机安装和维护提供方便操作的条件；

4) 安装位置不应对室外人员形成热污染。

阳台的栏杆、栏板构造见图 2-98。

《民用建筑设计通则》 （GB 50352—2005）中规定：阳台、外廊、室内廻廊、内天井、上人屋面及室外楼梯等临空处应设置防护栏杆，并应符合下列规定：

1) 栏杆应以坚固、耐久的材料制作，并能承受荷载规范规定的水平荷载。

2) 临空高度在 24m 以下时，栏杆高度不应低于 1.05m，临空高度在 24m 及 24m 以上（包括中高层住宅）时，栏杆高度不应低于 1.10m；封闭阳台栏杆亦应满足上述要求。栏杆高度应从楼地面或屋面至栏杆扶手顶面垂直高度计算，如底部有宽度大于或等于 0.22m，且高度低于或等于 0.45m 的可踏部位，应从可踏部位顶面起计算。

3) 栏杆离楼面或屋面 0.10m 高度内不宜留空。

4) 住宅、托儿所、幼儿园、中小学及少年儿童专用活动场所的栏杆必须采用防止少年儿童攀登的构造，当采用垂直杆件做栏杆时，其杆件净距不应大于 0.11m。

5) 文化娱乐建筑、商业服务建筑、体育建筑、园林景观建筑等允许少年儿童进入活动的场所，当采用垂直杆件做栏杆时，其杆件净距也不应大于 0.11m。

《中小学校设计规范》（GB 50099—2011）规定：上人屋面、外廊、楼梯、平台、阳台等临空部位必须设防护栏杆，并应符合下列规定：

1) 防护栏杆必须坚固、安全，高度不应低于 1.10m。

2) 防护栏杆最薄弱处承受的最小水平推力应不小于 1.50kN/m^2。

2. 雨罩（雨篷）

(1) 住宅顶层阳台的上方，应设置雨罩。雨罩的挑出宽度宜与阳台持平。

(2) 建筑出入口上方宜设置雨罩，多雪地区的出入口上方应设置雨罩。雨罩的挑出宽度不宜小于 1.00m。雨罩的长度应大于出入口的宽度，一般每侧大于 250～300mm。

(3) 雨罩大多采用钢筋混凝土现场浇筑。《建筑抗震设计规范》（GB 50010—2010）规定：8、9 度抗震设防的地区，不应采用预制雨罩。

（4）《非结构构件抗震设计规范》（JGJ 339—2015）中规定：

① 9 度设防时，不宜采用长悬臂雨篷。

② 悬臂雨篷或仅用柱支承的单层雨篷，应与主体结构有可靠连接。

（5）屋面防水卷材不应削弱女儿墙、雨篷等构件与主体结构的连接。

（6）不应采用无锚固的钢筋混凝土预制挑檐。

（7）外廊的栏板应避免采用自重较大的材料砌筑，且应加强与主体结构的连接。

八、道路和建筑基地的有关问题

1. 道路

（1）单车行驶的道路宽度不应小于 4.00m，双车行驶的道路宽度不应小于 7.00m。

（2）人行便道的宽度不应小于 1.50m。

（3）利用道路边设置停车位时，不应影响有效的通行宽度。

（4）车行道路改变方向时，应满足车辆最小转弯半径要求。

1）《车库建筑设计规范》（JGJ 100—2015）规定的机动车最小转弯半径见表 2-81。

表 2-81　机动车最小转弯半径（m）

车型	最小转弯半径	车型	最小转弯半径
微型车	4.50	中型车	7.20～9.00
小型车	6.00	大型车	9.50～10.50
轻型车	6.00～7.20	—	—

2）《建筑设计防火规范》（GB 50045—2014）中规定：尽头式消防车道应设回车道或回车场。具体数值见表 2-82。

表 2-82　尽头式消防车道的回车道或回车场（m）

回车场类型	数值
一般回车场	不宜小于 12.00×12.00
高层建筑回车场	不宜小于 15.00×15.00
供重型消防车使用的回车场	不宜小于 18.00×18.00

2. 建筑基地

（1）基地地面坡度不应小于 0.8%，地面坡度大于 8% 时宜分成台地，台地连接处应设挡墙或护坡。

（2）基地机动车道的纵坡不应小于 0.2%，亦不应大于 8%，其坡长不应大于 200m；在个别路段可不大于 11%，其坡长不应大于 80m；在多雪严寒地区不应大于 5%，其坡长不应大于 600m；横坡应为 1%～2%。

（3）基地非机动车道的纵坡不应小于 0.2%，亦不应大于 3%，其坡长不应大于 50m；在多雪严寒地区不应大于 2%，其坡长不应大于 100m；横坡应为 1%～2%。

（4）基地步行道的纵坡不应小于 0.2%，亦不应大于 8%；在多雪严寒地区不应大于 4%；横坡应为 1%～2%。

（5）基地内人流活动的主要地段，应设置无障碍人行道。

3. 路面构造

（1）一般路面

1）路面可以选用现浇混凝土、预制混凝土块、石板、锥形料石、现铺沥青混凝土等材料。不得采用碎石基层沥青表面处理（泼油）的路面。

2）城市道路宜选用现铺沥青混凝土路面，除只通行微型车的路面厚度可采用 50mm 外，其他车型的路面厚度一般为 100～150mm。现铺沥青混凝土路面的优点是噪声小、起尘少、便于维修，表面不作分格处理。因而在高速公路、城市道路、乡村道路等广泛采用。

3）现浇混凝土路面的混凝土强度等级为 C25。厚度与上部荷载有关：通行小型车（荷载＜5t）的路面，取 120mm；通行中型车（荷载＜8t）的路面，取 180mm；通行重型车（荷载＜13t）的路面，取 220mm。

4）混凝土路面的纵向、横向缩缝间距应不大于 6.00m，缝宽一般为 5mm。沿长度方向每 4 格（24m）设伸缝一道，缝宽 20～30mm，内填弹性材料。路面宽度达到 8m 时，在路面中间设伸缩缝一道。

5）道牙可以采用石材、混凝土等材料制作。混凝土道牙的强度等级为 C15～C30，高出路面一般为 100～150mm。道路两侧采用边沟排水时，应采用平道牙。

6）路面垫层：沥青混凝土路面、现浇混凝土路面、预制混凝土块路面、石材路面均可以采用 150～300mm 厚 3∶7 灰土垫层。

（2）透水路面

透水路面有三种构造做法，它们是透水水泥混凝土路面、透水沥青路面和透水砖路面。

1）透水水泥混凝土路面

《透水水泥混凝土路面技术规程》（CJJ/T135—2009）中规定：

① 透水路面一般采用透水水泥混凝土（又称为"无砂混凝土"）。透水水泥混凝土是由粗集料及水泥基胶结料经拌和形成的具有连续孔隙结构的混凝土。

② 材料

A. 水泥：采用强度等级为 42.5 级的硅酸盐水泥或普通硅酸盐水泥。水泥不得混用。

B. 集料：采用质地坚硬、耐久、洁净、密实的碎石料。

③ 透水水泥混凝土的性能

透水水泥混凝土的性能详见表 2-83。

表 2-83　透水水泥混凝土的性能

项　目		计量单位	性能要求	
耐热性（磨坑长度）		mm	≤30	
透水系数（15℃）		mm/s	≥0.5	
抗冻性	25 次冻融循环后抗压强度损失率	%	≤20	
	25 次冻融循环后质量损失率	%	≤5	
连续空隙率		%	≥10	
强度等级		—	C20	C30
抗压强度（28d）		MPa	≥20	≥30
弯拉强度（28d）		MPa	≥2.5	≥3.5

④ 透水水泥混凝土路面的分类

透水水泥混凝土路面分为全透水结构路面和半透水结构路面。

A. 全透水结构路面：路表水能够直接通过道路的面层和基层向下渗透至路基土中的道路结构体系。主要应用于人行道、非机动车道、景观硬地、停车场、广场。

B. 半透水结构路面：路表水能够透至面层，不和渗透至路基中的道路结构体系。主要用于荷载$<0.4t$的轻型道路。

⑤ 透水水泥混凝土路面的构造

A. 全透水结构的人行道

（a）面层：透水水泥混凝土，强度等级不应小于 C20，厚度不应小于 80mm；

（b）基层：可采用级配砂砾、级配砂石或级配砾石，厚度不应小于 150mm；

（c）路基：3∶7 灰土等土层。

B. 全透水结构的非机动车道、停车场等道路

（a）面层：透水水泥混凝土，强度等级不应小于 C30，厚度不应小于 180mm；

（b）稳定层基层：多孔隙水泥稳定碎石基层，厚度不应小于 200mm；

（c）基层：可采用级配砂砾、级配砂石或级配砾石基层，厚度不应小于 150mm；

（d）路基：3∶7 灰土等土层；

C. 半透水结构的轻型道路

（a）面层：透水水泥混凝土，强度等级不应小于 C30，厚度不应小于 180mm；

（b）混凝土基层：混凝土基层的强度等级不应低于 C20，厚度不应小于 150mm；

（c）稳定土基层：稳定土基层或石灰、粉煤灰稳定砂砾基层，厚度不应小于 150mm；

（d）路基：3∶7 灰土等土层；

⑥ 透水水泥混凝土路面的其他要求：

A. 纵向接缝的间距应为 3.00～4.50m，横向接缝的间距应为 4.00～6.00m，缝内应填柔性材料。

B. 广场的平面分隔尺寸不宜大于 $25m^2$，缝内应填柔性材料。

C. 面层板的长宽比不宜超过 1.3。

D. 当水泥透水混凝土路面的施工长度超过 30m 或与侧沟、建筑物、雨水口、沥青路面等交接处均应设置胀缝。

E. 水泥透水混凝土路面基层横坡宜为 1‰～2‰，面层横坡应与基层相同。

F. 当室外日平均温度连续 5 天低于 5℃时不得施工；室外最高气温达到 32℃及以上时不宜施工。

2）透水沥青路面

《透水沥青路面技术规程》（CJJ/T 190—2012）中规定：

① 透水沥青路面由透水沥青混合料修筑、路表水可进入路面横向排出，或渗入至路基内部的沥青路面总称。透水沥青混合料的空隙率为 18%～25%。

② 透水沥青路面有三种路面结构类型：

A. Ⅰ型：路表水进入表层后排入邻近排水设施，由透水沥青上面层、封层、中下面层、基层、垫层和路基组成。适用于需要减小降雨时的路表径流量和降低道路两侧噪声的各类新建、改建道路。

B. Ⅱ型：路表水由面层进入基层（或垫层）后排入邻近排水设施，由透水沥青面层、透水基层、封层、垫层和路基组成。适用于需要缓解暴雨时城市排水系统负担的各类新建、改建道路。

C. Ⅲ型：路表水进入路面后渗入路基，由透水沥青面层、透水基层、透水垫层、反滤隔离层和路基组成。适用于路基土渗透系数大于等于 7×10^{-5} cm/s 的公园、小区道路，停车场，广场和中、轻型荷载道路。

③ 透水沥青路面的结构层材料

A. 透水沥青路面的结构层材料见表 2-84。

表 2-84　透水沥青路面的结构层材料

路面结构类型	面层	基层
透水沥青路面Ⅰ型	透水沥青混合料面层	各类基层
透水沥青路面Ⅱ型	透水沥青混合料面层	透水基层
透水沥青路面Ⅲ型	透水沥青混合料面层	透水基层

B. Ⅰ、Ⅱ型透水结构层下部应设封层，封层材料的渗透系数不应大于 80mL/min，且应与上下结构层粘结良好。

C. Ⅲ型透水路面的路基土渗透系数宜大于 7×10^{-5} cm/s，并应具有良好的水稳定性。

D. Ⅲ型透水路面的路基顶面应设置反滤隔离层，可选用粒类材料或土工织物。

3）透水砖路面

《透水砖路面技术规程》（CJJ/T 188—2012）中规定：

① 透水砖路面适用于轻型荷载道路、停车场和广场及人行道、步行街等部位。

② 透水砖路面的基本规定

A. 透水砖路面结构层应由透水砖面层、找平层、基层和垫层组成。

B. 透水砖路面应满足荷载、透水、防滑等使用功能及抗冻胀等耐久性要求。

C. 透水砖路面的设计应满足当地 2 年一遇的暴雨强度下，持续降雨 30min，表面不应产生径流的透（排）水要求，合理使用年限宜为 8～10 年。

D. 透水砖路面下的基土应具有一定的透水性能，土壤透水系数不应小于 1.0×10^{-3} mm/s，且土壤顶面距离地下水位宜大于 1.00m。当不能满足上述要求时，宜增加路面排水设计。

E. 寒冷地区透水砖路面结构层宜设置单一级配碎石垫层或砂垫层。

F. 透水砖路面内部雨水收集可采用多孔管道及排水盲沟等形式。广场路面应根据规模设置纵横雨水收集系统。

③ 透水砖路面的基本构造

A. 面层

（a）透水砖的强度等级可根据不同的道路类型按表 2-85 选用。

（b）透水砖的接缝宽度不宜大于 3mm。接缝用砂级配应符合表 2-86 的规定。

表 2-85　透水砖强度等级

道路类型	抗压强度（MPa）		抗折强度（MPa）	
	平均值	单块最小值	平均值	单块最小值
小区道路（支路）、广场、停车场	≥50.0	≥42.0	≥6.0	≥5.0
人行道、步行街	≥40.0	≥35.0	≥5.0	≥4.2

表 2-86　透水砖接缝用砂级配

筛孔尺寸（mm）	10.0	5.0	2.5	1.25	0.63	0.315	0.16
通过质量百分率（%）	0	0	0～5	0～20	15～75	60～90	90～100

B. 找平层

（a）透水砖面层与基层之间应设置找平层，其透水性能不宜低于面层所用的透水砖。

（b）找平层可采用中砂、粗砂或干硬性水泥砂浆，厚度宜为 20～30mm。

C. 基层

（a）基层类型包括刚性基层、半刚性基层和柔性基层 3 种。

（b）可根据地区资源差异选择透水粒料基层、透水水泥混凝土基层、水泥稳定碎石基层等类型，并应具有足够的强度、透水性和水稳定性。连续孔隙率不应小于 10%。

D. 垫层

（a）当透水路面基土为黏性土时，宜设置垫层。当基土为砂性土或底基层为级配碎石、砾石时，可不设置垫层。

（b）垫层材料宜采用透水性能好的砂或砂砾等颗粒材料，宜采用无公害工业废渣，其 0.075mm 以下颗粒含量不应大于 5%。

E. 基土

（a）基土应稳定、密实、匀质，应具有足够的强度、稳定性、抗变形能力和耐久性。

（b）路槽底面基土设计回弹模量值不宜小于 20MPa。特殊情况不得小于 15 MPa。

复 习 思 考 题

1. 楼板和地面的作用与要求。

2. 现浇钢筋混凝土楼板的构造方式。

3. 预制钢筋混凝土楼板的构造形式。

4. 底层地面与楼层地面在构造上的区别。

5. 地面构造的常用类型和构造要点。

6. 供暖地面的构造要点。

7. 阳台等处的防护栏杆有哪些规定？

8. 雨罩的设计要求。

9. 建筑基地与道路的规定有哪些？

10. 透水路面的类型与应用。

第四节　楼梯和电梯的构造

一、概述

1. 解决高差和垂直交通的措施

（1）解决高差的措施：解决高差（室内外高差和室内不同标高处）的方法有以下三种。

1）坡道：用于高差较小时的联系，常用坡度为 1/8～1/12，自行车坡道不宜大于 1/5。

2）礓磋：锯齿形坡道，其锯齿尺寸宽度为 50mm，深 7mm，坡度与坡道相同。

3）台阶：台阶的坡度应比楼梯的坡度小，即台阶宽度应大于楼梯的踏步宽度，台阶高度应小于楼梯的踏步高度。室内台阶可与楼梯踏步尺寸一致。

（2）解决垂直交通的措施：解决垂直交通（楼层之间的高差）的方法也有以下三种。

1）楼梯：用于楼层之间和高差较大时的交通联系，角度在 20°～45° 之间，舒适坡度为 26°34′，即高宽比为 1/2。

2）电梯：用于楼层之间的联系，俗称"直梯"，角度为 90°。

3）自动扶梯：又称"滚梯"，有水平运行（自动人行道）、向上运行和向下运行三种方式，向上或向下的倾斜角度为 30° 左右。

（3）解决特殊高差的措施：特殊高差指的是上述两种高差以外的高度差，如屋顶与室外地面之间的高差、工作梯高差等，解决的方法有消防梯、铁爬梯等专用梯。这些专用梯的角度为 45°～90° 之间。常用角度为 45°、59°、73° 和 90°。

2. 楼梯数量的确定

《建筑设计防火规范》（GB 50016－2014）规定：

（1）公共建筑

公共建筑内每个防火分区或一个防火分区的每个楼层，其楼梯的数量不应少于 2 个。符合下列条件之一的公共建筑可设置一个疏散楼梯：

1）除托儿所、幼儿园外，建筑面积不大于 200m² 且人数不超过 50 人的单层公共建筑和多层公共建筑的首层；

2）除医疗建筑、老年人建筑，托儿所、幼儿园的儿童用房，儿童游乐厅等儿童活动场所和歌舞娱乐放映游艺场所等外，符合表 2-87 的公共建筑。

表 2-87　公共建筑可设置 1 个疏散楼梯的条件

耐火等级	最多层数	每层最大建筑面积（m²）	人数
一、二级	3 层	200	第二层与第三层人数之和不超过 50 人
三级	3 层	200	第二层与第三层人数之和不超过 25 人
四级	2 层	200	第二层人数不超过 30 人

（2）居住建筑

1）建筑高度不大于 27m，当每个单元任一楼层的建筑面积大于 650m² 或任一户门至最近楼梯间的距离大于 15m 时，每个单元每层的楼梯数量不应少于 2 个；

2）建筑高度大于 27m、不大于 54m，当每个单元任一楼层的建筑面积小于 650m²，或任一户门至最近安全出口的距离大于 10m 时，每个单元每层的楼梯数量不应少于 2 个；

3）建筑高度大于 54m 的建筑，每个单元每层的楼梯数量不应少于 2 个。

3. 楼梯位置的确定

（1）楼梯应放在明显和易于找到的部位，上下层楼梯应放在同一位置，以方便疏散；

（2）楼梯不宜放在建筑物的角部和边部，以方便水平荷载的传递；

（3）楼梯间应有天然采光和自然通风（防烟式楼梯间可以除外）；

（4）5 层及 5 层以上建筑物的楼梯间，底层应设出入口；4 层及 4 层以下的建筑物，楼梯间可以放置在出入口附近，但不得超过 15m；

（5）楼梯不宜采用围绕电梯的布置形式；

（6）楼梯间一般不宜占用好朝向；

（7）建筑物内主入口的明显位置宜设有主楼梯。

（8）除通向避难层的楼梯外，楼梯间在各层的平面位置不应改变。

4. 楼梯应满足的几点要求

（1）功能方面的要求：主要是指楼梯数量、宽度尺寸、平面式样、细部做法等均应满足功能要求。

（2）结构、构造方面的要求：楼梯应有足够的承载能力（住宅按 1.5kN/m²，公共建筑按 3.5kN/m² 考虑）、足够的采光能力（采光系数不应小于 1/12）、较小的变形（允许挠度值为 $1/400l$）等。

（3）防火、安全方面的要求：楼梯间距、楼梯数量均应符合有关规定。

此外，楼梯四周至少有一面墙体为防火墙体，以保证疏散安全。

（4）施工、经济要求：在选择装配式做法时，应使构件重量适当、不宜过大。

5. 楼梯的类型

楼梯按结构材料的不同，有钢筋混凝土楼梯、木楼梯、钢楼梯等。钢筋混凝土楼梯因其坚固、耐久、防火，故应用比较普遍。

楼梯可分为直跑式、双跑式、三跑式、多跑式及弧形和螺旋式各种形式。双跑楼梯是最常用的一种。楼梯的平面类型与建筑平面有关。当楼梯的平面为矩形时，适合做成双跑式；接近正方形的平面，可以做成三跑式或多跑式；圆形的平面可以做成螺旋式楼梯。有时，楼梯的形式还要考虑到建筑物内部的装饰效果，如做在建筑物正厅的楼梯常常做成双分式和双合式等形式。见图 2-99。

6. 室外消防梯：《建筑设计防火规范》（GB 50016—2014）中指出：高度大于 10m 的三级耐火等级建筑应设置通至屋面的室外消防梯。室外消防梯不应面对老虎窗，宽度不应小于0.60m，且宜从地面 3.0m 高处设置。屋面层高达到 2.00m 时，亦应加设消防梯。

二、楼梯各部分的名称和相关尺寸

1. 楼梯的各部分名称

楼梯主要由三大部分组成，它们是：

（1）楼梯段（俗称楼梯跑）：它由若干个踏步组成。

（2）休息板（又称休息平台）。

（3）栏杆（栏板）扶手：它是保证人们上下楼梯的安全措施。

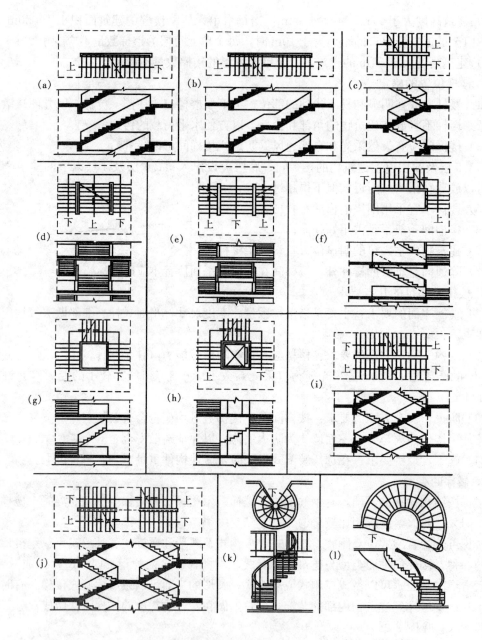

图 2-99 楼梯的类型

(a) 直行单跑楼梯；(b) 直行多跑楼梯；(c) 平行双跑楼梯；(d) 平行双分楼梯；
(e) 平行双合楼梯；(f) 折行双跑楼梯；(g) 折行三跑楼梯；(h) 设电梯折行三跑楼梯；
(i)、(j) 交叉跑（剪刀）楼梯；(k) 螺旋形楼梯；(l) 弧形楼梯

2. 各组成部分的相关尺寸

图 2-100 为楼梯的组成部分。

(1) 踏步

1) 踏步是人们上下楼梯脚踏的地方。踏步的水平面叫踏面（又称为踏步宽度），垂直面叫踢面（又称为踏步高度）。踏步的尺寸应根据人体的尺度来确定其数值。

2）踏步的宽度常用 b 表示，踏步的高度常用 h 表示。$b+h$ 应符合下列关系之一：

$$b+h=450mm$$
$$b+2h=600\sim620mm$$

3）踏步尺寸应根据使用要求确定，不同类型的建筑物，其要求也不相同。

①《民用建筑设计通则》（GB 50352—2005）中规定的楼梯踏步高度与宽度的数值应符合表 2-88 的规定。

表 2-88　楼梯踏步的高宽数值（m）

楼梯类别	最小宽度	最大高度
住宅共用楼梯	0.26	0.175
幼儿园、小学校等楼梯	0.26	0.15
电影院、剧场、体育馆、商场、医院、旅馆和大中学校等楼梯	0.28	0.16
其他建筑楼梯	0.26	0.17
专用疏散楼梯	0.25	0.18
服务楼梯、住宅套内楼梯	0.22	0.20

注：无中柱螺旋楼梯和弧形楼梯离内侧扶手中心 0.25m 的踏步宽度不应小于 0.22m。

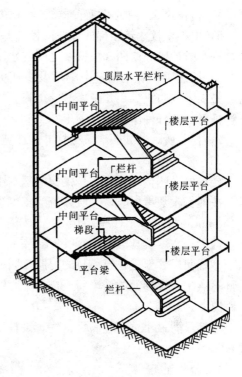

图 2-100　楼梯的组成部分

②其他规范的规定：

A. 疏散用楼梯的踏步不宜采用螺旋形和扇形。确需采用时，踏步上、下两级所形成的平面角度不应大于 10°，且每级离扶手 250mm 处的踏步深度不应小于 220mm。

B. 宿舍建筑楼梯踏步宽度不应小于 0.27m，踏步高度不应大于 0.165m。小学宿舍楼梯踏步宽度不应小于 0.26m，踏步高度不应大于 0.15m。

C. 老年人建筑缓坡楼梯踏步的宽度：居住建筑不应小于 0.30m、公共建筑不应小于 0.32m；

踏步的高度：居住建筑不应大于 0.15m、公共建筑不应大于 0.13m；楼梯间不得采用扇形踏步，且不得在平台区内设置踏步。

D. 各类小学楼梯踏步的宽度不得小于 0.26m，高度不得大于 0.15m；各类中学楼梯踏步的宽度不得小于 0.28m，高度不得大于 0.16m；

E. 踏步应采取防滑措施。

F. 踏步前缘宜设高度不大于 3mm 的异色防滑警示条，踏面前缘前凸不宜大于 10mm。

（2）梯井

1）上、下两个楼梯段扶手之间的距离叫梯井。

2）《建筑设计防火规范》（GB 50016—2014）中规定：建筑内的公共疏散楼梯，其两梯段及扶手间的水平净距不宜小于 150mm。

3）住宅建筑楼梯井净宽大于 0.11m 时，必须采取防止儿童攀滑的措施。

4）宿舍建筑、中小学宿舍楼的梯井净宽不应大于 0.20m。

5）中小学校建筑楼梯两梯段间楼梯井净宽不得大于 0.11m，大于 0.11m 时，应采取有效的安全防护措施。两梯段扶手之间的水平净距宜为 0.10～0.20m。

6）托儿所、幼儿园、中小学及少年儿童专用活动场所的楼梯，梯井净宽大于 0.20m 时，必须采取防止少年儿童攀滑的措施。楼梯栏杆应采取不易攀登的构造，当采用垂直杆件做栏杆时，其杆件净距不应大于 0.11m。

7）托儿所、幼儿园建筑楼梯井的净宽度大于 0.20m 时，必须采取安全防护措施。

（3）楼梯段

楼梯段又叫楼梯跑，它是楼梯的基本组成部分。楼梯段的宽度取决于通行人数和消防要求。按通行人数考虑时，每股人流的宽度为人的平均肩宽（550mm）再加少许提物尺寸（0～150mm）即 550＋（0～150mm）。按消防要求考虑时，每个楼梯段必须保证两人同时上下，即最小宽度为 1100～1400mm，室外疏散楼梯其最小宽度为 900mm。在工程实践中，由于楼梯间尺寸要受建筑模数的限制，因而楼梯段的宽度往往会有些上下浮动。楼梯段宽度的计算点是有楼梯间的为墙面至扶手中心线的水平距离，无楼梯间的为扶手中心线之间的水平距离。

楼梯段的最小宽度应满足《建筑设计防火规范》（GB 50016—2014）规定的安全疏散的要求：

1）公共建筑

①公共建筑疏散楼梯的净宽度不应小于 1.10m。

②高层公共建筑疏散楼梯的最小净宽度应符合表 2-89 的规定。

表 2-89　高层公共建筑内疏散楼梯的最小净宽度

建筑类别	疏散楼梯的最小净宽度（m）
高层医疗建筑	1.30
其他高层公共建筑	1.20

2）住宅建筑

①住宅建筑疏散楼梯的净宽度不应小于 1.10m。

②建筑高度不大于 18m 的住宅建筑中一边设置栏杆的疏散楼梯，其净宽度不应小于 1.00m。

3）医院病房的楼梯不应小于 1.30m，医院的主楼梯不应小于 1.65m。

4）中小学校教学用房的楼梯梯段宽度应为人流股数的整数倍。梯段宽度不应小于 1.20m，并应按 0.60m 的整数倍增加梯段宽度。每个梯段可增加不超过 0.15m 的摆幅宽度，意即梯段宽度一股人流的基本值为 0.60～0.75m 之间。

5）宿舍楼梯梯段的宽度应按每 100 人不小于 1.00m 计算，最小梯段净宽不应小于 1.20m。

6）老年人使用的楼梯间，楼梯段净宽不得小于 1.20m，

7）养老设施的主楼梯梯段净宽不应小于 1.50m，其他楼梯的通行净宽不应小于 1.20m；

8）户内楼梯的梯段净宽，一边临空时为 0.75m，两侧有墙时为 0.90m。

9）综合医院建筑和疗养院建筑主楼梯的宽度不得小于 1.65m；

10）楼梯段的最少踏步数为 3 步，最多为 18 步。公共建筑中的装饰性弧形楼梯踏步数可略超过规定的数值。

11）楼梯段投影长度的计算：

楼梯段投影长度＝（踏步高度数量－1）×踏步宽度

（4）楼梯扶手与栏杆

1）楼梯应至少于一侧设扶手，梯段净宽达 3 股人流时应两侧设扶手，达到 4 股人流时宜加设中间扶手。

2）室内楼梯扶手高度自踏步前缘线量起且不宜小于 0.90m。靠楼梯井一侧水平扶手长度超过 0.50m 时，其高度不应小于 1.05m。

3）楼梯栏杆垂直杆件间净空不应大于 0.11m。

4）中小学校建筑的扶手应符合下列规定：

① 梯段宽度为 2 股人流时，应至少在一侧设置扶手。

② 梯段宽度为 3 股人流时，两侧均应设置扶手。

③ 梯段宽度达到 4 股人流时，应加设中间扶手，中间扶手两侧梯段净宽应满足相关要求。

④ 中小学校室内楼梯扶手高度不应低于 0.90m；室外楼梯扶手高度不应低于 1.10m；水平扶手高度不应低于 1.10m。

⑤ 中小学校的楼梯扶手上应加设防止学生溜滑的设施。

⑥ 中小学校的楼梯栏杆不得采用易于攀登的构造和花饰；栏杆和花饰的镂空处净距不得大于 0.11m。

5）老年人建筑楼梯与坡道两侧离地面 0.90m 和 0.65m 处应设连续的栏杆与扶手，沿墙一侧扶手应水平延伸 300mm。

6）托儿所、幼儿园建筑楼梯除设成人扶手外，还应在靠墙一侧设幼儿扶手，其高度不应大于 0.60m。楼梯栏杆垂直线杆件间的净距不应大于 0.11m。

7）养老设施建筑的楼梯两侧均应设置扶手。扶手直径宜为 30～45mm，且在有水和蒸汽的潮湿环境时，截面尺寸应取下限值。

（5）休息平台

1）梯段改变方向时，扶手转向端处的平台最小宽度不应小于梯段宽度，并不得小于 1.20m，当有搬运大型物件需要时应适量加宽。

2）进入楼梯间的门扇应符合下列规定：

①当 90°开启时宜保持 0.60m 的平台宽度。侧墙门口距踏步的距离不宜小于 0.40m。

②门扇开启不占用平台时，其洞口距踏步的距离不宜小于 0.40m。居住建筑的距离可略微减小，但不宜小于 0.25m（图 2-101）。

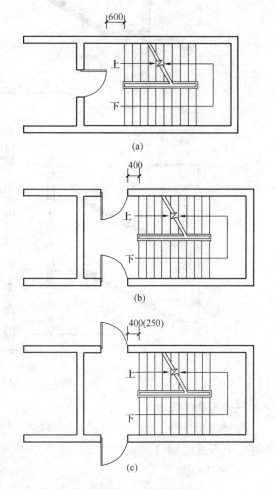

图 2-101　休息平台的尺寸
（a）门正对楼梯间开启；（b）门侧对楼梯间外开；（c）门侧对楼梯间内开

3) 楼梯为剪刀式楼梯时，楼梯平台的净宽不得小于1.30m。

4) 综合医院主楼梯和疏散楼梯的休息平台深度，不宜小于2.00m。

（6）净空高度

1) 楼梯平台的结构下缘至人行通道的垂直高度不应低于2.00m。入口处地坪与室外地面应有高差，并不应小于0.10m。

2) 楼梯段净空高度不宜小于2.20m（图2-102）。

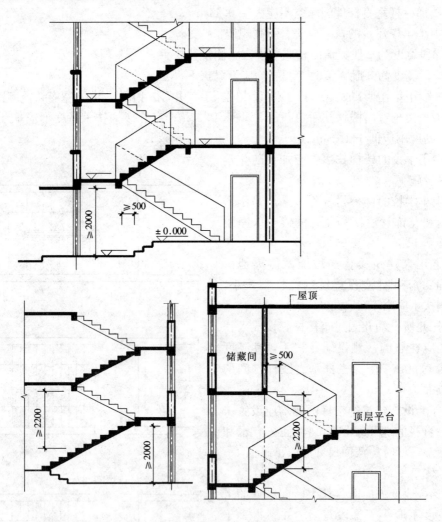

图2-102　楼梯的净高尺寸

三、楼梯的设计

在楼梯设计中，楼梯间的层高、开间、进深尺寸为已知条件，还要注意区分是封闭式楼梯还是开敞式楼梯（图2-103）。

1. 设计步骤

（1）根据楼梯的性质和用途，确定楼梯的适宜坡度，选择踏步高度h，踏步宽度b。

（2）根据通过的人数和楼梯的开间尺寸确定楼梯间的楼梯段宽度B。

（3）确定踏步数量。确定方法是用楼层高H除以踏步高h，得出踏步数量n（$n=H/$

h）。踏步数应为整数。

（4）确定每个楼梯段的踏步数。一个楼梯段的踏步数最少为 3 步，最多为 18 步，总数多于 18 步应做成双跑或多跑。

（5）由已确定的踏步宽度 b 确定楼梯段的水平投影长度 $[L_1 = (n-1) b]$。

（6）由楼梯段宽度 B_1，确定楼梯段之间的空隙（梯井）B_2（$B_2 = B - 2B_1$），其中 B 为开间净宽度。

（7）确定休息板宽度 L_2，$L_2 \geqslant B_1$。

（8）若首层平台下要求通行时，可将室外台阶移到室内，以增加平台下的空间尺寸。也可以将首层第一跑楼梯加长，提高平台高度。

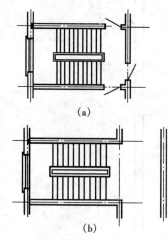

图 2-103 平面形式

（a）封闭式平面；（b）开敞式平面

2. 实例

【例 1】 某建筑物开间 3300mm，层高 3300mm，进深 5100mm，开敞式楼梯。内墙 240mm，轴线居中，外墙 360mm，轴线外侧为 240mm，内侧为 120mm，室内外高差 450mm。楼梯间不通行。按三层楼设计。

【解】

1）本题为开敞式楼梯，初步确定 $b = 300$mm，$h = 150$mm。选双跑楼梯。

2）确定踏步数：

$$3300 \div 150 = 22 \text{ 步}$$

由于 22 步，超过每跑楼梯的最多允许步数 18 步，故采用双跑楼梯。$22 \div 2 = 11$ 步（每跑 11 步）。

3）确定楼梯段的水平投影长度（L_1）：

$$300 \times (11-1) = 3000\text{mm}$$

4）确定楼梯段宽度 B_1，取梯井宽度 $B_2 = 160$mm，

$$B_1 = (3300 - 2 \times 120 - 160) \div 2 = 1450\text{mm}$$

5）确定休息板宽度 L_2，取 $L_2 = 1450 + 150 = 1600$mm（150 为 1/2 b，作用是方便扶手转弯）。

6）校核：

进深净尺寸 $L = 5100 - 120 + 120 = 5100$mm

$$L - L_1 - L_2 = 5100 - 3000 - 1600 = 500\text{mm}$$

结论为合格。

7）画平面、剖面草图（图 2-104）。

【例 2】 某住宅的开间尺寸为 2700mm，进深尺寸为 5100mm，层高 2700mm，封闭式平面，内墙为 240mm，轴线居中，外墙 360mm，轴线外侧 240mm，内侧 120mm。室内外高差 750mm，楼梯间底部有出入口，门高 2000mm。按三层楼设计。

【解】

1）本题为封闭式楼梯，层高为 2700mm，初步确定步数为 16 步（由工程实践所得）。

2）踏步高度 $h = 2700 \div 16 = 168.75$mm，踏步宽度 b 取 260mm。

3）由于楼梯间下部开门，故取第一跑步数多，第二跑步数少的两跑楼梯。步数多的第一跑取 9 步，第二跑取 7 步。二层以上则各取 8 步。

4）确定梯段宽度 B_1，根据开间净尺寸确定。$2700-2\times120=2460mm$，取梯井为 160mm，

$$梯段宽 B_1＝（2460-160）\div2＝1150mm$$

5）确定休息板宽度 L_2，取 $L_2＝1150＋130＝1280mm$。

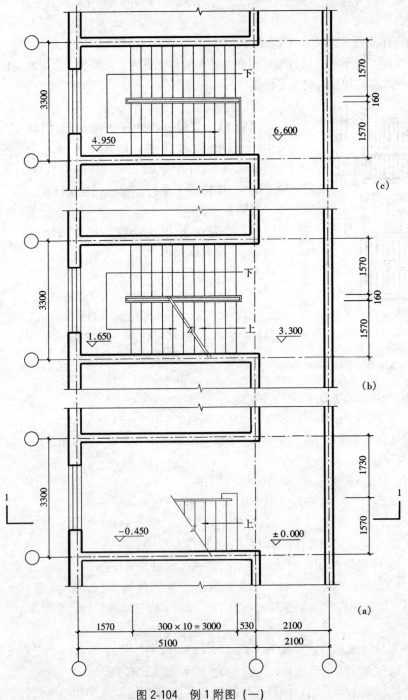

图 2-104 例 1 附图（一）

（a）首层平面图；（b）二层平面图；（c）三层平面图

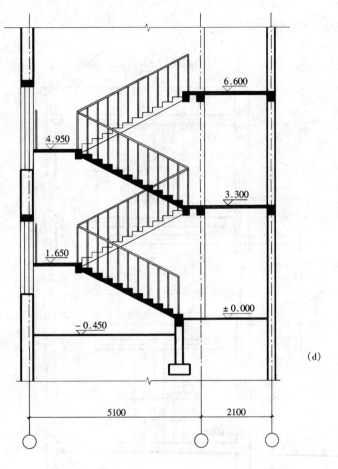

图 2-104　例 1 附图（二）

(d) 剖面图

6）计算梯段投影长度，以最多步数的一段为准。

$$L_1 = 260 \times (9-1) = 2080\text{mm}$$

7）校核

进深净尺寸 $5100 - 2 \times 120 = 4860\text{mm}$。

$4860 - 1280 - 2080 - 1280 = 220\text{mm}$（这段尺寸可以放在楼层处）

高度尺寸：$168.75 \times 9 = 1518.75\text{mm}$

室内外高差 750mm 中，700mm 用于室内，50mm 用于室外。

$1518.75 + 700 = 2218.75\text{mm}$，大于 2000mm 可以满足开门及梁下通行高度至少在 2000mm 以上，也基本符合要求。

8）画平面、剖面草图（图 2-105）。

【例 3】　某公共建筑的楼梯间，开间尺寸为 5100mm，进深尺寸为 5400mm，层高尺寸 3900mm。开敞式平面。外墙厚为 360mm，轴线外侧为 240mm，内侧为 120mm，内墙厚为 240mm，轴线两侧均为 120mm。室内外高差为 450mm，楼梯间无对外出入口。试设计三跑楼梯。按两层楼设计。

【解】

1) 本题要求作三跑楼梯,应先确定第二跑楼梯的步数,再确定第一、三跑楼梯步数。

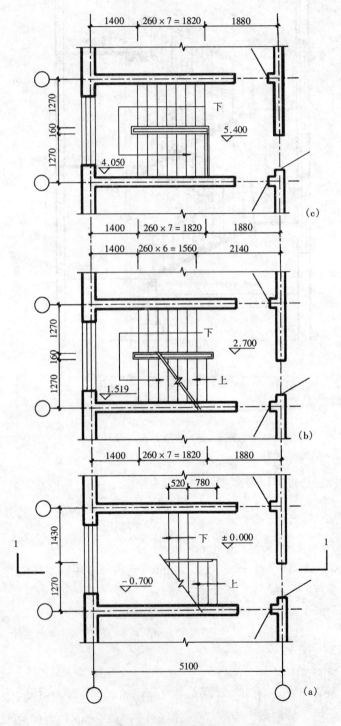

图 2-105 例 2 附图 (一)

(a) 首层平面图;(b) 二层平面图;(c) 三层平面图

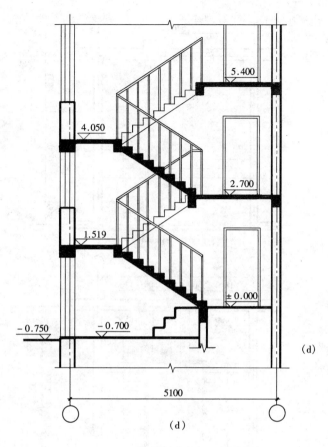

图 2-105 例 2 附图 (二)

(d) 剖面图

2）确定踏步高度 h 为 150mm，宽度 $b=300mm$。

3）求全楼总步数。$3900\div150=26$ 步。

4）初步确定第二跑楼梯上 6 步，其余两跑楼梯各上 10 步。

5）第二跑楼梯所占投影长度为 $300\times（6-1）=1500mm$。

6）考虑扶手转弯方便，应在投影长度两端各留出 1/2 踏步宽的尺寸。即 $150+1500+150=1800mm$。

7）求第一、第三跑楼梯段的宽度。开间净尺寸为 $5100-2\times120=4860mm$。开间净尺寸包括第一、第三跑梯段宽尺寸和第二跑梯段的投影尺寸，其中第二梯段占 1800mm 长，两个梯段宽度应是等宽的，这样，它们的尺寸即为 $（4860-1800）\div2=1530mm$。

8）第二跑的梯段也取 1530mm。

9）求第一、第三跑楼梯段的投影长。$300\times（10-1）=2700mm$。

10）休息板宽为 $1530+150=1680mm$ 见方。

11）用进深净尺寸进行校核。进深净尺寸为 $5400-120+120=5400mm$。

$5400-1680-2700=1020mm$（合格）

12）例 3 的平面、剖面草图如图 2-106 所示。

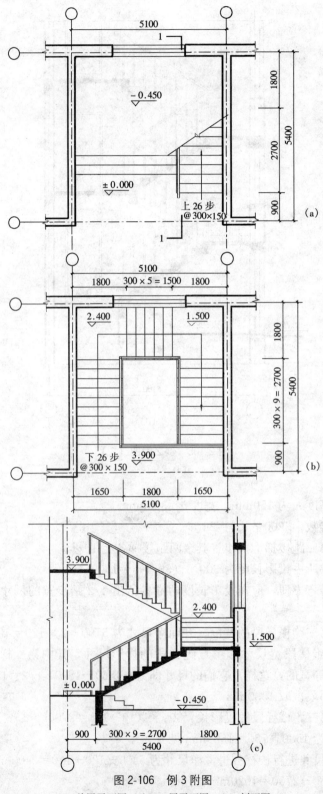

图 2-106　例 3 附图

(a) 首层平面图；(b) 二层平面图；(c) 剖面图

四、现浇钢筋混凝土楼梯的构造

现浇钢筋混凝土楼梯是在施工现场支模,绑钢筋和浇筑混凝土而成的。这种楼梯的整体性强,但施工工序多,工期较长。现浇钢筋混凝土楼梯有两种做法:一种是板式楼梯,一种是斜梁式楼梯。

1. 板式楼梯

板式楼梯是将楼梯段作为一块板考虑,板的两端支承在休息平台的边梁上,休息平台的边梁支承在墙上。板式楼梯的结构简单,板底平整,施工方便。

板式楼梯的水平投影长度在 3m 以内时比较经济。板式楼梯的构造示意如图 2-107 所示。

2. 斜梁式楼梯

斜梁式楼梯是由将踏步板支承在斜梁上,斜梁支承在平台梁上,平台梁再支承在墙上。斜梁可以在踏步板的下面、上面或侧面。

斜梁在踏步板上面时,可以阻止垃圾或灰尘从梯井中落下,而且梯段底面平整,便于粉刷,缺点是梁占据梯段宽度的一段尺寸。斜梁在侧面时,踏步板在梁的中间,踏步板可以取三角形或折板形。斜梁在踏步板的下边时,由于板底不平整,抹面比较费工。

图 2-108 表示了斜梁式楼梯的构造示意。

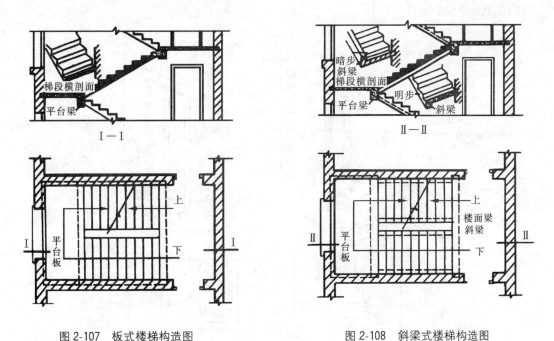

图 2-107　板式楼梯构造图　　　　　图 2-108　斜梁式楼梯构造图

3. 无梁楼梯

这种楼梯既无斜梁也无平台梁。可以用于满足高度尺寸有困难的楼梯间使用,但斜板厚度偏大（图 2-109）。

五、楼梯的细部构造

1. 踏步

踏步由踏面和踢面所构成。为了增加踏步的行走舒适感,可将踏步宽度突出 20mm 做

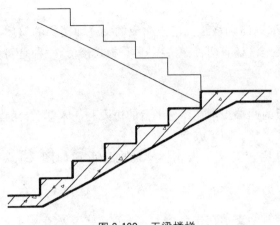

图 2-109　无梁楼梯

成凸缘或斜面。

底层楼梯的第一个踏步常做成特殊的样式，或方或圆，以增加美观感。栏杆或栏板也有变化，以增加多样感（图 2-110）。

踏步表面应注意防滑处理。常用的做法与踏步表面是否抹面有关，如一般水泥砂浆抹面的踏步常不作防滑处理，而水磨石预制板或现浇水磨石面层一般采用水泥加金刚砂做的防滑条或金属防滑条（图 2-111）。

2. 栏杆和栏板

栏杆和栏板均为保护行人上下楼梯的安全围护措施。在现浇钢筋混凝土楼梯中，栏板可以与踏步同时浇筑，厚度一般不小于 80～100mm。若采用栏杆，应焊接在踏步表面的埋件上或插入踏步表面的预留孔中。栏杆可以采用方钢、圆钢或不锈钢钢管。方钢的断面应在 16mm×16mm～20mm×20mm 之间，圆钢也应采用 $\phi16～\phi18$，而不锈钢管的外径为 25mm。连接用铁板应在 30mm×4mm～40mm×5mm 之间，居住建筑的栏杆净距不应大于 0.11m。（图 2-112 和图 2-113）。

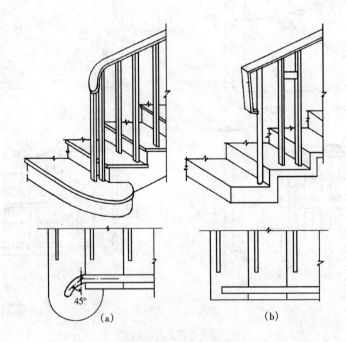

(a)　　　　　　　　(b)

图 2-110　底层第一个踏步详图

当采用玻璃栏板时，应采用安全玻璃。《建筑玻璃应用技术规程》（JGJ 113－2009）规定：安全玻璃的最大使用面积与玻璃厚度的关系应符合表 2-90 的规定。

（1）不承受水平荷载的栏板玻璃的厚度除应符合表 2-90 的规定外，还应满足公称厚度不小于 5mm 的钢化玻璃或公称厚度不小于 6.38mm 的夹层玻璃的要求；

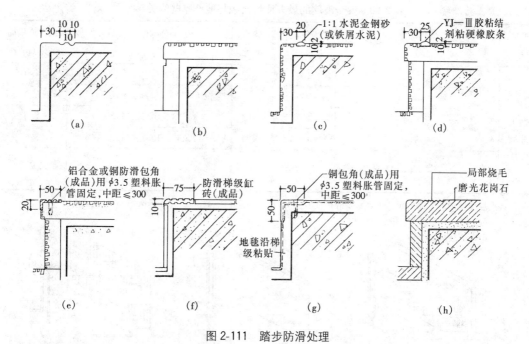

图 2-111 踏步防滑处理

(a) 水泥面踏步留防滑槽；(b) 预制磨石面踏步无防滑槽；(c) 水泥金刚砂防滑条；(d) 橡胶防滑条；

(e) 铝合金或铜防滑包角；(f) 缸砖面踏步防滑砖；(g) 粘贴地毯踏步加压条；

(h) 花岗石踏步烧毛防滑条

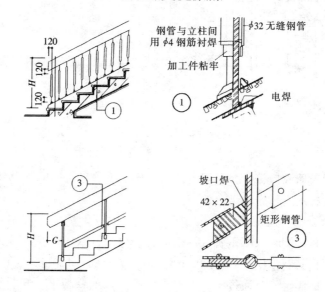

图 2-112 栏杆做法

（2）承受水平荷载的栏板玻璃的厚度除应符合表 2-90 的规定外，还应满足公称厚度不小于 12mm 的钢化玻璃或公称厚度不小于 16.76mm 的夹层玻璃的要求；

（3）当栏板玻璃最低点离一侧楼地面高度在 3.00m 或 3.00m 以上、5.00m 或 5.00m 以下时，应使用公称厚度不小于 16.76mm 的夹层玻璃，当栏板玻璃最低点离一侧楼地面高度大于 5.00m 时，不得使用承受水平荷载的栏板玻璃。

表 2-90　安全玻璃的最大使用面积与玻璃厚度的关系

玻璃种类	公称厚度（mm）	最大许用面积（m²）	玻璃种类	公称厚度（mm）	最大许用面积（m²）
钢化玻璃	4	2.0	夹层玻璃	6.38、6.76、7.52	3.0
	5	3.0		8.38、8.76、9.52	5.0
	6	4.0		10.38、10.76、11.52	7.0
	8	6.0		12.38、12.76、13.52	8.0
	10	8.0		—	—
	12	9.0		—	—

注：夹层玻璃中的胶片为聚乙烯醇缩丁醛，代号为 PVB。厚度有 0.38mm、0.76mm、1.52mm 三种。

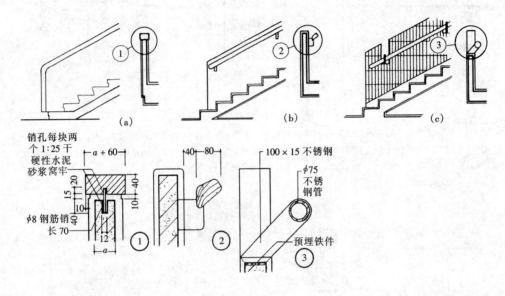

图 2-113　栏板构造

（a）实栏板；（b）、（c）实栏板装扶手

（4）室外栏板玻璃除应符合相关规定外，还应对玻璃进行抗风压设计。对有抗震设防要求的地区，还应考虑地震作用的组合效应。

3. 扶手

扶手一般用木材、塑料、圆钢管、不锈钢管等做成。扶手的断面应考虑人的手掌尺寸，并注意断面的美观。其宽度应在 60～80mm，高度应在 80～120mm 或直径在 50～80mm 之间。木扶手与栏杆的固定常是通过木螺丝拧在栏杆上部的铁板上；塑料扶手是卡在铁板上；钢管扶手则直接焊于栏杆表面上（图 2-114 和图 2-115）。

扶手在休息板转弯处的做法与踏步的位置关系很密切，图 2-116 介绍了几种不同的情况。

4. 顶层水平栏杆

顶层的楼梯间应加设水平栏杆，以保证人身的安全。顶层栏杆靠墙处的做法是将铁板伸入墙内，并弯成燕尾形，然后浇灌混凝土（图 2-117），也可以将铁板焊于柱身铁件上，或将扶手直接插入墙内。

170

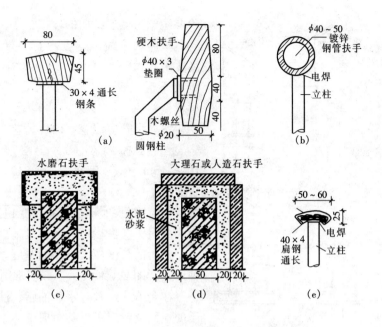

图 2-114　扶手

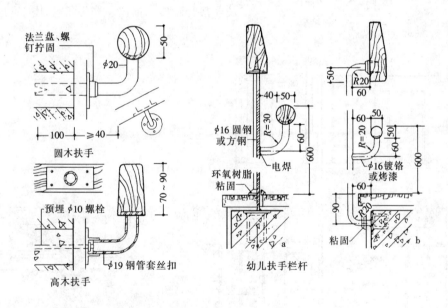

图 2-115　靠墙扶手

5. 首层第一个踏步下的基础

首层第一个踏步下应有基础支撑。基础与踏步之间应加设地梁。地梁的断面尺寸应不小于 240mm×240mm，梁长应等于基础长度（图 2-118）。

六、台阶与坡道的构造

1. 台阶

台阶是联系室内外地坪或楼层不同标高处的做法。底层台阶要考虑防水、防冻。楼层台

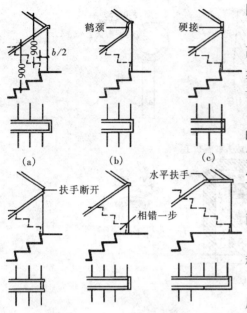

阶要注意与楼层结构的连接。

室内台阶踏步宽度不宜小于 300mm，踏步高度不宜大于 150mm，并不宜小于 100mm。踏步数不应少于 2 级。当少于 2 级时宜按坡道设置。

室外台阶应注意室内外高差，其踏步尺寸可略宽于楼梯踏步尺寸。踏步高度经常取 100～150mm，宽度常取 300～400mm。高度比不宜大于 1∶2.5。

人流密集的场所台阶高度超过 0.70m 并侧面临空时，应做栏杆等防护设施。

台阶的长度应大于门的宽度，而且可做成多种形式。图 2-119 表示了一些常用做法。

在台阶或经常有水、油脂、油等各种易滑物质的地面上，应考虑防滑措施。

在有强烈冲击、磨损等作用的沟、坑边缘以及经常受磕碰、撞击、摩擦等作用的室内外台阶

图 2-116　扶手转弯平面及剖面

的边缘，应采取加强措施。

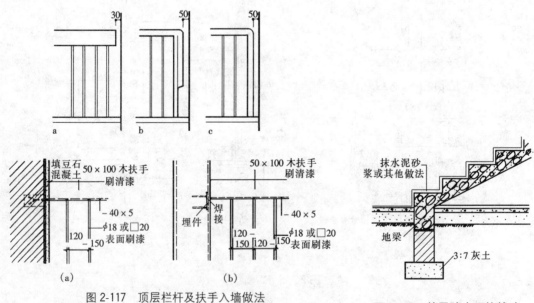

图 2-117　顶层栏杆及扶手入墙做法

图 2-118　首层踏步下的基础

2. 坡道

在车辆经常出入或不适宜作台阶的部位，可采用坡道来进行室内和室外的联系。

坡道设置应符合下列规定：

（1）室内坡道坡度不宜大于 1∶8，室外坡道坡度不宜大于 1∶10；

（2）室内坡道水平投影长度超过 15m 时，宜设休息平台，平台宽度应根据使用功能或

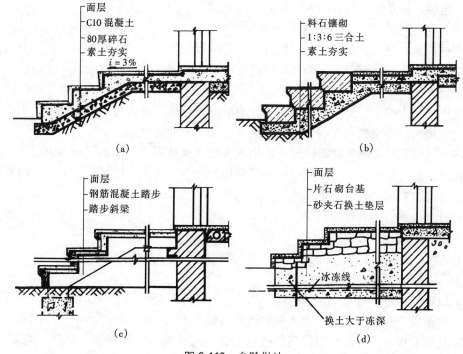

图 2-119　台阶做法

（a）混凝土台阶；（b）石砌台阶；（c）钢筋混凝土架空台阶；（d）换土地基台阶

设备尺寸所需缓冲空间而定；

（3）供轮椅使用的坡道不应大于 1：12，困难地段不应大于 1：8；

（4）自行车推行坡道每段坡长不宜超过 6m，坡度不宜大于 1：5；

（5）机动车坡道小型车 1：6.7，大型车 1：10；

（6）坡道应采取防滑措施。

在人员和车辆同时出入的地方，可以将台阶与坡道同时设置，（图 2-120）。

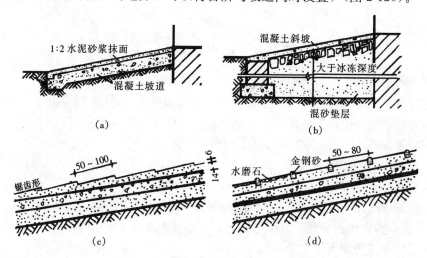

图 2-120　坡道做法

（a）混凝土坡道；（b）换土地基坡道；（c）锯齿形坡道；（d）防滑条坡道

七、电梯、自动扶梯与自动人行道的构造

1. 电梯

垂直电梯是解决垂直交通的另一种措施,它运行速度快,可以节省时间和人力。在大型宾馆、医院、商店、政府机关办公楼可以设置电梯。对于高层住宅则应该根据层数、人数和面积来确定。

垂直电梯是由机房、井道和地坑三部分组成。在电梯井道内有轿厢和与轿厢相连的平衡锤,通过机房内的曳引机和控制屏进行操纵来运送人员和货物。

电梯井道可以用烧结普通砖砌筑或用钢筋混凝土浇筑而成。在每层楼面应留出门洞,并设置专用门;在升降过程中,轿厢门和每层专用门应全部封闭,以保证安全。门的开启方式一般为中分推拉式或旁开双折推拉式。

电梯设置应符合下列规定:

(1) 电梯不得计作安全出口。

(2) 7 层及 7 层以上住宅或住宅入口层楼面距室外设计地面的高度超过 16m 的住宅必须设置电梯。

(3) 以电梯为主要垂直交通的高层公共建筑和 2 层及 2 层以上的高层住宅,每栋楼设置电梯的台数不应少于 2 台;公共建筑按总建筑面积每 4000~6000 m^2 设置一台电梯。

(4) 建筑物每个服务区单侧排列的电梯不宜超过 4 台,双侧排列的电梯不宜超过 2×4 台;电梯不应在转角处贴邻布置。

(5) 电梯候梯厅的深度应符合表 2-91 的规定,并不得小于 1.50m。

表 2-91　候梯厅深度

电梯类别	布置方式	候 梯 厅 深 度
住宅电梯	单 台	≥B
	多台单侧排列	≥B*
	多台双侧排列	≥相对电梯 B* 之和并<3.50m
公共建筑电梯	单 台	≥1.5B
	多台单侧排列	≥1.5B*,当电梯群为 4 台时应≥2.40m
	多台双侧排列	≥相对电梯 B* 之和并<4.50m
病床电梯	单 台	≥1.5B
	多台单侧排列	≥1.5B*
	多台双侧排列	≥相对电梯 B* 之和

注:B 为轿厢深度,B* 为电梯群中最大轿厢深度。

(6) 电梯井道和机房不宜与有安静要求的用房贴邻布置,否则应采取隔振、隔声措施。

(7) 通向机房的通道,应考虑设备的更换条件,楼梯和门的宽度均不宜小于 1.20m,楼梯的坡度应小于 45°,去电梯机房可以通过楼梯或屋面到达。

(8) 相邻两层站的高度,当层门入口高度为 2m 时,应不小于 2.45m;层门入口高度为 2.10m 时,应不小于 2.55m。

(9) 地坑深度超过 0.90m 时,需设置固定的金属梯且不占用电梯运行空间。

(10) 机房应为专用的房间,其围护结构应保温隔热,室内应有良好通风、防尘,宜有自然采光,不得将机房顶板作水箱底板及在机房内直接穿越水管或蒸汽管。

(11) 消防电梯的布置应符合防火规范的有关规定。

设置电梯的建筑,楼梯还应照常规做法设置。图 2-121~图 2-123 和表 2-92、表 2-93 是

某电梯公司的产品和规格，可供读者参考。

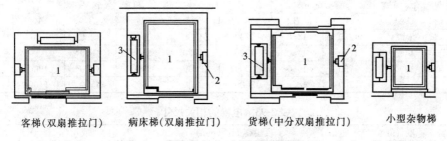

客梯(双扇推拉门)　　病床梯(双扇推拉门)　　货梯(中分双扇推拉门)　　小型杂物梯

图 2-121　电梯平面

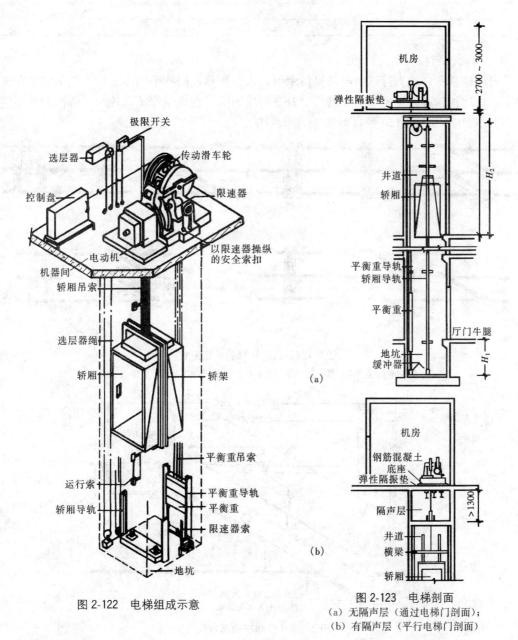

图 2-122　电梯组成示意

图 2-123　电梯剖面
（a）无隔声层（通过电梯门剖面）；
（b）有隔声层（平行电梯门剖面）

表 2-92　某电梯公司客梯产品数据

额定速度 （m/s）	额定起重量 （kg）	轿厢（mm）		井道（mm）		机房（mm）		门厅（mm）	
		A	B	A_1	B_1	A_2	B_2	M	M_i
1	500	1250	1450	1700	1950	3000	4500	750	900
1，1.5，1.75	750	1750	1450	2200	1950	3500	4500	1000	1200
1，1.5，1.75	1000	1750	1650	2200	2200	3500	4500	1000	1200
1，1.5	1500	2100	1850	2600	2400	3500	4500	1100	1300

表 2-93　电梯的相关尺寸

额定速度（m/s）	顶层高 H_1（mm）	底坑深 H_2（mm）
1	4600	1450
1.5	5300	1800
1.75	5500	2100

2. 自动扶梯和自动人行道

自动扶梯和自动人行道由电动机械牵引，梯级踏步连同扶手同步运行，机房搁置在地面以下，自动扶梯可以正逆运行，既可上升又可以下降。在机械停止运转时，可作为普通楼梯使用。图2-124～图 2-126 是自动扶梯的示意图。

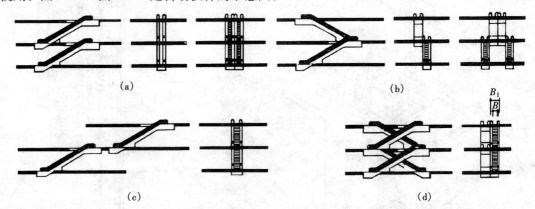

(a)　　　　　　　　　　　　　　　　　(b)

(c)　　　　　　　　　　　　　　　　　(d)

图 2-124　自动扶梯的平面形式

（a）平行排列式；（b）交叉排列式；（c）连贯排列式；（d）集中交叉式

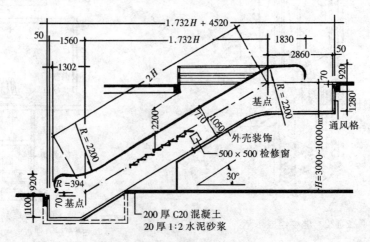

图 2-125　自动扶梯基本尺寸

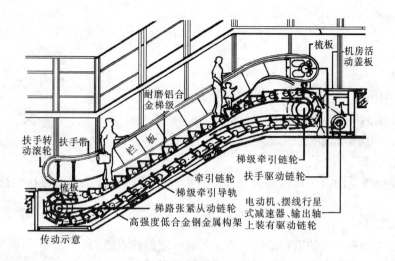

梳板
机房活
动盖板

耐磨铝合
金梯级

扶手转
动滚轮

扶手带

栏板

梯级牵引链轮

扶手驱动链轮

梳板

牵引链轮

电动机、摆线行星
式减速器、输出轴
上装有驱动链轮

梯级牵引导轨

梯路张紧从动链轮

高强度低合金钢金属构架

传动示意

图 2-126　自动扶梯示意图

自动扶梯、自动人行道应符合下列规定：

（1）自动扶梯和自动人行道不得计作安全出口。

（2）出入口畅通区的宽度不应小于 2.50m，畅通区有密集人流穿行时，其宽度应加大。

（3）栏板应平整、光滑和无突出物；扶手带顶面距自动扶梯前缘、自动人行道踏板面或胶带面的垂直高度不应小于 0.90m；扶手带外边至任何障碍物不应小于 0.50m，否则应采取措施防止障碍物引起人员伤害。

（4）扶手带中心线与平行墙面或楼板开口边缘间的距离、相邻平行交叉设置时两梯（道）之间扶手带中心线的水平距离不宜小于 0.50m，否则应采取措施防止障碍物引起人员伤害。

（5）自动扶梯的梯级、自动人行道的踏板或胶带上空，垂直净高不应小于 2.30m。

（6）自动扶梯的倾斜角不应超过 30°，当提升高度不超过 6m，额定速度不超过 0.50m/s时，倾斜角允许增至 35°；倾斜式自动人行道的倾斜角不应超过 12°。

（7）自动扶梯和层间相通的自动人行道单向设置时，应就近布置相匹配的楼梯。

（8）设置自动扶梯或自动人行道所形成的上下层贯通空间，应符合防火规范所规定的有关防火分区等要求。

复 习 思 考 题

1．试分析建筑物中各种交通设施的特点。

2．试分析各种不同类型楼梯的特点。

3．楼梯的组成部分及其相互关系。

4．重点了解楼梯的设计方法与步骤。

5．现浇楼梯的构造特点。

6．电梯的组成部分和构造要求。

7．自动扶梯的构造特点。

第五节　屋顶构造

一、概述

1. 屋顶的构成

屋顶由屋面面层和屋顶结构两部分组成。

2. 屋顶必须满足的要求

（1）承重要求

屋顶应能够承受雨雪、积灰、设备和上人所产生的荷载并顺利地将这些荷载传递给墙或柱。

（2）保温要求

屋面是建筑物最上层的围护结构，它应具有一定的热阻能力，以防止热量从屋面过分流失。在我国严寒地区和寒冷地区的屋面必须设置保温层。

（3）防水要求

屋面积水（积雪）后应通过屋面设置的排水坡度、排水设备尽快将雨水排除；同时，应通过防水材料的设置使屋面具有一定的抗渗能力，避免造成雨水渗漏。

（4）美观要求

屋顶是建筑物的重要组成部分。屋顶的设计应兼顾技术和艺术两大方面。屋顶的形式、材料、颜色、构造均应是重点的内容。

3. 屋顶的类型

（1）平屋顶

1）按防水材料区分

① 卷材防水屋面；

② 涂膜防水屋面；

③ 复合防水屋面。

2）按屋面构造区分

① 保温屋面：以保温为主，加设保温层的屋面；

② 隔热屋面：以通风、隔热为主，不加设保温层的屋面。包括蓄水屋面、架空屋面、种植屋面三种做法。

（2）坡屋顶

坡屋顶按面层材料、防水做法和特殊要求分为：

1）传统做法：传统做法包括硬山顶、悬山顶、歇山顶、庑殿顶等；

2）现代做法：现代做法包括：

① 块瓦屋面（混凝土瓦屋面、波形瓦屋面）；

② 沥青瓦屋面；

③ 金属板屋面；

④ 其他：如玻璃采光顶、聚碳酸酯板（阳光板）采光顶等。

（3）特殊形式的屋顶

常见的特殊形式的屋顶有网架、悬索、壳体、折板、膜结构等。

4. 屋面的排水坡度

屋面的排水坡度与屋面材料、屋顶结构形式、地理气候条件、构造做法、经济条件等多种因素有关。

（1）屋面排水坡度的表达方式

1）坡度：高度尺寸与水平尺寸的比值，常用"i"作标记，如：$i=5\%$，$i=25\%$等。这种表达方式多用于平屋面。

2）角度：高度尺寸和水平尺寸所形成的斜线与水平尺寸之间的夹角，常用"α"表示。

3）高跨比：高度尺寸与跨度尺寸的比值，如：高跨比为 1/4 等。这种表达方式多用于坡屋面。

图 2-127 为坡度、角度之间的关系。

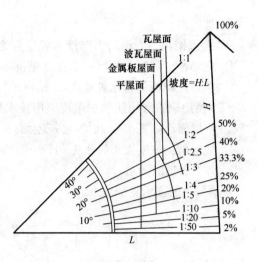

图 2-127　坡度、角度之间的关系

（2）屋面的常用坡度

1）《民用建筑设计通则》（GB 50352—2005）中规定的屋面常用坡度如表 2-94 所示。

表 2-94　屋面常用坡度

屋　面　类　别	屋面排水坡度（%）	屋面类别	屋面排水坡度（%）
卷材防水、刚性防水的平屋面	2～5	网架、悬索结构金属板	≥4
平瓦	20～50	压型钢板	5～35
波形瓦	10～50	种植土屋面	1～3
油毡瓦	≥20	—	—

注：1. 平屋面采用结构找坡不应小于 3%，采用材料找坡宜为 2%；
　　2. 卷材屋面的坡度不应大于 25%，当屋面坡度大于 25% 时，应采取固定和防止下滑的措施；
　　3. 卷材防水屋面天沟、檐沟的纵向坡度不应小于 1%，沟底水落差不得超过 200mm。天沟、檐沟排水不得流经变形缝和防火墙；
　　4. 平瓦必须铺置牢固；抗震设防地区或坡度大于 50% 的屋面，应采取固定加强措施；
　　5. 架空隔热屋面坡度不宜大于 5%，种植屋面坡度不宜大于 3%。

2）《屋面工程技术规范》（GB 50345—2012）中对屋面坡度的规定为：

① 平屋面

A. 平屋面采用材料找坡时，宜采用质量轻、吸水率低和有一定强度的材料，坡度宜为 2%；

B. 平屋顶的混凝土结构层宜采用结构找坡，坡度不应小于 3%；

C. 倒置式屋面的排水坡度宜为 3%；

D. 架空隔热屋面的排水坡度不宜大于 5%；

E. 蓄水隔热屋面的排水坡度不宜大于 0.5%；

F. 种植隔热屋面的排水坡度不宜小于 2%，当排水坡度大于 20% 时，其排水层、种植土等应采取防滑措施。

② 坡屋面

A. 金属檐沟、天沟的纵向排水坡度宜为 0.5%；

B. 烧结瓦、混凝土瓦屋面的排水坡度不应小于 30%；

C. 沥青瓦屋面的排水坡度不应小于 20%。

3）《民用建筑太阳能热水系统应用技术规程》（GB 50364—2005）中规定：

① 平屋面：坡度小于 10°的建筑屋面。

② 坡屋面：坡度大于等于 10°且小于 75°的建筑屋面。

5. 各类屋顶的图示

各类屋顶的图示见图 2-128。

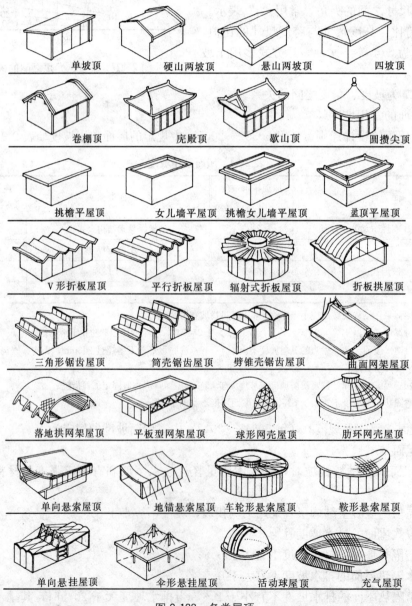

图 2-128 各类屋顶

二、保温平屋面的构造

1. 保温平屋顶构造层次的确定因素

保温平屋顶的构造层次与以下几个方面的因素有关:

(1) 屋面是上人屋面还是非上人屋面。上人屋面最上层是面层,非上人屋面的最上层是保护层。

(2) 屋面的找坡方式是结构找坡还是材料找坡。材料找坡应设置找坡层,结构找坡则采用屋顶板斜放(不作找坡层)。

(3) 屋顶所处的房间是湿度大的房间还是正常湿度的房间。湿度大的房间(如浴室)应做隔蒸汽层,一般湿度的房间则不做隔蒸汽层。

(4) 屋面做法是正置式做法(防水层在保温层上部的做法)还是倒置式做法(保温层在防水层上部的做法)。

(5) 屋顶所处地区是北方地区(以保温做法为主)还是南方地区(以通风散热做法为主),地区不同,构造做法也不一样。

2. 保温平屋顶的构造层次与材料选择

《屋面工程技术规范》(GB 50345—2012)的规定如下:

(1) 承重层

平屋顶的承重结构多以现场浇筑的钢筋混凝土板为主,亦可采用预制钢筋混凝土板。层数低的建筑还可选用钢筋加气混凝土板。

(2) 保温层

保温层是减少围护结构热交换作用的构造层次。

1) 保温层应符合下列规定:

① 保温层应选用吸水率低,导热系数小,并有一定强度的保温材料;

② 保温层的厚度应根据所在地区的节能设计标准,经计算确定;

③ 保温层的含水率,应相当于该材料在当地自然风干状态下的平衡含水率;

④ 屋面为停车场等高荷载的平屋面,应根据计算确定保温材料的强度;

⑤ 纤维材料做保温层时,应采取防止压缩的措施;

⑥ 屋面坡度较大时,保温层应采取防滑措施;

⑦ 封闭式保温层或保温层干燥有困难的卷材屋面,宜采取排汽构造措施。

2) 保温材料:

《屋面工程技术规范》(GB 50345—2012)中规定的保温材料见表 2-95。

表 2-95　保温材料

保温材料类别	保温材料品种
块状材料	聚苯乙烯泡沫塑料(XPS 板、EPS 板)、硬质聚氨酯泡沫塑料、膨胀珍珠岩制品、泡沫玻璃制品、加气混凝土砌块、泡沫混凝土砌块
纤维材料	玻璃棉制品、岩棉制品、矿渣棉制品
整体材料	喷涂硬泡聚氨酯、现浇泡沫混凝土

3) 北京地区推荐使用的保温材料和厚度取值

① 挤塑型聚苯乙烯泡沫塑料板（XPS 板），导热系数小于等于 0.032W/（m·K），表观密度大于等于 25kg/m³，厚度为 50~70mm，属于阻燃性材料；

② 模塑（膨胀）型聚苯乙烯泡沫塑料板（EPS 板），导热系数小于等于 0.041W/（m·K），表观密度大于等于 22kg/m³，厚度为 70~95mm，属于阻燃性材料；

③ 硬泡聚氨酯板（PU 板），导热系数小于等于 0.024W/（m·K），表观密度大于等于 55kg/m³，厚度为 40~55mm。

4) 保温材料的构造要求

① 屋面与天沟、檐沟、女儿墙、变形缝、伸出屋面的管道等热桥部位，当内表面温度低于室内空气露点温度时，均应做保温处理。

② 有女儿墙的保温外墙，外墙保温材料应在女儿墙压顶处断开，压顶上部应抹面并在女儿墙内侧亦做保温；无女儿墙但有挑檐板的屋面，外墙保温材料应在挑檐板下部断开。

5) 屋面排汽构造

当屋面保温层或找平层干燥有困难时，应做好屋面的排汽设计，排汽屋面应符合下列规定：

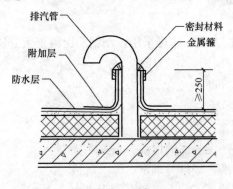

图 2-129　屋面排汽构造

① 找平层设置的分格缝可以兼作排汽道，排汽道内可填充粒径较大的轻质骨料；

② 排汽道应纵横贯通，并与和大气连通的排汽管相通，排汽管的直径应不小于 40mm，排汽孔可设在檐口下或纵横排汽道的交叉处，见图 2-129。

③ 排汽道的纵横间距宜为 6m，屋面面积每 36m² 宜设置一个排汽孔，排汽孔应做防水处理；

④ 在保温层下也可铺设带支点的塑料板。

（3）隔汽层

当严寒和寒冷地区屋面结构冷凝界面内侧实际具有的蒸汽渗透阻小于所需值，或其他地区室内湿气有可能透过屋面结构层时，应设置隔汽层。

① 正置式屋面的隔汽层应设置在结构层上、保温层下；倒置式屋面不设隔汽层。

② 隔汽层应选用气密性、水密性均好的防水卷材或防水涂料。

③ 隔汽层应沿周边墙面向上连续铺设，高出保温层上表面的尺寸不得小于 150mm。

④ 隔汽层采用卷材时宜空铺，卷材搭接缝应满粘，其搭接宽度不应小于 80mm；隔汽层采用涂料时，应涂刷均匀。

（4）防水层

防水层是防止雨（雪）水渗透、渗漏的构造层次。

1) 防水等级和设防要求

屋面防水工程应根据建筑物的类别、重要程度、使用功能的要求确定防水等级，并应按相应等级进行防水设防。对防水有特殊要求的建筑屋面，应进行专项防水设计。屋面的防水等级和设防要求应符合表 2-96 的规定。

表 2-96　屋面防水等级和设防要求

建筑类别	防水等级	设防要求
重要建筑、高层建筑	Ⅰ级	两道防水设防
一般建筑	Ⅱ级	一道防水设防

2）防水材料的选择

① 防水材料的选择与防水等级的关系应符合表 2-97 的规定。

表 2-97　防水材料的选择与防水等级的关系

防水等级	防 水 做 法
Ⅰ级	卷材防水层和卷材防水层、卷材防水层与涂膜防水层、复合防水层
Ⅱ级	卷材防水层、涂膜防水层、复合防水层

② 防水卷材的选择和厚度确定

A. 应根据当地历年最高气温、最低气温、屋面坡度和使用条件等因素，选择耐热度、低温柔性相适应的卷材；

B. 根据地基变形程度、结构形式、当地年温度差、日温度差和振动等因素，选择拉伸性能相适应的卷材；

C. 应根据防水卷材的暴露程度，选择耐紫外线、耐根穿刺、耐老化、耐霉烂相适应的卷材；

D. 防水卷材可选用合成高分子防水卷材或高聚物改性沥青防水卷材；

E. 每道卷材防水层的最小厚度应符合表 2-98 的规定。

表 2-98　每道卷材防水层的最小厚度（mm）

防水等级	合成高分子防水卷材	高聚物改性沥青防水卷材		
		聚酯胎、玻纤胎、聚乙烯胎	自粘聚酯胎	自粘无胎
Ⅰ级	1.2	3.0	2.0	1.5
Ⅱ级	1.5	4.0	3.0	2.0

F. 合成高分子防水卷材的主要性能指标应符合表 2-99 的规定。

表 2-99　合成高分子防水卷材主要性能指标

项　目		性　能　要　求			
		硫化橡胶类	非硫化橡胶类	树脂类	树脂类（复合片）
断裂拉伸强度（MPa）		≥6	≥3	≥10	≥60 N/10mm
扯断伸长率（%）		≥400	≥200	≥200	≥400
低温弯折（℃）		−30	−20	−25	−20
不透水性	压力（MPa）	≥0.3	≥0.2	≥0.3	≥0.3
	保持时间（min）		≥30		
加热收缩率（%）		<1.2	<2.0	≤2.0	≤2.0
热老化保持率（80℃×168h,%）	断裂拉伸强度		≥80	≥85	≥80
	扯断伸长率		≥70	≥80	≥70

G. 高聚物改性沥青防水卷材的主要性能指标。

高聚物改性沥青防水卷材的主要性能指标见表 2-100。

表 2-100　高聚物改性沥青防水卷材的主要性能指标

项　目	性　能　要　求				
	聚酯毡胎体	玻纤毡胎体	聚乙烯胎体	自粘聚酯胎体	自粘无胎体
可溶物含量 （g/m²）	3mm 厚≥2100 4mm 厚≥2900		—	2mm 厚≥1300 3mm 厚≥2100	—
拉力 （N/50mm）	≥500	纵向≥350	≥200	2mm 厚≥350 3mm 厚≥450	≥150
延伸率 （%）	最大拉力时 SBS　≥30 APP　≥25	—	断裂时 ≥120	最大拉力时 ≥30	最大拉力时 ≥200
耐热度 （℃，2h）	SBS 卷材 90， APP 卷材 110， 无滑动、流淌、滴落		PEE 卷材 90， 无流淌、起泡	70，无滑动、 流淌、滴落	70，滑动 不超过 2mm
低温柔性 （℃，2h）	SBS 卷材−20，APP 卷材−7，PEE 卷材−10			−20	
不透水性　压力（MPa）	≥0.3	≥0.2	≥0.4	≥0.3	≥0.2
不透水性　保持时间（min）	≥30			≥120	

注：1. SBS 卷材——弹性体改性沥青防水卷材；
2. APP 卷材——塑性体改性沥青防水卷材；
3. PEE 卷材——高聚物改性沥青聚乙烯胎防水卷材。

H. 屋面坡度大于 25％时，卷材应采取满粘和钉压固定措施。

I. 卷材的铺贴方式为：卷材宜平行于屋脊铺贴，上下层卷材不得相互垂直铺贴。

③ 防水涂料的选择和厚度确定

A. 防水涂料的选择

（a）应根据当地历年最高气温、最低气温、屋面坡度和使用条件等因素，选择耐热性和低温柔性相适应的涂料；

（b）应根据地基变形程度、结构形式、当地年温差、日温差和振动等因素，选择拉伸性能相适应的涂料；

（c）应根据屋面涂膜的暴露程度，选择耐紫外线、耐老化相适应的涂料；

（d）屋面排水坡度大于 25％时，应选择成膜时间较短的涂料；

（e）防水涂料可选用合成高分子防水涂料、聚合物水泥防水涂料和高聚物改性沥青防水涂料，其外观质量和品种、型号应符合国家现行有关材料标准的规定。

B. 涂料防水层的最小厚度

涂料防水层（每道）最小厚度应符合表 2-101 的规定。

表 2-101　涂料防水层（每道）的最小厚度（mm）

防水等级	合成高分子防水涂料	聚合物水泥防水涂料	高聚物改性沥青防水涂料
Ⅰ级	1.5	1.5	2.0
Ⅱ级	2.0	2.0	3.0

④ 复合防水层

复合防水层采用的是防水涂膜与防水卷材共同制作的防水层。

A. 防水涂膜与防水卷材的选用

（a）选用的防水涂料与防水卷材应相容；

（b）防水涂料宜设置在防水卷材的下面；

（c）挥发固化型防水涂料不得作为防水卷材粘结材料使用；

（d）水乳型或合成高分子类防水涂料上面，不得采用热熔型防水卷材；

（e）水乳型或水泥基类防水涂料，应待涂膜实干后再进行冷粘铺贴卷材。

B. 复合防水层的最小厚度

复合防水层的最小厚度应符合表 2-102 的规定。

表 2-102　复合防水层的最小厚度（mm）

防水等级	合成高分子防水卷材＋合成高分子防水涂膜	自粘聚合物改性沥青防水卷材（无胎）＋合成高分子防水涂膜	高聚物改性沥青防水卷材＋高聚物改性沥青防水涂膜	聚乙烯丙纶卷材＋聚合物水泥防水胶结材料
Ⅰ 级	1.2＋1.5	1.5＋1.5	3.0＋2.0	(0.7＋1.3)×2
Ⅱ 级	1.0＋1.0	1.2＋1.0	3.0＋1.2	0.7＋1.3

⑤ 下列情况不得作为屋面的一道防水设防

A. 混凝土结构层；

B. Ⅰ型喷涂硬泡聚氨酯保温层；

C. 装饰瓦以及不搭接瓦；

D. 隔汽层；

E. 细石混凝土层；

F. 防水卷材或防水涂料厚度不达标的。

⑥ 附加层设计应符合的规定

A. 檐沟、天沟与屋面交接处，屋面平面与立面交接处，以及水落口、伸出屋面管道根部等部位，应设置卷材或涂膜附加层（图 2-130）；

B. 屋面找平层分格缝等部位，宜设置卷材空铺附加层，其空铺宽度不宜小于 100mm；

C. 附加层最小厚度应符合表 2-103 的规定。

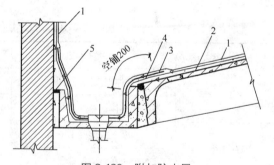

图 2-130　附加防水层
1—涂膜防水层；2—找平层；3—有胎体增强材料附加层；4—空铺附加层；5—密封材料

表 2-103　附加层最小厚度

附加层材料	最小厚度（mm）
合成高分子防水卷材	1.2
高聚物改性沥青防水卷材（聚酯胎）	3.0
合成高分子防水涂料、聚合物水泥防水涂料	1.5
高聚物改性沥青防水涂料	2.0

注：涂膜附加层应加铺胎体增强材料。

⑦ 防水卷材的接缝

防水卷材的接缝应采用搭接接缝，卷材搭接宽度应符合表 2-104 的规定。

表 2-104　卷材搭接宽度

卷 材 类 别		搭接宽度（mm）
合成高分子防水卷材	胶粘剂	80
	胶粘带	50
	单缝焊	60，有效焊接宽度不小于 25
	双缝焊	80，有效焊接宽度 10×2＋空腔宽
高聚物改性沥青防水卷材	胶粘剂	100
	自粘	80

⑧ 胎体增强材料

A. 胎体增强材料宜采用聚酯无纺布或化纤无纺布；

B. 胎体增强材料长边搭接宽度不应小于 50mm，短边搭接宽度不应小于 70mm；

C. 上下层胎体增强材料的长边搭接缝应错开，且不得小于幅宽的 1/3；

D. 上下层胎体增强材料不得相互垂直铺设。

（5）找平层

1）卷材屋面、涂膜屋面的基层宜设找平层。找平层的厚度和技术要求应符合表 2-105 的规定。

表 2-105　找平层厚度和技术要求

找平层分类	适用的基层	厚度（mm）	技术要求
水泥砂浆	整体现浇混凝土板	15～20	1：2.5 水泥砂浆
	整体材料保温层	20～25	
细石混凝土	装配式混凝土板	30～35	C20 混凝土，宜加钢筋网片
	板状材料保温层		C20 混凝土

2）保温层上的找平层应留设分格缝，缝宽宜为 5～20mm，纵横缝的间距不宜大于 6m。

（6）找坡层

找坡层应采用轻质材料（加气混凝土、水泥焦渣、水泥陶粒）单独铺设，其位置可以在保温层的上部或下部。找坡层亦可与保温层合并设置。

找坡材料应分层铺设和适当压实，表面应平整。

（7）隔离层

隔离层是消除材料之间粘结力、机械咬合力等相互作用的构造层次。

块体材料、水泥砂浆或细石混凝土保护层与卷材、涂膜防水层之间，应设置隔离层。

隔离层材料的适用范围和技术要求宜符合表 2-106 的规定。

表 2-106 隔离层材料的适用范围和技术要求

隔离层材料	适 用 范 围	技 术 要 求
塑料膜	块体材料、水泥砂浆保护层	0.4mm 厚聚乙烯膜或 3mm 厚发泡聚乙烯膜
土工布	块体材料、水泥砂浆保护层	200g/m² 聚酯无纺布
卷材	块体材料、水泥砂浆保护层	石油沥青卷材一层
低强度等级砂浆	细石混凝土保护层	10mm 黏土砂浆，石灰膏：砂：黏土＝1：2.4：3.6
		10mm 厚石灰砂浆，石灰膏：砂＝1：4
		5mm 厚掺有纤维的石灰砂浆

（8）保护层

保护层是对防水层或保温层等起防护作用的构造层次。

1）上人屋面的保护层可采用块体材料、细石混凝土等。不上人屋面保护层可采用浅色涂料、铝箔、矿物粒料、水泥砂浆等材料。各种保护层材料的适用范围和技术要求应符合表 2-107 的规定。

表 2-107 保护层材料的适用范围和技术要求

保护层材料	适用范围	技术要求
浅色涂料	不上人屋面	丙烯酸系反射涂料
铝箔	不上人屋面	0.05mm 厚铝箔反射膜
矿物粒料	不上人屋面	不透明的矿物粒料
水泥砂浆	不上人屋面	20mm 厚 1：2.5 或 M15 水泥砂浆
块体材料	上人屋面	地砖或 30mmC20 细石混凝土预制块
细石混凝土	上人屋面	40mm 厚 C20 细石混凝土或 50mm 厚 C20 细石混凝土内配 ϕ4@100 双向钢筋网片

2）采用块体材料做保护层时，宜设分格缝，其纵横间距不宜大于 10m，分格缝宽度宜为 20mm，并应用密封材料嵌填。

3）采用水泥砂浆做保护层时，表面应抹平压光，并应设表面分格缝，分格面积宜为 1m²。

4）采用细石混凝土做保护层时，表面应抹平压光，并应设表面分格缝，其纵横间距不应大于 6m，分隔缝宽度宜为 10～20mm，并应用密封材料嵌填。

5）采用浅色涂料做保护层时，应与防水层粘结牢固，厚薄应均匀，不得漏涂。

6）块体材料、水泥砂浆、细石混凝土保护层与女儿墙或山墙之间，应预留宽度为 30mm 的缝隙，缝内宜填塞聚苯乙烯泡沫塑料，并应用密封材料嵌填。

7）需经常维护的设施周围和屋面出入口至设施之间的人行道，应铺设块体材料或细石混凝土保护层。

3. 正置式保温平屋面的构造

（1）严寒地区和寒冷地区的平屋面必须设置保温层。防水层可以选用防水卷材或防水涂料。

（2）防水卷材（防水涂料）保温平屋面的基本构造层次。

1）正置式上人平屋面

面层-隔离层-防水层-找平层-保温层-找平层-找坡层-结构层。

注：有隔汽要求的平屋面，应在保温层与结构层之间设置隔汽层。

2）正置式非上人平屋面

保护层-防水层-找平层-保温层-找平层-找坡层-结构层。

注：有隔汽要求的平屋面，应在保温层与结构层之间设置隔汽层。

4. 倒置式保温平屋面的构造

（1）倒置式保温平屋面可以提高屋面的保温性能与节能效果。

（2）倒置式保温平屋面的基本构造层次

保护层-保温层-防水层-找平层-找坡层-结构层。

（3）《屋面工程技术规范》（GB 50345—2012）规定的倒置式屋面构造要求有：

1）倒置式屋面的坡度宜为3%；

2）倒置式屋面的保温层应采用吸水率低，且长期浸水不变质的保温材料；

3）倒置式屋面的板状保温材料下部纵向边缘应设排水凹槽；

4）倒置式屋面的保温层与防水层所用材料应相容匹配；

5）倒置式屋面的保温层上面宜采用块体材料或细石混凝土做保护层；

6）倒置式屋面的檐沟、水落口部位应采用现浇混凝土堵头或砖砌堵头，并应做好保温层的排水处理。

（4）《倒置式屋面工程技术规范》（JGJ 230—2010）中规定：

1）倒置式屋面的防水等级至少应为Ⅱ级，防水层的合理使用年限不应少于20年。

2）倒置式屋面保温层的使用年限不宜低于防水层的使用年限。

3）倒置式屋面宜采用结构找坡，坡度不宜小于3%；当采用材料找坡时，找坡层最薄处的厚度不得小于30mm。

4）倒置式屋面的找平层应设在防水层的下部，可以采用水泥砂浆或细石混凝土，厚度应为15～40mm；找平层应设分格缝，缝宽宜为10～20mm，纵横缝的间距不宜大于6.00m；缝中应嵌填密封材料。

5）倒置式屋面的防水层

倒置式屋面的防水层应选用耐腐蚀、耐霉烂、适应基层变形能力的防水材料，并应以防水卷材为主。

6）倒置式屋面的保温层

① 倒置式屋面的保温层可以选用挤塑聚苯板、硬泡聚氨酯板、硬泡聚氨酯防水保温复合板、喷涂硬泡聚氨酯及泡沫玻璃保温板等。

② 倒置式屋面的保温层的设计厚度应按计算厚度增加25%取值，且最小厚度不得小于25mm。

7）倒置式屋面的保护层

① 可以选用卵石、混凝土板块、地砖、瓦材、水泥砂浆、金属板材、人造草皮、种植植物等材料；

② 保护层的质量应保证当地30年一遇最大风力时保温板不会被刮起和保温板在积水状态下不会浮起；

③ 当采用板状材料、卵石作保护层时，在保温层与保温层之间应设置隔离层；

④ 当采用板状材料作上人屋面保护层时，板状材料应采用水泥砂浆坐浆平铺，板缝应采用砂浆勾缝处理；当屋面为非功能性上人屋面时，板状材料可以平铺，厚度不应小于 30mm；

⑤ 当采用卵石保护层时，其粒径宜为 40～80mm；

⑥ 保护层应设分格缝，面积分别为：水泥砂浆 $1.00m^2$、板状材料 $100m^2$、细石混凝土 $36m^2$。

倒置式屋面的构造如图 2-131、图 2-132 所示。

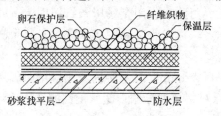
图 2-131 倒置式屋面的构造（一）

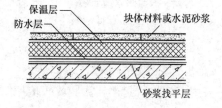
图 2-132 倒置式屋面的构造（二）

5. 保温平屋面的细部构造

《屋面工程技术规范》（GB 50345—2012）对保温平屋面细部构造的规定为：

（1）檐口

1）卷材防水屋面檐口 800mm 范围内的卷材应满粘，卷材收头应采用金属压条钉压，并应用密封材料封严。檐口下端应做鹰嘴和滴水槽（图 2-133）。

2）涂膜防水屋面檐口的涂膜收头，应用防水涂料多遍涂刷。檐口下端应做鹰嘴和滴水槽（图 2-134）。

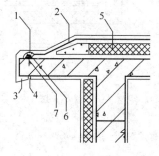
图 2-133 卷材防水屋面檐口
1—密封材料；2—卷材防水层；3—鹰嘴；
4—滴水槽；5—保温层；6—金属压条；7—水泥钉

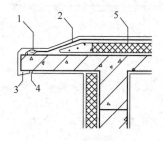
图 2-134 涂膜防水屋面檐口
1—涂料多遍涂刷；2—涂膜防水层；3—鹰嘴；
4—滴水槽；5—保温层

（2）檐沟和天沟

1）檐沟和天沟的防水层下应增设附加层，附加层伸入屋面的宽度不应小于 250mm；

2）檐沟防水层和附加层应由沟底上翻至外侧顶部，卷材收头应用金属压条顶压，并应用密封材料封严，涂膜收头应用防水涂料多遍涂刷；

3）檐沟外侧下端应做鹰嘴和滴水槽（图 2-135）；

4）檐沟外侧高于屋面结构板时，应设置溢水口。

（3）女儿墙和山墙

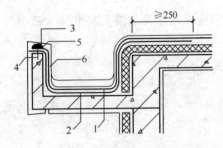

图 2-135 卷材、涂膜防水屋面檐沟
1—防水层；2—附加层；3—密封材料；
4—水泥钉；5—金属压条；6—保护层

1）女儿墙

①女儿墙压顶可采用混凝土制品或金属制品。顶部应向内排水，排水坡度不应小于5％，压顶内侧下端应作滴水处理。

②女儿墙泛水处应增加附加层，附加层在平面的宽度和立面的高度均不应小于250mm。

③低女儿墙泛水处的防水层可直接铺贴或涂刷至压顶下，卷材收头应用金属压条钉压固定，并应用密封材料封严；涂膜收头应用防水涂料多遍涂刷（图2-136）。

④高女儿墙泛水处防水层泛水高度不应小于250mm，防水层的收头应用金属压条钉压固定，并应用密封材料封严，涂膜收头应用防水材料多遍涂刷；泛水上部的墙体应作防水处理（图2-137）。

⑤女儿墙泛水处的防水层表面，宜采用涂刷浅色涂料或浇筑细石混凝土保护。

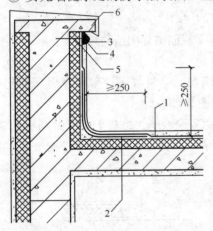

图 2-136 低女儿墙
1—防水层；2—附加层；3—密封材料；
4—金属压条；5—水泥钉；6—压顶

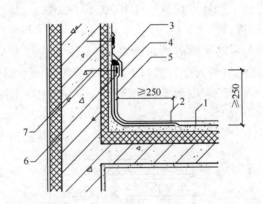

图 2-137 高女儿墙
1—防水层；2—附加层；3—密封材料；4—金属盖板；
5—保护层；6—金属压条；7—水泥钉

2）山墙

① 山墙压顶可采用混凝土或金属制品。压顶应向内排水，坡度不应小于5％，压顶内侧下端应作滴水处理。

② 山墙泛水处的防水层下应增设附加层，附加层在平面上的宽度和立面上的高度均不应小于250mm。

（4）水落口（重力式排水）

1）水落口可采用塑料或金属制品，水落口的金属配件均应作防锈处理。

2）水落口杯应牢固地固定在承重结构上，其埋设标高应根据附加层的厚度及排水坡度加大的尺寸确定。

3）水落口周围直径500mm范围内坡度不应小于5％，防水层下应设涂膜附加层。

4）防水层和附加层伸入水落口杯内不应小于 50mm，并应粘结牢固（图 2-138、图 2-139）。

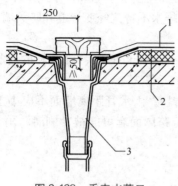

图 2-138　垂直水落口
1—防水层；2—附加层；3—水落斗

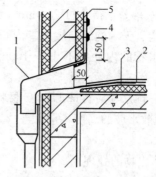

图 2-139　横式水落口
1—水落斗；2—防水层；3—附加层；
4—密封材料；5—水泥钉

6. 保温平屋面的排水

（1）选择依据

屋面排水方式的选择应根据建筑物的屋顶形式、气候条件、使用功能等因素确定。

（2）排水方式

屋面排水方式可分为有组织排水和无组织排水。采用有组织排水时，宜采用雨水收集系统。

（3）排水方式的选择

1）高层建筑屋面宜采用内排水；

2）多层建筑屋面宜采用有组织外排水；

3）低层建筑及檐高小于 10m 的屋面，可采用无组织排水。

4）多跨及汇水面积较大的屋面宜采用天沟排水，天沟找坡较长时，宜采用中间内排水和两端外排水。

5）严寒地区应采用内排水，寒冷地区宜采用内排水。

6）湿陷性黄土地区宜采用有组织排水，并应将雨雪水直接排至排水管网。

（4）排水区域的划分

屋面应适当划分排水区域，排水路线应简捷，排水应通畅。年降雨量小于等于 900mm 的地区为少雨地区，年降雨量大于 900mm 的地区为多雨地区。

（5）构造要求

1）采用重力式排水时，屋面每个汇水面积内雨水排水立管不宜少于 2 根（汇水面积宜为 $150\sim200m^2$）；水落口和水落管的位置，应根据建筑物的造型要求和屋面汇水情况等因素确定，通常有外檐天沟时，雨水管的间距按小于或等于 24m 设置；无外檐天沟时，雨水管的间距可按小于或等于 15m 设置。

2）高跨屋面为无组织排水时，其低跨屋面受水冲刷的部位应加铺一层卷材，并应设 40～50mm 厚、300～500mm 宽的 C20 细石混凝土保护层；高跨屋面为有组织排水时，水落管下应加设水簸箕。

3）暴雨强度较大地区的大型屋面，宜采用虹吸式屋面雨水排水系统。

4）檐沟、天沟的过水断面，应根据屋面汇水面积的雨水流量经计算确定。钢筋混凝土檐沟、天沟净宽不应小于 300mm；分水线处最小深度不应小于 100mm；沟内纵向坡度应不小于 1%，沟底水落差不得超过 200mm。天沟、檐沟排水不得流经变形缝和防火墙。

5）金属檐沟、天沟的纵向坡度宜为 0.5%。

6）屋面雨水管的内径应不小于 100mm，面积小于 25m² 的阳台雨水管的内径应不小于 50mm。

7）雨水管、雨水斗应首选 UPVC 材料（增强塑料）。雨水管距离墙面不应小于 20mm，其排水口下端距散水坡的高度不应大于 200mm。高低跨屋面有可能被冲刷时，雨水管下端应加水簸箕。

7. 平屋顶凸出物的处理

（1）变形缝

1）变形缝泛水处的防水层下应增设附加层，附加层在平面的宽度和立面的高度均不应小于 250mm；防水层应铺贴或涂刷至泛水墙的顶部。

2）变形缝内应预填不燃性保温材料，上部应采用防水卷材封盖，并放置衬垫材料，再在其上部干铺一层卷材。

3）等高变形缝顶部宜加扣混凝土盖板或金属盖板（图 2-140）。

4）高低跨变形缝在立墙泛水处，应采用有足够变形能力的材料和构造做密封处理（图 2-141）。

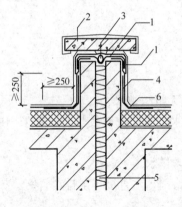 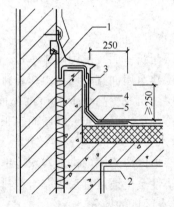

图 2-140　等高变形缝
1—卷材封盖；2—混凝土盖板；3—衬垫材料；
4—附加层；5—不燃保温材料；6—防水层

图 2-141　高低跨变形缝
1—卷材封盖；2—不燃保温材料；
3—金属盖板；4—附加层；5—防水层

（2）伸出屋面管道

1）管道周围的找平层应抹出高度不小于 30mm 的排水坡。

2）管道泛水处的防水层下应增设附加层，附加层在平面的宽度和立面的高度均不应小于 250mm。

3）管道泛水处的防水层高度不应小于 250mm。

4）卷材收头应用金属箍紧固和密封材料封严，涂膜收头应用防水涂料多遍涂刷（图 2-142）。

（3）屋面出入口

1) 屋面垂直出入口泛水处应增设附加层，附加层在平面的宽度和立面的高度均不应小于 250mm；防水层收头应在混凝土压顶圈下（图 2-143）。

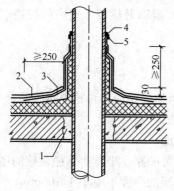

图 2-142　伸出屋面管道
1—细石混凝土；2—卷材防水层；
3—附加层；4—密封材料；5—金属箍

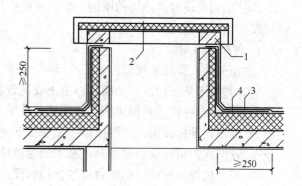

图 2-143　垂直出入口
1—混凝土压顶圈；2—上人孔盖；
3—防水层；4—附加层

2) 屋面水平出入口泛水处应增设附加层和护墙，附加层在平面的宽度和立面的高度均不应小于 250mm；防水层收头应压在混凝土踏步下（图 2-144）。

（4）反梁过水孔

1) 应根据排水坡度留设反梁过水孔，图纸应注明孔底标高；

2) 反梁过水孔宜采用预埋管道，其管径不得小于 75mm；

3) 过水孔可采用防水涂料、密封材料防水，预埋管道两端周围与混凝土接触处应留凹槽，并应用密封材料封严。

（5）设施基座

1) 设备基础与结构层相连时，防水层应包裹设施基础的上部，并应与地脚螺栓周围作密封处理。

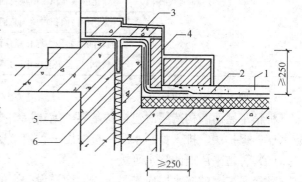

图 2-144　水平出入口
1—防水层；2—附加层；3—踏步；4—护墙；
5—防水卷材封盖；6—不燃保温材料

2) 在防水层上设置设施时，防水层下应增设卷材附加层，必要时应在其上浇筑细石混凝土，其厚度不应小于 50mm。

（6）其他

1) 无楼梯通达屋面且建筑高度低于 10m 的建筑，可设外墙爬梯，爬梯多为铁质材料，宽度一般为 600mm，底部距室外地面宜为 2.00～3.00m。当屋面有高差大于 2.00m 的高低屋面时，高低屋面之间亦应设置外墙爬梯，爬梯底部距低屋面应为 600mm，爬梯距墙面为 200mm。

2) 室外消防梯

《建筑设计防火规范》（GB 50016—2014）中规定：建筑高度大于 10m 的三级耐火等级建筑应设置通达屋顶的室外消防梯。室外消防梯不应面对老虎窗，且宜从离地面 3m 高度处设置。

三、隔热平屋面的构造

隔热屋面是设置隔热层的屋面。隔热层的作用是减少太阳辐射热传入室内的构造层次。隔热屋面的具体做法有以下三种：

1. 种植隔热屋面

《种植屋面工程技术规范》（JGJ 155—2013）规定：

（1）种植隔热屋面指的是铺以种植土或设置容器种植植物的屋面。种植隔热屋面分为简单式种植屋面、花园式种植屋面和容器式种植屋面三种做法。

1）简单式种植屋面：仅种植地被植物、低矮灌木的屋面。

2）花园式种植屋面：种植乔、灌木和地被植物，并设置园路、坐凳等休憩设施的屋面。

3）容器式种植屋面：摆放栽有植物的容器，容器中土层的厚度不应小于100mm。

种植平屋面的绿化指标见表2-108。

表2-108　种植平屋面的绿化指标

种植屋面类型	项目	指标（%）
简单式	绿化屋顶面积占屋顶总面积	≥80
	绿化种植面积占绿化屋顶面积	≥90
花园式	绿化屋顶面积占屋顶总面积	≥60
	绿化种植面积占屋顶总面积	≥85
	铺装园路面积占绿化屋顶面积	≤12
	园林小品面积占绿化屋顶面积	≤3

（2）种植平屋面的构造层次

种植平屋面的构造层次包括：基层—绝热层—找坡（找平）层—普通防水层—耐根穿刺防水层—保护层—排（蓄）水层—过滤层—种植土层—植被层。

（3）种植平屋面的防水等级

种植平屋面的防水层应满足一级（两道设防）的要求。

（4）种植平屋面的材料选择

1）结构层：种植屋面的结构层宜采用现浇钢筋混凝土。

2）防水层：种植屋面的防水层应不少于两道防水材料，上层应为耐根穿刺防水材料；两道防水材料应相邻铺设，并应采用相容的材料。

①普通防水层一道防水设防的最小厚度应符合表2-109的要求。

表2-109　普通防水层一道防水设防的最小厚度

材料名称	最小厚度（mm）
改性沥青防水卷材	4.0
高分子防水卷材	1.5
自粘聚合物改性沥青防水卷材	3.0
高分子防水涂料	2.0
喷涂聚脲防水涂料	2.0

② 耐根穿刺防水层一道防水设防的最小厚度应符合表 2-110 的要求。

表 2-110　耐根穿刺防水层一道防水设防的最小厚度

材料名称	最小厚度（mm）
弹性体改性沥青防水卷材（复合铜胎基、聚酯胎基）	4.0
塑性体改性沥青防水卷材（复合铜胎基、聚酯胎基）	4.0
聚氯乙烯防水卷材	1.2
热塑性聚烯烃防水卷材	1.2
高密度聚乙烯土工膜	1.2
三元乙丙橡胶防水卷材	1.2
聚乙烯丙纶防水卷材和聚合物水泥胶结料复合	0.6+1.3
喷涂聚脲防水涂料	2.0

3）保护层

① 种植屋面的保护层的选用材料应符合表 2-111 的规定。

表 2-111　种植屋面保护层的选用材料

屋面种类	保护层材料	质量要求
简单式种植、容器种植	水泥砂浆	体积比 1 : 3，厚度 15～20mm
花园式种植	细石混凝土	40mm
地下建筑顶板	细石混凝土	70mm

② 种植平屋面保护层的构造要求：

A. 水泥砂浆和细石混凝土保护层的下面应铺设隔离层。

B. 土工布或聚酯无纺布的单位面积质量不应小于 $300g/m^2$。

C. 聚乙烯丙纶复合防水卷材的芯材厚度不应小于 0.4mm。

D. 高密度聚乙烯土工膜的厚度不应小于 0.4mm。

4）种植屋面的排（蓄）水材料：

① 凹凸型排（蓄）水板的主要性能见表 2-112。

表 2-112　凹凸型排（蓄）水板的主要性能

项目	伸长率 10% 时拉力（N/100mm）	最大拉力（N/100mm）	断裂延伸率（%）	撕裂性能（N）	压缩性能		低温柔度	纵向通水量（侧压力 150kPa）（cm³/s）
					压缩率为 20% 最大强度（kPa）	极限压缩现象		
性能要求	≥350	≥600	≥25	≥100	≥150	无裂痕	−10℃无裂纹	≥10

② 网状交织排水板的主要性能见表 2-113。

表 2-113　网状交织排水板的主要性能

项目	抗压强度（kN/m²）	表面开孔率（%）	空隙率（%）	通水量（cm³/s）	耐酸碱性
性能要求	≥50	≥95	85～90	≥380	稳定

③ 级配碎石的粒径宜为 10～25mm，卵石的粒径宜为 25～40mm，铺设厚度均不宜小于 100mm。

④ 陶粒的粒径宜为 10～25mm，堆积密度不宜大于 500kg/m³，铺设厚度不宜小于 100mm。

5）过滤材料

① 过滤材料宜选用聚酯无纺布。

② 无纺布的单位面积质量不应小于 200g/m²。

（5）种植土

① 种植平屋面的种植土应具有质量轻、养分适度、清洁无毒和安全环保等特征。

② 种植平屋面的种植土有田园土、改良土和无机种植土。

③ 种植平屋面的改良土有机材料体积掺入量不宜大于 30%，有机质材料应充分腐熟灭菌。

④ 种植平屋面种植土的厚度，应符合表 2-114 的规定。

表 2-114　种植平屋面种植土的厚度（mm）

草坪、地被	小灌木	大灌木	小乔木	大乔木
≥100	≥200	≥500	≥600	≥900

（6）种植屋面对种植植物的要求：

① 不宜选用速生树种。

② 宜选用健康苗木，乡土植物不宜小于 70%。

③ 绿篱、色块、藤本植物宜选用三年以上苗木。

④ 地被植物宜选用多年生草本植物和覆盖能力强的木本植物。

（7）种植容器

① 种植容器材质的使用年限不应低于 10 年。

② 种植容器的高度不应小于 100mm。

（5）种植平屋面的排水坡度

种植平屋面的排水坡度不宜小于 2%；天沟、檐沟的排水坡度不宜小于 1%。

（8）种植平屋面的构造要求

1）女儿墙、周边泛水部位和屋面檐口部位应设置缓冲带，其宽度不应小于 300mm。缓冲带可结合卵石带、园路或排水沟等设置。

2）泛水：屋面防水层的泛水高度应高出种植土不小于 250mm；地下顶板泛水高度不应小于 500mm。

3）穿出屋面的竖向管道，应在结构层内预埋套管，套管高出种植土不应小于 250mm。

4）坡屋面种植檐口处应设置挡墙，墙中设置排水管（孔），挡墙应设防水层并与檐沟防水层连在一起。

5）变形缝应高于种植土，变形缝上不应种植，可铺设盖板作为园路。

6）种植屋面应采用外排水方式，水落口宜结合缓冲带设置。

7）水落口位于绿地内时，其上方应设置雨水观察井，并在其周边设置不小于 300mm

的卵石观察带；水落管位于铺装层上时，基层应满铺排水板，上设雨水箅子。

8）屋面排水沟上可铺设盖板作为园路，侧墙应设置排水孔。

图 2-145 介绍了种植屋面的檐部构造情况。

2. 蓄水隔热屋面

（1）蓄水隔热屋面的应用

屋面蓄水进行隔热是隔热屋面的一种做法。这种屋面不宜在严寒地区和寒冷地区、地震设防地区和振动较大的建筑物上应用。

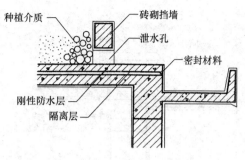

图 2-145　种植屋面的檐部构造

（2）蓄水隔热屋面的基本构造层次

1）有保温层的蓄水隔热屋面：蓄水隔热层－隔离层－防水层－找平层－保温层－找平层－找坡层－结构层。

2）无保温层的蓄水隔热屋面：蓄水隔热层－隔离层－防水层－找平层－找坡层－结构层。

（3）蓄水隔热屋面的构造要求

《屋面工程技术规范》（GB 50345—2012）中的规定：

1）蓄水隔热层的蓄水池应采用强度等级不低于 C20，抗渗等级不低于 P6 的防水混凝土制作；蓄水池内宜采用 20mm 厚防水砂浆抹面。

2）蓄水隔热层的屋面坡度不宜大于 0.5%。

3）蓄水隔热屋面应划分为若干蓄水区，每区的边长不宜大于 10m，在变形缝的两侧应分成两个互不连通的蓄水区。长度超过 40m 的蓄水隔热屋面应分仓设置，分仓隔墙可采用现浇混凝土或砌体（图 2-146）。

4）蓄水池应设溢水口、排水管和给水管，排水管应与排水出口连通（图 2-147）。

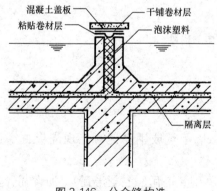

图 2-146　分仓缝构造

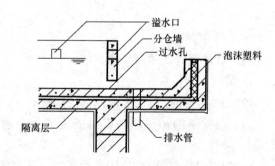

图 2-147　排水管、过水孔构造

5）蓄水池的蓄水深度宜为 150～200mm。

6）蓄水池溢水口距分仓墙顶面的高度不得小于 100mm（图 2-148）。

7）蓄水池应设置人行通道。

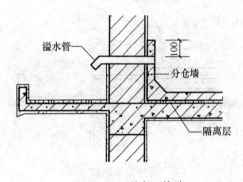

图 2-148　溢水口构造

3. 架空隔热屋面

《屋面工程技术规范》（GB 50345—2012）中的规定：

（1）架空隔热层宜在屋顶有良好通风的建筑物上采用，不宜在严寒地区和寒冷地区采用。

（2）当采用混凝土板架空隔热层时，屋面坡度不宜大于 5%。

（3）架空隔热制品及其支座的质量应符合国家现行有关材料标准的规定。

（4）架空隔热层的高度宜为 180～300mm。架空板与女儿墙的距离不应小于 250mm。

（5）当屋面宽度大于 10m 时，架空隔热层中部应设置通风屋脊。

（6）架空隔热层的进风口，宜设置在当地炎热季节最大频率风向的正压区，出风口宜设置在负压区。

架空隔热屋面的构造如图 2-149 所示。

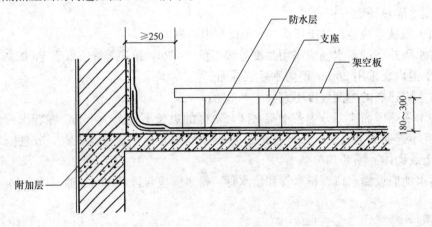

图 2-149　架空隔热屋面的构造

四、坡屋顶（瓦屋面）的构造

1. 坡屋顶的构成

坡屋顶由承重结构和屋面两部分构成。

（1）坡屋顶的承重结构常见的有屋架承重、山墙承重或钢筋混凝土现浇板材承重等形式。

（2）坡屋顶的屋面可选用各种瓦材，常用的有块瓦（平瓦、混凝土瓦）、沥青瓦、金属瓦（压型钢板、夹芯板）等。坡屋顶的名称也通常以使用的瓦材来命名，如块瓦屋面、油毡瓦屋面、金属板屋面等。

2. 瓦屋面的一般规定

《屋面工程技术规范》（GB 50345—2012）中规定：

（1）瓦屋面的防水等级和防水做法

瓦屋面的防水等级和防水做法应符合表 2-115 的规定。

表 2-115 瓦屋面防水等级和防水做法

防 水 等 级	防 水 做 法
Ⅰ级	瓦＋防水层
Ⅱ级	瓦＋防水垫层

注：防水层厚度与平屋面的要求相同。

（2）瓦屋面的基本构造层次

瓦屋面的基本构造层次见表 2-116 所列。

表 2-116 瓦屋面的基本构造层次

屋面类型	基本构造层次（由上而下）
块瓦	块瓦—挂瓦条—顺水条—持钉层—防水层或防水垫层—保温层—结构层
沥青瓦	沥青瓦—持钉层—防水层或防水垫层—保温层—结构层

注：1. 表中结构层包括混凝土基层和木基层，防水层包括卷材和涂膜防水层；

2. 有隔汽要求的屋面，应在保温层与结构层之间设隔汽层。

3. 瓦屋面的设计要点

（1）瓦屋面应根据瓦的类型（块瓦、混凝土瓦、沥青瓦、金属板）和基层种类采取相应的构造做法。

（2）瓦屋面与山墙及屋面结构的交接处均应采用不小于 250mm 高的泛水处理。

（3）在大风及地震设防地区或屋面坡度大于 100％时，应采取固定加强措施。

（4）严寒及寒冷地区的瓦屋面，檐口部位应采取防止冰雪融化下坠和冰坝形成等措施。

（5）防水层可以选用防水卷材（合成高分子防水卷材、高聚物改性沥青防水卷材）或防水涂料（合成高分子防水涂膜、聚合物水泥防水涂膜或高聚物改性沥青防水涂膜）。

（6）防水垫层宜采用自粘聚合物沥青防水垫层、聚合物改性沥青防水垫层，其最小厚度和搭接宽度应符合表 2-117 的规定。

表 2-117 防水垫层的最小厚度和搭接宽度

防水垫层品种	最小厚度（mm）	搭接宽度（mm）
自粘聚合物沥青防水垫层	1.0	80
聚合物改性沥青防水垫层	2.0	100

（7）在满足屋面荷载的前提下，瓦屋面持钉层厚度应符合下列规定：

1）持钉层为木板时，厚度不应小于 20mm；

2）持钉层为人造板时，厚度不应小于 16mm；

3）持钉层为细石混凝土时，厚度不应小于 35mm。

（8）瓦屋面檐沟、天沟的防水层，可采用防水卷材或防水涂膜，也可采用金属板材。

4. 瓦屋面的近代作法

（1）承重结构

1）屋架：屋架有木屋架、钢木组合屋架、钢筋混凝土屋架等（图 2-150）。

2）硬山承重体系：这种做法在开间一致的横墙承重的建筑中经常采用。做法是将横向

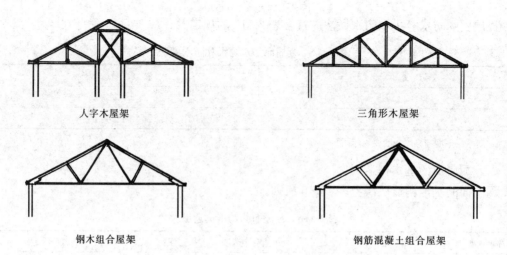

人字木屋架　　　　　　　　　　　　　　三角形木屋架

钢木组合屋架　　　　　　　　　　　　　钢筋混凝土组合屋架

图 2-150　各种类型的屋架

承重墙的上部按屋顶要求的坡度砌筑，上面铺钢筋混凝土屋面板或加气混凝土屋面板；也可以在横墙上搭檩条，然后铺放屋面板，再做屋面。这种做法通称"硬山搁檩"。硬山承重体系将屋架省略，其构造简单，施工方便，因而采用较多（图 2-151）。

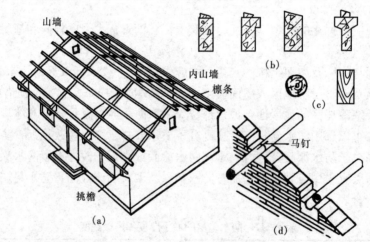

图 2-151　硬山承重体系
（a）轴测图；（b）钢筋混凝土檩条断面形式；（c）木檩条断面；（d）木檩条的固定

3）钢筋混凝土空间结构：这种做法是利用现浇钢筋混凝土板替代屋架等承重结构，是一种仿古的结构体系。

（2）屋面构造：在木屋架上常做瓦层面，其构造层次是在檩条上铺设望板（屋面板），上放油毡、顺水压毡条、挂瓦条，最外层为瓦。（图 2-152）

1）檩条：檩条支承在屋架上弦上，用三角形木块（俗称"檩托"）固定就位。檩条的间距与屋架的间距、檩条的断面尺寸以及屋面板的厚度有关。一般为 700～900mm。檩条的位置最好放在屋架节点上，以使受力合理。檩条上可以直接钉屋面板；如檩条间距较大，也可以垂直于檩条铺放椽子。椽子的间距为 500mm 左右，其截面尺寸为 50mm×50mm 的方木或 ϕ50mm 的圆木。檩条的截面常采用 50mm×70mm～80mm×140mm。

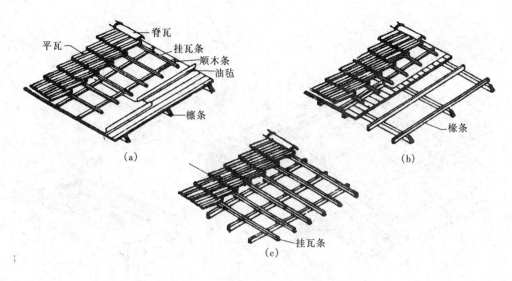

图 2-152 屋面构造

(a) 无椽方案；(b) 有椽方案；(c) 冷摊瓦

2）屋面板：屋面板也叫"望板"，一般采用 15～20mm 厚的木板钉在檩条上。屋面板的接头应在檩子上，不得悬空。屋面板的接头应错开布置，不得集中于一根檩条上。为了使屋面板结合严密，可以做成企口缝。

3）防水卷材：屋面板上应干铺防水卷材一层。油毡应平行于屋檐，自下而上铺设，纵横搭接宽度应不小于 100mm，用热沥青粘严。遇有山墙、女儿墙及其他屋面突出物，防水卷材应沿墙上卷，距屋面高度应大于或等于 200mm，钉在预先砌筑在突出物上的木条、木砖上。防水卷材在屋檐处应搭入铁皮天沟内。

4）顺水条：这是钉于望板上的木条，断面为 24mm×6mm，其目的是压住防水卷材，方向为顺水流方向，俗称"顺水压毡条"。顺水条的间距为 400～500mm。

5）挂瓦条：挂瓦条钉在顺水条上，与顺水条方向垂直，断面为 25mm×30mm，间距应与平瓦的尺寸相适应，一般间距 280～330mm。屋檐三角木为 50mm×70mm，一般在每两根顺水条之间锯出三角形泄水孔一个。

6）平瓦：坡顶上部的瓦为平瓦或挂瓦。平瓦有陶瓦（颜色有青、红两种）和水泥瓦（颜色为灰白色）两种。

① 尺寸

青红陶瓦尺寸：宽 240mm，长 380mm，厚 20mm。

青红陶瓦的脊瓦尺寸：宽 190mm，长 445mm，厚 20mm。

水泥瓦尺寸：宽 235mm，长 385mm，厚 15mm。

水泥脊瓦尺寸：宽 190mm，长 445mm，厚 20mm。

② 铺瓦时应由檐口向屋脊铺挂。上层瓦搭盖下层瓦的宽度不得小于 70mm。最下一层瓦应伸出封檐板 80mm。一般在檐口及屋脊处，用一道 20 号铅丝将瓦拴在挂瓦条上，在屋脊处用脊瓦铺 1∶3 水泥砂浆铺盖严（图 2-153）。

（3）屋面细部做法

1）挑檐板的构造：挑檐的做法与屋架的类型有关。木屋架的挑檐有以下几种做法。

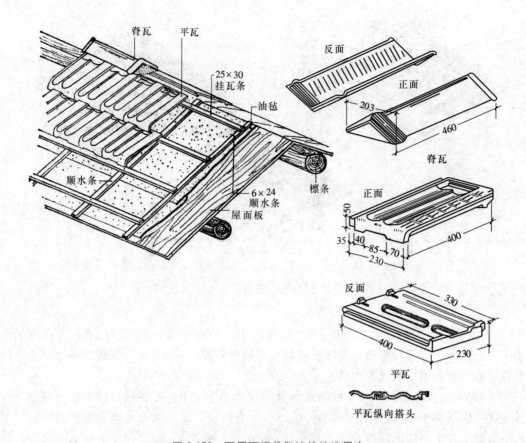

图 2-153　瓦屋面近代做法的构造层次

① 在屋架的下弦支座处，另加附木挑出，从附木上吊小龙骨，钉板条或木丝板，并抹灰或喷浆，利用附木钉封檐板（图 2-154）。

② 从屋架上弦加挑檐板。将屋架上弦延长、挑出墙身，在挑檐椽下端钉封檐板和吊龙骨，并在挑檐处作檐口顶棚，做法同上（图 2-155）。

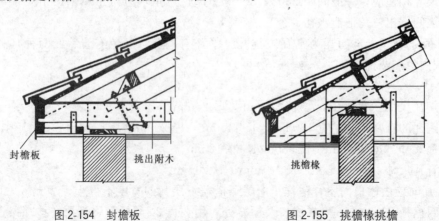

图 2-154　封檐板　　　　　　　图 2-155　挑檐椽挑檐

③ 下弦用钢材的钢木屋架，其挑檐做法也在支座处加附木挑出。附木的端部钉檐檩，檐檩的外面钉檐板，下部钉板条，抹灰（图 2-156）。

④ 封檐的构造：在挑檐较小的情况下，可以用封檐的做法，即将砖墙逐层挑出几皮，挑出的总宽度一般不大于墙厚的 1/2。平瓦铺在屋檐檐口处，坐浆抹在挑砖上（图 2-157）。

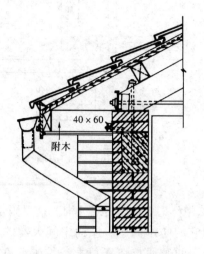

图 2-156 钢木屋架檐部做法

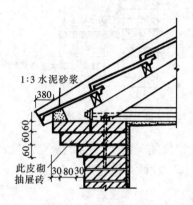

图 2-157 封檐的构造

⑤ 硬山搁檩：挑檐是横向承重的内墙和山墙，在檐口的部位安放挑梁，将梁压砌在墙内。梁的端头钉放檐檩，下面钉板条、抹灰。檐檩外面再钉封檐板。硬山搁檩不用屋架，是经常采用的做法，它的挑檐做法与木屋架挑檐类似（图 2-158）。

2）山墙的构造

① 悬山构造：屋顶在山墙外挑出墙身的做法叫"悬山"。即：先将靠山墙一间的檩条按要求挑出墙外，端头钉封檐板，下面钉龙骨、板条、抹灰。封檐板与平面瓦屋面交接处，用C15 混凝土压实、抹光（图 2-159）。

图 2-158 硬山搁檩挑檐

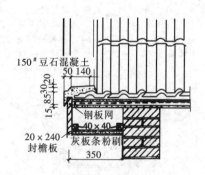

图 2-159 悬山山墙构造

② 硬山构造：将山墙砌起，高出屋面不少于 200mm，在山墙与平瓦交接处用 C20 细石混凝土作成斜坡，压实抹光。山墙墙顶用预制或现制的钢筋混凝土压檐块盖住，用 1∶3 水泥砂浆抹出滴水，其泛水（坡度）流向屋面（图 2-160）。

③ 出山构造：封檐檐口在山墙处的做法是把纵向墙的墙顶逐层挑出，使最上一皮砖稍微高出屋面，与平瓦接缝处用 1∶3 水泥砂浆抹平（图 2-161）。

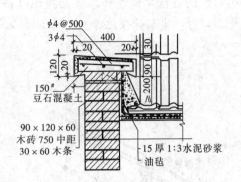

图 2-160　硬山山墙构造

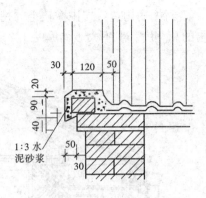

图 2-161　封山山墙构造

3) 坡屋顶的天沟及泛水做法

① 天沟：在两个坡屋面相交处或坡屋顶在檐口有女儿墙时即出现天沟。这里雨水集中，要特殊处理它的防水问题。屋面中间天沟的一般做法是：沿天沟两侧通长钉三角木条，在三角木条上放 26 号铁皮 V 形天沟，其宽度与收水面积的大小有关，其深度应不小于 150mm（图 2-162）。

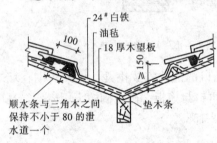

图 2-162　天沟做法

② 屋面泛水：在屋面与墙身交接处，要做泛水。泛水的做法是把防水卷材沿墙上卷，高出屋面大于或等于200mm，防水卷材钉在木条上，木条钉在预埋的木砖上。木条以上通常砌出 60mm 的砖挑檐，

并用1：3水泥砂浆抹出滴水。在屋面与墙交接处用 C15 豆石混凝土找出斜坡，压实、抹光（图 2-163）。

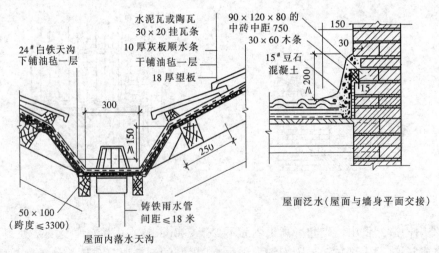

图 2-163　屋面泛水构造

③ 女儿墙天沟：这种天沟与上述做法相似。防水卷材卷起高度要在 250mm 以上，亦用砖挑檐抹出滴水，檐沟断面如图 2-164 所示。屋面板要沿天沟做出一定的宽度，在其下面用

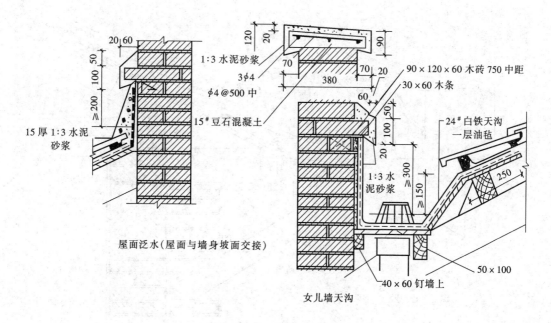

图 2-164 女儿墙处天沟

方木托住。

④ 檐沟和水落管：檐沟是用白铁皮做成的半圆形或方形的沟，平行于檐口，钉在封檐板上，与板相接处用防水卷材盖住，并以热沥青粘严。铁皮檐沟的下口插入水落管。水落管一般是用硬质塑料做成圆形或方形断面的管子。水落管用铁卡子（间距小于或等于1200mm）固定在墙上，距墙为30mm，下口距地面或散水表面≤200mm（图 2-165）。

4）坡屋顶的屋顶平面图

① 两坡顶的建筑物，如两边坡度一样，其屋脊在建筑物的宽度中间位置。

② 四坡顶建筑物，如坡度一样，其正脊在建筑物的宽度中间，其斜脊是建筑物的角部成 45°线引出。

③ 对于组合平面的坡屋顶，其做法同上，突出的为脊，凹进的为沟。脊、坡、檐、沟的关系见图 2-166。

5. 瓦屋面的传统做法

瓦屋面的传统做法又称为"中式做法"，它由屋架或硬山搁檩、檩条、椽条、箔、泥背、瓦（小青瓦、琉璃瓦、筒瓦……）等组成。

（1）屋架：一般多为无斜杆的梁架构成。

（2）檩条：垂直于屋架摆放的构件。截面多为圆形，直径在 100mm 左右。

（3）椽条：垂直于檩条（平行于屋架）摆放。截面为圆形（直径多为 50mm 左右）或方形截面尺寸为 50mm×50mm 左右。

（4）箔：相当于现代做法的屋面板，多采用苇子（苇箔）、荆巴（荆巴箔）制作，用铅丝拴于椽条上。

（5）泥背：多采用灰泥背（白灰与素土拌合而成）厚度在 50mm 左右，其作用是"卧瓦"。

（6）瓦：由于瓦的摆放方式的不同，屋面常出现"合瓦"、"筒瓦"、"灰梗"、"棋盘心"、

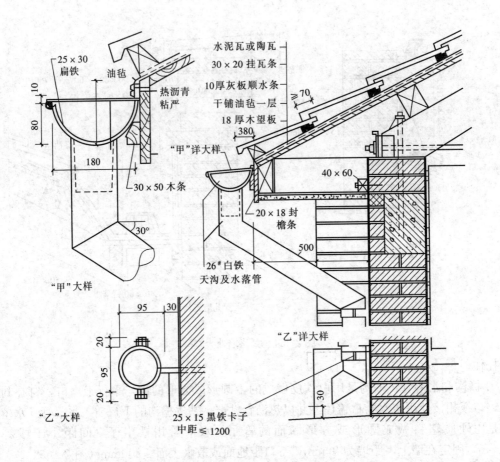

图 2-165　檐沟和水落管

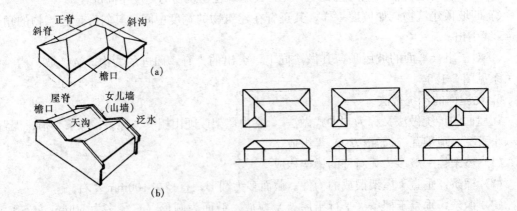

图 2-166　坡屋顶的屋顶平面图

"卷棚"等多种形式。

图 2-167 介绍了瓦屋面的传统做法。

（7）檐沟、天沟的过水断面，应根据屋面汇水面积的雨水流量经计算确定。钢筋混凝土檐沟、天沟净宽不应小于 300mm；分水线处最小深度不应小于 100mm；沟内纵向坡度应不

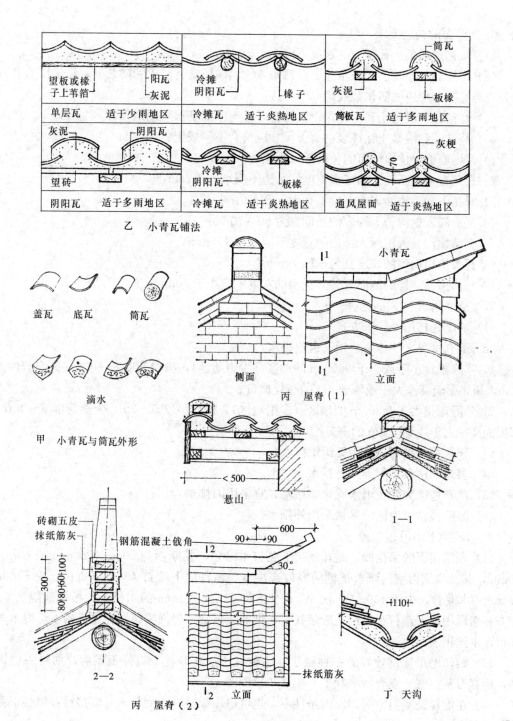

图 2-167 瓦屋面的传统作法

小于 1‰，沟底水落差不得超过 200mm。天沟、檐沟排水不得流经变形缝和防火墙。

（8）金属檐沟、天沟的纵向坡度宜为 0.5%。

（9）坡屋面檐口宜采用有组织排水，檐沟和水落斗可采用金属或塑料成品。

6. 瓦屋面的构造要求

（1）块瓦、混凝土瓦屋面的坡度不应小于 30％。

（2）采用的木质基层、顺水条、挂瓦条，均应做防腐、防火和防蛀处理；采用的金属顺水条、挂瓦条，均应做防锈蚀处理。

（3）烧结瓦、混凝土瓦应采用干法挂瓦，瓦与屋面基层应固定牢靠。

（4）烧结瓦和混凝土瓦铺装的有关尺寸应符合下列规定：

1）瓦屋面檐口挑出墙面的长度不宜小于 300mm；

2）脊瓦在两坡面瓦上的搭盖宽度，每边不应小于 40mm；

3）脊瓦下端距坡面瓦的高度不宜大于 80mm；

4）瓦头深入檐沟、天沟内的长度宜为 50～70mm；

5）金属檐沟、天沟深入瓦内的宽度不应小于 150mm；

6）瓦头挑出檐口的长度宜为 50～70mm；

7）凸出屋面结构的侧面瓦伸入泛水的宽度不应小于 50mm。

7. 瓦屋面排水方式的选择

（1）应优先选用外排水方式。

（2）下列情况之一，应选用有组织排水：

1）年降雨量小于或等于 900mm 的地区（少雨地区），檐口高度 8～10m，天窗跨度 9～12m，相邻屋面高差大于或等于 4m 的高处檐口。

2）年降雨量大于 900mm 的地区（多雨地区），檐口高度 5～8m，天窗跨度 6～9m，相邻屋面高差大于或等于 3m 的高差檐口。

（3）积灰多的屋面应采用无组织排水。

（4）多跨厂房宜采用天沟外排水。

（5）严寒地区为防止雨水管冰冻堵塞，宜采用内排水。

（6）湿陷性黄土地区应尽量采用外排水。

8. 木屋架下的吊顶处理

（1）木屋架下的吊顶棚，是在屋架下弦钉木吊顶，其断面为 50mm×50mm 或 40mm×60mm，其长度则由室内要求顶棚的高度来决定。吊杆的下端钉 40mm×60mm 或 50mm×50mm 的木龙骨，中距 400～600mm，龙骨下钉 24mm×6mm 的木板条，板条间隔为 5mm 左右；然后用麻刀灰打底，白灰砂浆找平，纸筋灰罩面，表面喷浆。在龙骨的下部钉木丝板亦可，木丝板表面喷浆。

（2）钢丝网吊顶是较好的一种做法。这种做法是在龙骨上钉好板条后，加钉一层钢丝网，用麻刀灰打底，混合砂浆找平，纸筋灰罩面。

（3）在能保证室内空间要求的条件下，也可以不设吊杆，而将龙骨直接钉在屋架下弦上（图 2-168）。

（4）采用钢木屋架或人字形屋架的吊顶，是把吊杆钉在屋架上弦上，也可以钉在檩条上，龙骨及抹灰的做法与前述相同。

9. 新型瓦屋面

新型瓦屋面指的是采用钢筋混凝土板结构替代传统屋架，钢筋混凝土板的上部加做保温材料，保温材料的上部按照传统做法铺设块瓦或沥青瓦。图 2-169 为块瓦屋面的构造，图

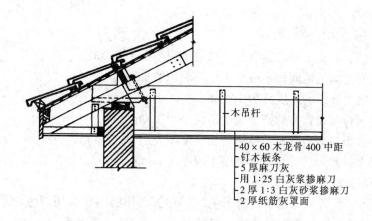

木吊杆

40×60 木龙骨 400 中距
钉木板条
5 厚麻刀灰
用 1:25 白灰浆掺麻刀
2 厚 1:3 白灰砂浆掺麻刀
2 厚纸筋灰罩面

图 2-168　吊顶的构造

2-170 为沥青瓦屋面的构造。

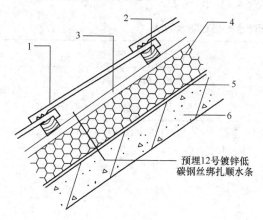

预埋 12 号镀锌低
碳钢丝绑扎顺水条

图 2-169　块瓦屋面

1—块瓦；2—挂瓦条；3—顺水条；4—聚苯板；5—防水
卷材或防水涂料；6—钢筋混凝土屋面板

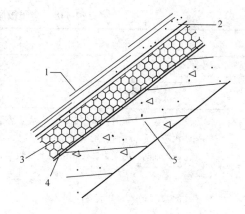

图 2-170　沥青瓦屋面

1—沥青瓦；2—钢钉；3—水泥砂浆找平；
4—聚苯板；5—钢筋混凝土屋面板

（1）块瓦的构造要求

块瓦的构造要求与现代做法的要求相同。

（2）沥青瓦的构造要求

1）沥青瓦屋面的坡度不应小于 20%。

2）沥青瓦应具有自粘胶带或相互搭接的连锁构造。矿物粒料或片料覆面沥青瓦的厚度不小于 2.6mm，金属箔面沥青瓦的厚度不小于 2.0mm。

3）沥青瓦的固定方式应以钉接为主、粘结为辅。每张瓦片上不得少于 4 个固定钉；在大风地区或屋面坡度大于 100% 时，每张瓦片不得少于 6 个固定钉。

4）天沟部位铺设的沥青瓦可采用搭接式、编织式、敞开式。搭接式、编织式铺设时，沥青瓦下应铺设不小于 1000mm 宽的附加层；敞开式铺设时，在防水层或防水垫层上应铺设厚度不小于 0.45mm 的防锈金属板材，沥青瓦与金属板材应用沥青基胶结材料粘结，其搭接宽度不应小于100mm。

5）沥青瓦铺装的尺寸要求：

① 脊瓦在两坡面瓦上的搭盖宽度，每边不应小于150mm；

② 脊瓦与脊瓦的压盖面积不应小于脊瓦面积的1/2；

③ 沥青瓦挑出檐口的长度宜为10～20mm；

④ 金属泛水板与沥青瓦的搭盖宽度不应小于100mm；

⑤ 金属泛水板与突出屋面墙体的搭接高度不应小于250mm；

⑥ 金属滴水板伸入沥青瓦下的宽度不应小于80mm。

9. 金属板屋面的构造要点

金属板屋面包括0.5～1.0mm的彩色涂层钢板制作的屋面和用彩色涂层钢板为面板和底板中间加以保温芯材（硬质聚氨酯、聚苯乙烯、岩棉）、厚度为50～100mm的夹芯板制作的屋面。

（1）金属板屋面的防水等级和防水做法

金属板屋面的防水等级和防水做法应符合表2-118的规定。

表2-118　金属板屋面防水等级和防水做法

防　水　等　级	防　水　做　法
Ⅰ级	压型金属板＋防水垫层
Ⅱ级	压型金属板、金属面绝热夹芯板

注：1. 当防水等级为Ⅰ级时，压型铝合金板基板厚度不应小于0.9mm，压型钢板基板厚度不应小于0.6mm；

2. 当防水等级为Ⅰ级时，压型金属板应采用360°咬口锁边连接方式；

3. 在Ⅰ级屋面防水做法中，仅作压型金属板时，应符合《金属压型板应用技术规范》（GB 50896—2013）的要求。

（2）金属板屋面的基本构造层次

金属板屋面的基本构造层次应符合表2-119的规定。

表2-119　金属板屋面的基本构造层次

屋面类型	基本构造层次（自上而下）
做法1	压型金属板—防水垫层—保温层—承托网—支承结构
做法2	上层压型金属板—防水垫层—保温层—底层压型金属板—支承结构
做法3	金属面绝热夹芯板—支承结构

（3）金属板屋面的构造要点

1）压型金属板采用咬口锁边连接时，屋面的排水坡度不宜小于5%；压型金属板采用紧固件连接时，屋面的排水坡度不宜小于10%。

2）金属板屋面在保温层的下面宜设置隔汽层，在保温层的上面宜设置防水透气膜。

3）金属檐沟、天沟的伸缩缝间距不宜大于30m；内檐沟及内天沟应设置溢流口或溢流系统，沟内宜按0.5%找坡。

4）金属板屋面铺装尺寸的要求：

① 金属板檐口挑出墙面的长度不应小于 200mm;

② 金属板伸入檐沟、天沟内的长度不应小于 100mm;

③ 金属泛水板与突出屋面墙体的搭接高度不应小于 250mm;

④ 金属泛水板、变形缝盖板与金属板的搭盖宽度不应小于 200mm;

⑤ 金属屋脊盖板在两坡面金属板上的搭盖宽度不应小于 250mm。

图 2-171 为压型钢板屋面的构造,图 2-172 为夹芯板屋面的构造。

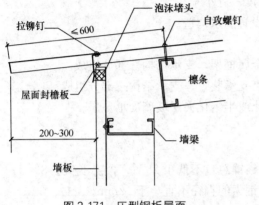

图 2-171 压型钢板屋面

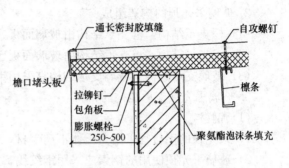

图 2-172 夹芯板屋面

五、玻璃采光顶的构造

《屋面工程技术规范》(GB 50345—2012)中规定:

1. 基本要求

(1)玻璃采光顶应根据建筑物的屋面形式、使用功能和美观要求,选择结构类型、材料和细部构造(图 2-173)。

图 2-173 玻璃采光顶

(2)设计要求:

1)玻璃采光顶的结构设计使用年限不应小于 25 年。

2)屋面玻璃最高点离地面的高度大于 3m 时,必须使用夹层玻璃。

3)屋面玻璃采用中空玻璃时,上片玻璃可以采用夹层玻璃或钢化玻璃。且夹层玻璃应朝向内侧。

4）玻璃采光顶的面积不应大于屋顶总面积的20%。

5）玻璃采光顶应采用遮阳型低辐射镀膜夹层中空进行遮阳设计。必要时也可以设置遮阳系统。

6）玻璃采光顶的同一玻璃面板不宜跨越两个防火分区。

7）玻璃采光顶应采用天沟排水，排水坡度宜大于1%。

8）玻璃采光顶应采用支承结构找坡，排水坡度不宜小于3%。

（2）采光顶采取无组织排水时，应在屋檐处设置滴水构造。

2. 玻璃采光顶的构造组成

（1）框支承结构：框支承结构由玻璃面板、金属框架、支承结构三部分组成。

（2）点支承结构：点支承结构由玻璃面板、点支承装置、支承结构三部分组成。

（3）玻璃支承结构：玻璃支承结构宜采用钢化或半钢化夹层玻璃支承。

3. 玻璃采光顶支承结构的材料

（1）钢材

1）采光顶的钢材宜采用奥氏体不锈钢材，且铬镍总量不低于25%，含镍不少于8%。

2）玻璃采光顶使用的钢索应采用钢绞线，且钢索的直径不宜小于12mm。

3）热轧钢型材有效截面的壁厚不应小于2.5mm；冷轧型薄壁型钢截面厚度不应小于2.0mm。

（2）铝合金型材

1）铝合金型材应采用阳极氧化、电泳喷涂、粉末喷涂、氟碳喷涂等进行表面处理。

2）铝合金型材有效截面的部位厚度不应小于2.5mm。

（3）支承装置

1）矩形玻璃面板宜采用四点支承，三角形玻璃面板宜采用三点支承。相邻支承点间的短边距离，不宜大于1.50m。点支承玻璃可采用钢爪支承装置或夹板支承装置。采用钢爪支承时，孔边至板边的距离不宜小于70mm。

2）点支承玻璃面板采用浮头式连接时，玻璃厚度不应小于6mm；采用沉头式连接时，玻璃厚度不应小于8mm；夹层玻璃和中空玻璃的单片厚度应符合相关规定。钢板夹持的点支承玻璃，单片厚度不应小于6mm。

（4）玻璃采光顶的玻璃

1）玻璃采光顶应采用安全玻璃，宜采用夹层玻璃或夹层中空玻璃；

2）玻璃原片的单片玻璃厚度不宜小于6mm；

3）夹层玻璃的玻璃原片厚度不宜小于5mm；夹层玻璃的两片玻璃厚度相差不宜大于2mm；夹层玻璃的胶片宜采用聚乙烯醇缩丁醛（PVB）胶片，聚乙烯醇缩丁醛胶片的厚度不应小于0.76mm。

4）夹层中空玻璃气体层的厚度不应小于12mm；中空玻璃宜采用双道密封结构，并应采用硅酮结构密封胶；中空玻璃的夹层面应在中空玻璃的下表面。

5）上人的玻璃采光顶应采用夹层玻璃；

6）点支承玻璃采光顶应采用钢化夹层玻璃；

7）不宜采用单片低辐射玻璃。

（5）密封材料

1）密封材料采用橡胶材料时，宜采用三元乙丙橡胶、氯丁橡胶或丁基橡胶、硅橡胶。

2）玻璃采光顶中用于玻璃与金属构架、玻璃与玻璃、玻璃与玻璃肋之间的结构弹性连接采用中性硅酮结构密封胶。

六、聚碳酸酯板（阳光板）采光顶的构造

聚碳酸酯板采光顶是采用聚碳酸酯板（又称为阳光板、PC板）制作的采光顶（图2-174）。

图 2-174　聚碳酸酯板（阳光板）采光顶

聚碳酸酯板的其主要性能指标为：

1. 板的种类：聚碳酸酯板有单层实心板、中空平板、U型中空板、波浪板等多种类型；有透明、着色等多种板型。

2. 板的厚度：单层板 3~10mm，双层板 4mm、6mm、8mm、10mm。

3. 燃烧性能：燃烧性能等级应达到 B$_1$ 级。

4. 耐候性（黄化指标）：不小于 15 年。

5. 透光率：双层透明板不小于 80%，三层透明板不小于 72%。

6. 耐温限度：—40~120℃。

7. 使用寿命：不得低于 25 年。

8. 黄色指数：黄色指数变化不应大于 1。

9. 找坡方式：应采用支承结构找坡，坡度不应小于 8%。

10. 聚碳酸酯板应可冷弯成型。

11. 中空平板的弯曲半径不宜小于板材厚度的 175 倍；U 型中空板的最小弯曲半径不宜小于板材厚度的 200 倍；实心板的弯曲半径不宜小于板材厚度的 100 倍。

七、太阳能光伏系统

1. 基本要求

太阳能光伏系统是利用光伏效应将太阳辐射能直接转换成电能的发电系统。光电采光板由上下两层 4mm 玻璃及中间的光伏电池组成的光伏电池系列，用铸膜树脂（EVA）热固而成，背面是接线盒和导线。光电采光板的尺寸一般为 500mm×500mm~2100mm×3500mm

（图 2-175）。

图 2-175　太阳能光伏系统

2. 太阳能光伏系统的构造类型

（1）类型一：导线从接线盒穿出后，在施工现场直接与电源插头相连，这种构造适合于表面不通透的外立面，因为它仅外片玻璃是透明的。

（2）类型二：隐藏在框架之间的导线从装置的边缘穿出，这种构造适合于透明的外立面，从室内可以看到这种装置。

3. 安装要求

（1）《民用建筑太阳能光伏系统应用技术规范》（JGJ 203—2010）中规定：太阳能光伏系统可以安装在平屋面、坡屋面、阳台（平台）、墙面、幕墙等部位。安装时不应跨越变形缝、不应影响所在建筑部位的雨水排放、光伏电池的温度不应高于 85℃、多雪地区宜设置人工融雪、清雪的安全通道。

（2）《采光顶与金属屋面技术规程》（JGJ 255—2012）中规定：太阳能光伏系统安装角度宜按光伏系统全年日照最多的倾角设计，宜满足光伏组件冬至日全天有 3h 以上建筑日照时间。

复习思考题

1. 选择屋顶形式和做法时应注意什么问题？

2. 保温平屋顶包括哪些层次？

3. 平屋顶的正置式和倒置式做法的区别在哪里？

4. 平屋顶的檐部做法有几种类型？

5. 隔热平屋顶有几种做法？

6. 坡屋顶包括哪些构造层次？

7. 坡屋顶的檐部做法有几种类型？

8. 玻璃采光顶的构造要点。

9. 聚碳酸酯板采光顶的构造要点。

10. 光伏板的构造要点。

第六节 门 窗 构 造

一、概述

1. 门窗的作用

窗是建筑物中的一个重要组成部分。窗的作用是采光和通风，对建筑立面装饰也起很大的作用，同时，也是围护结构的一部分。

窗的散热量约为围护结构散热量的 $2\sim3$ 倍。如 240 墙体的 $K_0=1.8W/(m^2 \cdot K)$，365 墙体的 $K_0=1.34W/(m^2 \cdot K)$，而单层窗的 $K_0=5.0W/(m^2 \cdot K)$，双层窗的 $K_0=2.3W/(m^2 \cdot K)$，不难看出，窗口面积越大，散热量也随之加大。

《严寒和寒冷地区居住建筑节能设计标准》(JGJ 26—2010) 和相关标准图中指出：采暖度日数 HDD＜2200 的地区，各向墙面均可采用单层金属窗；2200≤HDD≤3500 的地区，北向墙面应采用双层金属窗，其余各向墙面均可采用金属双玻窗；HDD＞3500 的地区，各向墙面均应采用双层金属窗。

门也是建筑物中的一个重要组成部分。门是人们进出房间和室内外的通行口，也兼有采光和通风作用；门的立面形式在建筑装饰中也是一个重要方面。

门窗的玻璃面积大于 $1.5m^2$ 时，应采用安全玻璃。安全玻璃有钢化玻璃、夹层玻璃和单片防水玻璃三种。住宅门窗玻璃考虑节能应选用双层中空玻璃，中空厚度 $6\sim9mm$。

2. 门窗的材料

目前门窗的材料有木材、钢材、彩色钢板、铝合金、塑料、玻璃钢等多种。钢门窗有实腹、空腹、钢木等。塑料门窗有塑钢、塑铝、纯塑料等。为节约木材一般不应采用木材作外窗。（潮湿房间不宜用木门窗，也不应采用胶合板或纤维板制作门窗）。

住宅内门可采用钢框木门（纤维板门芯）以节约木材。大于 $5m^2$ 的木门应采用钢框加斜撑的钢木组合门。

空腹钢门窗具有省料、刚度好等优点，但由于运输、安装产生的变形又很难调直，致使关闭不严。空腹钢门窗应采用内壁防锈，在潮湿房间不应采用。实腹钢门窗的性能优于空腹钢门窗，但应用于潮湿房间时，应采取防锈措施。小截面的空腹钢门窗在北京已被淘汰。当前以彩色钢板门窗应用较多。

铝合金门窗具有关闭严密、质轻、耐水、美观、不锈蚀等优点，但造价较高。铝塑复合门窗，又称为断桥铝门窗。采用断桥铝型材和中空玻璃制作。这种门窗具有隔热、节能、隔音、防爆、防尘、防水等功能，属于国家 A_1 类标准门窗。

塑料门窗具有质轻、刚度好、美观光洁、不需油漆、质感亲切等优点，但造价偏高，最适合于严重潮湿房间和海洋气候地带使用及室内玻璃隔断。为延长寿命，亦可在塑料型材中加入型钢或铝材，成为塑钢断面或塑铝断面。塑料门窗当前应用十分广泛。

3. 窗洞口大小的确定

（1）窗地面积比（窗地比）

窗地面积比（窗地比）是窗洞口面积与房间净面积之比，主要建筑窗地比的最低值见表2-120。

表 2-120　主要建筑窗地比的最低值

建筑类别	房间或部位名称	窗地比
宿舍	居室	1/7
	楼梯间	1/12
	公共厕所、公共浴室	1/10
住宅	卧室、起居室（厅）、厨房	1/7
	楼梯间（设置采光窗时）	1/10
托儿所、幼儿园	音体活动室、活动室、乳儿室	1/5
	寝室、喂奶室、医务室、保健室、隔离室	1/6
	其他房间	1/8
文化馆	展览、书法、美术	1/4
	游艺、文艺、音乐、舞蹈、戏曲、排练、教室	1/5
图书馆	阅览室、装裱间	1/4
	陈列室、报告厅、会议室、开架书库、视听室	1/6
	闭架书库、走廊、门厅、楼梯、厕所	1/10
办公	设计室、绘图室	1/3.5
	办公、会议、视屏工作室	1/5
	复印室、档案室	1/7
	走廊、楼梯间、卫生间	1/12
中、小学校	普通教室、合班教室等	1/5
	科学教室、实验室	1/5
	计算机教室	1/5
	舞蹈教室、风雨操场	1/5
	办公室、保健室	1/5
	饮水处、厕所、淋浴	1/10
	走道、楼梯间	约为 1/7

（2）窗墙面积比（开洞率）

窗墙面积比（开洞率）指的是窗洞口面积与所在房间立面单元面积之比。限制窗墙面积比（开洞率）的目的在于节能。立面单元面积指的是层高与开间定位轴线围成的面积。不同地区住宅建筑的窗墙面积比见表2-121。

表 2-121　不同地区住宅建筑的窗墙面积比

规范名称	窗墙面积比			
	北向	东向	西向	南向
《民用建筑热工设计规程》（GB 50176—1993）	≯0.25	≯0.30	≯0.30	≯0.35

规范名称	窗墙面积比			
	北向	东向	西向	南向
《严寒和寒冷地区居住建筑节能设计标准》 (JGJ 26—2010)	严寒 0.25	严寒 0.30	严寒 0.30	严寒 0.45
	寒冷 0.30	寒冷 0.35	寒冷 0.35	寒冷 0.50
《夏热冬冷地区居住建筑节能设计标准》(JGJ 134—2010)	0.40	0.35	0.35	0.45
《夏热冬暖地区居住建筑节能设计标准》(JGJ 75—2010)	≯0.40	≯0.30	≯0.30	≯0.40

注：夏热冬冷地区居住建筑每套房间允许一个房间（不分朝向）为 0.60。

(3) 采光系数

采光系数是指全云漫射光照射下，室内给定平面上的某一点由天空漫射光所产生的照度与在全云天空漫射光照射下与室内某一点照度同一时间、同一地点、在室外无遮挡水平面上由天空漫射光所产生的室外照度的比值，用百分数表示。

《建筑采光设计标准》（GB 50033—2013）规定的各类建筑的采光标准值为：

1）采光标准值等级应符合表 2-122 的规定。

表 2-122　采光标准值等级

采光等级	侧面采光		顶部采光	
	采光系数标准值 （%）	室内天然光照度标准值 （Lx）	采光系数标准值 （%）	室内天然光照度标准值 （Lx）
Ⅰ	5	750	5	750
Ⅱ	4	600	3	450
Ⅲ	3	450	2	300
Ⅳ	2	300	1	150
Ⅴ	1	150	0.5	75

注：1. 工业建筑参考平面取距地面 1m，民用建筑取距地面 0.75m，公共场所取地面。

2. 表中采光系数标准值适用于我国Ⅲ类光气候区，采光系数标准值是按室外设计照度值 15000Lx 制定的。

3. 采光标准的上限值不宜高于上一采光等级的级差，采光系数值不宜高于 7%。

2）住宅建筑

①住宅建筑的卧室、起居室（厅）、厨房应有直接采光。

②住宅建筑的卧室、起居室（厅）的采光不应低于采光等级Ⅳ级的采光标准值，侧面采光的采光系数不应低于 2.0%，室内天然光照度不应低于 300Lx。

③住宅建筑的采光标准值不应低于表 2-123 的规定。

表 2-123　住宅建筑的采光标准值

采光等级	场所名称	侧面采光	
		采光系数标准值 （%）	室内天然光照度标准值 （Lx）
Ⅳ	厨房	2.0	300
Ⅴ	卫生间、过道、餐厅、楼梯间	1.0	150

3) 办公建筑

办公建筑的采光标准值不应低于表 2-124 的规定。

表 2-124　办公建筑的采光标准值

采光等级	场所名称	侧面采光	
		采光系数标准值（%）	室内天然光照度标准值（Lx）
Ⅱ	设计室、绘图室	4.0	600
Ⅲ	办公室、会议室	3.0	450
Ⅳ	复印室、档案室	2.0	300
Ⅴ	走道、卫生间、楼梯间	1.0	150

4) 教育建筑

① 教育建筑普通教室采光不应低于采光等级Ⅲ级的采光标准值，侧面采光的采光系数不应低于 3.0%，室内天然光照度不应低于 450Lx。

② 教育建筑的采光标准值不应低于表 2-125 的规定。

表 2-125　教育建筑的采光标准值

采光等级	场所名称	侧面采光	
		采光系数标准值（%）	室内天然光照度标准值（Lx）
Ⅲ	专用教室、实验室、阶梯教室、教师办公室	3.0	450
Ⅴ	走道、卫生间、楼梯间	1.0	150

5) 采光系数标准值与窗地面积比的对应关系

① 采光系数标准值为 0.5% 时，相对于窗地面积比为 1/12；

② 采光系数标准值为 1.0% 时，相对于窗地面积比为 1/7；

③ 采光系数标准值为 2.0% 时，相对于窗地面积比为 1/5。

(4) 下面通过实例说明窗地比的应用。

【例】　住宅中南向居室窗，居室的开间尺寸为 3300mm，进深尺寸为 5100mm，层高尺寸为 2700mm，外墙厚 360mm（轴线偏中）、内墙厚 240mm（轴线居中），试决定洞口大小并选择窗型。

【解】

第一步求房间净面积：$(3300-2\times120)\times(5100-2\times120)=14871600mm^2$（$14.87m^2$）。

第二步求窗洞口面积：$14.87\times1/7=2.12m^2$（最小值）。

第三步分析相关的层高尺寸：2700mm 中应扣除窗台所占尺寸 850mm，窗上口所占尺寸 450mm，窗洞口高度只能选取 1400mm。

第四步分析相关的开间尺寸：由于在抗震设防地区的窗间垛必须保证 1200mm，这样窗洞口宽度的最大值为 2100mm。

第五步满足结构要求后的最大洞口尺寸为 $2.10\times1.40=2.94m^2$。

第六步求住宅南墙的最大开洞率：$2700\times3300\times0.35=3118500mm^2$（$3.12m^2$）。

第七步分析相关数字：窗洞口的最小值为 $2.12m^2$，最大值为 $3.12m^2$，考虑抗震要求，

洞口的取用值为 $1800 \times 1400 = 2520000mm^2$ （$2.52m^2$）或 $2100 \times 1400 = 2940000mm^2$（$2.94m^2$）。

第八步确定洞口的最后取值：通过上述分析，窗洞口最后取值为 1800mm × 1400mm（窗号为 1814WC）或 2100mm × 1400mm（窗号为 2114WC）。

4. 常用窗型的代号及尺寸

这里以常用的塑钢窗为例进行介绍。

（1）塑钢窗的尺寸：

① 宽度－600、900、1200、1500、1800、2100、2400。（单位 mm）

② 高度－600、900、1200、1400、1500、1800、2100。（单位 mm）

（2）塑钢窗的代号：TC—推拉窗；WC—外开窗；

（3）塑钢窗的编号：编号方法为洞口宽度尺寸的缩写、高度尺寸的缩写及代号共同组成。如 1515WC。其含义为 1500×1500 的外开塑钢窗。

（4）塑钢门窗应满足的性能指标

1）门窗的雨水渗透性能：门窗的雨水渗透性能详见表 2-126。

表 2-126　门、窗的雨水渗透性能 ΔP（Pa）

等级	I	II	III	IV	V	VI
ΔP	≥600	<600 ≥500	<500 ≥350	<350 ≥250	<250 ≥150	<150 ≥100

注：北京地区的门、窗的雨水渗透性能 ΔP 应≥250Pa，相当于 IV 级标准。

2）门窗的保温性能：门窗的保温性能详见表 2-127。

表 2-127　门、窗的保温性能 K_0 ［W/（m²·K）］

型式 \ 等级	I	II	III	IV
窗	≤2.00	>2.00 ≤3.00	>3.00 ≤4.00	>4.00 ≤5.00
平开门	≤2.00	>2.00 ≤3.00	>3.00 ≤4.00	>4.00 ≤5.00
推拉门	—	>2.00 ≤3.00	>3.00 ≤4.00	>4.00 ≤5.00

注：北京地区的门、窗的保温性能 K_0 应≤3.50W/（m²·K），相当于 III 级标准。

3）门窗的隔声性能：门窗的隔声性能详见表 2-128。

表 2-128　门、窗的空气声计权隔声性能（dB）

型式 \ 等级	I	II	III	型式 \ 等级	I	II	III
平开门	≥35	≥30	≥25	平开窗	≥35	≥30	≥25
推拉门	—	≥30	≥30	推拉窗	—	≥30	≥30

注：北京地区的门、窗的隔声性能应≥25dB，相当于 III 级标准。

4）门窗的抗风压性能：门窗的抗风压性能详见表2-129。

表2-129　门、窗的抗风压性能 W_c（Pa）

等　级	Ⅰ	Ⅱ	Ⅲ	Ⅳ	Ⅴ	Ⅵ
W_c	≥3500	<3500 ≥3000	<3000 ≥2500	<2500 ≥2000	<2000 ≥1500	<1500 ≥1000

注：1. 北京地区的中高层及高层建筑的门窗应≥3000Pa，相当于Ⅱ级标准。
　　2. 北京地区的低层及多层建筑的门窗应≥2500Pa，相当于Ⅱ级标准。

5）门窗的空气渗透性能：门窗的空气渗透性能详见表2-130。

表2-130　门、窗的空气渗透性能 q_0 [m³/（h·m）]

型　式 ＼ 等　级	Ⅰ	Ⅱ	Ⅲ	Ⅳ	Ⅴ
门	—	≤1.0	>1.0 ≤1.5	>1.5 ≤2.0	>2.0 ≤2.5
平开窗	≤0.5	≥0.5 ≤1.0	>1.0 ≤1.5	>1.5 ≤2.0	—
推拉窗	—	≤1.0 ≤1.5	>1.0 ≤1.5	>1.5 ≤2.0	>2.0 ≤2.5

注：北京地区门窗的空气渗透性能在 $\Delta P=10\mathrm{Pa}$ 下应≤1.5，相当于Ⅲ级标准。

5. 窗的选用与布置

（1）窗的选用

1）7层和7层以上的建筑不应采用平开窗，可以采用推拉窗、内侧内平开窗或外翻窗。

2）开向公共走道的外开窗扇，其底高度不应低于2.00m。

3）住宅底层外窗和屋顶的窗，其窗台高度低于2.00m的应采取防护措施。

4）有空调的建筑外窗应设可开启窗扇，其数量为5%。

5）可开启的高侧窗或天窗应设手动或电动机械开窗机。

（2）窗的布置

1）楼梯间外窗应结合各层休息板布置。

2）楼梯间外窗如作内开扇时，开启后不得在人的高度内凸出墙面。

3）需防止太阳光直射的窗及厕浴等需隐蔽的窗，宜采用翻窗，并用半透明玻璃。

4）中小学教学用房二层及二层以上的临空外窗的开启扇不得外开。

（3）窗台

1）窗台的高度应不低于0.80m（住宅为0.90m）。

2）低于规定高度的窗台叫低窗台。低窗台应采用护栏或固定窗作为防护措施，固定窗应采用厚度大于6.38mm的夹层玻璃。

3）低窗台防护措施的高度应不低于0.80m（住宅为0.90m）。

（4）窗台的防护高度应遵守下列规定：

1）窗台高度低于0.45m时，护栏或固定扇的高度从窗台算起；

2）窗台高度高于0.45m时，护栏或固定扇的高度可自地面算起；但护栏下部不得设置水平栏杆或高度小于 0.45m，宽度大于 0.22m 的可踏部位；

3）当室内外高差不大于 0.60m 时，首层的低窗台可不加防护措施。

（5）凸窗（飘窗）的低窗台应注意以下问题：

1）凡凸窗范围内设有宽窗台可供人坐或放置花盆用时，护栏和固定窗的护栏高度一律从窗台面算起；

2）当凸窗范围内无宽窗台，且护栏紧贴凸窗内墙面设置时，按低窗台规定执行；

3）外窗台应低于内窗台面。

（6）安全玻璃的选用

建筑工程的下列部位必须使用安全玻璃：安全玻璃包括夹层玻璃、钢化玻璃、防火玻璃以及由上述玻璃制作的中空玻璃。

1）7 层和 7 层以上建筑物外窗；

2）面积大于 1.50m² 的窗玻璃或玻璃底边离最终装修面小于 500mm（铝合金窗）或 900mm（塑钢窗）的落地窗；

3）公共建筑的出入口；

4）室内隔断、浴室围护和屏风；

5）与水平面夹角不大于 75° 的倾斜装配窗、各类天棚（含天窗、采光顶）、吊顶。

6. 门洞口大小的确定

门也是建筑物中的一个重要组成部分。门是人们进出房间和室内外的通行口，也兼有采光和通风作用；门的立面形式在建筑装饰中也是一个重要方面。一个房间应该开几个门，每个建筑物门的总宽度应该是多少，一般是按《建筑设计防火规范》（GB 50016—2014）规定的疏散"百人指标"计算确定的。

（1）公共建筑

1）公共建筑内每个防火分区或一个防火分区的每个楼层，其安全出口的数量应经计算确定，且不应少于 2 个。符合下列条件之一的公共建筑，可设置 1 个安全出口或 1 部疏散楼梯：

① 除托儿所、幼儿园外，建筑面积不大于 200m² 且人数不超过 50 人的单层公共建筑或多层公共建筑的首层；

② 除医疗建筑，老年人建筑，托儿所、幼儿园的儿童用房，儿童游乐厅等儿童活动场所和歌舞娱乐放映游艺场所等外，符合表 2-131 规定公共建筑。

表 2-131　可设置 1 个安全出口的公共建筑

耐火等级	最多层数	每层最大建筑面积（m²）	人　　数
一、二级	3 层	200	第二、三层的人数之和不超过 50 人
三级	3 层	200	第二、三层的人数之和不超过 25 人
四级	2 层	200	第二层人数不超过 15 人

2）安全出口的计算

安全出口的净宽度是按"百人指标"确定的。各类建筑的"百人指标"为：

① 剧场、电影院、礼堂等场所供观众疏散的所有内门、外门的各自总净宽度，应根据疏散人数按每 100 人的最小净宽度不小于表 2-132 的规定计算确定；

表 2-132　剧院、电影院、礼堂等场所每 100 人所需最小疏散净宽度（m/百人）

观众厅座位数（座）			≤ 2500	≤ 1200
耐火等级			一、二级	三级
疏散部位	门和走道	平坡地面	0.65	0.85
		阶梯地面	0.75	1.00
	楼　梯		0.75	1.00

　　② 体育馆供观众疏散的所有内门、外门的各自总净宽度，应根据疏散人数按每 100 人的最小疏散净宽度不小于表 2-133 的规定计算确定。

表 2-133　体育馆每 100 人所需最小疏散净宽度（m/百人）

观众厅座位数范围（座）		3000～5000	5001～10000	10001～20000
疏散部位	门和走道	0.43	0.37	0.32
	阶梯地面	0.50	0.43	0.37
	楼　梯	0.50	0.43	0.37

　　注：本表中较大座位数范围按规定计算的疏散总净宽度，不应小于对应相邻较小座位数范围按其最多座位数计算的疏散总净宽度。对于观众厅座位数少于 3000 个的体育馆，计算供观众疏散的所有内门、外门、楼梯和走道的各自总净宽度时，每 100 人的最小疏散净宽度不应小于本表的规定。

　　③ 除剧场、电影院、礼堂、体育馆外的其他公共建筑，其房间疏散门、安全出口的各自总净宽度，应符合下列规定：

　　A. 每层的房间疏散门、安全出口的各自总净宽度，应根据疏散人数按每 100 人的最小疏散净宽度不小于表 2-134 的规定计算确定。

表 2-134　每层的房间疏散门、安全出口每 100 人最小疏散净宽度（m/百人）

建　筑　层　数		耐　火　等　级		
		一、二级	三级	四级
地上楼层	1～2 层	0.65	0.75	1.00
	3 层	0.75	1.00	—
	≥4 层	1.00	1.25	—
地下楼层	与地面出入口地面的高差 $\Delta H \leq 10m$	0.75	—	—
	与地面出入口地面的高差 $\Delta H > 10m$	1.00	—	—

　　B. 地下或半地下人员密集的厅、室和歌舞娱乐放映游艺场所，其房间疏散门、安全出口的各自总净宽度，应根据疏散人数每 100 人不小于 1.00m 计算确定；

　　C. 首层外门的总净宽度应按该建筑疏散人数最多一层的人数计算确定，不供其他楼层人员疏散的外门，可按本层的疏散人数计算确定；

　　D. 歌舞娱乐放映游艺场所中录像厅的疏散人数，应根据该厅、室的建筑面积按不小于 1.0 人/m² 计算；其他歌舞娱乐放映游艺场所的疏散人数，应根据厅、室的建筑面积按不小于 0.50 人/m² 计算。

　　（2）住宅建筑

　　1）住宅建筑安全出口的设置

① 建筑高度不大于 27m 的建筑，当每个单元任一层的建筑面积大于 650m² 或任一户门至最近安全出口的距离大于 15m 时，每个单元每层的安全出口不应少于 2 个；

② 建筑高度大于 27m、不大于 54m 的建筑，当每个单元任一层的建筑面积大于 650m²，或任一户门至最近安全出口的距离大于 10m 时，每个单元每层的安全出口不应少于 2 个；

③ 建筑高度大于 54m 的建筑，每个单元每层的安全出口不应少于 2 个。

2）建筑高度大于 27m、但不大于 54m 的住宅建筑，每个单元设置一座疏散楼梯时，疏散楼梯应通至屋面，且单元之间的疏散楼梯应能通过屋面连通，户门应采用乙级防火门。当不能通至屋面或不能通过屋面连通时，应设置 2 个安全出口。

7. 门的选用与布置

（1）门的选用

1）一般公共建筑经常出入的西向和北向的外门，应设置双道门（双道门中心距离不应小于 1600mm）、旋转门或门斗。否则应加热风幕。外面一道门应采用外开门，里面一道门宜采用双面弹簧门或电动推拉门。

2）所有内门若无隔声要求或其他特殊要求，不得设门槛。

3）房间湿度大的门不宜选用纤维板门或胶合板门。

4）手动开启的大门扇应有制动装置；推拉门应有防脱轨措施。

5）双面弹簧门应在可视高度部分装透明玻璃。

6）开向疏散走道及主楼梯间的门扇开启时，不应影响走道及楼梯休息平台的疏散宽度。

（2）洞口尺寸

1）宿舍居室及辅助用房的门洞宽度不应小于 0.90m，阳台门和居室内附设的卫生间，其门洞宽度不应小于 0.70m，设亮子的门洞口高度不应低于 2.40m，不设亮子的门洞洞口高度不应低于 2.00m。

2）《住宅设计规范》（GB 50096—2011）中规定各房间门洞口的最小尺寸应符合表 2-135 的规定。

表 2-135　门洞口最小尺寸

类　别	宽度（m）	高度（m）	类　别	宽度（m）	高度（m）
共用外门	1.20	2.00	厨房门	0.80	2.00
户（套）门	1.00	2.00	卫生间门	0.70	2.00
起居室（厅）门	0.90	2.00	阳台门（单扇）	0.70	2.00
卧室门	0.90	2.00	—	—	—

注：1. 表中门洞高度不包括门上亮子高度，宽度以平开门为准；
　　2. 洞口两侧地面有高差时，以高地面为起算高度。

3）《中小学校设计规范》（GB 50099—2011）中规定：

① 教学用房的门

A. 除音乐教室外，各类教室的门均宜设置上亮窗；

B. 除心理咨询室外，教学用房的门扇均宜附设观察窗；

C. 疏散通道上的门不得使用弹簧门、旋转门、推拉门、大玻璃门等不利于疏散通畅、安全的门；

D. 各教学用房的门均应向疏散方向开启，开启的门扇不得挤占走道的疏散通道；

E. 每间教学用房的疏散门均不应少于 2 个，疏散门的宽度应通过计算确定。每樘疏散门的通行净宽度不应小于 0.90m。当教室处于袋形走道尽端时，若教室内任何一处距教室门不超过 15m，且门的通行净宽度不小于 1.50m 时，可设 1 个门。

②建筑物出入口门：在寒冷或风沙大的地区，教学用建筑物出入口的门应设挡风间或双道门。

4）托幼建筑的门应符合下列规定：

① 门斗及双层门中心距离不应小于 1.60m；

② 幼儿经常出入的门在距地 0.60～1.20m 高度内，不应装易碎玻璃；

③ 幼儿经常出入的门在距地 0.70m 处，宜加设幼儿专用拉手；

④ 幼儿经常出入的门双面宜平滑、无棱角；

⑤ 幼儿经常出入的门不应设置门槛和弹簧门；

⑥ 幼儿经常出入的外门宜设纱门。

5）办公用房门洞口宽度不应小于 1.00m，洞口高度不应低于 2.00m。

6）旅馆客房入口门洞宽度不应小于 0.90m，高度不应低于 2.10m，客房内卫生间门洞口宽度不应低于 0.75m，高度不应低于 2.10m。

7）商店营业厅出入口、安全门的净宽度不应小于 1.40m，并不应设置门槛。

8）老年人建筑公用外门净宽度不得小于 1.10m，老年人住宅户门和内门（含厨房门、卫生间门、阳台门）通行净宽度不应小于 0.80m；起居室、卧室、疗养室、病房等门扇应采用可观察的门。

（3）门的洞口尺寸与代号

1）门的洞口尺寸

① 宽度：700mm、800 mm、900 mm、1000 mm（以上为单扇门）、1100 mm、1200 mm、1400 mm、1500 mm、1800 mm（以上为双扇门或大小扇门）、2100 mm、2400 mm（以上为四扇门）。

② 高度：2000 mm、2100 mm（以上为无上亮门）、2400 mm、2700 mm、3000 mm（以上为有上亮门）。

2）门的代号

① 基本代号：M

② 附加代号：TM（推拉门）、PM（平开门）、JM（夹板门）等。

（4）门的布置

1）两个相邻并经常开启的门，应有防止风吹碰撞的措施。

2）向外开启的平开外门，应有防止风吹碰撞的措施。

3）经常出入的外门和玻璃幕墙下的外门宜设雨篷，楼梯间外门雨篷下，如设吸顶灯，应注意不要被门扉碰碎。高层建筑、公共建筑底层入口均应设挑檐或雨篷、门斗，以防上层落物伤人。

4）变形缝处不得利用门框盖缝，门扇开启时不得跨缝，以免变形时卡住。

二、窗的分类与构造

1. 窗的分类

窗的类型很多，由于开启形式、使用材料和层数的不同，可以分为以下几种情况：

（1）开启形式

1）平开窗：这是使用最为广泛的一种。平开窗可以内开亦可外开。

① 内开窗：玻璃扇开向室内。这种做法的优点是便于安装、修理、擦洗，在风雨侵袭时不易损坏。缺点是纱窗在外，容易锈蚀，不易挂窗帘，并且占据室内部分空间。这种做法适应于墙体较厚或某些要求内开（如中小学）的建筑中采用。

② 外开窗：玻璃窗扇开向室外。这种做法的优点是不占室内空间，但这种窗的安装、修理、擦洗都很不方便，而且容易受风的袭击、碰坏。高层建筑应尽量少用。

2）推拉窗：这种做法的优点是不占空间。一般分左右推拉窗和上下推拉窗。左右推拉窗比较常见，构造简单。上下推拉窗是用重锤通过钢丝绳平衡窗扇，构成较为复杂。

3）旋转窗：这种窗的特点是窗扇沿水平轴旋转开启。由于旋转轴的安装位置不同，分为上悬窗、中悬窗、下悬窗；也可以沿垂直轴旋转而成垂直旋转窗。

4）固定窗：这是一种只供采光、不能通风的窗。

5）百叶窗：这是一种由斜木片或金属片组成的通风窗。多用于有特殊要求的部位。

各种窗型详见图 2-176。

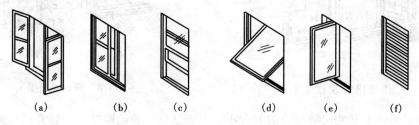

(a)　　　　(b)　　　　(c)　　　　(d)　　　　(e)　　　　(f)

图 2-176　窗的类型

(a) 平开窗；(b) 推拉窗；(c) 推拉窗；(d) 中悬窗；(e) 立转窗；(f) 百叶窗

（2）窗的材料

1）木窗：木窗是由含水率在 18% 左右的不易变形的木料制成，常用的有松木或与松木近似的木料。木窗加工方便，过去使用比较普遍。缺点是不耐久，容易变形。

2）钢窗：钢窗是用热轧特殊断面的型钢制成的窗。断面有实腹与空腹两种。钢窗耐久、坚固、防火、挡光少，对采光有利，可以节省木材，其缺点是关闭不严、空隙大。现在已基本不用。

3）钢筋混凝土窗：这种窗的窗框部分采用钢筋混凝土做成，窗扇部分则采用木材或钢材。这种窗制作比较麻烦。

4）塑料窗：这种窗的窗框与窗扇部分均采用硬质塑料构成，其断面为空腹形，一般采用挤压成型。由于抗老化、易变形等问题已基本解决，故应该大力推广。

5）铝合金窗：这是一种新型窗，主要用于商店橱窗等窗型。铝合金是采用铝镁硅系列合金钢材，表面呈银白色或深青铜色，其断面亦为空腹形，造价适中。

6）彩板钢窗：采用彩色镀锌钢板制作，是空腹料型的钢窗。其造价略低于铝合金窗，开关方式多采用推拉式。

2. 窗的构造

（1）窗不论材料如何，一般均由窗框与窗扇两部分组成。下面以木窗为例，说明各组成部分的名称及断面形状。

（2）图 2-177 为窗框立面图。窗框分为上槛、下槛（腰槛）、边框、中框等部分，其断面如图所示。

（3）窗框断面形状和尺寸与窗扇的层数、窗扇厚度、开启方式、裁口大小和当地风力有关。单层窗框的断面约为 60mm×80mm，双层窗框约为 100~120mm，裁口宽度应稍大于窗扇厚度，深度应为 10~12mm。

（4）图 2-178 为窗扇的立面图，它由上冒头、下冒头、窗棂子、边框等部分组成。其断面如图所示。

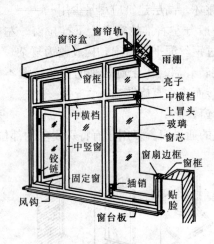

图 2-177 窗框立面图

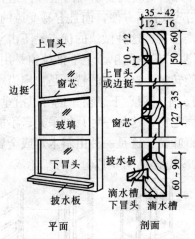

图 2-178 窗扇立面图

（5）窗扇断面形状和尺寸与窗扇的大小、立面划分、玻璃厚度及安装方式有关。边框和冒头的断面约为 40mm×55mm。窗棂子的断面为 40mm×30mm。窗扇的裁口宽度在 15mm 左右，裁口深度在 8mm 以上。纱扇的断面略小于玻璃扇。

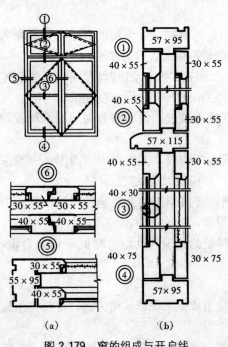

图 2-179 窗的组成与开启线

（6）为了准确表达窗子的开启方式，常用开启线来表达。开启线为人站在窗的外侧看窗，实线为玻璃扇外开，虚线为玻璃扇内开，线条的交点为合页的安装位置。图 2-179 表示了窗的开启示意图。

3. 塑钢窗的构造特点

（1）塑钢窗的料型：塑钢窗的料型以框料宽度为系列，有 80 系列、88 系列等。

（2）塑钢窗与墙体的连接

1）当墙体为混凝土墙时，应采用塑料膨胀螺栓固定。

2）当墙体为烧结普通砖墙时，应采用膨胀螺栓或水泥钉固定，但不得固定在砖缝处。

3）当墙体为加气混凝土时，应采用木螺钉将连接件固定在砖缝处。

4）设有预埋体的窗洞应采用焊接的方法，也可先在预埋件上按紧固件规格打基孔，然后用紧固件固定。

（3）塑钢平开窗的构造，塑钢平开窗的构造详见图 2-180。

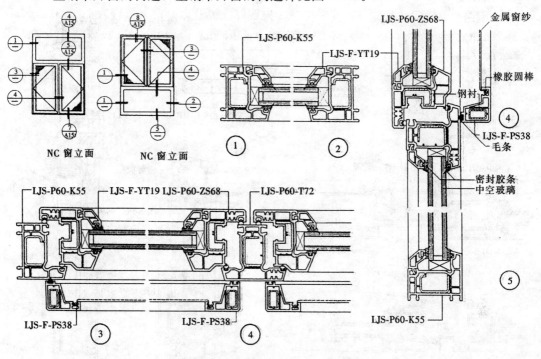

图 2-180　塑钢平开窗的构造

（4）塑钢推拉窗的构造：塑钢推拉窗的构造详见图 2-181。

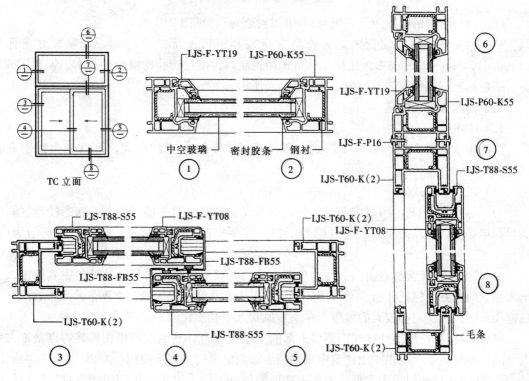

图 2-181　塑钢推拉窗的构造

（5）塑钢门联窗的构造。塑钢门联窗的构造详见图 2-182。

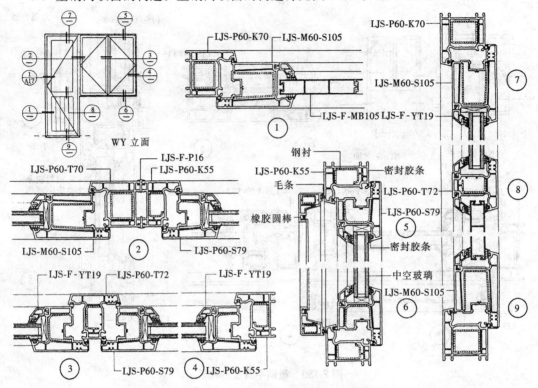

图 2-182　塑钢门联窗的构造

（6）窗与结构的连接节点：窗与结构的连接节点详见图 2-183。

（7）窗帘盒：悬挂窗帘时，为掩蔽窗帘棍和窗帘上部的栓环而设。窗帘盒三面用 25mm×100mm～150mm 木板镶成，亦可采用特制的窗帘盒产品。窗帘棍有木、铜、铁等材料。一般用角钢或钢板伸入墙内，如图 2-184 所示。

三、门的分类与构造

1. 门的种类

门的类型也很多，由于开启形式、所用材料、安装方式的不同，可以分为以下几种类型。

（1）以开启形式分

1）平开门：平开门可以内开或外开，作为安全疏散门时一般应外开。在寒冷地区，为满足保温要求，可以做成内、外开的双层门。需要安装纱门的建筑，纱门与玻璃门为内、外开。

2）弹簧门：又常称自由门。分为单面弹簧门和双面弹簧门两种。这种门主要用于人流出入频繁的地方，但托儿所、幼儿园等类型建筑中儿童经常出入的门，不可采用弹簧门，以免碰伤小孩。弹簧门有较大的缝隙，冬季冷风吹入不利于保温。

3）推拉门：这种门悬挂在门洞口上部的支承铁件上，然后左右推拉。其特点是不占室内空间，但封闭不严。在民用建筑中采用较少，而电梯门多用推拉门。

4）转门：这种门成十字形，安装于圆形的门框上，人进出时推门缓缓行进。这种门的

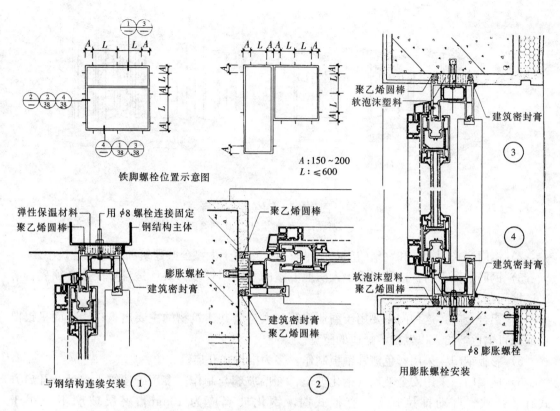

铁脚螺栓位置示意图

$A : 150 \sim 200$
$L : \leqslant 600$

弹性保温材料
聚乙烯圆棒
用 $\phi8$ 螺栓连接固定
钢结构主体
膨胀螺栓
建筑密封膏

与钢结构连续安装 ①

聚乙烯圆棒
膨胀螺栓
建筑密封膏
聚乙烯圆棒

②

聚乙烯圆棒
软泡沫塑料
建筑密封膏

③

建筑密封膏

④

软泡沫塑料
聚乙烯圆棒
$\phi8$ 膨胀螺栓

用膨胀螺栓安装

图 2-183 窗与结构的连接节点

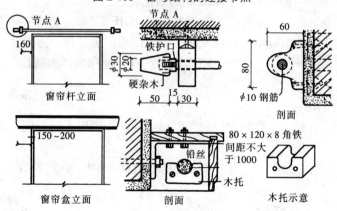

节点 A

160

窗帘杆立面

节点 A

铁护口
硬杂木

$\phi30$
$\phi20$

50 15 30

60

80

$\phi10$ 钢筋

剖面

$150 \sim 200$

窗帘盒立面

铅丝

$80 \times 120 \times 8$ 角铁
间距不大
于 1000

木托

剖面

木托示意

图 2-184 窗帘盒

隔绝能力强、保温、卫生条件好,常用于大型公共建筑的主要出入口。

5)卷帘门:它多用于商店橱窗或商店出入口外侧的封闭门。

6)折门:又称折叠门。门关闭时,几个门扇靠拢一起,可以少占有效面积。

图 2-185 列举了几种门的外观图。

(2)以材料分

1)木门:木门使用比较普遍,但重量较大,有时容易下沉。门扇的做法很多,如拼板门、镶板门、胶合板门、半截玻璃门等,适用于外门及内门。

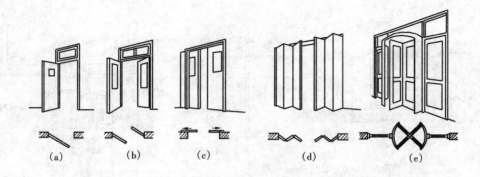

图 2-185　门的类型

(a) 平开门；(b) 弹簧门；(c) 推拉门；(d) 折叠门；(e) 转门

2）钢门：采用钢框和钢扇的门，用量较少。仅用于大型公共建筑和纪念性建筑中。

3）钢筋混凝土门：这种门用于人防地下室的密闭门较多。缺点是自重大，必须妥善解决连接问题。

4）铝合金门：这种门主要用于商业建筑和大型公共建筑物的主要出入口。表面呈银白色或深青铜色，给人以轻松、舒适的感觉。

5）彩板钢门：采用彩色镀锌钢板制作，多为推拉式开启。

6）玻璃门：采用安全玻璃（钢化玻璃、夹层玻璃与制作。多用于建筑入口处，开启方式有平开式、自动推拉式等。有框式时，钢化玻璃应为 10mm，夹层玻璃不应小于 12.38mm；无框式时，应使用不小于 12mm 的钢化玻璃。

（3）满足特殊要求的门：这种门的类型很多，如用于通风、遮阳的百叶门，用于保温、隔热的保温门，用于隔声的隔声门，以及防火门、防爆门等多种。近期，一些生产厂家研制了一种综合门，把防盗、防火、防尘、隔热集于一身，被称为"四防门"，体现了门正在向综合方向发展。

2. 门的各部分名称

门不论采用什么材料，一般均由门框与门扇组成。下面以木门为例，说明各组成部分的名称及断面形状。

图 2-186 为门框的立面图。它由上槛、腰槛、边框、中框等部分组成。

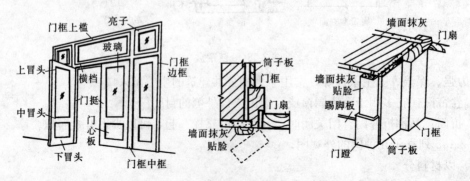

图 2-186　门框构造

门框的断面形状和尺寸，由扇的尺寸、开启方式、裁口大小等决定。门框的最小断面为 45mm×90mm，裁口宽度应稍大于门扇厚度，裁口深度为 10～12mm。

图 2-187 为镶板门门扇的立面图。它由上冒头、下冒头、门棂子、边框等组成。门扇断面形状和尺寸与门扇的大小、立面划分、安装方式有关。边框和上冒头的尺寸一般相等，其断面约为 45mm×90mm。下冒头的断面约为 45mm×140mm。

为了准确表达门的开启方式，常用开启线来表达。其意义与窗相同，这里就不再重述。

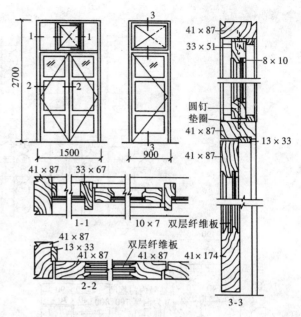

图 2-187　门的开启线

3. 夹板木门的构造

夹板木门的夹板多采用纤维板，其构造详图见图 2-188。

4. 实木玻璃门的构造

实木玻璃门的构造见图 2-189。

5. 拼板门的构造

拼板门的构造见图 2-190。

6. 门的安装位置

门的安装位置见图 2-191。

7. 门的安装

门的安装方法以后安装（塞口）为主。

3. 门窗的安装

（1）一般规定

1）安装门窗必须采用预留洞口的方法，严禁采用边安装边砌口或先安装后砌口；

2）门窗固定可采用焊接、膨胀螺栓或射钉等方式，但砖墙严禁用射钉固定；

3）安装过程中应及时清理门窗表面的水泥砂浆、密封膏等，以保护表面质量。

（2）铝合金门窗的安装

1）铝合金门窗的安装有固定片连接或固定片与附框同时连接两种做法；

2）安装做法有干法施工和湿法施工两种。干法施工指的是金属附框及安装片的安装应在洞口及墙体抹灰湿作业前完成，而铝合金门窗框安装应在洞口及墙体抹灰湿作业后进行，安装缝隙至少应留出 40mm；湿法施工指的是安装片和铝合金门窗框安装应在洞口及墙体抹灰前完成，安装缝隙不应小于 20mm；

3）金属附框宽度应大于 30mm；

4）固定片宜用 HPB300 钢材，厚度不应小于 1.5mm，宽度不应小于 20mm，表面应做防腐处理。

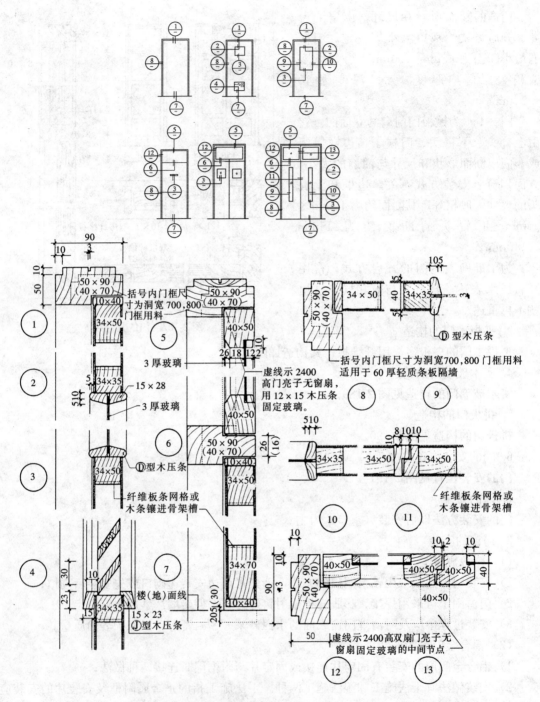

图 2-188 夹板木门构造详图

5）固定片安装：距角部的距离不应大于 150mm，其余部位中心距不应大于 500mm。固定片的固定点距墙体边缘不应小于 50mm。

6）铝合金门窗框与洞口缝隙，应采用保温、防潮且无腐蚀性的优质材料堵塞密实（如聚氨酯泡沫填缝胶）；亦可采用防水砂浆，但不得用海砂成分的砂浆。

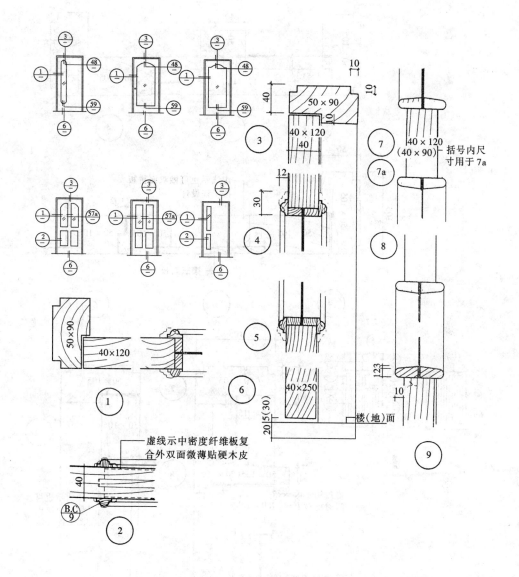

图 2-189　实木玻璃门的构造

7）与水泥砂浆接触的铝合金框应进行防腐处理。

8）砌块墙不得使用射钉直接固定门窗。

（3）涂色镀锌钢板门窗安装

1）带副框的门窗安装时，应用自攻螺钉将连接件固定在副框上，另一侧与墙体的预埋件焊接，安装缝隙为 25mm。

2）不带副框的门窗安装时，门窗与洞口宜用膨胀螺栓连接，安装缝隙 15mm。

（4）钢门窗安装

钢门窗安装采用连接件焊接或插入洞口连接，插入洞口后应用水泥砂浆或豆石混凝土填实。安装缝隙 15mm 左右。

（5）塑料门窗安装

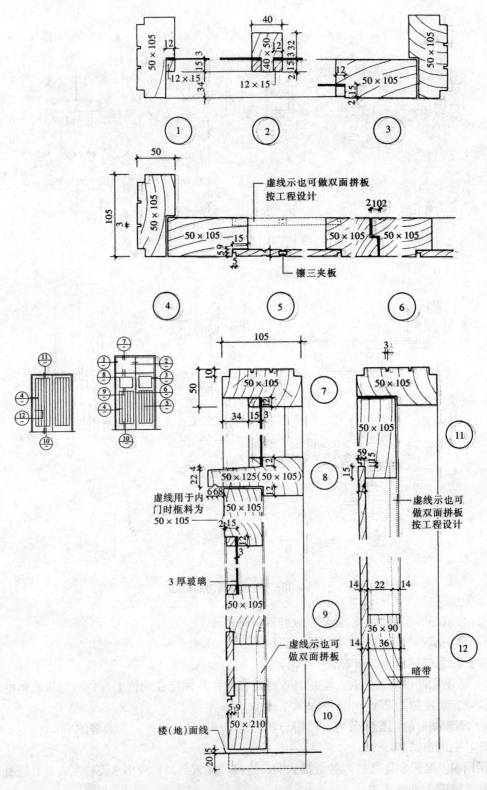

图 2-190 拼板门构造详图

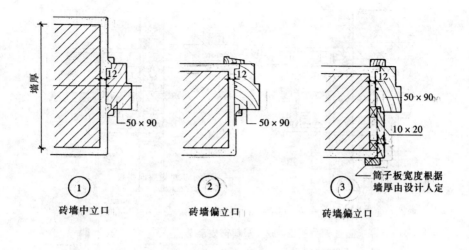

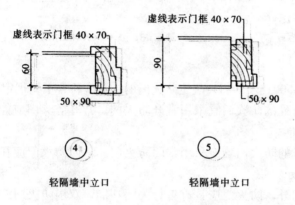

图 2-191 门的安装位置图

采用在墙上留预埋件，窗的连接件用尼龙胀管螺栓连接，安装缝隙 15mm 左右。门窗框与洞口的间隙用泡沫塑料条或油毡卷条填塞，然后用密封膏封严。

《塑料门窗工程技术规程》（JGJ 103—2008）中规定：

1）安装要求

① 混凝土墙洞口应采用射钉或膨胀螺钉固定；

② 砖墙洞口或空心砖洞口应用膨胀螺钉固定，并不得固定在砖缝处；

③ 轻质砌块或加气混凝土洞口可在预埋混凝土块上用射钉或膨胀螺钉固定；

④ 设有预埋铁件的洞口应采用焊接方法固定，也可先在预埋件上按紧固件规格打基孔，然后用紧固件固定。

2）安装方法

塑料门窗的安装分为有副框（固定片）作法和无副框作法，详图 2-192。

3）固定片的有关问题

固定片的位置应距墙角、中竖框、中横框 150～200mm，固定片之间的间距应小于等于 600mm，不得将固定片直接装在中竖框、中横框的挡头上。

四、特殊类型的门窗

1. 防火门

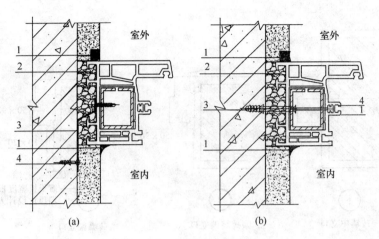

图 2-192　塑料窗安装节点

(a) 有副框做法　　　　　　　　　(b) 无副框做法

1—密封胶；2—聚氨酯发泡胶　　　1—密封胶；2—聚氨酯发泡胶

3—固定片；4—膨胀螺钉　　　　　3—膨胀螺钉；4—工艺孔帽

(1) 防火门的设置

1)《建筑设计防火规范》(GB 50016—2014) 规定防火门的构造应符合下列规定：

① 设置在建筑内经常有人通行处的防火门宜采用常开防火门。常开防火门应能在火灾时自行关闭，并应有信号反馈的功能。

② 除上述的位置外，其他位置的防火门均应采用常闭防火门。常闭防火门应在其明显位置设置"保持防火门关闭"等提示标识。

③ 除管井检修门和住宅的户门外，防火门应具有自行关闭功能。双扇防火门应具有按顺序自行关闭的功能。

④ 防火门应能在其两侧手动开启。

⑤ 设置在变形缝附近的防火门应设置在楼层较多的一侧，并应保证防火门开启时门扇不跨越变形缝。

⑥ 防火门关闭后应具有防烟功能。

(2) 防火门的类型

① 木质防火门

木质面板或木质面板内设防火板，门扇内填充珍珠岩或填充氯化镁、氧化镁材料。木质防火门的耐火极限分为丙级 (0.50h)、乙级 (1.00h)、甲级 (1.50h)。属于难燃性构件。

② 钢木质防火门

A. 木质面板

(a) 钢质或钢木质复合门框、木质骨架，迎/背火面一面或两面设防火板，或不设防火板。门扇内填充珍珠岩，或氯化镁、氧化镁；

(b) 木质门框、木质骨架，迎/背火面一面或两面设防火板，或不设防火板。门扇内填充珍珠岩，或氯化镁、氧化镁材料。

B. 钢制面板

钢质或钢木质复合门框、钢质或木质骨架，迎/背火面一面或两面设防火板，或不设防火板。门扇内填充珍珠岩，或氯化镁、氧化镁材料。

C. 钢木质防火门的耐火极限为分为丙级（0.50h）、乙级（1.00h）、甲级（1.50h）。属于难燃性构件。

③ 钢质防火门：钢制门框、钢制面板、钢质骨架，迎/背火面一面或两面设防火板，或不设防火板。门扇内填充珍珠岩，或氯化镁、氧化镁。钢质防火门的耐火极限为分为丙级（0.50h）、乙级（1.00h）、甲级（1.50h）。属于难燃性构件。

2）专用标准《防火门》（GB 12955—2008）规定防火门的材质有木制防火门、钢质防火门、钢木质防火门和其他材质防火门。耐火性能分为：

① 隔热防火门（A 类）：A0.50（丙级）、A1.00（乙级）、A1.50（甲级）、A2.00、A3.00。

② 部分隔热防火门（B 类）：B1.00、B1.50、B2.00、B3.00。

③ 非隔热防火门（C 类）：C1.00、C1.50、C2.00、C3.00。

2. 防火窗

(1)《建筑设计防火规范》（GB 50016—2014）规定：

1）防火窗的设置

设置在防火墙、防火隔墙上的防火窗，应采用不可开启的窗扇或具有火灾时能自行关闭的功能。

2）防火窗的类型

① 钢制防火窗：窗框钢质，窗扇钢质，窗框填充水泥砂浆，窗扇内填充珍珠岩，或氧化镁、氯化镁，或防火板，复合防火玻璃。耐火极限为 1.00h 和 1.50h。属于不燃性构件。

② 木质防火窗：窗框、窗扇均为木质，或均为防火板与木质复合。窗框无填充材料，窗扇迎/背火面外设防火板和木质面板，或为阻燃实木，复合防火玻璃。耐火极限为 1.00h 和 1.50h。属于难燃性构件。

③ 钢木复合防火窗：窗框钢质，窗扇木质，窗框填充水泥砂浆，窗扇迎/背火面外设防火板和木质面板，或为阻燃实木，复合防火玻璃。耐火极限为 1.00h 和 1.50h。属于难燃性构件。

(2) 专用标准《防火窗》（GB16809—2008）规定防火窗的分级为：

1）防火窗包括钢制防火窗、木质防火窗、钢木复合防火窗等类型。

2）防火窗的耐火性能

① 隔热防火窗（A 类）：A0.50（丙级）、A1.00（乙级）、A1.50（甲级）、A2.00、A3.00。

② 非隔热防火窗（C 类）：C1.00、C1.50、C2.00、C3.00。

3）构造要求

① 防火窗安装的五金件应满足功能要求并便于更换；

② 防火窗上镶嵌的玻璃应是防火玻璃，复合防火玻璃的厚度最小为 5mm，单片防火玻璃的厚度最小为 5mm；

③ 防火窗的气密等级不应低于 3 级。

五、窗的遮阳措施

1. 遮阳的作用

(1) 遮阳是为了防止阳光直接射入室内，减少进入室内的太阳辐射热量，特别是避免局部过热和产生眩光，以及保护物品而采取的一种建筑措施。北方地区以防止西晒为主。除建筑上采取相应的措施外，还可以通过绿化或活动遮阳措施来实现。在建筑构造中遮阳措施有挑檐、外廊、阳台、花格等做法。

(2) 门窗玻璃应满足遮阳系数（SC）与透光率的要求，不同地区的建筑应根据当地气候特点选择不同遮阳系数的玻璃。既要考虑夏季遮阳，还要考虑冬季利用阳光及室内采光的舒适度，因此根据工程的具体情况选择较合理的平衡点。北方严寒及寒冷地区一般选择 SC大于 0.6 的玻璃，南方炎热地区一般选择 SC 小于 0.3 的玻璃，其他地区宜选择 SC 为 0.3～0.6 的玻璃。

注：遮阳系数指的是在给定条件下，玻璃、外窗或玻璃幕墙的太阳能总透射比与相同条件下相同面积的标准玻璃（3mm 厚透明玻璃）的太阳能总透射比的比值。

2. 《建筑遮阳工程技术规范》（JGJ 237—2011）中指出建筑物外遮阳可按以下原则选用：

(1) 南向、北向宜采用水平式遮阳和综合式遮阳；

(2) 东西向宜采用垂直或挡板式遮阳；

(3) 东南向、西南向宜采用综合式遮阳。

3. 窗户遮阳板的基本形式

(1) 水平遮阳

这种做法，能够遮挡高度角较大的从窗口上方射下来的阳光。它适用于南向窗口。

(2) 垂直遮阳

它遮挡高度较小的、从窗口侧边斜射进来的阳光；对高度较大的、从窗口上方照射下来的阳光，或接近日出日落时对窗口正射阳光，它不起遮挡作用。所以，主要适用于偏东、偏西的南向或北向及其附近的窗口。

(3) 综合遮阳

它是以上两种做法的综合，能够遮挡从窗口左右侧及前上方斜射来的阳光，遮阳效果比较均匀。主要适用于南、东南及其附近的窗口。

(4) 挡板遮阳

它能够遮挡高度角较小的、正射窗口的阳光，主要适用于东、西向及其附近的窗口。

图 2-193 为遮阳的基本构造形式。图 2-194 为连续遮阳的构造形式。

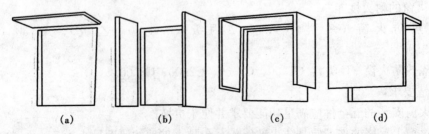

图 2-193 遮阳板的基本形式

(a) 水平遮阳；(b) 垂直遮阳；(c) 综合遮阳；(d) 挡板遮阳

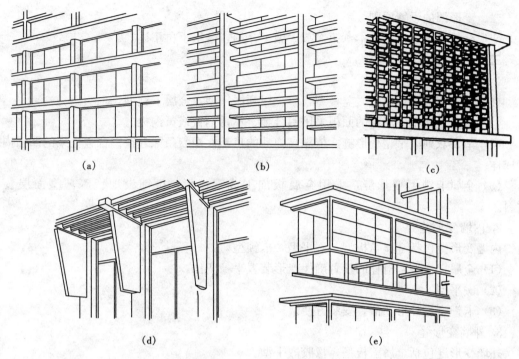

(a)   (b)   (c)

(d)   (e)

图 2-194　连续遮阳的做法

复 习 思 考 题

1. 门的作用与数量的确定。
2. 窗的作用与大小的决定。
3. 门窗的类型。
4. 门窗与墙体的连接。
5. 窗的遮阳措施。
6. 木门窗的构造做法。
7. 塑钢门窗的构造做法。

第七节　变 形 缝 的 构 造

变形缝是建筑中一种控制变形影响所采用的措施，学习时应掌握以下内容。

一、变形缝的种类

变形缝包括伸缩缝、沉降缝和防震缝三个部分。

1. 伸缩缝

解决由于建筑物超长而产生的伸缩变形。

2. 沉降缝

解决由于建筑物高度不同、重量不同、平面转折部位等而产生的不均匀沉降变形。

3. 防震缝

解决由于地震时产生的相互撞击变形。

二、变形缝的设置原则

变形缝的设置原则已在本章第二节中做了介绍，这里不再重述。

三、变形缝的类型

1. 楼、地面变形缝

楼、地面变形缝包括金属盖板型，单、双列嵌平型，金属卡锁型。

（1）金属盖板型变形缝的面板采用铝合金、不锈钢板或黄铜板。

（2）单、双列嵌平型变形缝，依靠高弹性的热塑性橡胶条配合在铝合金框架的凹槽内组合成体。

（3）金属卡锁型变形缝，采用金属板加工成锯齿形，可铺设地毯等薄型面层装饰材料。

2. 内墙变形缝

内墙变形缝包括金属盖板型，嵌平型，卡锁型。

（1）金属盖板型：滑杆的设置确保变形装置平稳变位。

（2）嵌平型。

（3）卡锁型：外形整洁，安装方便。

3. 外墙变形缝

外墙变形缝包括金属盖板型，橡胶嵌平型。

4. 顶棚变形缝

顶棚变形缝包括金属盖板型和卡锁型。面板可采用铝合金和不锈钢等材料。

5. 抗震型变形缝

抗震型变形缝是带有减震弹簧的变形缝。

6. 屋面变形缝

屋面变形缝只有金属盖板型。

7. 基础变形缝

基础变形缝主要是沉降缝。其做法有双墙沉降缝、交叉式沉降缝和悬挑式沉降缝。

四、变形缝的构造做法

1. 基础沉降缝

基础沉降缝见图 2-195。

2. 楼地面变形缝

楼地面变形缝见图 2-196。

3. 内墙变形缝

内墙变形缝见图 2-197。

4. 外墙变形缝

外墙变形缝见图 2-198。

5. 顶棚变形缝

顶棚变形缝见图 2-199。

6. 屋顶变形缝

屋顶变形缝见图 2-200、图 2-201。

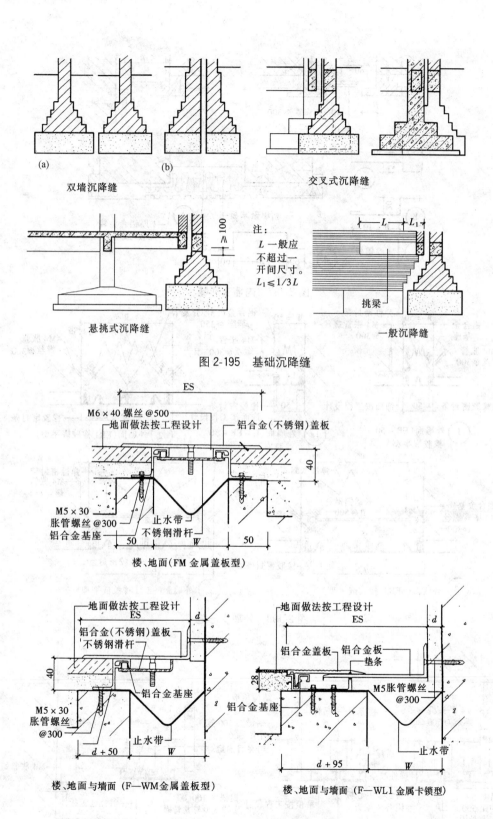

(a)　　　　　　(b)

双墙沉降缝

交叉式沉降缝

≥100

悬挑式沉降缝

注：
L 一般应
不超过一
开间尺寸。
$L_1 \leqslant 1/3 L$

挑梁

一般沉降缝

图 2-195　基础沉降缝

ES

M6×40 螺丝 @500
地面做法按工程设计
铝合金(不锈钢)盖板

40

M5×30
胀管螺丝 @300
铝合金基座
止水带
不锈钢滑杆

50　　　*W*　　　50

楼、地面(FM 金属盖板型)

地面做法按工程设计
ES
d

铝合金(不锈钢)盖板
不锈钢滑杆

40

铝合金基座

M5×30
胀管螺丝
@300

止水带

d+50　　*W*

楼、地面与墙面（F—WM金属盖板型）

地面做法按工程设计
ES
d

铝合金盖板　铝合金板
垫条

28

M5胀管螺丝
@300

铝合金基座

止水带

d+95　　*W*

楼、地面与墙面（F—WL1金属卡锁型）

图 2-196　楼地面变形缝

241

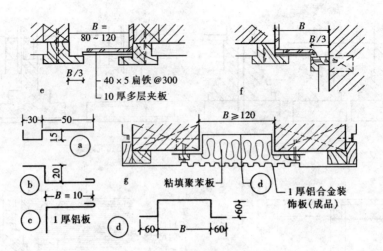

图 2-197　内墙变形缝

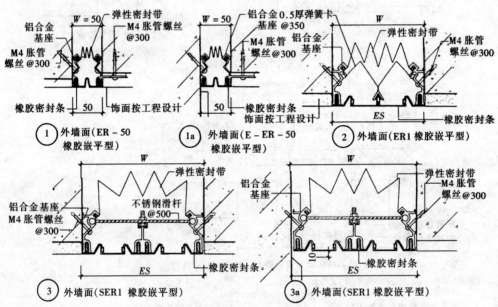

图 2-198　外墙变形缝

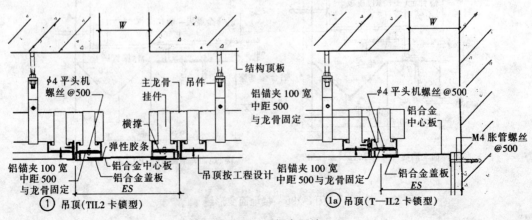

图 2-199　顶棚变形缝

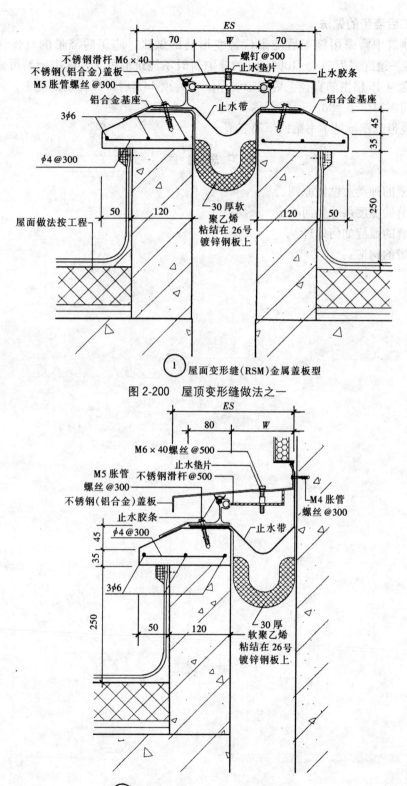

ES
70 W 70

不锈钢滑杆 M6×40
不锈钢（铝合金）盖板
M5 胀管螺丝 @300
铝合金基座
3φ6
φ4@300
屋面做法按工程

螺钉 @500
止水垫片
止水带
止水胶条
铝合金基座

45
35
250

50 120 120 50

30 厚软
聚乙烯
粘结在 26 号
镀锌钢板上

①　屋面变形缝（RSM）金属盖板型

图 2-200　屋顶变形缝做法之一

ES
80 W

M6×40螺丝 @500
止水垫片
M5 胀管
螺丝 @300
不锈钢滑杆 @500
不锈钢（铝合金）盖板
止水胶条
φ4@300
止水带
M4 胀管
螺丝 @300

45
35
3φ6
250

50 120

30 厚
软聚乙烯
粘结在 26 号
镀锌钢板上

1a　屋面变形缝（R—WSM）金属盖板型

图 2-201　屋顶变形缝做法之二

五、施工后浇带的做法

在高层建筑中常采用施工后浇带代替变形缝的做法。施工后浇带的具体做法是：每30～60m长留一道缝宽为700～1000mm的缝隙暂时不浇筑混凝土，缝中钢筋可采用搭接接头，搭接长度为45倍主筋直径。后浇带应在结构封顶14d后，再浇筑混凝土，后浇带混凝土的养护时间不得少于28d。

施工后浇带的图形见本书第四章第三节。

复 习 思 考 题

1. 变形缝的种类及设置原则。
2. 变形缝的宽度尺寸如何决定？
3. 变形缝的盖缝如何处理？
4. 后浇带的构造要点。

第三章 框架结构的建筑构造

第一节 框架结构建筑的概述

一、框架建筑的基本特点

框架结构是一种常见的结构形式，一般由柱子、纵向梁、横向梁、楼板等构成结构骨架。框架是建筑的承重结构，外墙（又称为填充墙）属于围护结构，内墙的主要作用是分隔空间。

框架结构的基本特点是承重结构和围护结构截然分开，承重结构承担竖向荷载和水平荷载，围护结构要重点解决保温、防水、隔声、美观等问题。框架结构主要应用于多层和高层的公共建筑中（图 3-1）。

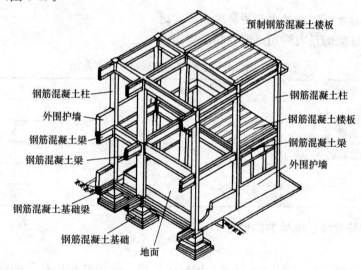

图 3-1 框架结构示意图

二、框架结构的分类

1. 按材料分类

（1）钢筋混凝土框架：这是常用的结构形式。柱、梁、板均采用钢筋混凝土做成。

（2）钢框架：使用较少，仅在高层框架中采用。柱、梁均采用钢材，楼板采用钢筋混凝土板或钢板。

（3）木框架：柱、梁、楼板均采用木材制成。这种框架较少使用。

2. 按构件数量分

（1）完全框架：指由柱、纵梁、横梁、楼板组成的框架。

（2）不完全框架：指由柱、纵梁、楼板组成的框架。

（3）板柱式框架：指由柱、楼板组成的框架。

3. 按框架的受力分

（1）纯框架：指垂直荷载和水平荷载全部由组成框架结构的柱、梁、板承担。

（2）框架加剪力墙（简称"框剪"）：指垂直荷载和 20％左右的水平荷载由框架承担，80％的水平荷载由现浇的钢筋混凝土板墙承担。

4. 按承托楼板的梁来区分

（1）横向框架：楼板荷载主要由横向梁承担。横向梁是主梁，纵向梁是连系梁。

（2）纵向框架：楼板荷载主要由纵向梁承担。纵向梁是主梁，横向梁是连系梁。

（3）纵横向框架：楼板荷载由横向梁和纵向梁共同承担。

5. 从施工方法来分

（1）装配式框架：指柱、梁、板全部为装配式构件；或柱子现浇，梁、板为预制构件，均属于装配式框架，这种做法目前应用的较少。

（2）现浇式框架：指柱、梁、板全部为现场浇筑；这种做法是主导做法。

第二节　现浇钢筋混凝土框架的构造

一、钢筋混凝土框架的最大应用高度和高宽比

钢筋混凝土框架的最大应用高度和高宽比详表 3-1。

表 3-1　钢筋混凝土框架的应用高度和高宽比

结构类型	高度（m）	高宽比
框架	45	6.0
框架—抗震墙	100	6.0
部分框支抗震墙	80	6.0
框架核心筒	100	6.0
板柱—抗震墙	30	6.0

二、现浇钢筋混凝土框架的构件

1. 柱子

《建筑抗震设计规范》（GB 50011—2010）中指出：框架结构中柱子的截面尺寸宜符合下列要求：

（1）截面的宽度和高度：四级或层数不超过 2 层时，不宜小于 300mm；一、二、三级且层数超过 2 层时，不宜小于 400mm。圆柱的直径：四级或层数不超过 2 层时不宜小于 350mm；一、二、三级且层数超过 2 层，不宜小于 450mm。柱子截面尺寸应是 50mm 的倍数。

（2）剪跨比宜大于 2（剪跨比是简支梁上集中荷载作用点到支座边缘的最小距离与截面有效高度之比。它反映计算截面上正应力与剪应力的相对关系，是影响抗剪破坏形态和抗剪承载力的重要参数）。

（3）截面长边与短边的边长比不宜大于 3。

（4）抗震等级为一级时，柱子的混凝土强度等级不应低于 C30。

另外，柱子与轴线的关系最佳方案是双向轴线通过柱子的中心或圆心，尽量减少偏心力

的产生。

（5）工程实践中，柱子的截面通常为 400mm×400mm，450mm×450mm，500mm×500mm。

2. 梁

《建筑抗震设计规范》（GB 50011—2010）中指出：框架结构中梁的截面尺寸宜符合下列要求：

（1）截面宽度不宜小于 200mm。

（2）截面高宽比不宜大于 4。

（3）净跨与截面之比不宜小于 4。

（4）抗震等级为一级时，梁的混凝土强度等级不应低于 C30。

（5）工程实践中经常按跨度的 1/10 左右估取截面高度，并按 1/2～1/3 的截面高度估取截面宽度，且应为 50mm 的倍数。截面形式多为矩形。梁的宽度一般取 250mm。上述各种尺寸均应按 50mm 晋级。

3. 板

《混凝土结构设计规范》（GB 50010—2010）中指出，框架结构中的现浇钢筋混凝土板的厚度应以表 3-2 的规定为准。

表 3-2　现浇钢筋混凝土板的最小厚度（mm）

板 的 类 别		最小厚度
单向板	屋面板	60
	民用建筑楼板	60
	工业建筑楼板	70
	行车道下的楼板	80
双向板		80
密肋板	面板	50
	肋高	250
悬臂板（根部）	悬臂长度不大于 500	60
	悬臂长度 1200	100
无梁楼板		150
现浇空心楼盖		200

预制钢筋混凝土板也可以用于框架结构的楼板和屋盖，但由于其整体性能较差，采用时必须处理好以下三个问题：

（1）保证板缝宽度并在板缝中加钢筋及填塞细石混凝土；

（2）保证预制板在梁上的搭接长度不应小于 80mm；

（3）预制板的上部浇筑不小于 50mm 的加强面层，8 度设防时应采用装配整体式楼板和屋盖。

4. 抗震墙（剪力墙）

《建筑抗震设计规范》（GB 50011—2010）中指出：框架结构中的抗震墙应符合下列要求：

（1）抗震墙的厚度不应小于 160mm 且不宜小于层高或无支长度的 1/20；底部加强部位的抗震墙厚度不应小于 200mm 且不宜小于层高或无支长度的 1/16。

（2）抗震墙的混凝土强度等级不应低于 C30。

（3）抗震墙的布置应注意抗震墙的间距与框架宽度之比不应大于 4。通常的布置原则是"对称、纵横均有、相对集中、把边"。

（4）抗震墙是主要承受剪力（风力、地震力）的墙，不属于填充墙的范围，因而是有基础的墙。

5. 墙体

（1）《建筑抗震设计规范》（GB 50011—2010）中规定：钢筋混凝土结构中的非承重墙体应优先选用轻质墙体材料。轻质墙体材料包括陶粒混凝土空心砌块（表观密度为 800kg/m³）、加气混凝土砌块（表观密度为 700kg/m³）和空心砖（表观密度为 1300kg/m³）等。北京地区的外墙厚度通常为 250～300mm，内墙厚度通常为 150～200mm。

钢筋混凝土框架结构的非承重隔墙的应用高度见表 3-3。

表 3-3　钢筋混凝土框架结构的非承重墙体的应用高度

墙体厚度（mm）	墙体高度（m）	墙体厚度（mm）	墙体高度（m）
75	1.50～2.40	175	3.90～5.60
100	2.10～3.20	200	4.40～6.30
125	2.70～3.90	250	4.80～6.90
150	3.30～4.70	—	—

注：双层中空墙体，其厚度可按总厚度计算。但双墙应有可靠拉结，其间距一般为 1.00～150m。

钢筋混凝土框架结构中的非承重墙体应与柱子或梁有可靠的拉结。《建筑抗震设计规范》（GB 50011—2010）中指出：钢筋混凝土结构中的砌体填充墙应符合下列要求：

1）填充墙在平面和竖向的布置，宜均匀对称，宜避免形成薄弱层或短柱（柱高小于柱子截面宽度的 4 倍时称为短柱）。

2）砌体的砂浆强度等级不应低于 M5，实心块体的强度等级不应低于 MU2.5，空心块体的强度等级不应低于 MU3.5，墙顶应与框架梁密切结合。

3）填充墙应沿框架柱全高每隔 500～600mm 设置 2φ6 拉筋，拉筋伸入墙内的长度，6、7 度时宜沿墙全长贯通，8、9 度时应沿墙全长贯通。

4）墙长大于 5m 时，墙顶与梁应有拉结；墙长超过 8m 或层高的 2 倍时，宜设置钢筋混凝土构造柱；墙高超过 4m 时，墙体半高处宜设置与柱连接且沿墙全长贯通的钢筋混凝土水平系梁。

5）楼梯间和人流通道的填充墙，还应采用钢丝网砂浆面层加强。

（2）《非结构构件抗震设计规范》（JGJ339—2015）中规定：

1）层间变性较大的框架结构和高层建筑，宜采用钢材或木材为龙骨的隔墙及轻质隔墙。

2）砌体填充墙宜与主体结构采用柔性连接，当采用刚性连接时应符合下列规定：

① 填充墙在平面和竖向的布置，宜均匀对称，避免形成薄弱层或短柱。

② 砌体的砂浆强度等级不应低于 M5，实心砌体的强度等级不宜低于 MU2.5，空心砌体的强度等级不宜低于 MU3.5，墙顶应与框架梁紧密结合。

③ 填充墙应沿框架柱全高每隔 500～600mm 设 2φ6 拉筋，拉筋伸入墙内的长度，6 度、7 度时宜沿墙全长贯通，8 度、9 度时应全长贯通。

④ 墙长大于 5.00m 时，墙顶与梁宜有拉结；墙长超过 8.0m 或层高的 2 倍时，宜设置钢筋混凝土构造柱，构造柱间距不宜大于 4.00m，框架结构底部两层的钢筋混凝土构造柱宜加密；填充墙开有宽度大于 2.00m 的门洞或窗洞时，洞边宜设置钢筋混凝土构造柱；层高超过 4.00m 时，墙体半高宜设置与柱连接且沿墙全长贯通的钢筋混凝土水平系梁。

墙体与柱子的连接做法见图 3-2，墙体与楼板（梁）的连接见图 3-3，墙体构造柱做法见图 3-4。

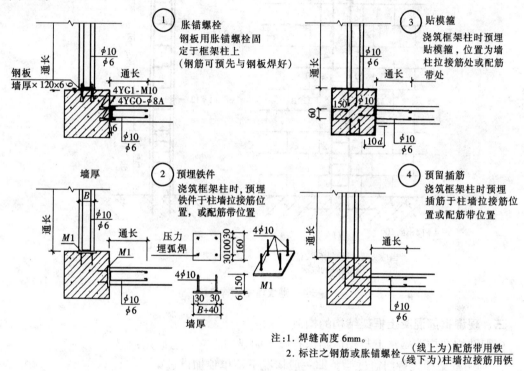

图 3-2　墙体与柱子的连接

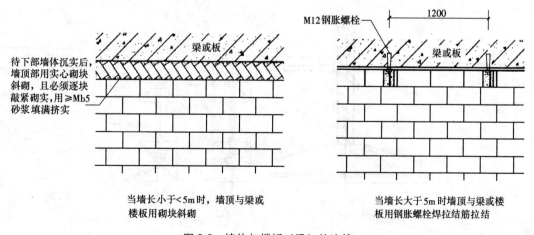

图 3-3　墙体与楼板（梁）的连接

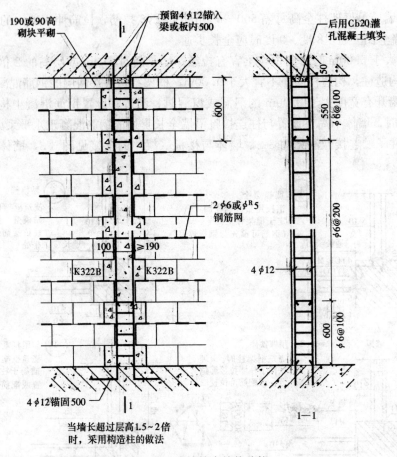

图 3-4　砌块墙中的构造柱

三、现浇钢筋混凝土框架结构的构造

框架结构在构造做法上与砌体结构有以下明显的不同，它们是：

1. 利用框架梁代替门窗过梁。即一般情况下不单独加设过梁。

2. 基础大多采用钢筋混凝土独立式基础，下部墙体由基础梁承托（图 3-5）。

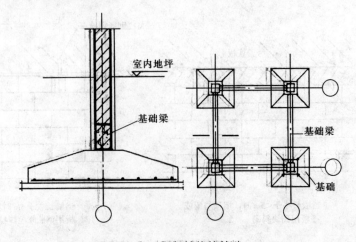

图 3-5　框架结构的基础

3. 梁的截面形式与墙体和柱子的相对位置有密切关系（图 3-6）。

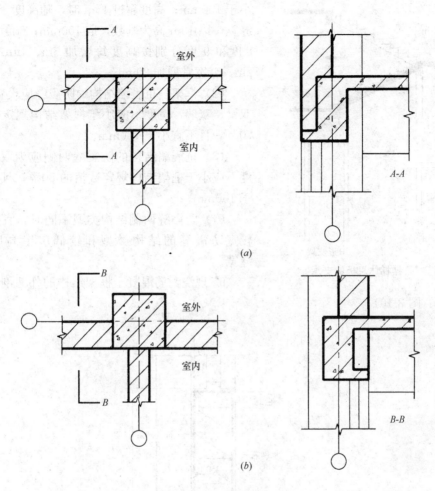

图 3-6 墙体与梁的关系

(a) 墙体与柱外皮相平；(b) 墙体与柱里皮相平

4. 认真解决好楼梯休息板的支承问题。由于楼梯休息板处在半层层高处，其荷载无法直接传给框架梁上，因而必须通过门式支架、H 形支架进行过渡，并应注意"短柱"现象的发生（短柱即柱高小于柱子截面高度的 4 倍）（图 3-7）。

5. 在预制板上加作厚度不小于 50mm 的现浇混凝土面层，内放 φ6@200 双向钢筋网片，其作用是加强楼板的整体性。

6. 窗台处应做水平系梁，以固定窗框兼做窗台使用。水平系梁的高度不应小于 80mm，宽度与墙厚相同。内放 3φ10 通长筋，分布筋为 φ6，间距 300mm。

7. 框架结构的墙体，以防潮层为界，上部可以采用轻质材料或空心墙体，下部应采用实心墙体。

8. 框架结构的变形缝

框架结构的变形缝一般按防震缝确定：

（1）框架结构（包括设置少量抗震墙的框架结构）房屋的防震缝两侧应为双柱、双梁、

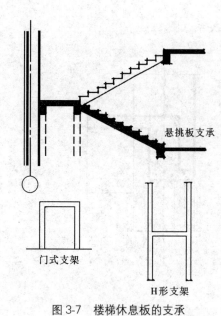

图 3-7　楼梯休息板的支承

悬挑板支承

门式支架

H形支架

双墙。防震缝的宽度：当高度不超过 15m 时不应小于 100mm；高度超过 15m 时，随高度变化调整缝宽，以 15m 高为基数，取 100mm；6 度、7 度、8 度和 9 度分别按高度每增加 5m、4m、3m 和 2m，缝宽宜增加 20mm。

（2）框架—抗震墙结构的防震缝应设置双柱、双梁、双墙，宽度不应小于框架结构规定数值的 70%，且不宜小于 100mm。

（3）抗震墙结构的防震缝两侧应为双墙，宽度不应小于框架结构规定数值的 50%，且不宜小于 100mm。

（4）防震缝两侧结构类型不同时，宜按需要较宽防震缝的结构类型和较低房屋高度确定缝宽。

9.现浇钢筋混凝土框架结构的外墙剖面（图 3-8、图 3-9、图 3-10）

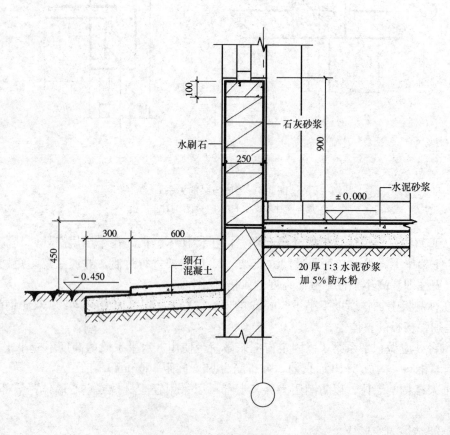

石灰砂浆

水刷石

100

250

900

水泥砂浆

± 0.000

300

600

450

细石混凝土

− 0.450

20 厚 1:3 水泥砂浆
加 5% 防水粉

图 3-8　墙身下部节点

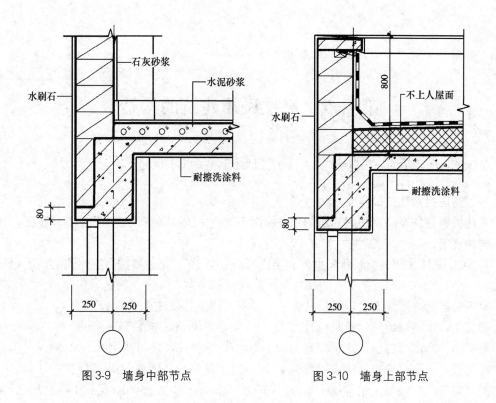

图 3-9　墙身中部节点 　　　　　　　　　图 3-10　墙身上部节点

复 习 思 考 题

1. 框架结构的基本特点?
2. 框架结构的分类。
3. 现浇钢筋混凝土框架的构件尺寸如何确定?
4. 框架柱与墙体的连接。

第四章　高层民用建筑的构造

第一节　高层民用建筑的概述

一、高层民用建筑的定义

目前世界各国对高层民用建筑的划分标准不完全一致，各国根据本国的具体情况，各自有不同的规定。

1. 联合国科教文卫组织所属世界高层建筑委员会 1974 年建议按高层建筑的高度划分为四类：

第一类：低高层建筑，建筑层数为 9~16 层，建筑总高度在 50m 以下。

第二类：中高层建筑，建筑层数为 17~25 层，建筑总高度在 50~75m。

第三类：高高层建筑，建筑层数为 26~40 层，建筑总高度可达 100m。

第四类：超高层建筑，建筑层数为 40 层以上，建筑总高度在 100m 以上。

2. 《建筑高层混凝土结构技术规程》（JGJ 3—2010）中规定：10 层和 10 层以上的住宅以及建筑高度超过 24m 的公共建筑属于高层建筑。

3. 《民用建筑设计通则》（GB 50352—2005）中规定：

（1）10 层和 10 层以上的住宅为高层住宅以及建筑高度超过 24m 的公共建筑属于高层建筑。

（2）除住宅建筑外的其他民用建筑，大于 24m 的为高层建筑。

（3）建筑高度超过 100m 的民用建筑为超高层建筑。

4. 《建筑设计防火规范》 （GB 50016—2014）中规定：

（1）一类高层住宅建筑：建筑高度大于 54m 的住宅建筑（包括设置商业服务网点的住宅建筑）。

（2）二类高层住宅建筑：建筑高度大于 27m，但不大于 54m 的住宅建筑（包括设置商业服务网点的住宅建筑）。

（3）一类高层公共建筑：

1）建筑高度大于 50m 的公共建筑；

2）建筑高度 24m 以上部分任一楼层建筑面积大于 1000m² 的商店、展览、电信、邮政、财贸金融建筑和其他多种功能组合的建筑；

图 4-1　高层建筑塔楼外观图

3）医疗建筑、重要公共建筑；

4）省级及以上广播电视和防灾指挥调度建筑、网局级和省级电力调度建筑；

5）藏书超过 100 万册的图书馆、书库。

（4）二类高层公共建筑：除一类高层公共建筑外的其他高层公共建筑。

5.《智能建筑设计标准》（GB 50314—2015）中规定：建筑高度为 100m 或 35 层及以上的住宅建筑为超高层住宅建筑。

图 4-1 为高层民用建筑塔楼的外观图。从图中可以看出塔楼主体和裙房的情况。

二、高层民用建筑的应用

高层民用建筑按其功能要求的不同，主要应用于：

1. 高层住宅：高层住宅包括塔式住宅、板式住宅以及底部为商业用房，上部为住宅的商住楼。

2. 高层办公楼：高层办公楼包括写字楼、综合楼、科研楼、档案楼、广播电视楼、电力调度楼等。

3. 高层旅馆：高层旅馆包括星级酒店、大型饭店等。

4. 其他：高层建筑还可以用于高层医院、展览楼、财贸金融楼、电视塔等。

三、高层民用建筑的结构选型与适用高度

1. 高层建筑承受的荷载

高层建筑主要承受竖向荷载（自重及使用荷载等）、水平荷载（风荷载）及地震荷载等，各种荷载产生的变形详见图 4-2。

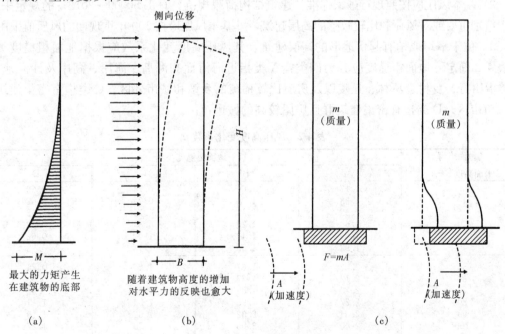

图 4-2　高层建筑的荷载

（a）侧向作用力下的力矩图；（b）风力的作用；（c）地震横波的作用

（1）竖向荷载

1）高层建筑结构的楼面活荷载应按现行国家标准《建筑结构荷载规范》（GB 50009—

2012）的有关规定采用。

2）施工中采用附墙塔、爬塔等对结构受力有影响的起重机械或其他施工设备时，应根据具体情况验算施工荷载对结构的影响。

3）旋转餐厅轨道和驱动设备的自重应按实际情况确定。

4）擦窗机等清洗设备应按其实际情况确定其自重的大小和作用位置。

5）直升机平台的活荷载应采用下列两款中能使平台产生最大内力的荷载：

①直升机总重量引起的局部荷载，按由实际最大起飞重量决定的局部荷载标准值乘以动力系数确定。对具有液压轮胎起落架的直升机，动力系数可取 1.4；当没有机型技术资料时，局部荷载标准值及其作用面积可根据直升机类型按表 4-1 取用；

②等效均布活荷载 $5kN/m^2$。

（2）水平荷载（风荷载）

1）主体结构计算时，垂直于建筑物表面的风荷载标准值应按基本风压与垂直于风向的最大投影面积和相关系数的乘积而定。建筑物高度越高，其风荷载越大，且呈倒三角形分布。

表 4-1　局部荷载标准值及其作用面积

直升机类型	局部荷载标准值（kN）	作用面积（m²）
轻型	20.0	0.20×0.20
中型	40.0	0.25×0.25
重型	60.0	0.30×0.30

2）基本风压应按照现行国家标准《建筑结构荷载规范》（GB 50009—2012）的规定采用。对于特别重要或对风荷载比较敏感的高层建筑，其基本风压应按 100 年重现期的风压值采用。

3）位于平坦或稍有起伏地形的高层建筑，其风压高度变化系数应根据地面粗糙度类别按表 4-2 确定。地面粗糙度应分为四类：A 类指近海海面和海岛、海岸、湖岸及沙漠地区；B 类指田野、乡村、丛林、丘陵以及房屋比较稀疏的乡镇和城市郊区；C 类指有密集建筑群的城市市区；D 类指有密集建筑群且房屋较高的城市市区。

表 4-2　风压高度变化系数 μ_z

离地面或海平面高度（m）	地面粗糙度类别			
	A	B	C	D
5	1.17	1.00	0.74	0.62
10	1.38	1.00	0.74	0.62
15	1.52	1.14	0.74	0.62
20	1.63	1.25	0.84	0.62
30	1.80	1.42	1.00	0.62
40	1.92	1.56	1.13	0.73
50	2.03	1.67	1.25	0.84
60	2.12	1.77	1.35	0.93
70	2.20	1.86	1.45	1.02
80	2.27	1.95	1.54	1.11
90	2.34	2.02	1.62	1.19
100	2.40	2.09	1.70	1.27
150	2.64	2.38	2.03	1.61
200	2.83	2.61	2.30	1.92
250	2.99	2.80	2.54	2.19
300	3.12	2.97	2.75	2.45
350	3.12	3.12	2.94	2.68
400	3.12	3.12	3.12	2.91
≥450	3.12	3.12	3.12	3.12

4）位于山区的高层建筑，其风压高度变化系数应根据有关规范进行调整。

5）不同平面形式，计算风荷载的调整系数也不尽相同。如圆形平面为 0.8；矩形、方形、十字形平面为 1.3（高宽比不大于 4 时）等。

（3）地震荷载

1）各抗震设防类别的高层建筑的地震作用，应符合下列规定：

①特殊设防类建筑：应按高于本地区抗震设防烈度一度进行计算，其值应按批准的地震安全性评价结果确定；简称"甲类"。

②重点设防类建筑：应按高于本地区抗震设防烈度一度进行计算。简称"乙类"。

③标准设防类建筑：应按本地区抗震设防烈度计算。简称"丙类"。

2）高层建筑结构应按下列原则考虑地震作用：

①一般情况下，应允许在结构两个主轴方向分别考虑水平地震作用计算；有斜交抗侧力构件的结构，当相交角度大于 15°时，应分别计算各抗侧力构件方向的水平地震作用；

②质量与刚度分布明显不对称、不均匀的结构，应计算双向水平地震作用下的扭转影响；其他情况，应计算单向水平地震作用下的扭转影响；

③ 8 度、9 度抗震设防时，高层建筑中的大跨度和长悬臂结构应考虑竖向地震作用；

④ 9 度抗震设防时应计算竖向地震作用。

2. 高层建筑的结构选型

（1）高层建筑可以采用钢筋混凝土结构。钢结构和钢-混凝土混合结构。钢筋混凝土结构包括有框架结构、剪力墙结构、框架-剪力墙结构、筒体结构和板柱-剪力墙结构体系。

1）框架结构：由梁和柱为主要构件组成的承受竖向和水平荷载作用的结构。

2）剪力墙结构：由剪力墙组成的承受竖向和水平荷载作用的结构。

3）框架-剪力墙结构：由框架和剪力墙共同承受竖向和水平荷载作用的结构。

4）板柱-剪力墙结构：由无梁楼板与柱组成的板柱框架和剪力墙共同承受竖向和水平荷载作用的结构。

5）筒体结构：由竖向筒体为主组成的承受竖向和水平荷载作用的高层建筑结构。筒体结构的筒体分剪力墙围成的薄壁筒和由密柱框架或壁式框架围成的框筒等。

①框架-核心筒结构

由核心筒与外围的稀柱框架组成的高层建筑结构。

②筒中筒结构

由核心筒与外围框筒组成的高层建筑结构。

6）钢-混凝土混合结构是指钢框架或型钢混凝土框架与钢筋混凝土筒体（或剪力墙）所组成的共同承受竖向和水平作用的高层结构。

注：这里所说剪力墙即为《建筑抗震设计规范》（GB 50011—2010）中的抗震墙。

（2）与结构选型相关的其他专业术语有：

1）转换结构构件：完成上部楼层到下部楼层的结构型式转变或上部楼层到下部楼层结构布置改变而设置的结构构件，包括转换梁、转换桁架、转换板等。

2）转换层：转换结构构件所在的楼层。

3）加强层：设置连接内筒与外围结构的水平外伸臂（梁或桁架）结构的楼层，必要时还可沿该楼层外围结构周边设置带状水平梁或桁架。

（3）高层建筑不应采用不规则的结构体系，工程设计应符合下列要求：

《建筑抗震设计规范》（GB 50011—2010）指出：

1）建筑设计应根据抗震概念设计的要求明确建筑形体的规则性。不规则的建筑应按规定采取加强措施；特别不规则的建筑应进行专门研究和论证，采取特别的加强措施；严重不规则的建筑不应采用。

注：形体指建筑平面形状和立面、竖向剖面的变化。

2）建筑设计应重视其平面、立面和竖向剖面的规则性对抗震性能及经济合理性的影响，宜择优选用规则的形体，其抗侧力构件的平面布置宜规则对称、侧向刚度沿竖向宜均匀变化、竖向抗侧力构件的截面尺寸和材料强度宜自下而上逐渐减小、避免侧向刚度和承载力突变。

不规则建筑的抗震设计应符合本节 4）的有关规定。

3）建筑形体及其构件布置的平面、竖向不规则性，应按下列要求划分：

①混凝土房屋、钢结构房屋和钢-混凝土混合结构房屋存在表 4-3 所列举的某项平面不规则类型或表 4-4 所列举的某项竖向不规则类型以及类似的不规则类型，应属于不规则的建筑。

表 4-3　平面不规则的主要类型

不规则类型	定义和参考指标
扭转不规则	在规定的水平力作用下，楼层的最大弹性水平位移（或层间位移），大于该楼层两端弹性水平位移（或层间位移）平均值的 1.2 倍
凹凸不规则	平面凹进的尺寸，大于相应投影方向总尺寸的 30%
楼板局部不连续	楼板的尺寸和平面刚度急剧变化，例如，有效楼板宽度小于该层楼板典型宽度的 50%，或开洞面积大于该层楼面面积的 30%，或较大的楼层错层

表 4-4　竖向不规则的主要类型

不规则类型	定义和参考指标
侧向刚度不规则	该层的侧向刚度小于相邻上一层的 70%，或小于其上相邻三个楼层侧向刚度平均值的 80%；除顶层或出屋面小建筑外，局部收进的水平向尺寸大于相邻下一层的 25%
竖向抗侧力构件不连续	竖向抗侧力构件（柱、抗震墙、抗震支撑）的内力由水平转换构件（梁、桁架等）向下传递
楼层承载力突变	抗侧力结构的层间受剪承载力小于相邻上一楼层的 80%

②当存在多项不规则或某项不规则超过规定的参考指标较多时，应属于特别不规则的建筑。

4）建筑形体及其构件布置不规则时，应按下列要求进行地震作用计算和内力调整，并应对薄弱部位采取有效的抗震构造措施：

①平面不规则而竖向规则的建筑，应采用空间结构计算模型，并应符合下列要求：

A. 扭转不规则时，应计入扭转影响，且楼层竖向构件最大的弹性水平位移和层间位移分别不宜大于楼层两端弹性水平位移和层间位移平均值的 1.5 倍，当最大层间位移远小于规范限值时，可适当放宽；

B. 凹凸不规则或楼板局部不连续时，应采用符合楼板平面内实际刚度变化的计算模型；高烈度或不规则程度较大时，宜计入楼板局部变形的影响；

C. 平面不对称且凹凸不规则或局部不连续，可根据实际情况分块计算扭转位移比，对扭转较大的部位应采用局部的内力增大系数。

②平面规则而竖向不规则的建筑，应采用空间结构计算模型，刚度小的楼层的地震剪力应乘以不小于 1.15 的增大系数，其薄弱层应按有关规定进行弹塑性变形分析，并应符合下列要求：

A. 竖向抗侧力构件不连续时，该构件传递给水平转换构件的地震内力应根据烈度高低和水平转换构件的类型、受力情况、几何尺寸等，乘以 1.25～2.0 的增大系数；

B. 侧向刚度不规则时，相邻层的侧向刚度比应依据其结构类型符合相关的规定；

C. 楼层承载力突变时，薄弱层抗侧力结构的受剪承载力不应小于相邻上一楼层的 65%。

③平面不规则且竖向不规则的建筑，应根据不规则类型的数量和程度，有针对性地采取不低于本节①、②要求的各项抗震措施。特别不规则的建筑，应经专门研究，采取更有效的加强措施或对薄弱部位采用相应的抗震性能化设计方法。

5）体形复杂、平立面不规则的建筑，应根据不规则程度、地基基础条件和技术经济等因素的比较分析，确定是否设置防震缝，并分别符合下列要求：

①当不设置防震缝时，应采用符合实际的计算模型，分析判明其应力集中、变形集中或地震扭转效应等导致的易损部位，采取相应的加强措施。

②当在适当部位设置防震缝时，宜形成多个较规则的抗侧力结构单元。防震缝应根据抗震设防烈度、结构材料种类、结构类型、结构单元的高度和高差以及可能的地震扭转效应的情况，留有足够的宽度，其两侧的上部结构应完全分开。

③当设置伸缩缝和沉降缝时，其宽度应符合防震缝的要求。

（4）高层建筑的结构体系在《建筑抗震设计规范》（GB 50011—2010）中规定如下：

1）结构体系应根据建筑的抗震设防类别、抗震设防烈度、建筑高度、场地条件、地基、结构材料和施工等因素，经技术、经济和使用条件综合比较确定。

2）结构体系应符合下列各项要求：

①应具有明确的计算简图和合理的地震作用传递途径。

②应避免因部分结构或构件破坏而导致整个结构丧失抗震能力或对重力荷载的承载能力。

③应具备必要的抗震承载力，良好的变形能力和消耗地震能量的能力。

④对可能出现的薄弱部位，应采取措施提高其抗震能力。

3）结构体系尚宜符合下列各项要求：

①宜有多道抗震防线。

②宜具有合理的刚度和承载力分布，避免因局部削弱或突变形成薄弱部位，产生过大的应力集中或塑性变形集中。

③结构在两个主轴方向的动力特性宜相近。

4）结构构件应符合下列要求：

①混凝土结构构件应控制截面尺寸和受力钢筋、箍筋的设置，防止剪切破坏先于弯曲破坏、混凝土的压溃先于钢筋的屈服、钢筋的锚固粘结破坏先于钢筋破坏。

②预应力混凝土的构件，应配有足够的非预应力钢筋。

③钢结构构件的尺寸应合理控制，避免局部失稳或整个构件失稳。

④高层的混凝土楼、屋盖宜优先采用现浇混凝土板。当采用预制装配式混凝土楼、屋盖时，应从楼盖体系和构造上采取措施确保各预制板之间连接的整体性。

5) 结构各构件之间的连接，应符合下列要求：

①构件节点的破坏，不应先于其连接的构件。

②预埋件的锚固破坏，不应先于连接件。

③装配式结构构件的连接，应能保证结构的整体性。

④预应力混凝土构件的预应力钢筋，宜在节点核心区以外锚固。

6) 材料强度等级应符合下列要求

①混凝土结构材料应符合下列规定：

A. 混凝土的强度等级，框支梁、框支柱及抗震等级为一级的框架梁、柱、节点核芯区，不应低于C30；构造柱、芯柱、圈梁及其他各类构件不应低于C20；

B. 抗震等级为一、二、三级的框架和斜撑构件（含梯段），其纵向受力钢筋采用普通钢筋时，钢筋的抗拉强度实测值与屈服强度实测值的比值不应小于1.25；钢筋的屈服强度实测值与屈服强度标准值的比值不应大于1.3，且钢筋在最大拉力下的总伸长率实测值不应小于9%。

②钢结构的钢材应符合下列规定：

A. 钢材的屈服强度实测值与抗拉强度实测值的比值不应大于0.85；

B. 钢材应有明显的屈服台阶，且伸长率不应小于20%；

C. 钢材应有良好的焊接性和合格的冲击韧性。

3. 各种结构类型的应用高度

(1) 钢筋混凝土结构

1) 现浇钢筋混凝土房屋的结构类型和最大高度应符合表1-3的要求。平面和竖向均不规则的结构，适用的最大高度宜适当降低。

2) 钢筋混凝土房屋应根据设防类别、烈度、结构类型和房屋高度采用不同的抗震等级，并应符合相应的计算和构造措施要求。丙类建筑的抗震等级应按表1-4确定。

3) 钢筋混凝土房屋抗震等级的确定，尚应符合下列要求：

①设置少量抗震墙的框架结构，在规定的水平力作用下，底层框架部分所承担的地震倾覆力矩大于结构总地震倾覆力矩的50%时，其框架的抗震等级应按框架结构确定，抗震墙的抗震等级可与其框架的抗震等级相同。

注：底层指计算嵌固端所在的层。

②裙房与主楼相连，除应按裙房本身确定抗震等级外，相关范围不应低于主楼的抗震等级；主楼结构在裙房顶板对应的相邻上下各一层应适当加强抗震构造措施。裙房与主楼分离时，应按裙房本身确定抗震等级。

③当地下室顶板作为上部结构的嵌固部位时，地下一层的抗震等级应与上部结构相同，地下一层以下抗震构造措施的抗震等级可逐层降低一级，但不应低于四级。地下室中无上部结构的部分，抗震构造措施的抗震等级可根据具体情况采用三级或四级。

④当甲乙类建筑按规定提高一度确定其抗震等级而房屋的高度超过本规范表4-6相应规定的上界时，应采取比一级更有效的抗震构造措施。

注：本章"一、二、三、四级"即"抗震等级为一、二、三、四级"的简称。

4）钢筋混凝土房屋需要设置防震缝时，应符合下列规定：

①防震缝宽度应分别符合下列要求：

A. 框架结构（包括设置少量抗震墙的框架结构）房屋的防震缝宽度，当高度不超过15m时不应小于100mm；高度超过15m时，6度、7度、8度和9度分别每增加高度5m、4m、3m和2m，宜加宽20mm；

B. 框架-抗震墙结构房屋的防震缝宽度不应小于本款A项规定数值的70%，抗震墙结构房屋的防震缝宽度不应小于本款A项规定数值的50%；且均不宜小于100mm；

C. 防震缝两侧结构类型不同时，宜按需要较宽防震缝的结构类型和较低房屋高度确定缝宽。

②8、9度框架结构房屋防震缝两侧结构层高相差较大时，防震缝两侧框架柱的箍筋应沿房屋全高加密，并可根据需要在缝两侧沿房屋全高各设置不少于两道垂直于防震缝的抗撞墙。抗撞墙的布置宜避免加大扭转效应，其长度可不大于1/2层高，抗震等级可同框架结构；框架构件的内力应按设置和不设置抗撞墙两种计算模型的不利情况取值。

5）框架结构和框架-抗震墙结构中，框架和抗震墙均应双向设置，柱中线与抗震墙中线、梁中线与柱中线之间偏心距大于柱宽的1/4时，应计入偏心的影响。

甲、乙类建筑以及高度大于24m的丙类建筑，不应采用单跨框架结构；高度不大于24m的丙类建筑不宜采用单跨框架结构。

6）框架-抗震墙、板柱-抗震墙结构以及框支层中，抗震墙之间无大洞口的楼、屋盖的长宽比，不宜超过表4-5的规定；超过时，应计入楼盖平面内变形的影响。

表4-5 抗震墙之间楼屋盖的长宽比

楼、屋盖类型		设 防 烈 度			
		6	7	8	9
框架-抗震墙结构	现浇或叠合楼、屋盖	4	4	3	2
	装配整体式楼、屋盖	3	3	2	不宜采用
板柱-抗震墙结构的现浇楼、屋盖		3	3	2	—
框支层的现浇楼、屋盖		2.5	2.5	2	—

7）采用装配整体式楼、屋盖时，应采取措施保证楼、屋盖的整体性及其与抗震墙的可靠连接。装配整体式楼、屋盖采用配筋现浇面层加强时，其厚度不应小于50mm。

8）框架-抗震墙结构和板柱-抗震墙结构中的抗震墙设置，宜符合下列要求：

①抗震墙宜贯通房屋全高。

②楼梯间宜设置抗震墙，但不宜造成较大的扭转效应。

③抗震墙的两端（不包括洞口两侧）宜设置端柱或与另一方向的抗震墙相连。

④房屋较长时，刚度较大的纵向抗震墙不宜设置在房屋的端开间。

⑤抗震墙洞口宜上下对齐；洞边距端柱不宜小于300mm。

9）抗震墙结构和部分框支抗震墙结构中的抗震墙设置，应符合下列要求：

①抗震墙的两端（不包括洞口两侧）宜设置端柱或与另一方向的抗震墙相连；框支部分落地墙的两端（不包括洞口两侧）应设置端柱或与另一方向的抗震墙相连。

②较长的抗震墙宜设置跨高比大于 6 的连梁形成洞口，将一道抗震墙分成长度较均匀的若干墙段，各墙段的高宽比不宜小于 3。

③墙肢的长度沿结构全高不宜有突变；抗震墙有较大洞口时，以及一、二级抗震墙的底部加强部位，洞口宜上下对齐。

④矩形平面的部分框支抗震墙结构，其框支层的楼层侧向刚度不应小于相邻非框支层楼层侧向刚度的 50%；框支层落地抗震墙间距不宜大于 24m，框支层的平面布置宜对称，且宜设抗震筒体；底层框架部分承担的地震倾覆力矩，不应大于结构总地震倾覆力矩的 50%。

10）抗震墙底部加强部位的范围，应符合下列规定：

①底部加强部位的高度，应从地下室顶板算起。

②部分框支抗震墙结构的抗震墙，其底部加强部位的高度，可取框支层加框支层以上两层的高度及落地抗震墙总高度的 1/10 二者的较大值。其他结构的抗震墙，房屋高度大于 24m 时，底部加强部位的高度可取底部两层和墙体总高度的 1/10 二者的较大值；房屋高度不大于 24m 时，底部加强部位可取底部一层。

③当结构计算嵌固端位于地下一层的底板或以下时，底部加强部位尚宜向下延伸到计算嵌固端。

11）框架单独柱基有下列情况之一时，宜沿两个主轴方向设置基础系梁：

①一级框架和 IV 类场地的二级框架；

②各柱基础底面在重力荷载代表值作用下的压应力差别较大；

③基础埋置较深，或各基础埋置深度差别较大；

④地基主要受力层范围内存在软弱黏性土层、液化土层或严重不均匀土层；

⑤桩基承台之间。

12）框架-抗震墙结构、板柱-抗震墙结构中的抗震墙基础和部分框支抗震墙结构的落地抗震墙基础，应有良好的整体性和抗转动的能力。

13）主楼与裙房相连且采用天然地基，除应符合相关规定外，在多遇地震作用下主楼基础底面不宜出现零应力区。

14）地下室顶板作为上部结构的嵌固部位时，应符合下列要求：

①地下室顶板应避免开设大洞口；地下室在地上结构相关范围的顶板应采用现浇梁板结构，相关范围以外的地下室顶板宜采用现浇梁板结构；其楼板厚度不宜小于 180mm，混凝土强度等级不宜小于 C30，应采用双层双向配筋，且每层每个方向的配筋率不宜小于 0.25%。

②结构地上一层的侧向刚度，不宜大于相关范围地下一层侧向刚度的 0.5 倍；地下室周边宜有与其顶板相连的抗震墙。

③地下室顶板对应于地上框架柱的梁柱节点除应满足抗震计算要求外，尚应符合下列规定之一：

A. 地下一层柱截面每侧纵向钢筋不应小于地上一层柱对应纵向钢筋的 1.1 倍，且地下一层柱上端和节点左右梁端实配的抗震受弯承载力之和应大于地上一层柱下端实配的抗震受弯承载力的 1.3 倍。

B. 地下一层梁刚度较大时，柱截面每侧的纵向钢筋面积应大于地上一层对应柱每侧纵向钢筋面积的 1.1 倍；同时梁端顶面和底面的纵向钢筋面积均应比计算增大 10% 以上；

④地下一层抗震墙墙肢端部边缘构件纵向钢筋的截面面积，不应少于地上一层对应墙肢端部边缘构件纵向钢筋的截面面积。

15）楼梯间应符合下列要求：

①宜采用现浇钢筋混凝土楼梯。

②对于框架结构，楼梯间的布置不应导致结构平面特别不规则；楼梯构件与主体结构整浇时，应计入楼梯构件对地震作用及其效应的影响，应进行楼梯构件的抗震承载力验算；宜采取构造措施，减少楼梯构件对主体结构刚度的影响。

③楼梯间两侧填充墙与柱之间应加强拉结。

（2）钢结构

1）钢结构民用房屋的结构类型和最大高度应符合表 4-6 的规定。平面和竖向均不规则的钢结构，适用的最大高度宜适当降低。

表 4-6　钢结构房屋适用的最大高度（m）

结构类型	6、7 度 (0.10g)	7 度 (0.15g)	8 度		9 度 (0.40g)
			(0.20g)	(0.30g)	
框架	110	90	90	70	50
框架-中心支撑	220	200	180	150	120
框架-偏心支撑（延性墙板）	240	220	200	180	160
筒体（框筒、筒中筒、框架筒、束筒）和巨型框架	300	280	260	240	180

注：1. 房屋高度指室外地面到主要屋面板板顶的高度（不包括局部突出屋顶部分）

2. 超过表内高度的房屋，应进行专门研究和论证，采取有效的加强措施。

3. 表内的筒体不包括混凝土筒。

2）钢结构民用房屋的最大高宽比不应超过表 4-7 的规定。

表 4-7　钢结构民用房屋适用的最大高宽比

烈　　度	6、7	8	9
最大高宽比	6.5	6.0	5.5

注：塔形建筑的底部有大底盘时，高宽比可按大底盘以上计算

3）钢结构房屋应根据设防分类、烈度和房屋高度采用不同的抗震等级，并应符合相应的计算和构造要求。丙类建筑的抗震等级应按表 4-8 确定。

表 4-8　钢结构房屋的抗震等级

房屋高度	烈　　度			
	6	7	8	9
≤50m		四	三	二
>50m	四	三	二	一

注：① 高度接近或等于高度分界时，应允许结合房屋不规则程度和场地、地基条件确定抗震等级。

② 一般情况，构件的抗震等级应与结构相同。当某个部位各构件的承载力均满足 2 倍地震作用组合下的内力要求时，7～9 度的构件抗震等级应允许降低一度确定。

4）钢结构房屋需要设置防震缝时，缝宽应不小于相应钢筋混凝土结构房屋的1.5倍。

5）一、二级钢结构房屋、宜设置偏心支撑，带竖缝钢筋混凝土抗震墙板、内藏钢支撑钢筋混凝土墙板，屈曲约束支撑等消解支撑或筒体。采用框架支撑时，甲、乙类建筑和高层的丙类建筑不应采用单跨框架，多层的丙类建筑不宜采用单跨框架。

6）采用框架-支撑结构的钢结构房屋应符合下列规定：

①支撑框架的两个方向的布置均应基本对称，支撑框架之间楼盖的长宽比不宜大于3。

②三、四级且高度不大于50m的钢结构宜采用中心支撑，也可采用偏心支撑、屈曲约束支撑等消耗支撑。

③中心支撑框架宜采用交叉支撑，也可采用人字支撑或斜杆支撑，不宜采用K形支撑，支撑的轴线宜交汇于梁柱构件轴线的交点，偏离交点时的偏心距不应超过支撑杆件宽度，并应计入由此产生的附加弯矩。当中心支撑采用只能受拉的单斜杆体系时，应同时设置不同倾斜方向的两组构件，且每组中不同方向单斜杆的截面面积在水平方向的投影面积之差不应大于10%。

④偏心支撑的每根支撑应至少有一端与框架连接，并在支撑与梁交点和柱之间或同一跨内另一支撑与梁交点之间形成消耗梁段。

⑤采用屈曲约束支撑时，宜采用人字支撑、成对布置的斜杆支撑等形式，不应采用K形或X形，支撑与柱的夹角宜在35°～55°之间。屈曲约束支撑受压时，其设计参数、性能检验和作为一种消能部件的计算方法可按相关要求设计。

7）钢框架-筒体结构，必要时可设置由筒体外伸臂或外伸臂和周边桁架组成的加强层。

8）钢结构房屋的楼盖应符合下列要求。

①宜采用压型钢板现浇钢筋混凝土组合楼板或钢筋混凝土楼板，并应用钢梁有可靠连接。

②对6、7度时不超过50m的钢结构，尚可采用装配整体式钢筋混凝土楼板，也可采用装配式楼板或其他轻型楼盖，但应将楼板预埋件焊接或采取其他保证楼板整体性的措施。

③对转换层楼盖或楼板有较大洞口等情况，必要时可设置水平支撑。

9）钢结构房屋的地下室设置，应符合下列要求。

①设置地下室时，框架-支撑（抗震墙板）结构中竖向连续布置的支撑（抗震墙板）应延伸至基础。钢框架柱应至少延伸至地下一层，其竖向荷载应直接传至基础。

②超过50m的钢结构房屋应设置地下室。其基础埋置深度，当采用天然地基时，不宜小于房屋总高度的1/15；当采用桩基时，桩承台埋深不宜小于房屋总高度的1/20。

四、高层民用建筑的平面布置、竖向布置和水平位移限值

1. 高层建筑的平面布置

（1）在高层建筑的一个独立结构单元内，宜使结构平面形状简单、规则，刚度和承载力分布均匀。不应采用严重不规则的平面布置。

（2）高层建筑宜选用风作用效应较小的平面形状。

（3）较低高度的钢筋混凝土高层建筑，其平面布置宜符合下列要求：

1）平面宜简单、规则、对称，减少偏心；

2）平面长度 L 不宜过长，突出部分长度 l 不宜过大（图 4-3）；L、l 等值宜满足表4-9 的要求；

3）不宜采用角部重叠的平面图形或细腰形平面图形。

4）较高高度的钢筋混凝土高层建筑、混合结构高层建筑及复杂高层建筑，其平面布置应简单、规则，减少偏心。

2. 高层建筑的竖向布置

（1）高层建筑的竖向体形宜规则、均匀，避免有过大的外挑和内收。结构的侧向刚度宜下大上小，逐渐均匀变化，不应采用竖向布置严重不规则的结构。

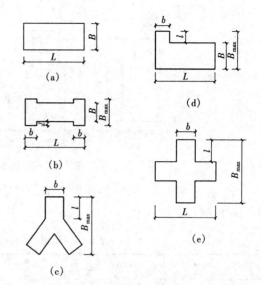

图 4-3 建筑平面的形式

表 4-9 L、l 的限值

设防烈度	L/B	l/B_{max}	l/b
6、7 度	≤6.0	≤0.35	≤2.0
8、9 度	≤5.0	≤0.30	≤1.5

（2）抗震设计的高层建筑结构，其楼层侧向刚度不宜小于相邻上部楼层侧向刚度的 70% 或其上相邻三层侧向刚度平均值的 80%。

（3）较低高度的高层建筑的楼层层间抗侧力结构的受剪承载力[①]不宜小于其上一层受剪承载力的 80%，不应小于其上一层受剪承载力的 65%；B 级高度高层建筑的楼层层间抗侧力结构的受剪承载力不应小于其上一层受剪承载力的 75%。

（4）抗震设计时，结构竖向抗侧力构件宜上下连续贯通。

（5）抗震设计时，当结构上部楼层收进部位到室外地面的高度 H_1 与房屋高度 H 之比大于 0.2 时，上部楼层收进后的水平尺寸 B_1 不宜小于下部楼层水平尺寸 B 的 0.75 倍（图 4-4a、b）；当上部结构楼层相对于下部楼层外挑时，下部楼层的水平尺寸 B 不宜小于上部楼层水平尺寸 B_1 的 0.9 倍，且水平外挑尺寸 a 不宜大于 4m（图 4-4c、d）。

（6）结构顶层取消部分墙、柱形成空旷房间时，应进行弹性动力时程分析计算并采取有效构造措施。

（7）高层建筑宜设地下室。

3. 高层建筑的水平位移限值和舒适度要求

（1）在正常使用条件下，高层建筑结构应具有足够的刚度，避免产生过大的位移而影响结构的承载力、稳定性和使用要求。

（2）正常使用条件下的结构水平位移按风荷载、地震作用的弹性方法计算。

（3）按弹性方法计算的楼层层间最大位移与层高之比 $\Delta u/h$ 宜符合以下规定：

[①] 楼层层间抗侧力结构受剪承载力是指在所考虑的水平地震作用方向上，该层全部柱及剪力墙的受剪承载力之和。

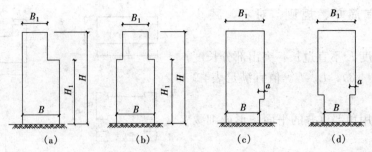

图 4-4 结构竖向收进和外挑示意图

1）高度不大于 150m 的高层建筑，其楼层层间最大位移与层高之比 $\Delta u/h$ 不宜大于表 4-10 的限值；

表 4-10 楼层层间最大位移与层高之比的限值

结 构 类 型	$\Delta u/h$ 限值
框 架	1/550
框架-剪力墙、框架-核心筒、板柱-剪力墙	1/800
筒中筒、剪力墙	1/1000
框支层	1/1000

2）高度等于或大于 250m 的高层建筑，其楼层层间最大位移与层高之比 $\Delta u/h$ 不宜大于 1/500；

3）高度在 150～250m 之间的高层建筑，其楼层层间最大位移与层高之比 $\Delta u/h$ 的限值按（1）和（2）的限值线性插入取用。

4）楼层层间最大位移 Δu 以楼层最大的水平位移差计算，不扣除整体弯曲变形。抗震设计时，楼层位移计算不考虑偶然偏心的影响。

5）高度超过 150m 的高层建筑结构应具有良好的使用条件，满足舒适度要求，按现行国家标准《建筑结构荷载规范》（GB 50009—2012）规定的 10 年一遇的风荷载取值计算的顺风向与横风向结构顶点最大加速度 a_{max} 不应超过表 4-13 的限值。必要时，可通过专门风洞试验结果计算确定顺风向与横风向结构顶点最大加速度 a_{max}，且不应超过表 4-11 的限值。

表 4-11 结构顶点最大加速度限值 a_{max}

使用功能	a_{max}（m/s²）
住宅、公寓	0.15
办公、旅馆	0.25

第二节 高层民用建筑的结构构造

一、框架结构

图 4-5 为框架结构体系的示意图。

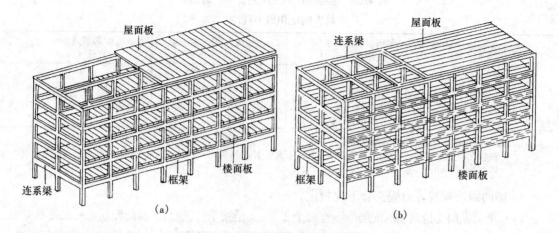

图 4-5 框架结构的两种体系

(a) 纵向框架体系；(b) 横向框架体系

《建筑抗震设计规范》（GB 50011—2010）中规定框架结构的基本抗震构造包含以下内容：

1. 梁的截面尺寸，宜符合下列各项要求：

（1）截面宽度不宜小于 200mm；

（2）截面高宽比不宜大于 4；

（3）净跨与截面高度之比不宜小于 4。

2. 梁宽大于柱宽的扁梁应符合下列要求：

（1）采用扁梁的楼、屋盖应现浇，梁中线宜与柱中线重合，扁梁应双向布置。扁梁的截面尺寸应符合下列要求，并应满足规范对挠度和裂缝宽度的规定：

$$b_b \leqslant 2b_c$$

$$b_b \leqslant b_c + h_b$$

$$h_b \geqslant 16d$$

式中：b_c——柱截面宽度，圆形截面取柱直径的 0.8 倍；

b_b、h_b——分别为梁截面宽度和高度；

d——柱纵筋直径。

（2）扁梁不宜用于一级框架结构。

3. 梁-的钢筋配置，应符合下列各项要求：

（1）梁端计入受压钢筋的混凝土受压区高度和有效高度之比，一级不应大于 0.25，二、三级不应大于 0.35。

（2）梁端截面的底面和顶面纵向钢筋配筋量的比值，除按计算确定外，一级不应小于 0.5，二、三级不应小于 0.3。

（3）梁端箍筋加密区的长度、箍筋最大间距和最小直径应按表 4-12 采用，当梁端纵向受拉钢筋配筋率大于 2%时，表中箍筋最小直径数值应增大 2mm。

表 4-12　梁端箍筋加密区的长度、箍筋的
最大间距和最小直径

抗震等级	加密区长度（采用较大值）（mm）	箍筋最大间距（采用最小值）（mm）	箍筋最小直径（mm）
一	$2h_b$，500	$h_b/4$，$6d$，100	10
二	$1.5h_b$，500	$h_b/4$，$8d$，100	8
三	$1.5h_b$，500	$h_b/4$，$8d$，150	8
四	$1.5h_b$，500	$h_b/4$，$8d$，150	6

注：1. d 为纵向钢筋直径，h_b 为梁截面高度；
　　2. 箍筋直径大于 12mm，数量不少于 4 肢且肢距不大于 150mm 时，一、二级的最大间距应允许适当放宽，但不得大于 150mm。

4. 梁的钢筋配置，尚应符合下列规定：

(1) 梁端纵向受拉钢筋的配筋率不宜大于 2.5%。沿梁全长顶面、底面的配筋，一、二级不应少于 $2\phi14$，且分别不应少于梁顶面、底面两端纵向配筋中较大截面面积的 1/4；三、四级不应少于 $2\phi12$。

(2) 一、二、三级框架梁内贯通中柱的每根纵向钢筋直径，对框架结构不应大于矩形截面柱在该方向截面尺寸的 1/20，或纵向钢筋所在位置圆形截面柱弦长的 1/20；对其他结构类型的框架不宜大于矩形截面柱在该方向截面尺寸的 1/20，或纵向钢筋所在位置圆形截面柱弦长的 1/20。

(3) 梁端加密区的箍筋肢距，一级不宜大于 200mm 和 20 倍箍筋直径的较大值，二、三级不宜大于 250mm 和 20 倍箍筋直径的较大值，四级不宜大于 300mm。

5. 柱的截面尺寸，宜符合下列各项要求：

(1) 截面的宽度和高度，四级或不超过 2 层时不宜小于 300mm，一、二、三级且超过 2 层时不宜小于 400mm；圆柱的直径，四级或不超过 2 层时不宜小于 350mm，一、二、三级且超过 2 层时不宜小于 450mm。

(2) 剪跨比宜大于 2。

(3) 截面长边与短边的边长比不宜大于 3。

6. 柱轴压比不宜超过表 4-13 的规定；建造于Ⅳ类场地且较高的高层建筑，柱轴压比限值应适当减小。

表 4-13　柱轴压比限值

结构类型	抗震等级			
	一	二	三	四
框架结构	0.65	0.75	0.85	0.90
框架-抗震墙，板柱-抗震墙、框架-核心筒及筒中筒	0.75	0.85	0.90	0.95
部分框支抗震墙	0.6	0.7	—	—

注：1. 轴压比指柱组合的轴压力设计值与柱的全截面面积和混凝土轴心抗压强度设计值乘积之比值；对不进行地震作用计算的结构，可取无地震作用组合的轴力设计值计算；
　　2. 表内限值适用于剪跨比大于 2、混凝土强度等级不高于 C60 的柱；剪跨比不大于 2 的柱，轴压比限值应降低 0.05；剪跨比小于 1.5 的柱，轴压比限值应专门研究并采取特殊构造措施；
　　3. 沿柱全高采用井字复合箍且箍筋肢距不大于 200mm、间距不大于 100mm、直径不小于 12mm，或沿柱全高采用复合螺旋箍、螺旋间距不大于 100mm、箍筋肢距不大于 200mm、直径不小于 12mm，或沿柱全高采用连续复合矩形螺旋箍、螺旋净距不大于 80mm、箍筋肢距不大于 200mm、直径不小于 10mm，轴压比限值均可增加 0.10；上述三种箍筋的最小配箍特征值均应按增大的轴压比由本 4-18 确定；
　　4. 在柱的截面中部附加芯柱，其中另加的纵向钢筋的总面积不少于柱截面面积的 0.8%，轴压比限值可增加 0.05；此项措施与注 3 的措施共同采用时，轴压比限值可增加 0.15，但箍筋的体积配箍率仍可按轴压比增加 0.10 的要求确定；
　　5. 柱轴压比不应大于 1.05。

7. 柱的钢筋配置，应符合下列各项要求：

（1）柱纵向受力钢筋的最小总配筋率应按表 4-14 采用，同时每一侧配筋率不应小于 0.2%；对建造于Ⅳ类场地且较高的高层建筑，最小总配筋率应增加 0.1%。

表 4-14　柱截面纵向钢筋的最小总配筋率（百分率）

类　别	抗　震　等　级			
	一	二	三	四
中柱和边柱	0.9(1.0)	0.7(0.8)	0.6(0.7)	0.5(0.6)
角柱、框支柱	1.1	0.9	0.8	0.7

注：1. 表中括号内数值用于框架结构的柱；

　　2. 钢筋强度标准值小于 400MPa 时，表中数值应增加 0.1，钢筋强度标准值为 400MPa 时，表中数值应增加 0.05；

　　3. 混凝土强度等级高于 C60 时，上述数值应相应增加 0.1。

（2）柱箍筋在规定的范围内应加密，加密区的箍筋间距和直径，应符合下列要求：

1）一般情况下，箍筋的最大间距和最小直径，应按表 4-15 采用。

表 4-15　柱箍筋加密区的箍筋最大间距和最小直径

抗震等级	箍筋最大间距（采用较小值，mm）	箍筋最小直径（mm）
一	6d，100	10
二	8d，100	8
三	8d，150（柱根 100）	8
四	8d，150（柱根 100）	6（柱根 8）

注：1. d 为柱纵筋最小直径；

　　2. 柱根指底层柱下端箍筋加密区。

2）一级框架柱的箍筋直径大于 12mm 且箍筋肢距不大于 150mm 及二级框架柱的箍筋直径不小于 10mm 且箍筋肢距不大于 200mm 时，除底层柱下端外，最大间距应允许采用 150mm；三级框架柱的截面尺寸不大于 400mm 时，箍筋最小直径应允许采用 6mm；四级框架柱剪跨比不大于 2 时，箍筋直径不应小于 8mm。

3）框支柱和剪跨比不大于 2 的框架柱，箍筋间距不应大于 100mm。

8. 柱的纵向钢筋配置，尚应符合下列规定：

（1）柱的纵向钢筋宜对称配置。

（2）截面边长大于 400mm 的柱，纵向钢筋间距不宜大于 200mm。

（3）柱总配筋率不应大于 5%；剪跨比不大于 2 的一级框架的柱，每侧纵向钢筋配筋率不宜大于 1.2%。

（4）边柱、角柱及抗震墙端柱在小偏心受拉时，柱内纵筋总截面面积应比计算值增加 25%。

（5）柱纵向钢筋的绑扎接头应避开柱端的箍筋加密区。

9. 柱的箍筋配置，尚应符合下列要求：

（1）柱的箍筋加密范围，应按下列规定采用：

1）柱端，取截面高度（圆柱直径）、柱净高的 1/6 和 500mm 三者的最大值；

2）底层柱的下端不小于柱净高的 1/3；

3）刚性地面上下各 500mm；

4）剪跨比不大于2的柱、因设置填充墙等形成的柱净高与柱截面高度之比不大于4的柱、框支柱、一级和二级框架的角柱，取全高。

（2）柱箍筋加密区的箍筋肢距，一级不宜大于200mm，二、三级不宜大于250mm，四级不宜大于300mm。至少每隔一根纵向钢筋宜在两个方向有箍筋或拉筋约束；采用拉筋复合箍时，拉筋宜紧靠纵向钢筋并钩住箍筋。

（3）柱箍筋加密区的体积配箍率，应按下列规定采用：

1）柱箍筋加密区的体积配箍率应符合下式要求：

$$\rho_v \geqslant \lambda_v f_c / f_{yv}$$

式中：ρ_v ——柱箍筋加密区的体积配箍率，一级不应小于0.8%，二级不应小于0.6%，三、四级不应小于0.4%；计算复合螺旋箍的体积配箍率时，其非螺旋箍的箍筋体积应乘以折减系数0.80；

f_c ——混凝土轴心抗压强度设计值，强度等级低于C35时，应按C35计算；

f_{yv} ——箍筋或拉筋抗拉强度设计值；

λ_v ——最小配箍特征值，宜按表4-16采用。

表4-16　柱箍筋加密区的箍筋最小配箍特征值

抗震等级	箍筋形式	柱轴压比								
		≤0.3	0.4	0.5	0.6	0.7	0.8	0.9	1.0	1.05
一	普通箍、复合箍	0.10	0.11	0.13	0.15	0.17	0.20	0.23	—	—
	螺旋箍、复合或连续复合矩形螺旋箍	0.08	0.09	0.11	0.13	0.15	0.18	0.21	—	—
二	普通箍、复合箍	0.08	0.09	0.11	0.13	0.15	0.17	0.19	0.22	0.24
	螺旋箍、复合或连续复合矩形螺旋箍	0.06	0.07	0.09	0.11	0.13	0.15	0.17	0.20	0.22
三、四	普通箍、复合箍	0.06	0.07	0.09	0.11	0.13	0.15	0.17	0.20	0.22
	螺旋箍、复合或连续复合矩形螺旋箍	0.05	0.06	0.07	0.09	0.11	0.13	0.15	0.18	0.20

注：普通箍指单个矩形箍和单个圆形箍，复合箍指由矩形、多边形、圆形箍或拉筋组成的箍筋；复合螺旋箍指由螺旋箍与矩形、多边形、圆形箍或拉筋组成的箍筋；连续复合矩形螺旋箍指用一根通长钢筋加工而成的箍筋。

2）框支柱宜采用复合螺旋箍或井字复合箍，其最小配箍特征值应比表4-18内数值增加0.02，且体积配箍率不应小于1.5%。

3）剪跨比不大于2的柱宜采用复合螺旋箍或井字复合箍，其体积配箍率不应小于1.2%，9度一级时不应小于1.5%。

（4）柱箍筋非加密区的箍筋配置，应符合下列要求：

1）柱箍筋非加密区的体积配箍率不宜小于加密区的50%。

2）箍筋间距，一、二级框架柱不应大于10倍纵向钢筋直径，三、四级框架柱不应大于15倍纵向钢筋直径。

10. 框架节点核芯区箍筋的最大间距和最小直径宜按本节7的规定采用；一、二、三级框架节点核芯区配箍特征值分别不宜小于0.12、0.10和0.08，且体积配箍率分别不宜小于0.6%、0.5%和0.4%。柱剪跨比不大于2的框架节点核芯区，体积配箍率不宜小于核芯区上、下柱端的较大体积配箍率。

11. 框架结构的砌体填充墙

钢筋混凝土结构中的砌体填充墙，应符合下列要求：

（1）填充墙在平面和竖向的布置，宜无效对称，宜避免形成薄弱层或短柱。

（2）砌体的砂浆强度等级不应低于 M5；实心块体的强度等级不宜低于 MU2.5，空心块体的强度等级不宜低于 MU3.5；墙顶应与框架梁密切结合。

（3）填充墙应尚框架瑜高每隔 500mm～600mm 设 2φ6 拉筋，拉筋伸入墙内的长度，6、7 度时宜尚墙全长贯通，8、9 度时应全长贯通。

（4）墙长大于 5m 时，墙顶与梁宜有拉结；墙超过 8m 或层高 2 倍时，宜设置钢筋混凝土构造柱；墙高超过 4m，墙体半高宜设置与柱连接且沿墙全长贯通的钢筋混凝土水平系梁。

（5）楼梯间和人流通道的填充墙，尚应采用钢丝网砂浆面层加强。

二、抗震墙结构

图 4-6 为抗震墙结构体系的示意图。

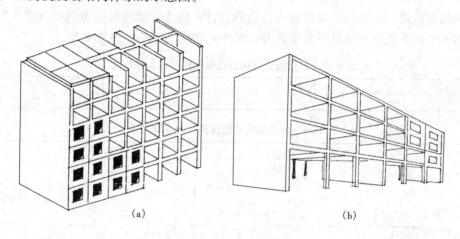

（a）　　　　　　　　　　　　　　（b）

图 4-6　抗震墙结构体系

（a）抗震墙结构；（b）框-支抗震墙结构

《建筑抗震设计规范》（GB 50011—2010）中规定抗震墙结构的基本抗震构造包含以下内容：

1. 抗震墙的厚度，一、二级不应小于 160mm 且不宜小于层高或无支长度的 1/20，三、四级不应小于 140mm 且不宜小于层高或无支长度的 1/25；无端柱或翼墙时，一、二级不宜小于层高或无支长度的 1/16，三、四级不宜小于层高或无支长度的 1/20。

底部加强部位的墙厚，一、二级不应小于 200mm 且不宜小于层高或无支长度的 1/16，三、四级不应小于 160mm 且不宜小于层高或无支长度的 1/20；无端柱或翼墙时，一、二级不宜小于层高或无支长度的 1/12，三、四级不宜小于层高或无支长度的 1/16。

2. 一、二、三级抗震墙在重力荷载代表值作用下墙肢的轴压比，一级时，9 度不宜大于 0.4，7、8 度不宜大于 0.5；二、三级时不宜大于 0.6。

注：墙肢轴压比指墙的轴压力设计值与墙的全截面面积和混凝土轴心抗压强度设计值乘积之比值。

3. 抗震墙竖向、横向分布钢筋的配筋，应符合下列要求：

（1）一、二、三级抗震墙的竖向和横向分布钢筋最小配筋率均不应小于 0.25%，四级抗震墙分布钢筋最小配筋率不应小于 0.20%。

注：高度小于 24m 且剪压比很小的四级抗震墙，其竖向分布筋的最小配筋率允许按 0.15% 采用。

（2）部分框支抗震墙结构的落地抗震墙底部加强部位，竖向和横向分布钢筋配筋率均不应小于 0.3%。

4. 抗震墙竖向和横向分布钢筋的配置，尚应符合下列规定：

（1）抗震墙的竖向和横向分布钢筋的间距不宜大于 300mm，部分框支抗震墙结构的落地抗震墙底部加强部位，竖向和横向分布钢筋的间距不宜大于 200mm。

（2）抗震墙厚度大于 140mm 时，其竖向和横向分布钢筋应双排布置，双排分布钢筋间拉筋的间距不宜大于 600mm，直径不应小于 6mm。

（3）抗震墙竖向和横向分布钢筋的直径，均不宜大于墙厚的 1/10 且不应小于 8mm；竖向钢筋直径不宜小于 10mm。

5. 抗震墙两端和洞口两侧应设置边缘构件，边缘构件包括暗柱、端柱和翼墙，并应符合下列要求：

（1）对于抗震墙结构，底层墙肢底截面的轴压比不大于表 4-17 规定的一、二、三级抗震墙及四级抗震墙，墙肢两端可设置构造边缘构件，构造边缘构件的范围可按图 4-7 采用，构造边缘构件的配筋除应满足受弯承载力要求外，并宜符合表 4-18 的要求。

表 4-17 抗震墙设置构造边缘构件的最大轴压比

抗震等级或烈度	一级（9 度）	一级（7、8 度）	二、三级
轴压比	0.1	0.2	0.3

表 4-18 抗震墙构造边缘构件的配筋要求

抗震等级	底部加强部位			其他部位		
	纵向钢筋最小量（取较大值）	箍筋		纵向钢筋最小量（取较大值）	拉筋	
		最小直径（mm）	沿竖向最大间距（mm）		最小直径（mm）	沿竖向最大间距（mm）
一	$0.010A_c$，$6\phi16$	8	100	$0.008A_c$，$6\phi14$	8	150
二	$0.008A_c$，$6\phi14$	8	150	$0.006A_c$，$6\phi12$	8	200
三	$0.006A_c$，$6\phi12$	6	150	$0.005A_c$，$4\phi12$	6	200
四	$0.005A_c$，$4\phi12$	6	200	$0.004A_c$，$4\phi12$	6	250

注：1. A_c 为边缘构件的截面面积；
  2. 其他部位的拉筋，水平间距不应大于纵筋间距的 2 倍；转角处宜采用箍筋；
  3. 当端柱承受集中荷载时，其纵向钢筋、箍筋直径和间距应满足柱的相应要求。

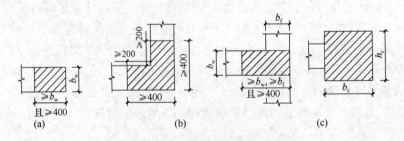

图 4-7 抗震墙的构造边缘构件范围
（a）暗柱；（b）翼柱；（c）端柱

（2）底层墙肢底截面的轴压比大于表 4-19 规定的一、二、三级抗震墙，以及部分框支抗震墙结构的抗震墙，应在底部加强部位及相邻的上一层设置约束边缘构件，在以上的其他部位可设置构造边缘构件。约束边缘构件沿墙肢的长度、配箍特征值、箍筋和纵向钢筋宜符合表 4-19 的要求（图 4-8）。

表 4-19　抗震墙约束边缘构件的范围及配筋要求

项　目	一级（9度）		一级（7、8度）		二、三级	
	$\lambda \leqslant 0.2$	$\lambda > 0.2$	$\lambda \leqslant 0.3$	$\lambda > 0.3$	$\lambda \leqslant 0.4$	$\lambda > 0.4$
l_c（暗柱）	$0.20h_w$	$0.25h_w$	$0.15h_w$	$0.20h_w$	$0.15h_w$	$0.20h_w$
l_c（翼墙或端柱）	$0.15h_w$	$0.20h_w$	$0.10h_w$	$0.15h_w$	$0.10h_w$	$0.15h_w$
λ_v	0.12	0.20	0.12	0.20	0.12	0.20
纵向钢筋（取较大值）	0.012A_c，8ϕ16		0.012A_c，8ϕ16		0.010A_c，6ϕ16 （三级 6ϕ14）	
箍筋或拉筋沿竖向间距	100mm		100mm		150mm	

注：1. 抗震墙的翼墙长度小于其3倍厚度或端柱截面边长小于2倍墙厚时，按无翼墙、无端柱查表；端柱有集中荷载时，配筋构造按柱要求；

2. l_c为约束边缘构件沿墙肢长度，且不小于墙厚和400mm；有翼墙或端柱时不应小于翼墙厚度或端柱沿墙肢方向截面高度加300mm；

3. λ_v为约束边缘构件的配箍特征值，体积配箍率可按柱箍筋加密率计算，并可适当计入满足构造要求且在墙端有可靠锚固的水平分布钢筋的截面面积；

4. h_w为抗震墙墙肢长度；

5. λ为墙肢轴压比；

6. A_c为图4-8中约束边缘构件阴影部分的截面面积。

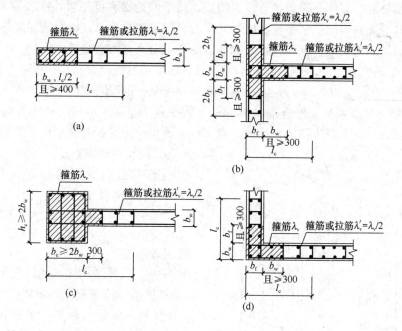

图 4-8　抗震墙的约束边缘构件

（a）暗柱；（b）有翼墙；（c）有端柱；（d）转角墙（L形墙）

6. 抗震墙的墙肢长度不大于墙厚的3倍时，应按柱的有关要求进行设计；矩形墙肢的厚度不大于300mm时，尚宜全高加密箍筋。

7. 跨高比较小的高连梁，可设水平缝形成双连梁、多连梁或采取其他加强受剪承载力的构造。顶层连梁的纵向钢筋伸入墙体的锚固长度范围内，应设置箍筋。

三、框架-抗震墙结构

图 4-9 为框架抗震墙结构体系抗震墙与柱子的关系图。

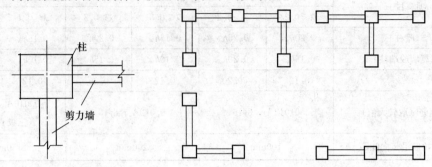

图 4-9　抗震墙与柱子的组合形式

《建筑抗震设计规范》（GB 50011—2010）中规定。框架-抗震墙结构的基本抗震构造措施包括以下内容

1. 框架-抗震墙结构的抗震墙厚度和边框设置，应符合下列要求：

（1）抗震墙的厚度不应小于 160mm 且不宜小于层高或无支长度的 1/20，底部加强部位的抗震墙厚度不应小于 200mm 且不宜小于层高或无支长度的 1/16。

（2）有端柱时，墙体在楼盖处宜设置暗梁，暗梁的截面高度不宜小于墙厚和 400mm 的较大值；端柱截面宜与同层框架柱相同，并应满足框架柱的要求；抗震墙底部加强部位的端柱和紧靠抗震墙洞口的端柱宜按柱箍筋加密区的要求沿全高加密箍筋。

2. 抗震墙的竖向和横向分布钢筋，配筋率均不应小于 0.25%，钢筋直径不宜小于 10mm，间距不宜大于 300mm，并应双排布置，双排分布钢筋间应设置拉筋。

3. 楼面梁与抗震墙平面外连接时，不宜支承在洞口连梁上；沿梁轴线方向宜设置与梁连接的抗震墙，梁的纵筋应锚固在墙内；也可在支承梁的位置设置扶壁柱或暗柱，并应按计算确定其截面尺寸和配筋。

4. 框架-抗震墙结构的其他抗震构造措施，应符合本节框架和抗震墙的有关要求。

> 注：设置少量抗震墙的框架结构，其抗震墙的抗震构造措施，可仍按抗震墙的规定执行。

四、筒体结构

图 4-10 为筒体结构体系的示意图。

《建筑抗震设计规范》（GB 50011—2010）中规定筒体结构抗震设计要求有以下几点：

1. 框架-核心筒结构应符合下列要求：

（1）核心筒与框架之间的楼盖宜采用梁板体系；部分楼层采用平板体系时应有加强措施。

（2）除加强层及其相邻上下层外，按框架-核心筒计算分析的框架部分各层地震剪力的最大值不宜小于结构底部总地震剪力的 10%。当小于 10%时，核心筒墙体的地震剪力应适当提高，边

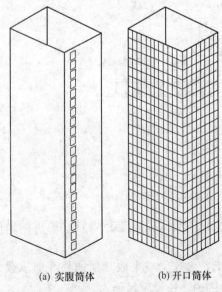

(a) 实腹筒体　　(b) 开口筒体

图 4-10　筒体结构体系示意图

缘构件的抗震构造措施应适当加强；任一层框架部分承担的地震剪力不应小于结构底部总地震剪力的 15%。

(3) 加强层设置应符合下列规定：

1) 9 度时不应采用加强层；

2) 加强层的大梁或桁架应与核心筒内的墙肢贯通；大梁或桁架与周边框架柱的连接宜采用铰接或半刚性连接；

3) 结构整体分析应计入加强层变形的影响；

4) 施工程序及连接构造上，应采取措施减小结构竖向温度变形及轴向压缩对加强层的影响。

2. 框架-核心筒结构的核心筒、筒中筒结构的内筒，其抗震墙除应符合抗震墙的有关规定外，尚应符合下列要求：

(1) 抗震墙的厚度、竖向和横向分布钢筋应符合框架-抗震墙的规定；筒体底部加强部位及相邻上一层，当侧向刚度无突变时不宜改变墙体厚度。

(2) 框架-核心筒结构一、二级筒体角部的边缘构件宜按下列要求加强：底部加强部位，约束边缘构件范围内宜全部采用箍筋，且约束边缘构件沿墙肢的长度宜取墙肢截面高度的1/4，底部加强部位以上的全高范围内宜按转角墙的要求设置约束边缘构件。

(3) 内筒的门洞不宜靠近转角。

3. 楼面大梁不宜支承在内筒连梁上。楼面大梁与内筒或核心筒墙体平面外连接时，应符合楼面梁与抗震墙的规定。

4. 一、二级核心筒和内筒中跨高比不大于 2 的连梁，当梁截面宽度不小于 400mm 时，可采用交叉暗柱配筋，并应设置普通箍筋；截面宽度小于 400mm 但不小于 200mm 时，除配置普通箍筋外，可另增设斜向交叉构造钢筋。

五、板柱-抗震墙结构

《建筑抗震设计规范》（GB 50011—2010）中规定板柱-抗震墙结构抗震设计要求有以下几点：

1. 板柱-抗震墙结构的抗震墙，其抗震构造措施应符合本节和框架-抗震墙的有关规定；柱（包括抗震墙端柱）和梁的抗震构造措施应符合框架结构的有关规定。

2. 板柱-抗震墙的结构布置，尚应符合下列要求：

(1) 抗震墙厚度不应小于 180mm，且不宜小于层高或无支长度的 1/20；房屋高度大于12m 时，墙厚不应小于 200mm。

(2) 房屋的周边应采用有梁框架，楼、电梯洞口周边宜设置边框梁。

(3) 8 度时宜采用有托板或柱帽的板柱节点，托板或柱帽根部的厚度（包括板厚）不宜小于柱纵筋直径的 16 倍，托板或柱帽的边长不宜小于 4 倍板厚和柱截面对应边长之和。

(4) 房屋的地下一层顶板，宜采用梁板结构。

3. 板柱-抗震墙结构的抗震计算，应符合下列要求：

(1) 房屋高度大于 12m 时，抗震墙应承担结构的全部地震作用；房屋高度不大于12m 时，抗震墙宜承担结构的全部地震作用。各层板柱和框架部分应能承担不少于本层地震剪力的 20%。

(2) 板柱结构在地震作用下按等代平面框架分析时，其等代梁的宽度宜采用垂直于等代平面框架方向两侧柱距各 1/4。

（3）板柱节点应进行冲切承载力的抗震验算，应计入不平衡弯矩引起的冲切，节点处地震作用组合的不平衡弯矩引起的冲切反力设计值应乘以增大系数，一、二、三级板柱的增大系数可分别取 1.7、1.5、1.3。

4. 板柱-抗震墙结构的板柱节点构造应符合下列要求：

（1）无柱帽平板应在柱上板带中设构造暗梁，暗梁宽度可取柱宽及柱两侧各不大于 1.5 倍板厚。暗梁支座上部钢筋面积应不小于柱上板带钢筋面积的 50%，暗梁下部钢筋不宜少于上部钢筋的 1/2；箍筋直径不应小于 8mm，间距不宜大于 3/4 倍板厚，肢距不宜大于 2 倍板厚，在暗梁两端应加密。

（2）无柱帽柱上板带的板底钢筋，宜在距柱面为 2 倍板厚以外连接，采用搭接时钢筋端部宜有垂直于板面的弯钩。

（3）沿两个主轴方向通过柱截面的板底连续钢筋的总截面面积，应符合下式要求：

$$A_s \geq N_G / f_y$$

式中：A_s——板底连续钢筋总截面面积；

N_G——在本层楼板重力荷载代表值（8 度时尚宜计入竖向地震）作用下的柱轴压力设计值；

f_y——楼板钢筋的抗拉强度设计值。

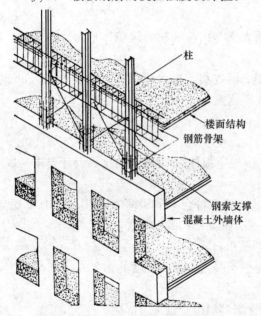

图 4-11　钢-钢筋混凝土组合结构

（4）板柱节点应根据抗冲切承载力要求，配置抗剪栓钉或抗冲切钢筋。

六、混合结构

图 4-11 为钢-钢筋混凝土组合结构示意图。

1. 一般规定

（1）混合结构系指由钢框架或型钢混凝土框架与钢筋混凝土筒体所组成的共同承受竖向和水平作用的高层建筑结构。

（2）混合结构高层建筑适用的最大高度宜符合表 4-20 的要求。

（3）混合结构高层建筑的高宽比不宜大于表 4-21 的规定。

（4）混合结构在风荷载及地震作用下，按弹性方法计算的最大层间位移与层高的比值 $\Delta u / h$ 不宜超过表 4-22 的规定。

表 4-20　钢-混凝土混合结构房屋适用的最大高度（m）

结 构 体 系	非抗震设计	抗 震 设 防 烈 度			
		6	7	8	9
钢框架-钢筋混凝土筒体	210	200	160	120	70
型钢混凝土框架-钢筋混凝土筒体	240	220	190	150	70

注：1. 房屋高度指室外地面标高至主要屋面高度，不包括突出屋面的水箱、电梯机房、构架等的高度；

2. 当房屋高度超过表中数值时，结构设计应有可靠依据并采取进一步有效措施。

表 4-21　高宽比限值

结 构 体 系	非抗震设计	抗震设防烈度		
		6、7	8	9
钢框架-钢筋混凝土筒体	7	7	6	4
型钢混凝土框架-钢筋混凝土筒体	8			

表 4-22　$\Delta u/h$ 的 限 值

结 构 体 系	$H \leqslant 150m$	$H \geqslant 250m$	$150m < H < 250m$
钢框架-钢筋混凝土筒体	1/800	1/500	1/800～1/500 线性插入
型钢混凝土框架-钢筋混凝土筒体			

注：H 指房屋高度。

（5）抗震设计时，钢框架-钢筋混凝土筒体结构各层框架柱所承担的地震剪力不应小于结构底部总剪力的 25％和框架部分地震剪力最大值的 1.8 倍二者的较小者；型钢混凝土框架-钢筋混凝土筒体各层框架柱所承担的地震剪力应符合框架-剪力墙的要求。

2. 结构布置和结构设计

（1）建筑平面的外形宜简单规则，宜采用方形、矩形等规则对称的平面，并尽量使结构的抗侧力中心与水平合力中心重合。建筑的开间、进深宜统一。

（2）混合结构的竖向布置宜符合下列要求

1）结构的侧向刚度和承载力沿竖向宜均匀变化，构件截面宜由下至上逐渐减小，无突变；

2）当框架柱的上部与下部的类型和材料不同时，应设置过渡层；

3）对于刚度突变的楼层，如转换层、加强层、空旷的顶层、顶部突出部分、型钢混凝土框架与钢框架的交接层及邻近楼层，应采取可靠的过渡加强措施；

4）钢框架部分采用支撑时，宜采用偏心支撑和耗能支撑，支撑宜连续布置，且在相互垂直的两个方向均宜布置，并互相交接；支撑框架在地下部分，宜延伸至基础。

（3）混合结构体系的高层建筑，7 度抗震设防且房屋高度不大于 130m 时，宜在楼面钢梁或型钢混凝土梁与钢筋混凝土筒体交接处及筒体四角设置型钢柱；7 度抗震设防且房屋高度大于 130m 及 8、9 度抗震设防时，应在楼面钢梁或型钢混凝土梁与钢筋混凝土筒体交接处及筒体四角设置型钢柱。

（4）混合结构体系的高层建筑，应由钢筋混凝土筒体承受主要的水平力，并应采取有效措施，保证钢筋混凝土筒体的延性。

（5）混合结构中，外围框架平面内梁与柱应采用刚性连接；楼面梁与钢筋混凝土筒体及外围框架柱的连接可采用刚接或铰接。

（6）钢框架-钢筋混凝土筒体结构中，当采用 H 形截面柱时，宜将柱截面强轴方向布置在外围框架平面内；角柱宜采用方形、十字形或圆形截面。

（7）混合结构中，可采用外伸桁架加强层，必要时可同时布置周边桁架。外伸桁架平面宜与抗侧力墙体的中心线重合。外伸桁架应与抗侧力墙体刚接且宜伸入并贯通抗侧力墙体，外伸桁架与外围框架柱的连接宜采用铰接或半刚接。

（8）当布置有外伸桁架加强层时，应采取有效措施，减少由于外柱与混凝土筒体竖向变形差异引起的桁架杆件内力的变化。

（9）楼面宜采用压型钢板现浇混凝土组合楼板、现浇混凝土楼板或预应力叠合楼板，楼板与钢梁应可靠连接。

（10）对于建筑物楼面有较大开口或为转换楼层时，应采用现浇楼板。对楼板开口较大部位宜采用考虑楼板变形的程序进行内力和位移计算，或采取设置刚性水平支撑等加强措施。

（11）在进行弹性阶段的内力和位移计算时，对钢梁及钢柱可采用钢材的截面计算，对型钢混凝土构件的刚度可采用型钢部分刚度与钢筋混凝土部分的刚度之和。

（12）在进行结构弹性分析时，宜考虑钢梁与混凝土楼面的共同作用，梁的刚度可取钢梁刚度的 1.5～2.0 倍，但应保证钢梁与楼板有可靠的连接。

（13）内力和位移计算中，设置外伸桁架的楼层应考虑楼板在平面内的变形。

（14）竖向荷载作用计算时，宜考虑柱、墙在施工过程中轴向变形差异的影响，并宜考虑在长期荷载作用下由于钢筋混凝土筒体的徐变收缩对钢梁及柱产生的内力不利影响。

（15）当钢筋混凝土筒体先于钢框架施工时，应考虑施工阶段钢筋混凝土筒体在风力及其他荷载作用下的不利受力状态，型钢混凝土构件应验算在浇筑混凝土之前钢框架在施工荷载及可能的风载作用下的承载力、稳定及位移，并据此确定钢框架安装与浇筑混凝土楼层的间隔层数。

（16）柱间钢支撑两端与柱或钢筋混凝土筒体的连接可作为铰接计算。

（17）钢-混凝土混合结构房屋抗震设计时，钢筋混凝土筒体及型钢混凝土框架的抗震等级应按表 4-23 确定，并应符合相应的计算和构造措施。

表 4-23　钢-混凝土混合结构抗震等级

结构类型		6		7		8		9
钢框架-钢筋混凝土筒体	高度（m）	≤150	>150	≤130	>130	≤100	>100	≤70
	钢筋混凝土筒体	二	一	一	特一	一	特一	特一
型钢混凝土框架-钢筋混凝土筒体	钢筋混凝土筒体						特一	特一
	型钢混凝土框架	三	二	二	一	一	一	一

（18）型钢混凝土构件中，型钢钢板的宽厚比满足表 4-24 的要求时，可不进行局部稳定验算（图 4-12）。

表 4-24　型钢钢板宽厚比

钢号	梁		柱		钢管柱
	b/t_f	h_w/t_w	b/t_f	h_w/t_w	D/t_w
Q235	<23	<107	<23	<96	<150
Q345	<19	<91	<19	<81	<109

3. 型钢混凝土构件的构造要求

（1）型钢混凝土梁应满足下列构造要求

1）混凝土强度等级不宜低于 C30，混凝土粗骨料最大直径不宜大于 25mm；型钢宜采用 Q235 及 Q345 级钢材；

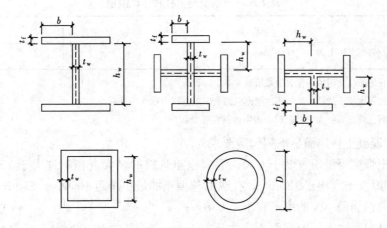

图 4-12 型钢钢板宽厚比

2）梁纵向钢筋配筋率不宜小于 0.30%；

3）梁中型钢的保护层厚度不宜小于 100mm，梁纵筋与型钢骨架的最小净距不应小于 30mm，且不小于梁纵筋直径的 1.5 倍；

4）梁纵向受力钢筋不宜超过二排，且第二排只宜在最外侧设置；

5）梁中纵向受力钢筋宜采用机械连接。如纵向钢筋需贯穿型钢柱腹板并以 90°弯折固定在柱截面内时，抗震设计的弯折前直段长度不应小于 0.4 倍钢筋抗震锚固长度 l_{aE}，弯折直段长度不应小于 15 倍纵向钢筋直径；非抗震设计的弯折前直段长度不应小于 0.4 倍钢筋锚固长度 l_a，弯折直段长度不应小于 12 倍纵向钢筋直径；

6）梁上开洞不宜大于梁截面高度的 0.4 倍，且不宜大于内含型钢高度的 0.7 倍，并应位于梁高及型钢高度的中间区域；

7）型钢混凝土悬臂梁自由端的纵向受力钢筋应设置专门的锚固件，型钢梁的自由端上宜设置栓钉。

（2）型钢混凝土梁沿梁全长箍筋的配置应满足下列要求

1）箍筋的最小面积配筋率不应小于 0.15%；

2）梁箍筋的直径和间距应符合表 4-25 的要求，且箍筋间距不应大于梁截面高度的 1/2。抗震设计时，梁端箍筋应加密，箍筋加密区范围，一级时取梁截面高度的 2.0 倍，二、三级时取梁截面高度的 1.5 倍；当梁净跨小于梁截面高度的 4 倍时，梁全跨箍筋应加密设置。

表 4-25　梁箍筋直径和间距（mm）

抗震等级	箍筋直径	非加密区箍筋间距	加密区箍筋间距
一	≥12	≤200	≤100
二	≥10	≤250	≤100
三	≥10	≤250	≤150

注：非抗震设计时，箍筋直径不应小于 8mm，箍筋间距不应大于 250mm。

（3）当考虑地震作用组合时，钢-混凝土混合结构中型钢混凝土柱的轴压比不宜大于表 4-26 的限值。

表 4-26　型钢混凝土柱轴压比限值

抗震等级	一	二	三
轴压比限值	0.70	0.80	0.90

注：1. 框支柱的轴压比限值应比表中数值减少 0.10 采用；

2. 剪跨比不大于 2 的柱，其轴压比限值应比表中数值减少 0.05 采用；

3. 当混凝土强度等级大于 C60 时，表中数值宜减少 0.05。

（4）型钢混凝土柱应满足下列构造要求

1）混凝土强度等级不宜低于 C30，混凝土粗骨料的最大直径不宜大于 25mm；型钢柱中型钢的保护厚度不宜小于 120mm，柱纵筋与型钢的最小净距不应小于 25mm；

2）柱纵向钢筋最小配筋率不宜小于 0.8%；

3）柱中纵向受力钢筋的间距不宜大于 300mm，间距大于 300mm 时，宜设置直径不小于 14mm 的纵向构造钢筋；

4）柱型钢含钢率，当轴压比大于 0.4 时，不宜小于 4%，当轴压比小于 0.4 时，不宜小于 3%；

5）柱箍筋宜采用 HRB335 和 HRB400 级热轧钢筋，箍筋应做成 135°的弯钩，非抗震设计时弯钩直段长度不应小于 5 倍箍筋直径，抗震设计时弯钩直段长度不宜小于 10 倍箍筋直径；

6）位于底部加强部位、房屋顶层以及型钢混凝土与钢筋混凝土交接层的型钢混凝土柱宜设置栓钉，型钢截面为箱形的柱子也宜设置栓钉，竖向及水平栓钉间距均不宜大于 250mm；

7）型钢混凝土柱的长细比不宜大于 30。

（5）型钢混凝土柱箍筋的直径和间距应符合表 4-27 的规定。抗震设计时，柱端箍筋应加密，加密区范围取柱矩形截面长边尺寸（或圆形截面直径）、柱净高的 1/6 和 500mm 三者的最大值，加密区箍筋最小体积配箍率应符合表 4-28 的规定；二级且剪跨比不大于 2 的柱，加密区箍筋最小体积配箍率尚不宜小于 0.8%；框支柱、一级角柱和剪跨比不大于 2 的柱，箍筋均应全高加密，箍筋间距均不应大于 100mm。

表 4-27　柱箍筋直径和间距（mm）

抗震等级	箍筋直径	非加密区箍筋间距	加密区箍筋间距
一	≥12	≤150	≤100
二	≥10	≤200	≤100
三	≥8	≤200	≤150

注：1. 箍筋直径除应符合表中要求外，尚不应小于纵向钢筋直径的 1/4；

2. 非抗震设计时，箍筋直径不应小于 8mm，箍筋间距不应大于 200mm。

表 4-28　型钢柱箍筋加密区箍筋最小体积配箍率（%）

抗震等级	轴压比		
	<0.4	0.4～0.5	>0.5
一	0.8	1.0	1.2
二	0.7	0.9	1.1
三	0.5	0.7	0.9

注：当型钢柱配置螺旋箍筋时，表中数值可减少 0.2，但不应小于 0.4。

（6）型钢混凝土梁柱节点应满足下列的构造要求

1）箍筋间距不宜大于柱端加密区间距的 1.5 倍；

2）梁中钢筋穿过梁柱节点时，宜避免穿过柱翼缘；如穿过柱翼缘时，应考虑型钢柱翼缘的损失；如穿过柱腹板时，柱腹板截面损失率不宜大于 25%，当超过 25% 时，则需进行补强。

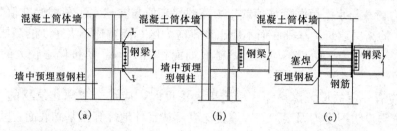

图 4-13　钢梁和型钢混凝土梁与钢筋混凝土筒体的连接构造示意图
(a) 刚接；(b) 铰接；(c) 铰接

（7）钢梁或型钢混凝土梁与钢筋混凝土筒体应可靠连接，应能传递竖向剪力及水平力；当钢梁通过埋件与钢筋混凝土筒体连接时，预埋件应有足够的锚固长度。连接做法可按图 4-13 采用。

（8）抗震设计时，混合结构中的钢柱应采用埋入式柱脚；型钢混凝土柱宜采用埋入式柱脚。埋入式柱脚的埋入深度不宜小于型钢柱截面高度的 3 倍。

（9）采用埋入式柱脚时，在柱脚部位和柱脚向上延伸一层的范围内宜设置栓钉，栓钉的直径不宜小于 19mm，其竖向及水平间距不宜大于 200mm，当有可靠依据时，可通过计算确定栓钉数量。

第三节　高层民用建筑的基础和地下室

一、基础设计的原则

《高层建筑混凝土结构技术规程》（JGJ 3—2010）中指出：

1. 高层建筑宜设置地下室。

2. 高层建筑的基础设计，应综合考虑建筑场地的工程地质和水文地质状况、上部结构的类型和房屋高度、施工技术和经济条件等因素，使建筑物不致发生过量沉降或倾斜，满足建筑物正常使用的要求；还应了解邻近地下构筑物及各项地下设施的位置和标高等，减少与相邻建筑物的相互影响。

3. 在地震区，高层建筑宜避开对抗震不利的地段；当条件不允许避开时，应采取可靠的措施，使建筑物在地震时不致由于地基失效而破坏，或者产生过量的下沉或倾斜。

4. 基础设计宜采用当地成熟可靠的技术；宜考虑基础与上部结构相互作用的影响。施工期间需要降低地下水位的，应采取避免影响邻近建筑物、构筑物、地下设施等安全和正常使用的有效措施。同时还应注意施工降水的时间要求，避开停止降水后水位过早上升而引起建筑物上浮等问题。

5. 高层建筑应采用整体性好、能满足地基承载力和建筑物容许变性要求并能调节不均匀沉降的基础形式；宜采用筏形基础，必要时可采用箱型基础。当地质条件好且能满足地基承载力和变性要求时，也可采用交叉梁式基础或其他形式基础；当地基承载力或变形不满足设计要求时，可采用桩基或复合地基。

6. 高层建筑主体结构基础底面形心宜与永久作用重力荷载重心重合；当采用桩基础时，桩基的竖向刚度中心宜与高层建筑主体结构永久重力荷载重心重合。

7. 在重力荷载与水平荷载标准值或重力荷载代表值与多遇水平荷载标准值共同作用下，高宽比大于 4 的高层建筑，基础底面不应出现零应力区；高宽比不大于 4 的高层建筑，基础底面与地基之间零应力区面积不应超过基础底面面积的 15%。质量偏心较大的裙楼可分别计算基底应力。

8. 基础应有一定的埋置深度。在确定埋置深度时，应综合考虑建筑物的高度、体型、地基土质、抗震设防烈度等因素。基础埋置深度可从室外地坪算至基础底面，并宜符合下列规定：

（1）天然地基或复合地基，可取房屋高度的 1/15；

（2）桩基础，不计桩长，可取房屋高度的 1/18。

当建筑物采用岩石地基或采取有效措施时，在满足地基承载力、稳定性要求及上述第 7 条规定的前提下，基础埋深可适当放宽。

当基础可能产生滑移时，应采取有效的抗滑移措施。

9. 高层建筑的基础和与其相连的裙房的基础，设置沉降缝时，应考虑高层主楼基础有可靠的侧向约束及有效埋深；不设沉降缝时，应采取有效措施减少差异沉降及其影响。

10. 高层建筑基础的混凝土强度等级不宜小于 C25。当有防水要求时，混凝土的抗渗等级应根据基础埋置深度确定。必要时可设置架空排水层。

11. 基础及地下室的外墙、底板，当采用粉煤灰混凝土时，可采用 60d 或 90d 龄期的强度指标作为其混凝土的设计强度。

12. 抗震设计时，独立基础宜沿两个主轴方向设置基础系梁；剪力墙基础应具有良好的抗转动能力。

二、高层民用建筑的基础类型

高层建筑的基础类型有筏形基础、箱形基础、桩基础等，分别介绍如下：

1. 筏形基础

（1）筏形基础的平面尺寸应根据地基土的承载力、上部结构的布置及其荷载的分布等因素确定。偏心距应符合前述要求。

（2）平板式筏基的板厚可根据受冲切承载力计算确定，板厚不宜小于 400mm。冲切计算时，应考虑作用在冲切临界截面重心上的不平衡弯矩所产生的附加剪力。

当个别柱的冲切力较大而不能满足板的冲切承载力要求时，可将该柱下的筏板局部加厚或配置抗冲切钢筋。

（3）当地基比较均匀、上部结构刚度较好、筏板的厚跨比不小于 1/6、柱间距及柱荷载的变化不超过 20% 时，高层建筑的筏形基础可仅考虑局部弯曲作用，按倒楼盖法进行计算。当不符合上述条件时，宜按弹性地基板理论进行计算。

（4）筏形基础的钢筋间距不应小于 150mm，宜为 200~300mm，受力钢筋直径不宜小于 12mm。采用双向钢筋网片配置在板的顶面和底面。

（5）梁板式筏基的肋梁宽度不宜过大，在满足设计剪力 V 不大于 $0.25\beta_cf_cbh_0$ 的条件下，当梁宽小于柱宽时，可将肋梁在柱边加腋以满足构造要求。墙柱的纵向钢筋要贯通基础梁而插入筏板中，并且应从梁上皮起满足锚固长度的要求。

（6）梁板式筏基的梁高取值应包括底板厚度在内，梁高不宜小于平均柱距的 1/6。应综合考虑荷载大小、柱距、地质条件等因素，经计算满足承载力的要求。

（7）当满足地基承载力时，筏形基础的周边不宜向外有较大的伸挑扩大。当需要外挑时，有肋梁的筏基宜将梁一同挑出。周边有墙体的筏基，筏板可不外伸。

图 4-14 为筏形基础的示意图，可供读者参考。

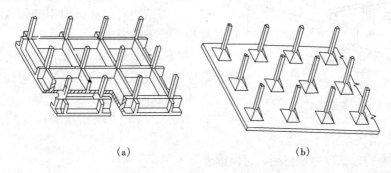

（a）　　　　　　　　　　　　　（b）

图 4-14　筏形基础示意图
（a）倒肋形楼盖式片筏基础；（b）倒无梁楼盖式片筏基础

2. 箱形基础

（1）箱形基础的平面尺寸应根据地基土承载力和上部结构布置以及荷载大小等因素确定。外墙宜沿建筑物周边布置，内墙沿上部结构的柱网或剪力墙位置纵横均匀布置，墙体水平截面总面积不宜小于箱形基础外墙外包尺寸的水平投影面积的 1/10。对基础平面长宽比大于 4 的箱形基础，其纵墙水平截面面积不应小于箱基外墙外包尺寸水平投影面积的 1/18。箱基的偏心距应符合前述要求。

（2）箱形基础的高度应满足结构的承载力和刚度要求，并根据建筑使用要求确定。一般不宜小于箱基长度的 1/20，且不宜小于 3m。此处箱基长度不计墙外悬挑板部分。

（3）箱形基础的顶板、底板及墙体的厚度，应根据受力情况、整体刚度和防水要求确定。无人防设计要求的箱基，基础底板不应小于 300mm，外墙厚度不应小于 250mm，内墙的厚度不应小于 200mm，顶板厚度不应小于 200mm，可用合理的简化方法计算箱形基础的承载力。

（4）与高层主楼相连的裙房基础若采用外挑箱基墙或外挑基础梁的方法，则外挑部分的基底应采取有效措施，使其具有适应差异沉降变形的能力。

（5）墙体的门洞宜设在柱间居中部位，洞口上下过梁应进行承载力计算。

（6）当地基压缩层深度范围内的土层在竖向和水平方向皆较均匀，且上部结构为平立面布置较规则的框架、剪力墙、框架-剪力墙结构时，箱形基础的顶、底板可仅考虑局部弯曲计算。计算时底板反力应扣除板的自重及其上面层和填土的自重，顶板荷载按实际考虑。整体弯曲的影响可在构造上加以考虑。箱形基础的顶板和底板钢筋配置除符合计算要求外，纵横方向支座钢筋尚应有 1/3 至 1/2 的钢筋连通，且连通钢筋的配筋率分别不小于 0.15%（纵向）、0.10%（横向），跨中钢筋按实际需要的配筋全部连通。钢筋接头宜采用机械连接；采用搭接接头时，搭接长度应按受拉钢筋考虑。

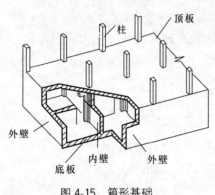

图 4-15　箱形基础

（7）箱形基础的顶板、底板及墙体均应采用双层双向配筋。墙体的竖向和水平钢筋直径均不应小于 10mm，间距均不应大于 200mm。除上部为剪力墙外，内、外墙的墙顶处宜配置两根直径不小于 20mm 的通长构造钢筋。

（8）上部结构底层柱纵向钢筋伸入箱形基础墙体的长度应符合下列要求

1）柱下三面或四面有箱形基础墙的内柱，除柱四角纵向钢筋直通到基底外，其余钢筋可伸入顶板底面以下 40 倍纵向钢筋直径处；

2）外柱、与剪力墙相连的柱及其他内柱的纵向钢筋应直通到基底。

图 4-15 为箱形基础的示意图，可供读者参考。

3. 桩基础

（1）桩基可采用钢筋混凝土预制桩、灌注桩或钢桩。桩基承台可选用：柱下单独承台、双向交叉梁、筏形承台、箱形承台。桩基选择和承台设计应根据上部结构类型、荷载大小、桩穿越的土层、桩端持力层土类、地下水位、施工条件和经验、制桩材料供应条件等因素综合考虑，做到技术先进、经济合理，确保工程质量。

（2）桩的布置应符合下列要求

1）等直径桩的中心距不应小于 3 倍桩横截面的边长或直径；扩底桩中心距不应小于扩底直径的 1.5 倍，且两个扩大头间的净距不宜小于 1m；

2）布桩时，宜使各桩承台承载力合力点与相应竖向永久荷载合力作用点重合，并使桩基在水平力产生的力矩较大方向有较大的抵抗矩；

3）平板式桩筏基础，桩宜布置在柱下或墙下，必要时可满堂布置，核心筒下可适当加密布桩；梁板式桩筏基础，桩宜布置在基础梁下或柱下；桩箱基础，宜将桩布置在墙下。直径不小于 800mm 的大直径桩可采用一柱一桩，并宜设置双向连系梁连接各桩；

4）应选择较硬土层作为桩端持力层。桩径为 d 的桩端全截面进入持力层的深度，对于黏性土、粉土不宜小于 $2d$；砂土不宜小于 $1.5d$；碎石类土不宜小于 $1d$。当存在软弱下卧层时，桩基以下硬持力层厚度不宜小于 $4d$。

抗震设计时，桩进入碎石土、砾砂、粗砂、中砂、密实粉土、坚硬黏性土的深度尚不应小于 0.5m，对其他非岩石类土尚不应小于 1.5m。

（3）较高设计等级的桩基础、建筑体形复杂或桩端以下存在软弱土层的一般设计等级的桩基础、对沉降有严格要求的建筑的桩基础以及采用摩擦型桩的桩基础，应进行沉降计算。

受较大水平作用或对水平变位要求严格的建筑桩基，应验算其水平变位。

按正常使用极限状态验算桩基沉降时，荷载效应应采用准永久组合；验算桩基的横向变位、抗裂、裂缝宽度时，根据使用要求和裂缝控制等级分别采用荷载的标准组合、准永久组合或标准组合并考虑长期作用影响。

（4）钢桩应符合下列规定

1）钢桩可采用管型或 H 型，其材质应符合现行有关规范规定；

2）钢桩的分段长度不宜超过 12～15m，焊接接头应采用等强连接；

3）钢桩防腐处理可采用增加腐蚀余量等措施；当钢管桩内壁同外界隔绝时，可不考虑内壁防腐。钢桩的腐蚀速率当无实测资料时，如桩顶在地下水位以下且地下水无侵蚀性，可取每年 0.03mm，且腐蚀预留量不应小于 2mm。

（5）桩与承台的连接宜符合下列要求

1）桩顶嵌入承台的长度，对大直径桩不宜小于 100mm，对中小直径的桩不宜小于 50mm；

2）混凝土桩的桩顶纵筋应伸入承台内，其锚固长度应符合《混凝土结构设计规范》（GB 50010—2010）的有关规定。

图 4-16 为桩基础的示意图，可供读者参考。

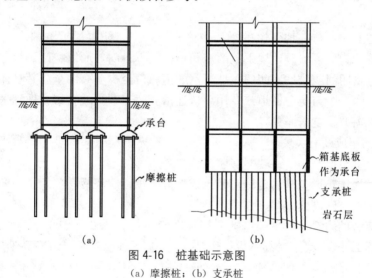

图 4-16　桩基础示意图

(a) 摩擦桩；(b) 支承桩

三、地下室的构造

建筑物首层下部的空间叫地下室。

1. 地下室的分类

（1）按使用性质分

1）普通地下室。普通的地下空间。一般按地下楼层进行设计。普通地下室不分类。

2）防空地下室。有人民防空要求的地下空间。人防地下室应妥善解决紧急状态下的人员隐蔽与疏散，应有保证人身安全的技术措施。

（2）按埋入地下深度分

1）地下室。地下室是指地下室地平面低于室外地坪的高度超过该房间净高 1/2 者。

2）半地下室。半地下室是指地下室地面低于室外地坪面高度超过该房间净高 1/3，且不超过 1/2 者。

（3）按建造方式分

1）单建式：单独建造的地下室（地下室的上部无建筑物），如地下车库等。

2) 附建式：建造在建筑物下部的地下室。

2. 防空地下室的等级

防空地下室按预防核武器与常规武器进行分类。《人民防空地下室设计规范》（GB 50038—2005）中的规定如下述。

防空地下室分为甲类（以预防核武器为主）和乙类（以预防常规武器为主）防空地下室及居住小区内结合民用建筑异地修建的甲、乙类单建掘开式人民防空工程。防空地下室的抗力分级为：

1. 甲类：4级（核4级）、4B级（核4B级）、5级（核5级）、6级（核6级）、6B级（核6B级）。

2. 乙类：5级（常5级）、6级（常6级）。

防空地下室除预防核武器、常规武器、化学武器、生物武器外，还应预防次生灾害如火灾以及由上部建筑倒塌所产生的倒塌荷载。对于倒塌荷载主要通过结构厚度来解决。对于早期核辐射应通过结构厚度及相应的密闭措施来解决。对于化学武器应通过密闭措施及通风、滤毒来解决。

为解决上述问题，防空地下室的平面中应有防护室、防毒通道（前室）、通风滤毒室、洗消间及厕所等。为保证疏散，地下室的房间出口应不设门，而以空门洞为主。与外界连系的出入口应设置密闭门或防护密闭门。地下室的出入口至少应有两个。其具体做法是一个与地上楼梯连通，另一个与防空通道或专用出口连接。为兼顾平战转移，做到平时利用，可以在外墙上开采光窗并设置采光井。

3. 地下室的组成及有关要求

（1）地下室的组成

防空地下室属于箱形基础的范围。其组成部分有顶板、底板、侧墙、门窗及楼梯等。

（2）地下室的空间高度

用作人员掩蔽的防空地下室的掩蔽面积标准应按每人 $1.0m^2$ 计算。室内地面至顶板底面高度不应低于 2.4m，梁下净高不应低于 2.0m。地下机动车库走道净高不应低于 2.20m，车位净高不应低于 2.00m。住宅地下自行车库不应低于 2.00m。

（3）防空地下室的材料选择和厚度决定

防空地下室各组成部分所用材料、强度等级及厚度详见表4-29、表4-30。

4. 地下室的防潮与防水做法

表4-29　材料强度等级

构件类别	混凝土		砌体			
	现浇	预制	砖	料石	混凝土砌块	砂浆
基础	C25	—	—	—	—	—
梁、楼板	C25	C25	—	—	—	—
柱	C30	C30	—	—	—	—
内墙	C25	C25	MU10	MU30	MU15	M5
外墙	C25	C25	MU15	M0	MU15	M7.5

注：1. 防空地下室结构不得采用硅酸盐砖和硅酸盐砌块；

2. 严寒地区，饱和土中砖的强度等级不应低于 MU20；

3. 装配填缝砂浆的强度等级不应低于 M10；

4. 防水混凝土基础底板的混凝土垫层，其强度等级不应低于 C15。

表 4-30　结构构件最小厚度（mm）

构件类别	材料种类			
	钢筋混凝土	砖砌体	料石砌体	混凝土砌块
顶板、中间楼板	200	—	—	—
承重外墙	250	490（370）	300	250
承重内墙	200	370（240）	300	250
临空墙	250	—	—	—
防护密闭门门框墙	300	—	—	—
密闭门门框墙	250	—	—	—

注：1. 表中最小厚度不包括甲类防空地下室防早期核辐射对结构厚度的要求；

　　2. 表中顶板、中间楼板最小厚度系指实心截面。如为密肋板，其实心截面厚度不宜小于 100mm；如为现浇空心板，其板顶厚度不宜小于 100mm；且其折合厚度均不应小于 200mm；

　　3. 砖砌体项括号内最小厚度仅适用于乙类防空地下室和核 6 级、核 6B 级甲类防空地下室；

　　4. 砖砌体包括烧结普通砖、烧结多孔砖以及非粘土砖砌体。

地下室的防潮、防水做法取决于地下室地坪与地下水位的关系。

当设计最高地下水位低于地下室底板 500mm，且基地范围内的土壤及回填土无形成上层滞水的可能时，采用防潮做法。

当设计最高地下水位高于地下室底板标高且地面水可能下渗时，应采用防水做法。

防潮的具体做法是：砌体必须用水泥砂浆砌筑，墙外侧在作好水泥砂浆抹面后，涂刷防水涂料两道，然后回填低渗透性的土壤，如黏土、灰土等。此外，在墙身与地下室地坪及室内外地坪之间设墙身水平防潮层，以防止土中潮气和地面雨水因毛细管作用沿墙体上升而影响结构。

（1）防水的具体做法包含以下几点内容

1）地下室防水工程设计方案，应该遵循以防为主，以排为辅的基本原则，因地制宜，设计先进，防水可靠，经济合理。可按地下室防水工程设防表的要求进行设计（见表 4-31、表 4-32）。

表 4-31　地下工程防水等级标准　（GB 50108—2008）

防水等级	标　准
一　级	不允许渗水，结构表面无湿渍
二　级	不允许漏水，结构表面可有少量湿渍； 工业与民用建筑：总湿渍面积不应大于总防水面积（包括顶板、墙面、地面）的 1/1000；任意 100m² 防水面积上的湿渍不超过 1 处，单个湿渍的最大面积不大于 0.1m²； 其他地下工程：总湿渍面积不应大于总防水面积的 2/1000；任意 100m² 防水面积上的湿渍不超过 3 处，单个湿渍的最大面积不大于 0.2m²
三　级	有少量漏水点，不得有线流和漏泥砂； 任意 100m² 防水面积上的漏水点数不超过 7 处，单个漏水点的最大漏水量不大于 2.5L/d，单个湿渍的最大面积不大于 0.3m²
四　级	有漏水点，不得有线流和漏泥砂； 整个工程平均漏水量不大于 2L/m²·d；任意 100m² 防水面积的平均漏水量不大于 4L/m²·d

表 4-32 不同防水等级的适用范围 (GB 50108—2008)

防水等级	适用范围
一 级	人员长期停留的场所；因有少量湿渍会使物品变质、失效的贮物场所及严重影响设备正常运转和危及工程安全运营的部位；极重要的战备工程、地铁车站
二 级	人员经常活动的场所；在有少量湿渍的情况下不会使物品变质、失效的贮物场所及基本不影响设备正常运转和工程安全运营的部位；重要的战备工程
三 级	人员临时活动的场所；一般战备工程
四 级	对渗漏水无严格要求的工程

2）一般地下室防水工程设计，外墙主要抗水压或自防水作用，再做卷材外防水（即迎水面处理）。卷材防水做法，应遵照国家有关规定施工。

3）地下工程比较复杂，设计时必须了解地下土质、水质及地下水位情况，应采取有效设防，保证防水质量。

4）地下室最高水位高于地下室地面时，地下室设计应该考虑整体钢筋混凝土结构，保证防水效果。

5）地下室设防标高的确定，应根据勘测资料提供的最高水位标高，再加上 500mm 为设防标高，大于 500mm 时，可以做防潮处理，有地表水应按全防水地下室设计。

6）地下室防水，根据实际情况，可采用柔性防水或刚性防水，必要时可以采用刚柔结合防水方案。在特殊要求下，可以采用架空、夹壁墙等多道设防方案。

7）地下室外防水无工作面时，可采用外防内贴法，有条件时应采用外防外贴法施工。

8）地下室外防水层的保护，可以采取软保护层，如聚苯板等。

9）对于特殊部位，如变形缝、施工缝、穿墙管、埋件等薄弱环节要精心设计，按要求做细部处理。

（2）防水做法对材料的要求

1）防水混凝土

① 防水混凝土可通过调整配合比，或掺加外加剂、掺合料等措施配制成而，其抗渗等级不得小于 P6。

② 防水混凝土的施工配合比应通过试验确定，试配混凝土的抗渗等级应比设计要求高 0.2MPa。

③ 防水混凝土应满足抗渗等级要求，并应根据地下工程所处的环境和工作条件，满足抗压、抗冻和抗侵蚀性等耐久性要求。

④ 防水混凝土的设计抗渗等级，应符合表 4-33 的规定。

表 4-33 防水混凝土设计抗渗等级

工程埋置深度 H（m）	设计抗渗等级
$H < 10$	P6
$10 \leqslant H < 20$	P8
$20 \leqslant H < 30$	P10
$H \geqslant 30$	P12

注：1. 本表适和于Ⅰ、Ⅱ、Ⅲ类围岩（土层及软弱围岩）。

2. 山岭隧道防水混凝土的抗渗等级可按国家现行有关标准执行。

⑤ 防水混凝土的环境度不得高于 80℃；处于侵蚀性介质中防水混凝土的耐侵蚀要求尖根据介质的性质按有关标准执行。

⑥ 防水混凝土结构底板的混凝土垫层，强度等级不应小于 C15，厚度不应小于 100mm，在软弱土层中不应小于 150mm。

⑦ 防水混凝土结构，应符合下列规定：

A. 结构厚度不应小于 250mm；（附建式地下室为侧墙和底板；单建式地下室为侧墙底板和顶板）

B. 裂缝宽度不得大于 0.2mm，并不得贯通；

C. 钢筋保护层厚度应根据结构的耐久性和工程环境选用，迎水面钢筋保护层厚度不应小于 50mm。

⑧ 防水混凝土应连续浇筑，宜少留施工缝。当留设施工缝时，应符合下列规定：

A. 墙体水平施工缝不应留在剪力最大处或底板与侧墙的交接处，应留在高出底板表面不小于 300mm 的墙体上。拱（板）墙结合的水平施工缝，宜留在拱（板）墙接缝线以下 150~300mm 处。墙体有预留孔洞时，施工缝距孔洞边缘不应小于 300mm。

B. 垂直施工缝应避开地下水和裂隙水较多的地段，并宜与变形缝相结合。

⑨ 施工缝防水构造形式宜按图 4-17~图 4-20 选用，当采用两种以上构造措施时可进行有效组合。

2）水泥砂浆防水层

① 防水砂浆应包括聚合物水泥防水砂浆、掺外加剂或掺合料的防水砂浆，宜采用多层抹压法施工。

② 水泥砂浆防水层可用于地下工程主体结构的迎水面或背水面，不应用于受持续振动或温度高于 80℃的地下工程防水。

③ 水泥砂浆防水层应在基础垫层、初期支护、围护结构及内衬结构验收合格后施工。

④ 水泥砂浆的品种和配合比设计应根据防水工程要求确定。

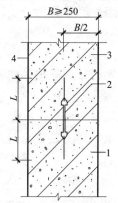

图 4-17　施工缝防水构造（一）

钢板止水带 L≥150；橡胶止水带
L≥200；钢边橡胶止水带 L≥120；
1—先浇混凝土；2—中埋止水带；
3—后浇混凝土；4—结构迎水面

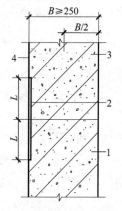

图 4-18　施工缝防水构造（二）

外贴止水带 L≥150；外涂防水
涂料 L=200；外抹防水砂浆 L=200；
1—先浇混凝土；2—外贴止水带；
3—后浇混凝土；4—结构迎水面

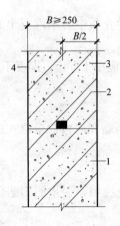 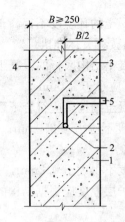

图 4-19　施工缝防水构造（三）　　　　　图 4-20　施工缝防水构造（四）
1—先浇混凝土；2—遇水膨胀止水条（胶）；　1—先浇混凝土；2—预埋注浆管；3—后浇混
　3—后浇混凝土；4—结构迎水面　　　　　凝土；4—结构迎水面；5—注浆导管

⑤ 聚合物水泥防水砂浆厚度单层施工宜为 6～8mm，双层施工宜为 10～12mm；掺外加剂或掺合料的水泥防水砂浆厚度宜为 18～20mm。

⑥ 水泥砂浆防水层的基层混凝土强度或砌体用的砂浆强度均不应低于设计值的 80%。

⑦ 水泥砂浆防水层各层应紧密粘合，每层宜连续施工；必须留设施工缝时，应采用阶梯坡形槎，但离阴阳角处的距离不得小于 200mm。

⑧ 水泥砂浆防水层不得在雨天、五级及以上大风中施工。冬期施工时，气温不应低于 5℃。夏季不宜在 30℃ 以上或烈日照射下施工。

⑨ 水泥砂浆防水层终凝后，应及时进行养护，养护温度不宜低于 5℃，并应保持砂浆表面湿润，养护时间不得少于 14d。

3）卷材防水层

① 卷材防水层宜用于经常处在地下水环境，且受侵蚀性介质作用或受振动作用的地下工程。

② 卷材防水层应铺设在混凝土结构的迎水面。

③ 卷材防水层用于建筑物地下室时，应铺设在结构底板垫层至墙体防水设防高度的结构基面上；用于单建式的地下工程时，应从结构底板垫层铺设至顶板基面，并应在外围形成封闭的防水层。

④ 防水卷材的品种规格和层数，应根据地下工程防水等级、地下水位高低及水压力作用状况、结构构造形式和施工工艺等因素确定。

⑤ 卷材防水层的卷材品种可按表 4-34 选用，并应符合下列规定：

A. 卷材外观质量、品种规格应符合国家现行有关标准的规定；

B. 卷材及其胶粘剂应具有良好的耐水性、耐久性、耐刺穿性、耐腐蚀性和耐菌性。

⑥ 卷材防水层的厚度应符合表 4-35 的规定。

⑦ 阴阳角处应做成圆弧或 45° 坡角，其尺寸应根据卷材品种确定。在阴阳角等特殊部位，应增做卷材加强层，加强层宽度宜为 300～500mm。

⑧ 铺贴卷材严禁在雨天、雪天、五级及以上大风中施工；冷粘法、自粘法施工的环境

气温不宜低于 5℃，热熔法、焊接法施工的环境气温不宜低于 −10℃。施工过程中下雨或下雪时，应做好已铺卷材的防护工作。

⑨ 不同品种防水卷材的搭接宽度，应符合表 4-36 的要求。

表 4-34　卷材防水层的卷材品种

类　　别	品 种 名 称
高聚物改性沥青类防水卷材	弹性体改性沥青防水卷材
	改性沥青聚乙烯胎防水卷材
	自粘聚合物改性沥青防水卷材
合成高分子类 防水卷材	三元乙丙橡胶防水卷材
	聚氯乙烯防水卷材
	聚乙烯丙纶复合防水卷材
	高分子自粘胶膜防水卷材

表 4-35　不同品种卷材的厚度

卷材品种	高聚物改性沥青类防水卷材			合成高分子类防水卷材			
	弹性体改性沥青防水卷材、改性沥青聚乙烯胎防水卷材	自粘聚合物改性沥青防水卷材		三元乙丙橡胶防水卷材	聚氯乙烯防水卷材	聚乙烯丙纶复合防水卷材	高分子自粘胶膜防水卷材
		聚酯毡胎体	无胎体				
单层厚度（mm）	≥4	≥3	≥1.5	≥1.5	≥1.5	卷材：≥0.9 粘结料：≥1.3 芯材厚度≥0.6	≥1.2
双层总厚度（mm）	≥(4+3)	≥(3+3)	≥(1.5+1.5)	≥(1.2+1.2)	≥(1.2+1.2)	卷材：≥(0.7+0.7) 粘结料：≥(1.3+1.3) 芯材厚度≥0.5	—

注：1. 带有聚酯毡胎体的自粘聚合物改性沥青防水卷材应执行国家现行标准《自粘聚合物改性沥青防水卷材》（GB 23441—2009）；
　　2. 无胎体的自粘聚合物改性沥青防水卷材亦应执行上述国家现行标准。

表 4-36　防水卷材搭接宽度

卷 材 品 种	搭 接 宽 度（mm）
弹性体改性沥青防水卷材	100
改性沥青聚乙烯胎防水卷材	100
自粘聚合物改性沥青防水卷材	80
三元乙丙橡胶防水卷材	100/60（胶粘剂/胶粘带）
聚氯乙烯防水卷材	60/80（单焊缝/双焊缝）
	100（胶粘剂）
聚乙烯丙纶复合防水卷材	100（粘结料）
高分子自粘胶膜防水卷材	70/80（自粘胶/胶粘带）

⑩ 防水卷材施工前，基面应干净、干燥，并应涂刷基层处理剂；当基面潮湿时，应涂刷湿固化型胶粘剂或潮湿界面隔离剂。基层处理剂的配制与施工应符合下列要求：

A. 基层处理剂应与卷材及其粘结材料的材性相容；

B. 基层处理剂喷涂或刷涂应均匀一致，不应露底，表面干燥后方可铺贴卷材。

⑪ 铺贴各类防水卷材应符合下列规定：

A. 应铺设卷材加强层。

B. 结构底板垫层混凝土部位的卷材可采用空铺法或点粘法施工，其粘结位置、点粘面积应按设计要求确定；侧墙采用外防外贴法的卷材及顶板部位的卷材应采用满粘法施工。

C. 卷材与基面、卷材与卷材间的粘结应紧密、牢固；铺贴完成的卷材应平整顺直，搭接尺寸应准确，不得产生扭曲和皱折。

D. 卷材搭接处和接头部位应粘贴牢固，接缝口应封严或采用材性相容的密封材料封缝。

E. 铺贴立面卷材防水层时，应采取防止卷材下滑的措施。

F. 铺贴双层卷材时，上下两层和相邻两幅卷材的接缝应错开 1/3～1/2 幅宽，且两层卷材不得相互垂直铺贴。

⑫ 弹性体改性沥青防水卷材和改性沥青聚乙烯胎防水卷材采用热熔法施工应加热均匀，不得加热不足或烧穿卷材，搭接缝部位应溢出热熔的改性沥青。

⑬ 铺贴自粘聚合物改性沥青防水卷材应符合下列规定：

A. 基层表面应平整、干净、干燥、无尖锐突起物或孔隙；

B. 排除卷材下面的空气，应辊压粘贴牢固，卷材表面不得有扭曲、皱折和起泡现象；

C. 立面卷材铺贴完成后，应将卷材端头固定或嵌入墙体顶部的凹槽内，并应用密封材料封严；

D. 低温施工时，宜对卷材和基面适当加热，然后铺贴卷材。

⑭ 铺贴三元乙丙橡胶防水卷材应采用冷粘法施工，并应符合下列规定：

A. 基底胶粘剂应涂刷均匀，不应露底、堆积；

B. 胶粘剂涂刷与卷材铺贴的间隔时间应根据胶粘剂的性能控制；

C. 铺贴卷材时，应辊压粘贴牢固；

D. 搭接部位的粘合面应清理干净，并应采用接缝专用胶粘剂或胶粘带粘结。

⑮ 铺贴聚氯乙烯防水卷材，接缝采用焊接法施工时，应符合下列规定：

A. 卷材的搭接缝可采用单焊缝或双焊缝。单焊缝搭接宽度应为 60mm，有效焊接宽度不应小于 30mm；双焊缝搭接宽度应为 80mm，中间应留设 10～20mm 的空腔，有效焊接宽度不宜小于 10mm。

B. 焊接缝的结合面应清理干净，焊接应严密。

C. 应先焊长边搭接缝，后焊短边搭接缝。

⑯ 铺贴聚乙烯丙纶复合防水卷材应符合下列规定：

A. 应采用配套的聚合物水泥防水粘结材料；

B. 卷材与基层粘贴应采用满粘法，粘结面积不应小于 90%，刮涂粘结料应均匀，不应露底、堆积；

C. 固化后的粘结料厚度不应小于 1.3mm；

D. 施工完的防水层应及时做保护层。

⑰ 高分子自粘胶膜防水卷材宜采用预铺反粘法施工，并应符合下列规定：

A. 卷材宜单层铺设；

B. 在潮湿基面铺设时，基面应平整坚固、无明显积水；

C. 卷材长边应采用自粘边搭接，短边应采用胶粘带搭接，卷材端部搭接区应相互错开；

D. 立面施工时，在自粘边位置距离卷材边缘 10～20mm 内，应每隔 400～600mm 进行机械固定，并应保证固定位置被卷材完全覆盖；

E. 浇筑结构混凝土时不得损伤防水层。

⑱ 采用外防外贴法铺贴卷材防水层时，应符合下列规定：

A. 应先铺平面，后铺立面，交接处应交叉搭接。

B. 临时性保护墙宜采用石灰砂浆砌筑，内表面宜做找平层。

C. 从底面折向立面的卷材与永久性保护墙的接触部位，应采用空铺法施工；卷材与临时性保护墙或围护结构模板的接触部位，应将卷材临时贴附在该墙上或模板上，并应将顶端临时固定。

D. 当不设保护墙时，从底面折向立面的卷材接槎部位应采取可靠的保护措施。

E. 混凝土结构完成，铺贴立面卷材时，应先将接槎部位的各层卷材揭开，并应将其表面清理干净，如卷材有局部损伤，应及时进行修补；卷材接槎的搭接长度，高聚物改性沥青类卷材应为 150mm，合成高分子类卷材应为 100mm；当使用两层卷材时，卷材应错槎接缝，上层卷材应盖过下层卷材。

卷材防水层甩槎、接槎构造见图 4-21。

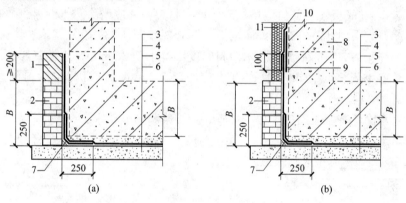

图 4-21 卷材防水层甩槎、接槎构造

1—临时保护墙；2—永久保护墙；3—细石混凝土保护层；4—卷材防水层；
5—水泥砂浆找平层；6—混凝土垫层；7—卷材加强层；8—结构墙体；
9—卷材加强层；10—卷材防水层；11—卷材保护层
（a）甩槎；（b）按槎

⑲ 采用外防内贴法铺贴卷材防水层时，应符合下列规定：

A. 混凝土结构的保护墙内表面应抹厚度为 20mm 的 1：3 水泥砂浆找平层，然后铺贴卷材。

B. 卷材宜先铺立面，后铺平面；铺贴立面时，应先铺转角，后铺大面。

⑳ 卷材防水层经检查合格后，应及时做保护层，保护层应符合下列规定：

A. 顶板卷材防水层上的细石混凝土保护层，应符合下列规定：

（a）采用机械碾压回填土时，保护层厚度不宜小于 70mm；

（b）采用人工回填土时，保护层厚度不宜小于 50mm；

（c）防水层与保护层之间宜设置隔离层。

B. 底板卷材防水层上的细石混凝土保护层厚度不应小于 50mm。

C. 侧墙卷材防水层宜采用软质保护材料或铺抹 20mm 厚 1：2.5 水泥砂浆层。

4）涂料防水层

① 涂料防水层应包括无机防水涂料和有机防水涂料。无机防水涂料可选用掺外加剂、掺合料的水泥基防水涂料、水泥基渗透结晶型防水涂料。有机防水涂料可选用反应型、水乳型、聚合物水泥等涂料。

② 无机防水涂料宜用于结构主体的背水面，有机防水涂料宜用于地下工程主体结构的迎水面，用于背水面的有机防水涂料应具有较高的抗渗性，且与基层有较好的粘结性。

③ 防水涂料品种的选择应符合下列规定：

A. 潮湿基层宜选用与潮湿基面粘结力大的无机防水涂料或有机防水涂料，也可采用先涂无机防水涂料而后再涂有机防水涂料构成复合防水涂层；

B. 冬期施工宜选用反应型涂料；

C. 埋置深度较深的重要工程、有振动或有较大变形的工程，宜选用高弹性防水涂料；

D. 有腐蚀性的地下环境宜选用耐腐蚀性较好的有机防水涂料，并应做刚性保护层；

E. 聚合物水泥防水涂料应选用Ⅱ型产品。

④ 采用有机防水涂料时，基层阴阳角应做成圆弧形，阴角直径宜大于50mm，阳角直径宜大于10mm，在底板转角部位应增加胎体增强材料，并应增涂防水涂料。

⑤ 防水涂料宜采用外防外涂或外防内涂（图4-22、图4-23）。

⑥ 掺外加剂、掺合料的水泥基防水涂料厚度不得小于3.0mm；水泥基渗透结晶型防水涂料的用量不应小于1.5kg/m²，且厚度不应小于1.0mm；有机防水涂料的厚度不得小于1.2mm。

⑦ 无机防水涂料基层表面应干净、平整、无浮浆和明显积水。

⑧ 有机防水涂料基层表面应基本干燥，不应有气孔、凹凸不平、蜂窝麻面等缺陷。涂料施工前，基层阴阳角应做成圆弧形。

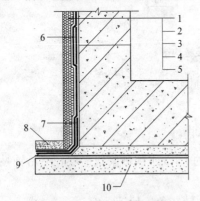

图4-22 防水涂料外防外涂构造

1—保护墙；2—砂浆保护层；3—涂料防水层；4—砂浆找平层；5—结构墙体；6—涂料防水层加强层；7—涂料防水加强层；8—涂料防水层搭接部位保护层；9—涂料防水层搭接部位；10—混凝土垫层

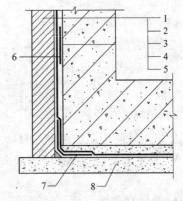

图4-23 防水涂料外防内涂构造

1—保护墙；2—涂料保护层；3—涂料防水层；4—找平层；5—结构墙体；6—涂料防水层加强层；7—涂料防水加强层；8—混凝土垫层

⑨ 涂料防水层严禁在雨天、雾天、五级及以上大风时施工，不得在施工环境温度低于5℃及高于35℃或烈日暴晒时施工。涂膜固化前如有降雨可能时，应及时做好已完涂层的保

护工作。

⑩ 防水涂料的配制应按涂料的技术要求进行。

⑪ 防水涂料应分层刷涂或喷涂，涂层应均匀，不得漏刷漏涂；接槎宽度不应小于 100mm。

⑫ 铺贴胎体增强材料时，应使胎体层充分浸透防水涂料，不得有露槎及褶皱。

⑬ 有机防水涂料施工完后应及时做保护层，保护层应符合下列规定：

A. 底板、顶板应采用 20mm 厚 1：2.5 水泥砂浆层和 40～50mm 厚的细石混凝土保护层，防水层与保护层之间宜设置隔离层；

B. 侧墙背水面保护层应采用 20mm 厚 1：2.5 水泥砂浆；

C. 侧墙迎水面保护层宜选用软质保护材料或 20mm 厚 1：2.5 水泥砂浆。

5）塑料防水板防水层

① 塑料防水板防水层宜用于经常受水压、侵蚀性介质或受振动作用的地下工程防水。

② 塑料防水板防水层宜铺设在复合式衬砌的初期支护和二次衬砌之间。

③ 塑料防水板防水层宜在初期支护结构趋于基本稳定后铺设。

④ 塑料防水板防水层应由塑料防水板与缓冲层组成。

⑤ 塑料防水板防水层可根据工程地质、水文地质条件和工程防水要求，采用全封闭、半封闭或局部封闭铺设。

⑥ 塑料防水板防水层应牢固地固定在基面上，固定点的间距应根据基面平整情况确定，拱部宜为 0.5～0.8m、边墙宜为 1.0～1.5m、底部宜为 1.5～2.0m。局部凹凸较大时，应在凹处加密固定点。

⑦ 塑料防水板可选用乙烯-醋酸乙烯共聚物、乙烯-沥青共混聚合物、聚氯乙烯、高密度聚乙烯类或其他性能相近的材料。

⑧ 塑料防水板应符合下列规定：

A. 幅宽宜为 2～4m；

B. 厚度不得小于 1.2mm；

C. 应具有良好的耐刺穿性、耐久性、耐水性、耐腐蚀性、耐菌性；

D. 塑料防水板主要性能指标应符合表 4-37 的规定。

表 4-37　塑料防水板主要性能指标

项　　目	性　能　指　标			
	乙烯-醋酸乙烯共聚物	乙烯-沥青共混聚合物	聚氯乙烯	高密度聚乙烯
拉伸强度（MPa）	≥16	≥14	≥10	≥16
断裂延伸率（%）	≥550	≥500	≥200	≥550
不透水性，120min（MPa）	≥0.3	≥0.3	≥0.3	≥0.3
低温弯折性	−35℃无裂纹	−35℃无裂纹	−20℃无裂纹	−35℃无裂纹
热处理尺寸变化率（%）	≤2.0	≤2.5	≤2.0	≤2.0

⑨ 缓冲层宜采用无纺布或聚乙烯泡沫塑料，缓冲层材料的性能指标应符合表 4-38 的规定。

⑩ 暗钉圈应采用与塑料防水板相容的材料制作，直径不应小于 80mm。

⑪ 塑料防水板防水层的基面应平整、无尖锐突出物；基面平整度 D/L 不应大于 1/6。

注：D 为初期支护基面相邻两凸面间凹进去的深度；L 为初期支护基面相邻两凸面间的距离。

⑫ 铺设塑料防水板前应先铺缓冲层，缓冲层应采用暗钉圈固定在基面上（图 4-24）。钉距应符合规范的规定。

表 4-38　缓冲层材料性能指标

性能指标 材料名称	抗拉强度 （N/50mm）	伸长率（%）	质量 （g/m²）	顶破强度 （kN）	厚度 （mm）
聚乙烯泡沫塑料	＞0.4	≥100	—	≥5	≥5
无纺布	纵横向≥700	纵横向≥50	＞300	—	—

⑬ 塑料防水板的铺设应符合下列规定：

A. 铺设塑料防水板时，宜由拱顶向两侧展铺，并应边铺边用压焊机将塑料板与暗钉圈焊接牢靠，不得有漏焊、假焊和焊穿现象。两幅塑料防水板的搭接宽度不应小于 100mm。搭接缝应为热熔双焊缝，每条焊缝的有效宽度不应小于 10mm；

B. 环向铺设时，应先拱后墙，下部防水板应压住上部防水板；

C. 塑料防水板铺设时宜设置分区预埋注浆系统；

D. 分段设置塑料防水板防水层时，两端应采取封闭措施。

⑭ 接缝焊接时，塑料板的搭接层数不得超过三层。

⑮ 塑料防水板铺设时应少留或不留接头，当留设接头时，应对接头进行保护。再次焊接时应将接头处的塑料防水板擦拭干净。

⑯ 铺设塑料防水板时，不应绷得太紧，宜根据基面的平整度留有充分的余地。

⑰ 防水板的铺设应超前混凝土施工，超前距离宜为 5～20m，并应设临时挡板防止机械损伤和电火花灼伤防水板。

⑱ 二次衬砌混凝土施工时应符合下列规定：

A. 绑扎、焊接钢筋时应采取防刺穿、灼伤防水板的措施；

B. 混凝土出料口和振捣棒不得直接接触塑料防水板。

⑲ 塑料防水板防水层铺设完毕后，应进行质量检查，并应在验收合格后进行下道工序的施工。

6）金属板防水层

① 金属板防水层可用于长期浸水、水压较大的水工及过水隧道，所用的金属板和焊条的规格及材料性能，应符合设计要求。

② 金属板的拼接应采用焊接，拼接焊缝应严密。竖向金属板的垂直接缝，应相互错开。

③ 主体结构内侧设置金属板防水层时，金属板应与结构内的钢筋焊牢，也可在金属板防水层上焊接一定数量的锚固件（图 4-25）。

④ 主体结构外侧设置金属板防水层时，金属板应焊在混凝土结构的预埋件上。金属板经焊缝检查合格后，应将其与结构间的空隙用水泥砂浆灌实（图 4-26）。

⑤ 金属板防水层应用临时支撑加固。金属板防水层底板上应预留浇捣孔，并应保证混凝土浇筑密实，待底板混凝土浇筑

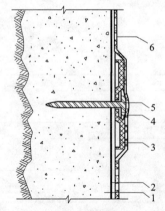

图 4-24　暗钉圈固定缓冲层
1—初期支护；2—缓冲层；3—热塑性暗钉圈；4—金属垫圈；5—射钉；6—塑料防水板

完后应补焊严密。

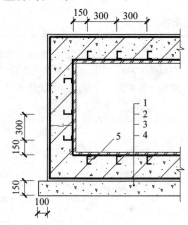

图 4-25　金属板防水层
1—金属板；2—主体结构；
3—防水砂浆；4—垫层；
5—锚固筋

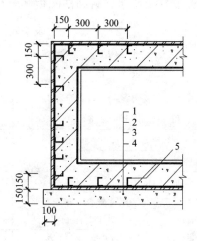

图 4-26　金属板防水层
1—防水砂浆；2—主体结构；
3—金属板；4—垫层；5—锚固筋

⑥ 金属板防水层如先焊成箱体，再整体吊装就位时，应在其内部加设临时支撑。

⑦ 金属板防水层应采取防锈措施。

7）膨润土防水材料防水层

① 膨润土防水材料包括膨润土防水毯和膨润土防水板及其配套材料，采用机械固定法铺设。

② 膨润土防水材料防水层应用于 pH 值为 4～10 的地下环境，含盐量较高的地下环境应采用经过改性处理的膨润土，并应经检测合格后使用。

③ 膨润土防水材料防水层应用于地下工程主体结构的迎水面，防水层两侧应具有一定的夹持力。

④ 铺设膨润土防水材料防水层的基层混凝土强度等级不得小于 C15，水泥砂浆强度等级不得低于 M7.5。

⑤ 阴、阳角部位应做成直径不小于 30mm 的圆弧或 30mm×30mm 的坡角。

⑥ 变形缝、后浇带等接缝部位应设置宽度不小于 500mm 的加强层，加强层应设置在防水层与结构外表面之间。

⑦ 穿墙管件部位宜采用膨润土橡胶止水条、膨润土密封膏或膨润土粉进行加强处理。

⑧ 膨润土防水材料应符合下列规定：

A. 膨润土防水材料中的膨润土颗粒应采用钠基膨润土，不应采用钙基膨润土；

B. 膨润土防水材料应具有良好的不透水性、耐久性、耐腐蚀性和耐菌性；

C. 膨润土防水毯非织布外表面宜附加一层高密度聚乙烯膜；

D. 膨润土防水毯的织布层和非织布层之间应连结紧密、牢固，膨润土颗粒应分布均匀；

E. 膨润土防水板的膨润土颗粒应分布均匀、粘贴牢固，基材应采用厚度为 0.6～1.0mm 的高密度聚乙烯片材。

⑨ 膨润土防水材料的性能指标应符合表 4-39 的要求。

表 4-39　膨润土防水材料性能指标

项　目		性 能 指 标		
		针刺法钠基 膨润土防水毯	刺覆膜法钠基 膨润土防水毯	胶粘法钠基 膨润土防水毯
单位面积质量（g/m²、干重）		≥4000		
膨润土膨胀指数（ml/2g）		≥24		
拉伸强度（N/100mm）		≥600	≥700	≥600
最大负荷下伸长率（%）		≥10	≥10	≥8
剥离 强度	非制造布-编织布 （N/10cm）	≥40	≥40	—
	PE 膜-非制造布 （N/10cm）	—	≥30	—
渗透系数（cm/s）		≤5×10⁻¹¹	≤5×10⁻¹²	≤1×10⁻¹³
滤失量（ml）		≤18		
膨润土耐久性/（ml/2g）		≥20		

⑩ 基层应坚实、清洁，不得有明水和积水。平整度应符合塑料防水板基层的规定。

⑪ 膨润土防水材料应采用水泥钉和垫片固定。立面和斜面上的固定间距宜为 400～500mm，平面上应在搭接缝处固定。

⑫ 膨润土防水毯的织布面应与结构外表面或底板垫层混凝土密贴；膨润土防水板的膨润土面应与结构外表面或底板垫层密贴。

⑬ 膨润土防水材料应采用搭接法连接，搭接宽度应大于 100mm。搭接部位的固定位置距搭接边缘的距离宜为 25～30mm，搭接处应涂膨润土密封膏。平面搭接缝可干撒膨润土颗粒，用量宜为 0.3～0.5kg/m。

⑭ 立面和斜面铺设膨润土防水材料时，应上层压着下层，卷材与基层、卷材与卷材之间应密贴，并应平整无褶皱。

⑮ 膨润土防水材料分段铺设时，应采取临时防护措施。

⑯ 甩槎与下幅防水材料连接时，应将收口压板、临时保护膜等去掉，并应将搭接部位清理干净，涂抹膨润土密封膏，然后搭接固定。

⑰ 膨润土防水材料的永久收口部位应用收口压条和水泥钉固定，并应用膨润土密封膏覆盖。

⑱ 膨润土防水材料与其他防水材料过渡时，过渡搭接宽度应大于 400mm，搭接范围内应涂抹膨润土密封膏或铺撒膨润土粉。

⑲ 破损部位应采用与防水层相同的材料进行修补，补丁边缘与破损部位边缘的距离不应小于 100mm；膨润土防水板表面膨润土颗粒损失严重时应涂抹膨润土密封膏。

8）地下工程种植顶板防水

① 地下工程种植顶板的防水等级应为一级。

② 种植土与周边自然土体不相连，且高于周边地坪时，应按种植屋面要求设计。

③ 地下工程种植顶板结构应符合下列规定：

A. 种植顶板应为现浇防水混凝土，结构找坡，坡度宜为1%～2%；

B. 种植顶板厚度不应小于250mm，最大裂缝宽度不应大于0.2mm，并不得贯通；

C. 种植顶板的结构荷载设计应按国家现行标准《种植屋面工程技术规程》（JGJ 155—2013）的有关规定执行。

④ 地下室顶板面积较大时，应设计蓄水装置；寒冷地区的设计，冬秋季时宜将种植土中的积水排出。

⑤ 种植顶板防水设计应包括主体结构防水、管线、花池、排水沟、通风井和亭、台、架、柱等构配件的防排水、泛水设计。

⑥ 地下室顶板为车道或硬铺地面时，应根据工程所在地区现行建筑节能标准进行绝热（保温）层的设计。

⑦ 少雨地区的地下工程顶板种植土宜与大于1/2周边的自然土体相连，若低于周边土体时，宜设置蓄排水层。

⑧ 种植土中的积水宜通过盲沟排至周边土体或建筑排水系统。

⑨ 地下工程种植顶板的防排水构造应符合下列要求：

A. 耐根穿刺防水层应铺设在普通防水层上面。

B. 耐根穿刺防水层表面应设置保护层，保护层与防水层之间应设置隔离层。

C. 排（蓄）水层应根据渗水性、储水量、稳定性、抗生物性和碳酸盐含量等因素进行设计；排（蓄）水层应设置在保护层上面，并应结合排水沟分区设置。

D. 排（蓄）水层上应设置过滤层，过滤层材料的搭接宽度不应小于200mm。

E. 种植土层与植被层应符合国家现行标准《种植屋面工程技术规程》（JGJ 155—2007）的有关规定。

⑩ 地下工程种植顶板防水材料应符合下列要求：

A. 绝热（保温）层应选用密度小、压缩强度大、吸水率低的绝热材料，不得选用散状绝热材料；

B. 耐根穿刺层防水材料的选用应符合国家相关标准的规定或具有相关权威检测机构出具的材料性能检测报告；

C. 排（蓄）水层应选用抗压强度大且耐久性好的塑料排水板、网状交织排水板或轻质陶粒等轻质材料。

⑪ 已建地下工程顶板的绿化改造应经结构验算，在安全允许的范围内进行。

⑫ 种植顶板应根据原有结构体系合理布置绿化。

⑬ 原有建筑不能满足绿化防水要求时，应进行防水改造。加设的绿化工程不得破坏原有防水层及其保护层。

⑭ 防水层下不得埋设水平管线。垂直穿越的管线应预埋套管，套管超过种植土的高度应大于150mm。

⑮ 变形缝应作为种植分区边界，不得跨缝种植。

⑯ 种植顶板的泛水部位应采用现浇钢筋混凝土，泛水处防水层高出种植土应大于250mm。

⑰ 泛水部位、水落口及穿顶板管道四周宜设置200～300mm宽的卵石隔离带。

（3）外包防水、内包防水、采光井的构造及防水

1）上述防水做法应用于外侧（迎水面），俗称"外包防水"；只有在修缮工程中才用于内侧（背水面），俗称"内包防水"。

2）采用外包防水卷材做法时，应在卷材外侧砌半砖厚保护墙一道（或采用50mm厚聚苯板作软保护），并回填2∶8灰土作隔水层，见图4-27～图4-30。

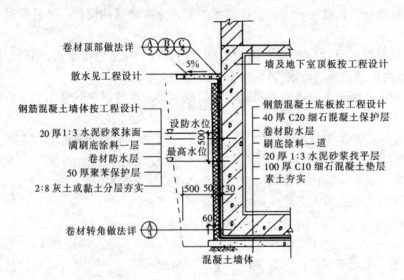

图 4-27　混凝土墙体防水做法（一）

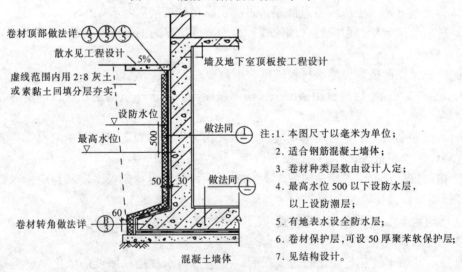

图 4-28　混凝土墙体防水做法（二）

3）为考虑地下室平时利用，在采光窗的外侧一般设置采光井，见图4-31。一般每个窗子单独设一个，也可以将几个窗井连在一起，中间用墙分开。

采光井由底板和侧墙构成：侧墙可以用砖墙或钢筋混凝土板墙制作，墙体顶部应高出室外地面不得小于500mm。底板一般为钢筋混凝土浇筑，并应比窗下缘低300mm。

采光井底板应有1‰～3‰的坡度，把积存的雨水用钢筋水泥管或陶管引入地下管网。

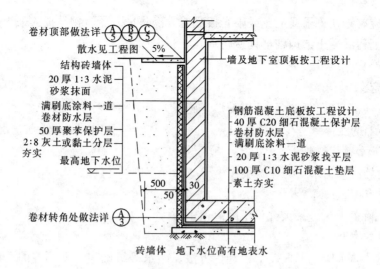

图 4-29 砖墙体（地下水位高，有地表水）

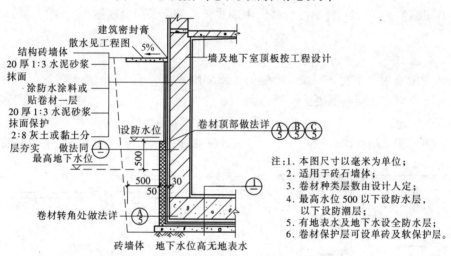

注：1. 本图尺寸以毫米为单位；
2. 适用于砖石墙体；
3. 卷材种类层数由设计人定；
4. 最高水位 500 以下设防水层，以下设防潮层；
5. 有地表水及地下水设全防水层；
6. 卷材保护层可设单砖及软保护层。

图 4-30 砖墙体（地下水位高、无地表水）

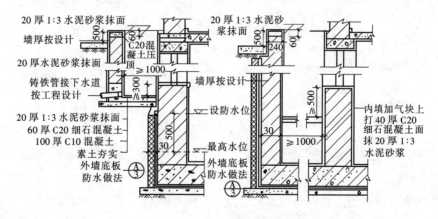

图 4-31 采光井

采光井的上部应有铸铁算子或尼龙或限光板瓦盖，以防止人员、物品掉入采光井内。

（4）地下工程混凝土结构细部构造防水

1）变形缝

①一般规定：

A. 变形缝应满足密封防水、适应变形、施工方便、检修容易等要求。

B. 用于伸缩的变形缝宜少设，可根据不同的工程结构类别、工程地质情况采用后浇带、加强带、诱导缝等替代措施。

C. 变形缝处混凝土结构的厚度不应小于 300mm。

②设计要点：

A. 用于沉降的变形缝最大允许沉降差值不应大于 30mm。

B. 变形缝的宽度宜为 20～30mm。

C. 变形缝的防水措施可根据工程开挖方法、防水等级确定。变形缝的几种复合防水构造形式，见图 4-32～图 4-34。

D. 环境温度高于 50℃处的变形缝，中埋式止水带可采用金属制作。（图 4-35）。

2）后浇带

①一般规定：

A. 后浇带宜用于不允许留设变形缝的工程部位。

B. 后浇带应在其两侧混凝土龄期达到 42d 后再施工；高层建筑的后浇带施工应按规定时间进行。

C. 后浇带应采用补偿收缩混凝土浇筑，其抗渗和抗压强度等级不应低于两侧混凝土。

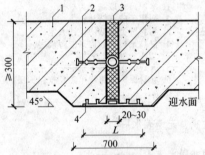

图 4-32　中埋式止水带与外贴
防水层复合使用

外贴式止水带 L≥300
外贴防水卷材 L≥400
外涂防水涂层 L≥400

1—混凝土结构；2—中埋式止水带；
3—填缝材料；4—外贴止水带

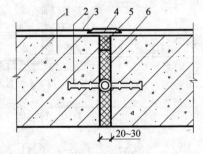

图 4-33　中埋式止水带与嵌缝
材料复合使用

1—混凝土结构；2—中埋式止水带；
3—防水层；4—隔离层；5—密封
材料；6—填缝材料

②设计要点：

A. 后浇带应设在受力和变形较小的部位，其间距和位置应按结构设计要求确定，通常宜为 30～60m。宽度宜为 700～1000mm。

B. 后浇带两侧可做成平直缝或阶梯缝，其防水构造形式宜采用图 4-36～图 4-38。

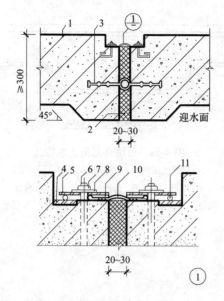

图 4-34　中埋式止水带与可卸式止水
带复合使用

1—混凝土结构；2—填缝材料；3—中埋式
止水带；4—预埋钢板；5—紧固件压板；
6—预埋螺栓；7—螺母；8—垫圈；9—紧
固件压块；10—Ω型止水带；11—紧固件圆钢

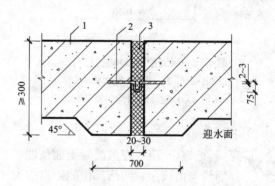

图 4-35　中埋式金属止水带

1—混凝土结构；2—金属止水带；3—填缝材料

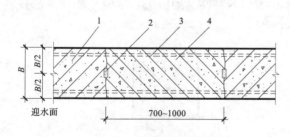

图 4-36　后浇带防水构造（一）

1—先浇混凝土；2—遇水膨胀止水条（胶）；3—结构主筋；
4—后浇补偿收缩混凝土

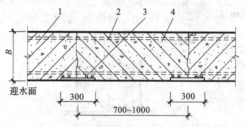

图 4-37　后浇带防水构造（二）

1—先浇混凝土；2—结构主筋；3—外贴式止水带；
4—后浇补偿收缩混凝土

C. 采用掺膨胀剂的补偿收缩混凝土，水中养护 14d 后的限制膨胀率不应小于 0.015%，膨胀剂的掺量应根据不同部位的限制膨胀率设定值经试验确定。

D. 后浇带混凝土应一次浇筑，不得留设施工缝；混凝土浇筑后应及时养护，养护时间不得少于 28d。

E. 后浇带需超前止水时，后浇带部位的混凝土应局部加厚，并应增设外贴式或中埋式止水带（图 4-39）。

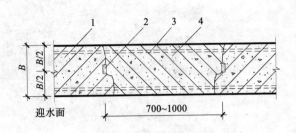

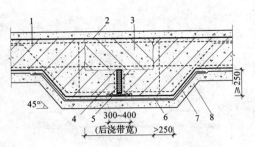

图 4-38　后浇带防水构造（三）
1—先浇混凝土；2—遇水膨胀止水条（胶）；
3—结构主筋；4—后浇补偿收缩混凝土

图 4-39　后浇带超前止水构造
1—混凝土结构；2—钢丝网片；3—后浇带；
4—填缝材料；5—外贴式止水带；6—细石
混凝土保护层；7—卷材防水层；8—垫层混凝土

3）穿墙管

① 穿墙管（盒）应在浇筑混凝土前预埋。

② 穿墙管与内墙角、凹凸部位的距离应大于 250mm。

③ 结构变形或管道伸缩量较小时，穿墙管可采用主管直接埋入混凝土内的固定式防水法，主管应加焊止水环或环绕遇水膨胀止水圈，并应在迎水面预留凹槽，槽内应采用密封材料嵌填密实。其防水构造形式宜采用图 4-40 和图 4-41。

④ 结构变形或管道伸缩量较大或有更换要求时，应采用套管式防水法，套管应加焊止水环（图 4-42）。

⑤ 穿墙管防水施工时应符合下列要求：

A. 金属止水环应与主管或套管满焊密实，采用套管式穿墙防水构造时，翼环与套管应满焊密实，并应在施工前将套管内表面清理干净；

B. 相邻穿墙管间的间距应大于 300mm；

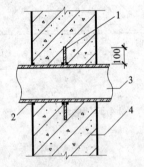

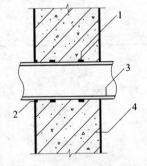

图 4-40　固定式穿墙管防水构造（一）
1—止水环；2—密封材料；3—主管；
4—混凝土结构

图 4-41　固定式穿墙管防水构造（二）
1—遇水膨胀止水圈；2—密封材料；3—主管；
4—混凝土结构

C. 采用遇水膨胀止水圈的穿墙管，管径宜小于 50mm，止水圈应采用胶粘剂满粘固定于管上，并应涂缓胀剂或采用缓胀型遇水膨胀止水圈。

⑥ 穿墙管线较多时，宜相对集中，并应采用穿墙盒方法。穿墙盒的封口钢板应与墙上的预埋角钢焊严，并应从钢板上的预留浇注孔注入柔性密封材料或细石混凝土（图 4-43）。

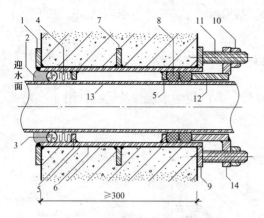

图 4-42 套管式穿墙管防水构造

1—翼环；2—密封材料；3—背衬材料；4—充填材料；
5—挡圈；6—套管；7—止水环；8—橡胶圈；9—翼盘；
10—螺母；11—双头螺栓；12—短管；13—主管；
14—法兰盘

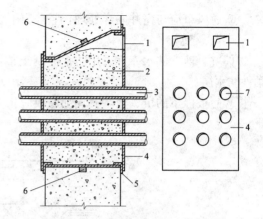

图 4-43 穿墙群管防水构造

1—浇注孔；2—柔性材料或细石混凝土；3—穿墙管；
4—封口钢板；5—固定角钢；6—遇水膨胀止水条；
7—预留孔

⑦ 当工程有防护要求时，穿墙管除应采取防水措施外，尚应采取满足防护要求的措施。

⑧ 穿墙管伸出外墙的部位，应采取防止回填时将管体损坏的措施。

4）孔口

① 地下工程通向地面的各种孔口应采取防地面水倒灌的措施。人员出入口高出地面的高度宜为 500mm，汽车出入口设置明沟排水时，其高度宜为 150mm，并应采取防雨措施。

② 窗井的底部在最高地下水位以上时，窗井的底板和墙应做防水处理，并宜与主体结构断开（图 4-44）。

③ 窗井或窗井的一部分在最高地下水位以下时，窗井应与主体结构连成整体，其防水层也应连成整体，并应在窗井内设置集水井（图 4-45）。

④ 无论地下水位高低，窗台下部的墙体和底板应做防水层。

⑤ 窗井内的底板，应低于窗下缘 300mm。窗井墙高出地面不得小于 500mm。窗井外地面应做散水，散水与墙面间应采用密封材料嵌填。

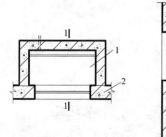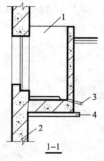

图 4-44 窗井防水构造

1—窗井；2—主体结构；
3—排水管；4—垫层

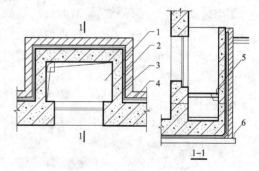

图 4-45 窗井防水构造

1—窗井；2—防水层；3—主体结构；4—防
水层保护层；5—集水井；6—垫层

⑥ 通风口应与窗井同样处理，竖井窗下缘离室外地面高度不得小于 500mm。

5) 坑、池

① 坑、池、储水库宜采用防水混凝土整体浇筑，内部应设防水层。受振动作用时应设柔性防水层。

② 底板以下的坑、池，其局部底板应相应降低，并应使防水层保持连续（图 4-46）。

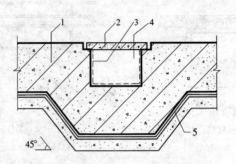

图 4-46 底板下坑、池的防水构造

1—底板；2—盖板；3—坑、池防水层；

4—坑、池；5—主体结构防水层

第四节 高层民用建筑的楼梯间与室外楼梯

高层建筑的室内楼梯包括有敞开楼梯间、封闭式楼梯间、防烟楼梯间和剪刀楼梯间等类型。《建筑设计防火规范》（GB 50016－2014）规定室内楼梯间的类型和设置原则为：

一、敞开楼梯间

1. 特点：疏散用楼梯间的一种做法。前端为开敞式，没有墙体和门分隔。

（1）楼梯间应能天然采光和自然通风，并宜靠外墙设置。靠外墙设置时，楼梯间、前室及合用前室外墙上的窗口与两侧的门、窗、洞口之间的水平距离不应小于 1.00m；

（2）楼梯间内不应设置烧水间、可燃材料储藏室、垃圾道；

（3）楼梯间内不应有影响疏散的凸出物或其他障碍物；

（4）公共建筑的敞开楼梯间内不应敷设可燃气管道；

（5）住宅建筑的敞开楼梯间内确需设置可燃气体管道和可燃气体计量表时，应采用金属管和设置切断气源的阀门；

（6）楼梯间在各层的平面位置不应改变（通向避难层的楼梯除外）。

2. 设置原则：不需设置封闭式楼梯间和防烟式楼梯间的居住建筑和公共建筑。

二、封闭式楼梯间

1. 特点：在楼梯间入口处设置门，以防止烟和热气进入的楼梯间为封闭楼梯间（图 4-47、图 4-48）。

（1）封闭楼梯间应满足开敞楼梯间的各项要求。

（2）不能自然通风或自然通风不能满足要求时，应设置机械加压送风或采用防烟楼梯间。

（3）除楼梯间的出入口和外窗外，楼梯间的墙上不应开设其他门、窗、洞口。

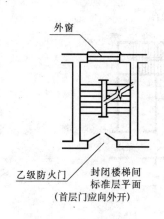

图 4-47 封闭楼梯间

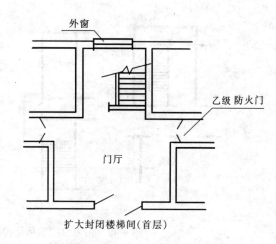

图 4-48 扩大封闭楼梯间

（4）高层建筑、人员密集的公共建筑，其封闭楼梯间的门应采用乙级防火门，并应向疏散方向开启；其他建筑，可以采用双向弹簧门。

（5）楼梯间的首层可将走道和门厅等包括在楼梯间内形成扩大的封闭楼梯间，但应采用乙级防火门等与其他走道或房间分隔。

（6）封闭楼梯间门不应用防火卷帘替代。

2. 设置原则

（1）建筑高度不大于 32m 的二类高层建筑；

（2）下列住宅建筑应采用封闭楼梯间：

1）建筑高度不大于 21m 的敞开楼梯间与电梯井相邻布置时；

2）建筑高度大于 21m、不大于 33m；

（3）室内地面与室外出入口地坪高差不大于 10m 或 2 层及以下的地下、半地下建筑（室）。

（4）下列多层公共建筑（除与敞开式外廊直接连通的楼梯间外）均应采用封闭楼梯间：

1）医疗建筑、旅馆、老年人建筑及类似功能的建筑；

2）设置歌舞娱乐放映游艺场所的建筑；

3）商店、图书馆、展览建筑、会议中心及类似使用功能的建筑；

4）6 层及以上的其他建筑。

三、防烟楼梯间

1. 特点：在楼梯间入口处设置防烟的前室（开敞阳台或凹廊），且通向前室和楼梯间的门均为防火门，以防止烟和热气进入的楼梯间为防烟楼梯间（图 4-49～图 4-51）。

（1）封闭楼梯间应满足开敞楼梯间的各项要求。

（2）应设置防烟措施。

（3）前室的使用面积：公共建筑，不应小于 $6.00m^2$；居住建筑，不应小于 $4.50m^2$。

（4）与消防电梯前室合用时，合用前室的使用面积：公共建筑不应小于 $10.00m^2$；居住建筑，不应小于 $6.00m^2$。

（5）疏散走道通向前室以及前室通向楼梯间的门应采用乙级防火门（不应设置防火卷帘）。

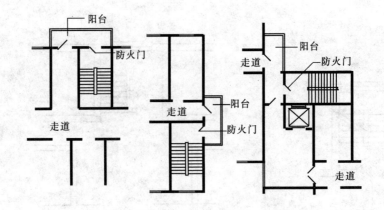

图 4-49　带阳台的防烟楼梯间平面图

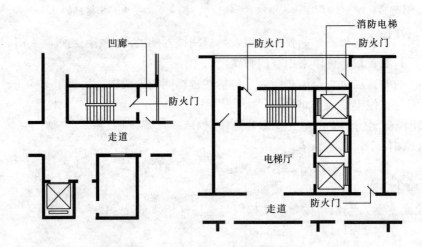

图 4-50　带开敞式前室的防烟楼梯间平面图

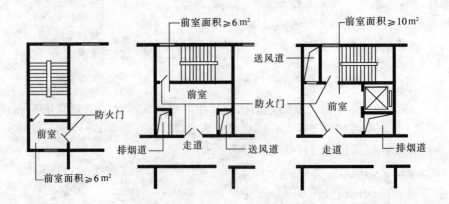

图 4-51　带封闭式前室的防烟楼梯间平面图

（6）除住宅建筑的楼梯间前室外，防烟楼梯间和前室的墙上不应开设除疏散门和送风口外的其他门、窗、洞口。

（7）楼梯间的首层可将走道和门厅等包括在楼梯间前室内形成扩大的前室，但应采用乙级防火门等与其他走道和房间分隔。

2. 设置原则

（1）一类高层公共建筑和建筑高度大于32m的二类高层公共建筑、居住建筑。

（2）室内地面与室外出入口地坪高差大于10m或3层及以上的地下、半地下建筑（室）。

（3）设置在公共建筑、居住建筑中的剪刀式楼梯。

（4）建筑高度大于33m的居住建筑。

四、剪刀楼梯间

1. 特点

剪刀楼体指的是在一个开间和一个进深内，设置两个不同方向的单跑（或直梯段的双跑）楼梯，中间用不燃体墙分开，从任何一侧均可到达上层（或下层）的楼梯（图4-52、图4-53）。

（1）剪刀式楼梯间应为防烟楼梯间。

（2）梯段之间应设置耐火极限不低于1.00h的防火隔墙。

（3）楼梯间的前室不宜共用；共用时前室的使用面积不应小于6.00m²。

（4）居住建筑楼梯间的前室不宜与消防电梯的前室合用；楼梯间的共用前室与消防电梯的前室合用时，合用前室的使用面积不应小于12.00m²，且短边不应小于2.40m。

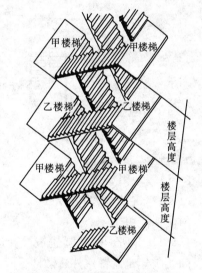

2. 设置原则

（1）高层公共建筑的疏散楼梯，当分散设置确有困难且从任一疏散门至最近疏散楼梯间入口的距离不大于10m时可采用剪刀楼梯。

（2）高层住宅建筑的疏散楼梯，当分散设置确有

图4-52 剪刀式楼梯的剖面图

困难且从任一户门至最近疏散楼梯间入口的距离不大于10m时，可采用剪刀楼梯。

五、室外楼梯

1. 特点：

（1）栏杆扶手的高度不应小于1.10m，楼梯的净宽度不应小于0.90m；

（2）倾斜角度不应大于45°；

（3）楼梯段和平台均应采用不燃材料制作。平台的耐火极限不应低于1.00h。楼梯段的耐火极限不应低于0.25h；

（4）通向室外楼梯的门宜采用乙级防火门，并应向室外开启；门开启时，不得减少楼梯平台的有效宽度；

（5）除设疏散门外，楼梯周围2.00m内的墙面上不应设置门窗洞口，疏散门不应正对梯梯段。（图2-54）

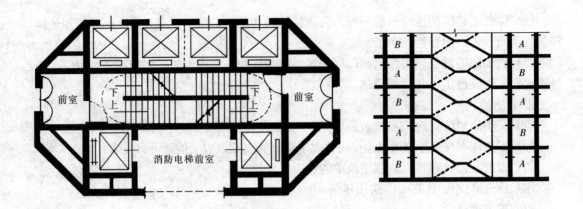

图 4-53　设置一个前室的剪刀形楼梯

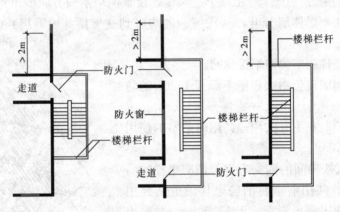

图 4-54　室外楼梯平面图

2）设置原则

（1）《建筑设计防火规范》（GB 50016—2014）规定：符合上述条件的室外楼梯可以替代室内楼梯使用。

（2）《托儿所、幼儿园建筑设计规范》（JGJ 39—87）规定：在严寒、寒冷地区的托儿所、幼儿园建筑设置室外疏散楼梯时，应有防滑措施。

第五节　高层民用建筑的楼板构造

高层建筑室内多为大空间，竖向抗风构件的间距较大，所以楼板对传递水平力具有重要作用。

一、高层民用建筑楼板的形式

高层建筑常用楼板形式有钢筋混凝土平板、无梁楼板、肋梁楼板、密肋楼板和压型钢板组合楼板等。建筑物高度大于 50m 时应采用现浇钢筋混凝土楼板，小于 50m 时可采用预制钢筋混凝土楼板，但顶层和开洞过多的或平面较复杂的楼层仍应采用现浇钢筋混凝土楼板。结构转换层也应采用现浇钢筋混凝土楼板。

支承在墙体上的钢筋混凝土平板分为现浇平板、预制实心板或空心板和叠合板。平板适用于跨度较小的居住建筑和公共建筑。普通混凝土平板的跨度不宜大于 6m，预应力混凝土平板则不宜大于 9m。现浇平板宜用定型模板或用预应力混凝土薄板作为永久性模板。

钢筋混凝土无梁楼板适用于跨度较小的公共建筑。选用这种楼板时，应同时采用剪力墙或筒体作为抗震结构。普通混凝土无梁楼板的跨度不宜大于 6m，预应力混凝土无梁楼板跨度不宜大于 9m。

钢筋混凝土肋梁楼板宜现浇，也可采用预制板和现浇梁形成装配整体式肋梁楼板。当采用框架剪力墙结构时，应在预制板面铺一层混凝土整浇层，以增强楼板的整体性。整浇层厚度通常为 40mm 厚，若在整浇层中埋设备管线时应适当加厚。

肋梁间距不大于 1.5m 的钢筋混凝土楼板称为密肋楼板，适用于中等跨度的公共建筑。普通混凝土密肋楼板的跨度不宜超过 9m，预应力混凝土密肋楼板的跨度则不大于 12m。密肋楼板可做成单向密肋或双向密肋，采用定型模板进行现浇。密肋间距通常为 600～700mm。

现浇楼板的结构布置详见图 4-55。

二、压型钢板组合式楼板

组合式楼板的做法是用截面为凹凸形压型钢板与现浇混凝土面层组合形成整体性很强的一种楼板结构。压型钢板的作用既为面层混凝土的模板，又起结构作用，从而增加楼板的侧向和竖向刚度，使结构的跨度加大、梁的数量减少、楼板自重减轻、加快施工进度，在国外高层建筑中得到广泛的应用，如图 4-56 所示。

1. 压型钢板组合式楼板类型

（1）压型钢板只作为永久性模板使用，承受施工荷载和混凝土的荷重。混凝土达到设计强度后，单向密肋板即承受全部荷载，压型钢板已无结构功能。

（2）压型钢板承受全部静荷载和动荷载，混凝土层只用作耐磨面层，并分布集中荷载。混凝土层可使压型钢板的强度增大 90%，工作荷载下刚度提高。

（3）压型钢板既是模板，又是底面受拉配筋。其结构性能取决于混凝土层和钢板之间的粘结式连接。

压型钢板的跨度可为 1.5～4m，最经济跨度为 2～3m。为适应不同跨度和荷载，各国均有其产品系列。截面高度一般为 35～120mm，重量一般为 100～270N/m^2。

2. 压型钢板组合楼板抗剪螺钉连接构造

压型钢板组合式楼板的整体连接是由栓钉（又称抗剪螺钉）将钢筋混凝土、压型钢板和钢梁组合成整体，如图 4-57（a）、（b）。

栓钉是组合楼板的剪力连接件，楼面的水平荷载通过它传递到梁、柱、框架，所以又称剪力螺栓。其规格、数量是按楼板与钢梁连接处的剪力大小确定，栓钉应与钢梁牢固焊接。栓钉用钢应与其焊接的钢梁用钢相同，并选用与其相应配套的焊接药座，如图 4-57（c）所示。

三、建筑设备与楼板的相关构造

1. 高层建筑给水排水设备与楼板的相关构造

水泵间是供水系统中不可缺少的部分，高层建筑中由于供水系统的不同，设置单个或多个水泵间。水泵间有振动，并有噪声。一般水泵间设置在一层或地下室、半地下室，有时也设在楼层。水泵间内至少有 4 台水泵，2 台生活水泵，2 台消防水泵。如有集中热水系统时，另加热水泵。另外还需要设置周转水箱或水池。水泵应有设备基础，楼层上的设备基础与大楼连成整体，楼板采取现浇。水泵间运行时有水渗漏，因此，在水泵间内设排水沟和集水井。集水井要下凹，以便集水，在楼层时，楼板下凹，不要影响下面房屋使用。水泵四周的

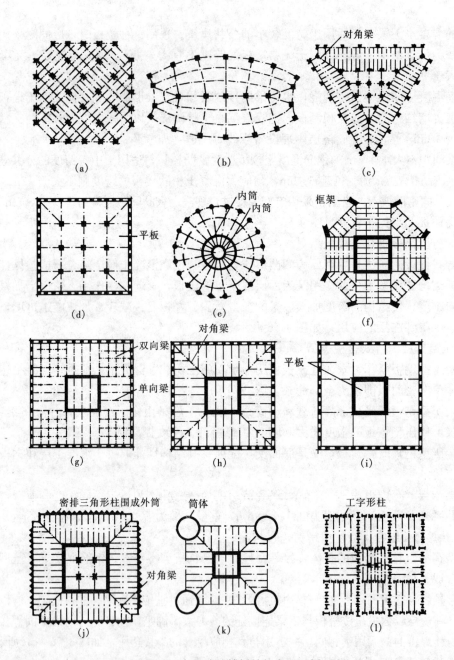

图 4-55 高层建筑楼板结构布置示例

(a) 框架（八边形）；(b) 框架（椭圆形）；(c) 框架（三角形）；(d) 外筒内框架（方形）；(e) 外框架内筒
（圆形）；(f) 外框架内筒（八边形）；(g) 筒中筒（方形）；(h) 筒中筒（方形）；(i) 筒中筒（方形）；(j) 筒
中筒（缺角方形）；(k) 群筒组合（方形）；(l) 束筒（方形）

地面要略高于相邻地面 5～6cm，以便做坡度和排水沟。水箱在楼层时，与上部楼板留出不小于 80cm 的检修间隙。设备如有振动，还应根据要求在楼板上设置相关减振措施。

2. 高层建筑中安装共用天线的构造

共用天线杆要固定在屋顶上，按位置预埋钢板，将天线杆焊在钢板上加以固定，天线上信

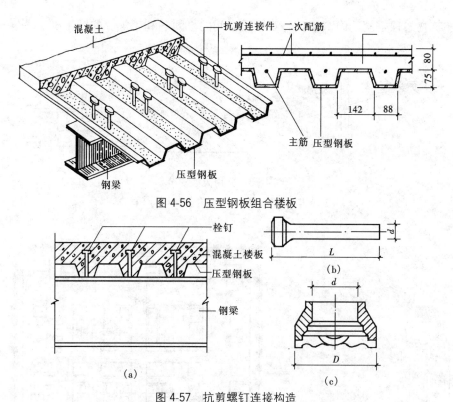

图 4-56 压型钢板组合楼板

图 4-57 抗剪螺钉连接构造

(a) 组合楼板结构示意图；(b) 栓钉示意图；(c) 药座示意图

号则经由同轴电缆穿越屋面进入建筑物，为此必须在屋面上预埋穿越钢管，如图 4-58 所示。

共用天线系统的接收天线部分，为了保证接收电视屏幕上的图像清晰，必须提高接收信号强度，尽可能减少噪声干扰电平。所以天线杆一般不装在电梯井上部和靠近主要交通干道一侧。在安装前要用场强计在现场测定场强最佳，而干扰波和反射波影响最小的部位。

为了防雷，可在杆顶加避雷针，并同建筑物的防雷接地体作电气连接，以保证良好的接地效果。

共用天线的放大器、控制器、混合器最好设置在顶层房间内，以便管理和检修。专用房间以靠近天线引入电缆处为佳，最大距离不超过 15m，专用房间面积需 $6m^2$。共用天线的分配器、干线和分支器及终端插座等，在高层建筑中应以嵌墙暗装和同轴电缆管暗敷设为宜。

3. 电话

高层建筑的总机室即是一个人工电话站或自动电话站。电话站的地板最好采用架空活动地板，以便敷设线路。如采用水泥楼地板时，除留出线沟外，应铺上橡皮或塑料地板。高层建筑中电话线路敷设一般要求采用电话电缆穿金属管沿墙或楼板暗敷设。

4. 设备层

设备层，是指将建筑物的某层的全部或大部分作为安装空调、给排水、电气、电梯机房等设备的楼层，一般在 30m 以下的建筑，设备层通常设在地下室或顶层。但由于考虑设备的耐压大小以及风道和设备尺寸所占用的空间等因素，有时还要求布置中间设备层，设备层的层高一般均在 2.2m 以下，因其只计算 1/2 建筑面积且能满足基本使用要求。如图 4-59 所示。

空调设备、各种管道与建筑结构、构造有密切关系，要充分利用空间，使技术和美观统一。如建筑物吊顶空间、中空楼板、双层梁中间的空间的利用等。如图 4-60、图 4-61 所示。

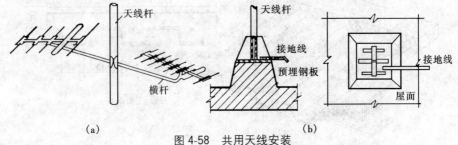

图 4-58　共用天线安装

(a) 共用天线杆；(b) 天线杆在屋顶上的固定方法

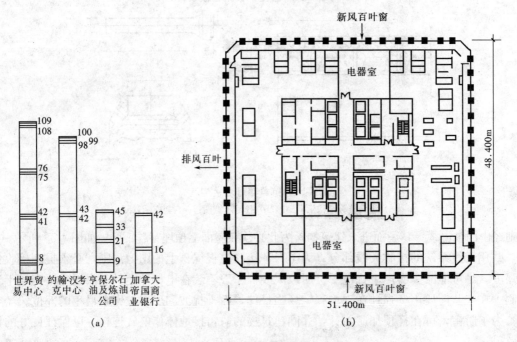

图 4-59　设备层的布置方式及实例

(a) 国外高层建筑设备层布置实例；(b) 日本世界贸易中心设备层的布置

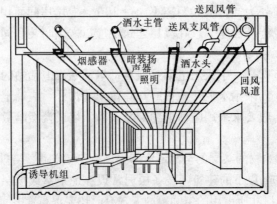

图 4-60　建筑物吊顶空间的利用

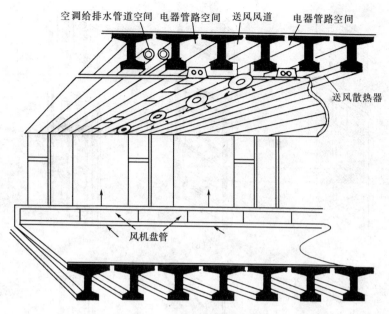

空调给排水管道空间　电器管路空间　送风风道　电器管路空间

送风散热器

风机盘管

图 4-61　楼板结构空间有效利用

第六节　高层民用建筑的墙体构造

一、概述

目前，高层建筑的外墙主要采用钢筋混凝土或各种轻混凝土外墙板，如各种轻质混凝土制品：陶粒混凝土、加气混凝土、膨胀珍珠岩、矿渣混凝土、石棉水泥。高层建筑还有采用金属板（如钢、铝、不锈钢）、玻璃、人造合成材料。但这一类轻质外墙板往往由于温度变形大、构造复杂、造价高、在使用中易产生温度变形和振动噪声，所以不如混凝土墙板应用广泛。

外墙板由于功能上的要求较复杂，往往可根据材料特点做成各种不同的形式：如实心、空心、空气夹层和复合板。

复合板一般由承重层、保温层和饰面保护层构成。承重层常用钢筋混凝土、空心砖或各种轻质水泥制品；保温层多用高效能的有机或无机绝缘轻质材料，如矿棉、玻璃棉、泡沫玻璃、硬脂泡沫塑料或各种蜂窝状纸板等；表面饰面保护层则多采用陶瓷薄板、化学纤维板或各种水泥制品薄板。

水泥类外墙板从施工方法分：有现浇与预制两大类。

现浇外墙板：常用有滑升和大面积模板施工法的钢筋混凝土外墙板。现浇式外墙的构造简单，防水性能好，但现场劳动量大，立面造型受到限制。

预制外墙板的优点是减轻现场劳动量，施工速度快，外墙可设计成各种不同形式。常用有平板、带肋、箱形、立体式等，见图 4-62。

预制外墙板的安装固定方法有：自承重法（结构固定法）和支挂法（建筑固定法）

1. 自承重法外墙板具有支承自重的能力，上层板直接支在下层板上口，两板之间水平向节点按铰考虑，只传递轴向力，其侧向力是通过构件传递到山墙、剪力墙或其他抗侧向构件。上下板之间可采用剪力销或暗销固定。安装时调整水平标高可通过楔子或通过预先埋在

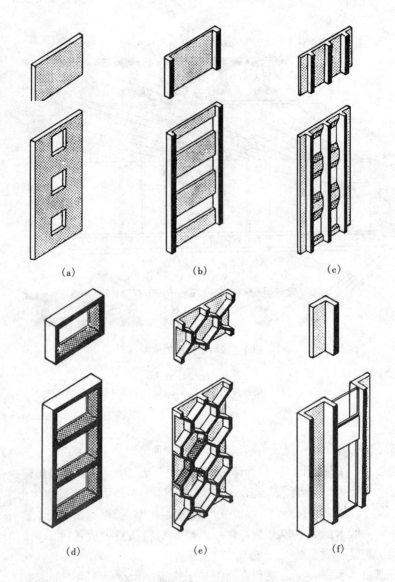

图 4-62　水泥制品墙板形式

(a) 平板；(b) 肋形；(c) 多肋；(d) 箱形；(e) 格子式；(f) 立体式

下层板上带螺母垫板的暗销来进行，调整后由砂浆或混凝土固定。自承重法的优点是减轻建筑物自重，安装固定直接简便，墙板具有建筑和结构构件的双重功能。

2. 支挂法是将预制板通过锚固件，搁置或悬挂在主体结构（如承重墙、楼板或框架）上。这样的安装工艺可使预制构件与主体结构的施工同时进行，所以不影响主体结构的施工进度。对缩短工期有利。墙板的固定可以通过次框架（支架）再固定在结构构件上，也可直接固定在结构构件上。

采用支挂法所用锚固件要求具有足够的强度和良好的防腐性能，如带防锈铁件或有色金属、不锈钢等。为了便于安装时调整位置，在主体结构与挂板之间、挂板与挂板之间，应具有相对位移的可能，尤其是轻质挂板，要求具有适应三个方向移动的可能性，因此须采用螺栓或特种预埋件连接，见图 4-63。支挂法必须处理好板与板的接缝。

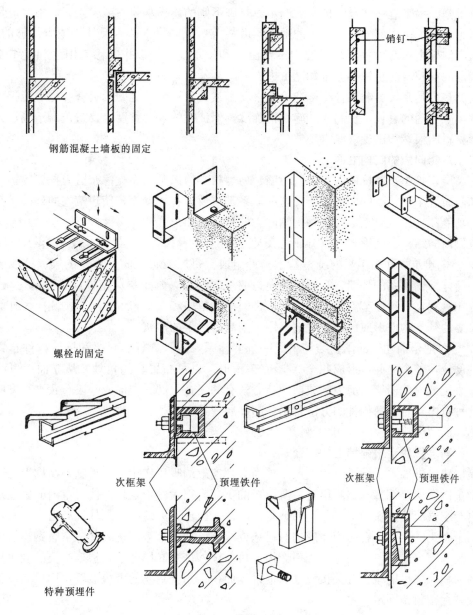

钢筋混凝土墙板的固定

螺栓的固定

次框架　预埋铁件　　次框架　预埋铁件

特种预埋件

图 4-63　支挂法墙板

高层建筑外墙板接缝特点是：（1）高空受风压大；（2）墙面高，从上向下倾注雨水累积量大；（3）风向多变，易出现雨水向上淋打的逆流现象；（4）外墙面积大，受机械作用、温度影响、材料蠕变的影响大；（5）出现渗漏、破坏之后难以维修。因此，高层建筑外墙板接缝构造应根据其特点准确设计。

外墙板接缝一般可做成刚性构造。在变形大的情况下可用弹性构造。目前常用接缝方法有三种：（1）采用嵌缝膏或嵌缝带密封，此法要求可靠、耐久、价廉的密封材料；（2）用不同形式的防水构造缝（构件边缘做成特殊形式），此法要求板的制作方便，拼装密封，外形规整美观，缝型符合防水、防风、防尘要求。（3）弹性材料密封与防水构造相结合。

在使用嵌缝材料时应注意施工质量。设计时应设法将暴露面积压缩到最小限度，还应便于检查维修。水平缝往往设有披水或滴水以打破下倾的累积水膜，减少接缝的雨水流量、流速和压力。为了堵住部分渗入缝中的雨水，墙板上口设凸脊。凸脊尺寸必须有足够的高度，能够顺利地导出积水。垂直缝空腔中设保温层和排水设施，以排除渗入雨水和凝结水。同时，缝内的空腔要防止积存尘土和昆虫进入。

缝的多少是直接影响围护结构造价的重要因素，为了减少缝的投资就要尽可能扩大墙板的尺度，减少缝的总长，控制板的施工精确度，保证缝的合理宽度。要防止由于缝过大而带来嵌缝材料的浪费和出现渗漏水现象。

二、抗侧向力的结构立面

在高层建筑中，其抗侧向力的剪力墙、剪力核心筒以及剪力支撑、剪力框架等构造，往往不局限布置于建筑物的内部，所有这些体系都可反映在外墙面，使建筑物的外观具有明显的技术功能和艺术效果。形成一种抗侧向力的结构立面形式。

抗侧向的结构立面形式可以分成两大类：

1. 整个建筑立面由重复的统一基本构件组成。每层或每开间由重复的梁、柱或墙板组成。如筒体结构体系的外墙，它是抗侧向力的主要部分，常用深梁密柱或带孔的墙板构成。有时也用具有良好刚性节点的现浇框架；带斜撑的框格和重复布置桁架的抗侧向力外墙。这种由重复的基本构件形成的建筑立面多用于中高层以上的建筑。

2. 尽力把全幢建筑的围护结构组成一抗剪体系，各种斜杆、斜撑和抗剪构件布置在最有效的部位，整个立面可形成几个 X 形或三角形；也可布置在拐角处，从立面上可明显地看到垂直于地面的桁架、剪力墙或剪力核心；有的还在上部、中部或分段布置水平方向的桁架。这种自由布置抗剪构件的方法常用在超高层建筑。

图 4-64 为抗侧向力的建筑实例。

三、高层民用建筑外墙上的门窗

高层建筑外墙除了承受较大的风压外尚有烟囱般的吸风作用，使得围护结构上的门窗空气渗漏量比低层建筑多。这不仅对空调设备的负荷有很大的影响，并使得室内的人在靠近窗户时由于空气流速加快而造成不适的感觉。因此，门窗开关缝隙必须处理严密。通常可采用具有两个碰头的钢窗，在缝中还应加有衬垫或压条。如北京饭店选用薄壁空腹钢窗加橡胶压条，提高了窗户的防风、防尘、隔声作用。目前国外许多高层建筑，根据必要的通风量来计算开窗面积，尽可能减少开关接缝，其他采光面积多用全封闭的大块玻璃，用挤压成型的人造橡胶弹性密封条固定。

窗玻璃的厚度应根据风压、热工、隔声等有关要求计算或实验来确定。尤其是一些特别高大的建筑，应根据不同位置、层次和用途加以区分。

高层建筑的烟囱拔风作用，使得冷空气从底层门窗侵入量显著增加。为了减少底层门厅的热损耗和温度下降，往往采用双重门、旋转门或暖风幕等措施。通往楼梯间的门也应采用封闭的形式。

四、高层民用建筑的外墙擦洗设备

高层建筑的外墙设计，要考虑到擦窗和维修。常用方法有：

1. 在建筑外部架设临时梯或临时脚手架

这种方法由于装卸的工作量大、速度慢，多用于底层或多层建筑。

2. 从室内进行操作

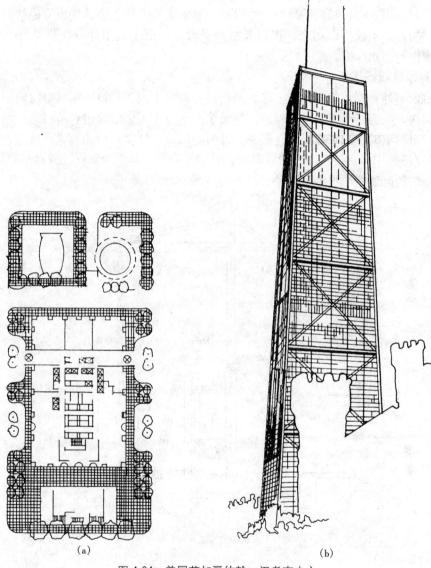

图 4-64　美国芝加哥约翰·汉考克中心

(a) 首层平面图；(b) 透视图

　　约翰·汉考克中心为一大型多功能体，共 100 层，总高 344m，现居世界最高建筑行列之第四位，地面以上建筑面积 26 万 m^2，耗资一亿美元。

　　大楼的 1～4 层为门厅及商业用房，5～11 层为车库，可停放 1000 辆车，12～15 层和 17～40 层为办公用房，45～91 层为公寓，共 705 套，供分套出售，92～93 层供电视台租用，94～96 层为餐厅。

　　采用筒中筒钢结构，由于外筒为钢框架和交叉斜撑共同组成，可减少一半的钢材用量，楼板为钢筋混凝土结构，外墙为玻璃幕墙。

　　如采用全旋转式的窗扇，或选用长脚铰链，使人们可以在室内进行操作。但这一方法的窗扇面积和玻璃的分格受到限制，仅能用于小块玻璃的窗子。由于窗扇的开关向内外两侧伸出，对安装百叶或窗帘均有影响。

　　3. 建筑上设挑出构件

如利用防火分隔、雨篷、遮阳、阳台作永久性的操作平台。这种方法是目前我国常用的形式。如广州宾馆、白云宾馆的外墙，均设通长悬臂板。北京饭店新楼设有连续的阳台，这些水平外挑构件，不仅可以用来作擦窗及维修平台，还起了遮阳和分层排除外墙面雨水作用，减少窗缝的雨水压力。

4. 悬挂吊篮或操作平台

这是目前国外高层建筑常用的方法。沿建筑屋檐（上或下）设固定或临时轨道，或采用隔开一定层次，在窗过梁上设水平轨道，使吊篮上的滑车可以沿轨道自由行走。吊篮的移动可通过吊篮里的电动控制来操纵。在很高的建筑外墙或立柱上，应加设纵向轨道，使吊篮能迅速平稳滑行。

高层建筑的外墙擦洗设备见图 4-65。

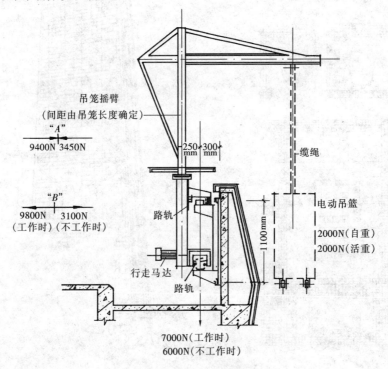

图 4-65　裙楼擦窗机断面

五、玻璃幕墙的构造

1. 幕墙的定义

由支承结构体系与面板组成的、可相对主体结构有一定位移能力、不分担主体结构所受外力作用的建筑外围护结构或装饰性结构。常见的有玻璃幕墙、金属幕墙、石材幕墙等多种类型。

2. 玻璃幕墙的分类

《玻璃幕墙工程技术规范》（JGJ 102—2003）中指出，玻璃幕墙分为三大类。

（1）框支承玻璃幕墙

（2）全玻璃墙

（3）点支承玻璃幕墙

3. 玻璃幕墙的有关技术问题

(1) 玻璃幕墙的类型

玻璃幕墙除分为框支承玻璃幕墙、全玻璃墙、点支承玻璃幕墙三大类型外,框支承玻璃幕墙在工程中又分为明框式、隐框式、半隐框式,以及单元式、构件式等。

(2) 玻璃幕墙的材料

1) 框材:采用型钢,铝合金型材。

2) 玻璃:钢化玻璃、半钢化玻璃、夹层玻璃、中空玻璃(中空尺寸为9mm)、浮法玻璃、防火玻璃、着色玻璃、镀膜玻璃。在工程中多选用夹层玻璃、钢化玻璃、防火玻璃等安全玻璃。

3) 密封材料:三元乙丙橡胶、硅橡胶等建筑密封材料和硅酮结构密封胶。

4) 其他材料:填充材料(聚乙烯泡沫棒)、双面胶带、保温材料(岩棉等)。

(3) 玻璃幕墙的建筑设计

1) 一般规定

①玻璃幕墙应根据建筑物的使用功能、立面设计,经综合技术经济分析,选择其型式、构造和材料。

②玻璃幕墙应与建筑物整体及周围环境相协调。

③玻璃幕墙立面的分格宜与室内空间组合相适应,不宜妨碍室内功能和视觉。在确定玻璃板块尺寸时,应有效提高玻璃原片的利用率,同时应适应钢化、镀膜、夹层等生产设备的加工能力。

④幕墙中的玻璃板块应便于更换。

⑤幕墙开启窗的设置,应满足使用功能和立面效果要求,并应启闭方便,避免设置在梁、柱、隔墙等位置。开启扇的开启角度不宜大于30°,开启距离不宜大于300mm,开启扇不得超过15%。开启方式一般为上悬式。

⑥玻璃幕墙应便于维护和清洁。高度超过40m的幕墙工程宜设置清洗设备。

2) 构造设计

①玻璃幕墙的构造设计,应满足安全、实用、美观的原则,并应便于制作、安装、维修保养和局部更换。

②明框玻璃幕墙的接缝部位、单元式玻璃幕墙的组件对插部位以及幕墙开启部位,宜按雨幕原理进行构造设计。对可能渗入雨水和形成冷凝水的部位,应采取导排构造措施。

③玻璃幕墙的非承重胶缝应采用硅酮建筑密封胶。开启扇的周边缝隙宜采用氯丁橡胶、三元乙丙橡胶或硅橡胶密封条制品密封。

④有雨篷、压顶及其他突出玻璃幕墙墙面的建筑构造时,应完善其结合部位的防、排水构造设计。

⑤玻璃幕墙应选用具有防潮性能的保温材料或采取隔汽、防潮构造措施。

⑥单元式玻璃幕墙,单元间采用对插式组合构件时,纵横缝相交处应采取防渗漏封口构造措施。

⑦幕墙的连接部位,应采取措施防止产生摩擦噪声。构件式幕墙的立柱与横梁连接处应避免刚性接触,可设置柔性垫片或预留1~2mm的间隙,间隙内填胶;隐框幕墙采用挂钩式连接固定玻璃组件时,挂钩接触面宜设置柔性垫片。

⑧除不锈钢外,玻璃幕墙中不同金属材料接触处,应合理设置绝缘垫片或采取其他防腐

蚀措施。

⑨幕墙玻璃之间的拼接胶缝宽度应能满足玻璃和胶的变形要求，并不宜小于 10mm。

⑩幕墙玻璃表面周边与建筑内、外装饰物之间的缝隙不宜小于 5mm，可采用柔性材料嵌缝。全玻幕墙玻璃尚应符合相关规定。

⑪明框幕墙玻璃下边缘与下边框槽底之间应采用硬橡胶垫块衬托，垫块数量应为 2 个，厚度不应小于 5mm，每块长度不应小于 100mm。

⑫玻璃幕墙的单元板块不应跨越主体建筑的变形缝，其与主体建筑变形缝相对应的构造缝的设计，应能够适应主体建筑变形的要求。

3）安全规定

①框支承玻璃幕墙，宜采用安全玻璃。

②点支承玻璃幕墙的面板玻璃应采用钢化玻璃。

③采用玻璃肋支承的点支承玻璃幕墙，其玻璃肋应采用钢化夹层玻璃。

④人员流动密度大、青少年或幼儿活动的公共场所以及使用中容易受到撞击的部位，其玻璃幕墙应采用安全玻璃；对使用中容易受到撞击的部位，尚应设置明显的警示标志。

⑤当与玻璃幕墙相邻的楼面外缘无实体墙时，应设置防撞设施。

⑥玻璃幕墙的防火设计应符合现行国家标准《建筑设计防火规范》（GB 50016—2014）的有关规定。

⑦玻璃幕墙与其周边防火分隔构件间的缝隙、与楼板或隔墙外沿间的缝隙、与实体墙面洞口边缘间的缝隙等，应进行防火封堵设计。

⑧玻璃幕墙的防火封堵构造系统，在正常使用条件下，应具有伸缩变形能力、密封性和耐久性；在遇火状态下，应在规定的耐火时限内，不发生开裂或脱落，保持相对稳定性。

⑨玻璃幕墙防火封堵构造系统的填充料及其保护性面层材料，应采用耐火极限符合设计要求的不燃烧材料或难燃烧材料。

⑩无窗槛墙的玻璃幕墙，应在每层楼板外沿设置耐火极限不低于 1.0h、高度不低于 0.8m 的不燃烧实体裙墙或防火玻璃裙墙。

⑪玻璃幕墙与各层楼板、隔墙外沿间的缝隙，当采用岩棉或矿棉封堵时，其厚度不应小于 100mm，并应填充密实；楼层间水平防烟带的岩棉或矿棉宜采用厚度不小于 1.5mm 的镀锌钢板承托；承托板与主体结构、幕墙结构及承托板之间的缝隙宜填充防火密封材料。当建筑要求防火分区间设置通透隔断时，可采用防火玻璃，其耐火极限应符合设计要求。

⑫同一幕墙玻璃单元，不宜跨越建筑物的两个防火分区。

⑬玻璃幕墙的防雷设计应符合国家现行标准《建筑物防雷设计规范》（GB 50057—2010）和《民用建筑电气设计规范》（JGJ 16—2014）的有关规定。幕墙的金属框架应与主体结构的防雷体系可靠连接，连接部位应清除非导电保护层。

4. 框支承玻璃幕墙的构造要求

框支承玻璃幕墙由玻璃、横梁和立柱三部分组成。框支承玻璃幕墙适用于多层和建筑高度不超过 100m 的高层建筑。

（1）玻璃

框支承玻璃幕墙单片玻璃的厚度不应小于 6mm，夹层玻璃的单片厚度不宜小于 5mm。

夹层玻璃和中空玻璃的单片玻璃厚度相差不宜大于3mm。

（2）横梁

横梁截面主要受力部位的厚度，应符合下列要求：

1）截面自由挑出部位和双侧加劲部位（图4-66a、b）的宽厚比 b_0/t 应符合表4-40的要求；

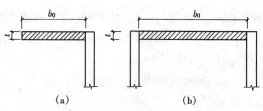

图 4-66　横梁的截面部位示意图

表 4-40　横梁截面宽厚比 b_0/t 限值

截面部位	铝 型 材				钢 型 材	
	6063-T5 6061-T4	6063A-T5	6063-T6 6063A-T6	6061-T6	Q235	Q345
自由挑出	17	15	13	12	15	12
双侧加劲	50	45	40	35	40	33

2）当横梁跨度不大于 1.2m 时，铝合金型材截面主要受力部位的厚度不应小于 2.0mm；当横梁跨度大于 1.2m 时，其截面主要受力部位的厚度不应小于 2.5mm。型材孔壁与螺钉之间直接采用螺纹受力连接时，其局部截面厚度不应小于螺钉的公称直径；

3）钢型材截面主要受力部位的厚度不应小于 2.5mm。

横梁可采用铝合金型材或钢型材，铝合金型材的表面处理可采用阳极氧化、电泳喷涂、粉末喷涂、氟碳喷涂。钢型材宜采用高耐候钢，碳素钢型材应热浸锌或采取其他有效防腐措施，焊缝应涂防锈涂料；处于严重腐蚀条件下的钢型材，应预留腐蚀厚度。

（3）立柱

1）立柱截面主要受力部位的厚度，应符合下列要求：

①铝型材截面开口部位的厚度不应小于 3.0mm，闭口部位的厚度不应小于 2.5mm；型材孔壁与螺钉之间直接采用螺纹受力连接时，其局部厚度尚不应小于螺钉的公称直径；

②钢型材截面主要受力部位的厚度不应小于 3.0mm；

③对偏心受压立柱，其截面宽厚比应符合横梁的相应规定。

2）立柱可采用铝合金型材或钢型材。铝合金型材的表面处理与横梁相同；钢型材宜采用高耐候钢，碳素钢型材应采用热浸锌或采取其他有效防腐措施。处于腐蚀严重环境下的钢型材，应预留腐蚀厚度。

3）上、下立柱之间应留有不小于 15mm 的缝隙，闭口型材可采用长度不小于 250mm 的芯柱连接，芯柱与立柱应紧密配合。芯柱与上柱或下柱之间应采用机械连接的方法加以固定。开口型材上柱与下柱之间可采用等强型材机械连接。

4）多层或高层建筑中跨层通长布置立柱时，立柱与主体结构的连接支承点每层不宜少于一个；在混凝土实体墙面上，连接支承点宜加密。

每层设两个支承点时，上支承点宜采用圆孔，下支承点宜采用长圆孔。

5）在楼层内单独布置立柱时，其上、下端均宜与主体结构铰接，宜采用上端悬挂方式；当柱支承点可能产生较大位移时，应采用与位移相适应的支承装置。

6）横梁可通过角码、螺钉或螺栓与立柱连接。角码应能承受横梁的剪力，其厚度不应小于 3mm；角码与立柱之间的连接螺钉或螺栓应满足抗剪和抗扭承载力要求。

7）立柱与主体结构之间每个受力连接部位的连接螺栓不应少于 2 个，且连接螺栓直径不宜小于 10mm。

8）角码和立柱采用不同金属材料时，应采用绝缘垫片分隔或采取其他有效措施防止双金属腐蚀。

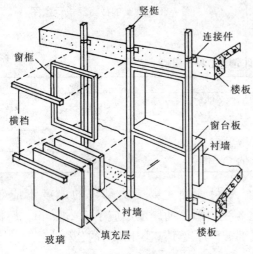

图 4-67　元件式玻璃幕墙示意图

5. 元件式玻璃幕墙构造

元件式玻璃幕墙是在施工现场将金属边框、玻璃、填充层和内衬墙，以一定顺序进行安装组合而成。玻璃幕墙通过边框把自重和风荷载传递到主体结构，有两种方式：通过垂直方向的竖梃或通过水平方向的横档。采用后一种方式时，需将横档支搁在主体结构立柱上，由于横档跨度不宜过大，要求框架结构立柱间距也不能太大，所以实际工程中并不多见，而多采用前一种方式，如图 4-67 所示。

元件式玻璃幕墙施工速度较慢，但其安装精度要求不很高。目前，这种幕墙在国内应用较广。现就金属边框、玻璃、填充层等分别加以介绍。

1）金属框的断面与连接方式

①金属框常用断面形式：金属边框可用铝合金、铜合金、不锈钢等型材做成。铝合金型材易加工、外表美观、耐久、质轻，是玻璃幕墙最理想的边框材料。铝型材有实腹和空腹两种。空腹型材节约材料、刚度大，对抗风有利。竖梃和横档的断面形状根据受力、框料连接方式、玻璃安装固定、幕墙凝结水的排除等因素确定。各个生产厂家的产品系列各不相同，图 4-68 是国内一些玻璃幕墙所采用的边框型材断面举例。

②竖梃与楼板的连接：竖梃通过连接件固定在楼板上，连接件的设计与安装，要考虑竖梃能在上下左右前后三个方向均可调节移动，所以连接件上的所有螺栓孔都设计成椭圆形的长孔。图 4-69 是几种不同的连接件示例。连接件可以置于楼板的上表面、侧面和下表面，一般情况是置于楼板上表面，便于操作，故采用得较多。竖梃与楼板之间应留有一定的间隙，以方便施工安装时的调差工作。一般情况下，间隙为 100mm左右，见图 4-69（c）。

③竖梃与横档的连接：竖梃与横档通过角形铝铸件或专用铝型材连接。铝角与竖梃、铝角与横档均用螺栓固定，见图 4-70（a）、（b）。

④竖梃与竖梃的连接：铝合金型材一般的供货长度是 6000mm，但通常玻璃幕墙的竖梃依一个层间高度来划分，即竖梃的高度等于层高。因此，相邻层间的竖梃需要通过套筒来连接，竖梃与竖梃之间应留有 15～20mm 的空隙，以解决金属的热胀问题。考虑到防水，还需用密封胶嵌缝。见图 4-70（c）。

2）玻璃的选择

玻璃的种类、性能与选择：玻璃的合理选择是玻璃幕墙设计的重要内容。当前，玻璃工

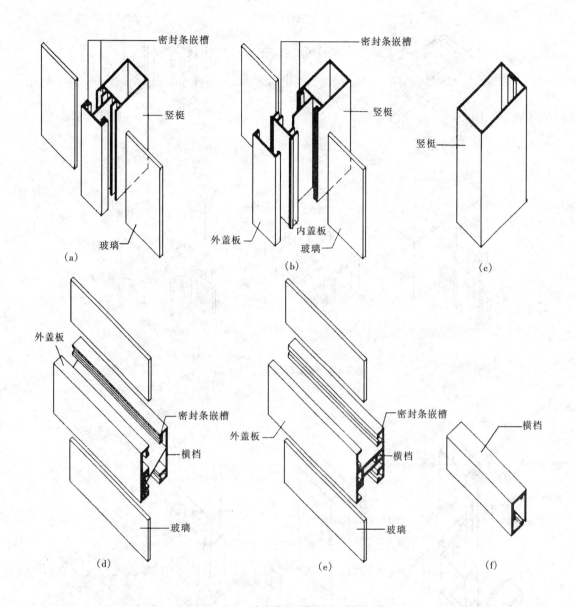

图 4-68　玻璃幕墙铝框型材断面图

(a) 竖梃之一（用于明框）；(b) 竖梃之二（用于明框）；(c) 竖梃之三（用于隐框）；
(d) 横档之一（用于明框）；(e) 横档之二（用于明框）；(f) 横档之三（用于隐框）

业发展十分迅速，可以提供很多种类的玻璃，其性能各不相同。在选择玻璃时，应主要考虑玻璃的安全性能和热工性能。

从热工性能方面来看，可考虑选择吸热玻璃、镜面玻璃、中空玻璃等。

①吸热玻璃是在透明玻璃生产时，在原料中加入极微量的金属氧化物，便成了带颜色的吸热玻璃，它的特点是能使可见光透过而限制带热量的红外线通过，由于其价格适中，热工性能较好，有一定的应用范围。

②镜面玻璃是在透明玻璃、钢化玻璃、吸热玻璃一侧镀上反射膜，通过反射太阳光的热

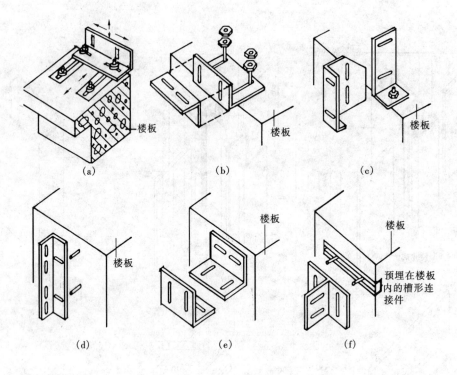

（a）　　　　　　　　　　（b）　　　　　　　　　　（c）

（d）　　　　　　　　　　（e）　　　　　　　　　　（f）

图 4-69　玻璃幕墙连接件示例

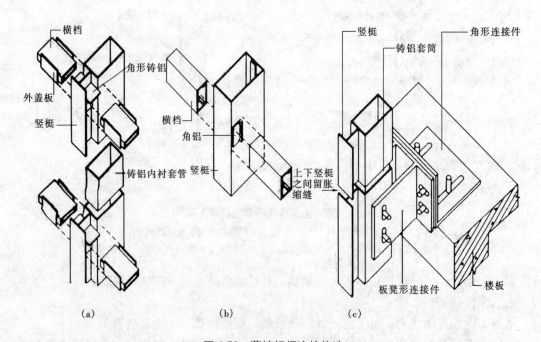

（a）　　　　　　　　　　（b）　　　　　　　　　　（c）

图 4-70　幕墙铝框连接构造

（a）竖梃与横档的连接（用于明框）；（b）竖梃与横档的连接（用于隐框）；（c）竖梃与楼板的连接

辐射而达到隔热目的。镜面玻璃能够映照附近景物，随景色变化而产生不同的立面效果。近年来，应用最为广泛。

③中空玻璃系将两片以上的平板透明玻璃、钢化玻璃、吸热玻璃等与边框焊接、胶接或熔接密封而成。玻璃之间有一定距离，常为9mm，形成干燥空气间层，或者充以惰性气体，以取得隔热和保温效果。热工性能、隔声效果较吸热玻璃、镜面玻璃更佳。图4-71为一种常见中空玻璃单元的构造示意。

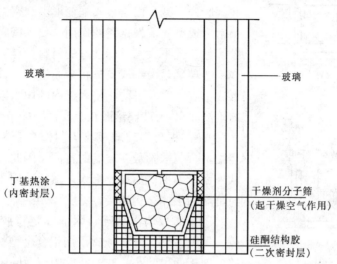

图 4-71　中空玻璃单元示例

从安全性能方面来看，可考虑选择钢化玻璃、夹层玻璃、夹丝玻璃等安全玻璃。

①钢化玻璃是把浮法玻璃在650℃加热，并同时在玻璃表面统一吹入空气，而使玻璃迅速冷却制作的。钢化玻璃的强度是普通玻璃的1.53～3倍，当被打破时，它变成许多细小、无锐角的碎片，从而避免伤人。

②夹层玻璃是一种性能优良的安全玻璃，它是由两片或多片玻璃用透明的聚乙烯醇酯丁醛（PVB）胶片牢固粘结而成。夹层玻璃具有良好的抗冲击性能和破碎时的安全性能。因为当夹层玻璃受到冲击破碎时，碎片粘在中间PVB膜上，不会有玻璃碎片伤人。

③夹丝玻璃是将金属丝网嵌入玻璃内部压延成型的玻璃。这种玻璃受到机械冲击后，即使破裂，碎片挂在金属网上，也不掉落。它是一种生产工艺简单，价格低廉的安全玻璃。由于它对视线及透光性有一定的阻碍作用，因此不如钢化玻璃和夹层玻璃应用广泛。

3）明框幕墙的玻璃安装

在明框玻璃幕墙中，玻璃是镶嵌在竖梃、横档等金属框上，并用金属压条卡住。玻璃与金属框接缝处的防水构造处理是保证幕墙防风雨性能的关键部位。接缝构造目前国内外采用的方式有三层构造层，即密封层、密封衬垫层、空腔，如图4-72所示。

①密封层是接缝防水的重要屏障，它应具有很好的防渗性、防老化性、无腐蚀性，并具有保持弹性的能力，以适应结构变形和温度伸缩引起的移动。密封层有现注式和成型式两种，现注式接缝严密，密封性好，采用较广，上海联谊大厦、深圳国贸大厦均采用现注式。成型式密封层是将密封材料在工

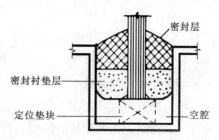

图 4-72　明框玻璃安装

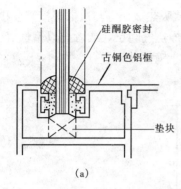

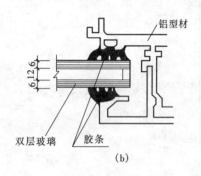

图 4-73 明框玻璃
与铝框的连接实例
(a) 重庆百货大楼节点图；
(b) 国外某建筑节点图

现注式耐候密封胶灌注。

厂挤压成一定形状后嵌入缝中，施工简便，如长城饭店采用氯丁橡胶成型条作密封层。目前，密封材料主要有硅酮橡胶密封料和聚硫橡胶密封料。

②密封衬垫，它具有隔离层作用，使密封层与金属框底部脱开，减少由于金属框变形引起密封层变形。密封衬垫常为成型式。根据它的作用，要求密封衬垫应以合成橡胶等粘合性不大而延伸性好的材料为佳。

③玻璃是由垫块支撑在金属框内，玻璃与金属框之间形成空腔。空腔可防止挤入缝内的雨水因毛细现象进入室内。图 4-73 为玻璃镶嵌在金属框中的节点图。

4）隐框幕墙玻璃板块的制作与安装：在隐框玻璃幕墙中，金属框隐蔽在玻璃的背面。因此，它需要制作一个从外面看不见框的玻璃板块，然后采用压块、挂钩等方式与幕墙的主体结构连接，见图 4-74。

①玻璃板块由玻璃、附框和定位胶条、粘结材料组成，见图 4-75。附框通常采用铝合金型材制作，其尺寸应比玻璃板面尺寸小一些，然后用双面贴胶带将玻璃与附框定位，再现注结构胶。待结构胶固化并达到强度后，方可进行现场的安装工作。在玻璃的安装过程中，板块与板块之间形成的横缝与竖缝都要进行防水处理，在缝中填塞泡沫垫杆，垫杆尺寸应比缝宽稍大，才能嵌固稳当。然后用

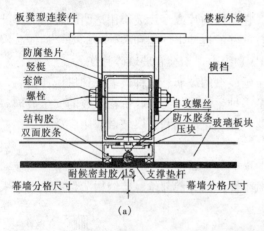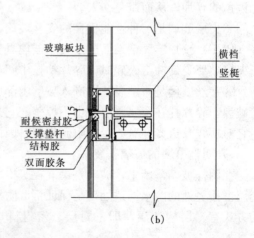

图 4-74 隐框幕墙玻璃板块安装图
(a) 压块连接；(b) 挂钩连接

②在玻璃板块的制作安装中，结构胶和耐候密封胶的选择十分重要，它对于隐框幕墙的安全性能、防风雨性能及耐久性都有着直接的影响。

③耐候密封胶主要采用硅酮密封胶，它在固化后对阳光、雨水、臭氧及高低温等气候条件都能适应。在选用硅酮密封胶时，应采用中性胶，酸碱性胶不能采用，否则将给铝合金和

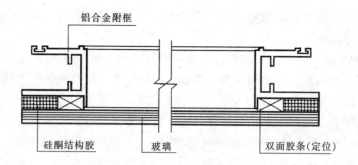

图 4-75 隐框幕墙玻璃板块

结构胶带来不良影响。在使用前，都要同结构胶进行相容性实验，合格后才能使用。

④结构胶常采用硅酮结构胶，结构胶不仅起着粘合密封的作用，同时还起着结构受力的作用。因此它的质量优劣直接影响幕墙的安全性能。结构胶如同混凝土一样，有一个初步固化时间，大约 7d；也就是说，打胶 7d 后结构胶才具有强度，玻璃板块才能进行安装，结构胶最终达到完全固化需要 14～21d。

⑤当前，国内一些厂家生产的耐候硅酮密封胶，其质量性能是比较稳定的。

6. 玻璃幕墙的立面划分

1）玻璃幕墙的立面划分系指竖梃和横档组成的框格形状和大小的确定，立面划分与幕墙使用的材料规格、风荷载大小、室内装修要求、建筑立面造型等因素密切相关。图 4-76 是元件式玻璃幕墙立面划分的几种分格方式。

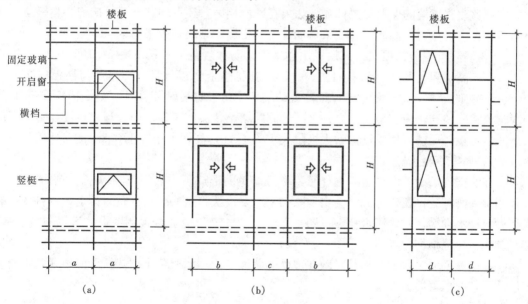

图 4-76 元件式幕墙立面划分

(a) 上悬横向窗；(b) 推拉窗；(c) 上悬竖向窗

2）幕墙框格的大小必须考虑玻璃的规格，太大的框格容易造成玻璃破碎。竖梃是元件式玻璃幕墙的主要受力杆件，竖梃间距应根据其断面大小和风荷载确定。

3）风荷载是玻璃幕墙的主要荷载，一般不仅做正风力计算，对高层建筑还应该作负风向力（吸力）计算。后者易被忽略，但却是最危险的，刮台风时，许多玻璃是被吹离建筑物，而不是吹进建筑物。

4）风荷载的选取视地区、气候和建筑物的高度而定。我国一般地区 100m 以下的高层建筑承受 1.97kPa 的风压，沿海地区为 2.60kPa，而台湾、海南地区则可达 4.90kPa。通常竖梃间距不宜超过 1.5m。

5）横档的间距除了考虑玻璃的规格外，更重要的是如何与开启窗位置、室内吊顶棚位置相协调。一般情况下，窗台处和吊顶棚标高处均宜设一根横档，这样可使窗台与幕墙、吊顶棚与幕墙的连接更方便。在一个楼层高度（H）范围内平均出现两根横档，它们之间的间距视室内开窗面积大小、窗台高低、顶棚位置、立面造型等因素而定。横档间距一般不宜超过 2m。

7. 玻璃幕墙的内衬墙构造

1）幕墙内衬墙

①由于建筑造型需要，玻璃幕墙建筑常常设计成面积很大的整片玻璃墙面，这给建筑功能带来一系列问题，大多数情况下，室内不希望这么大的玻璃用来采光通风，加之玻璃的热工性能差，大片玻璃墙面难以达到保暖隔热要求，幕墙与楼板和柱子之间均有缝隙，这对防火、隔声均不利，这些缝隙成为左右相邻房间、上下楼层之间噪声传播的通路和火灾蔓延的突破口。因此，在玻璃幕墙背面一般要另设一道内衬墙，以改善玻璃幕墙的热工性能和隔声性能。内衬墙也是内墙面装修不可缺少的组成部分。

②内衬墙可按隔墙构造方式设置，通常用轻质块材做成砌块墙，或在金属骨架外装钉饰面板材做成轻骨架板材墙。内衬墙一般支搁在楼板上，并与玻璃幕墙之间形成一道空气间层，它能够改善幕墙的保温隔热性能。如果在寒冷地区，还可用玻璃棉、矿棉一类轻质保暖材料填充在内衬墙与幕墙之间。如果再加铺一层铝箔，则隔热效果更佳。

2）幕墙防火构造：根据《高层民用建筑设计防火规范》（GB 50045—1995）2005 年版中的规定，高层建筑的水平和竖向防火分区应在构造上予以保证。而幕墙与楼板边缘常有 100mm 左右的缝隙，这样就不能保证防火的实现。为了防火就必须用耐火极限不低于 1h 的绝缘材料将幕墙与楼板、幕墙与立柱之间的间隙堵严，见图 4-77（a）。当建筑设计不考虑设衬墙时，可在每层楼板外沿设置耐火极限大于等于 1h，高度大于等于 0.8m 的实体墙裙。

3）幕墙排冷凝水构造

①在明框幕墙中，由于金属框外露，不可避免的形成了"热桥"。在玻璃、铝框、内衬墙和楼板外侧等处，在寒冷天气会出现凝结水。要设法将这些凝结水及时排走，可将幕墙的横档做成排水沟槽，并设滴水孔，见图 4-77（b）。此外还应在楼板侧壁设一道铝制披水板，把凝结水引导至横档中排走，见图 4-77（a）。

②在隐框幕墙中，金属框是隐蔽在玻璃的背面的，因而避免了"热桥"的出现，它的热工性能优于明框幕墙。

8. 单元式玻璃幕墙构造

这是一种工厂预制组合系统，铝型材加工，墙框组合，镶装玻璃，嵌条密封等工序都在工厂进行，使玻璃幕墙的产品标准化、生产自动化，最重要的是容易严格控制质量。预制组合好的幕墙板，运到现场直接与建筑结构连接而成，为便于安装，板的规格应与结构相一致。当幕墙板悬挂在楼板或梁上时，板的高度为层高，若与柱连接，板的宽度为一个柱距。图4-78为单元式玻璃幕墙。

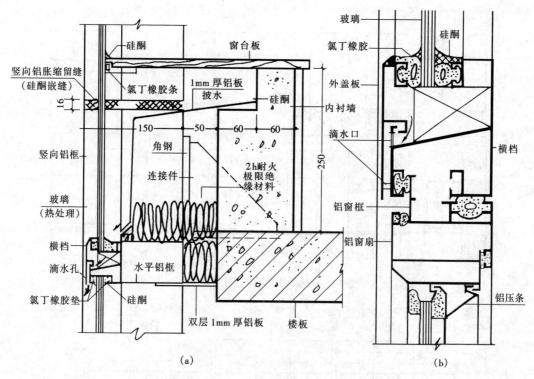

图 4-77 玻璃幕墙细部构造

(a) 幕墙内衬墙和防火、排水构造；(b) 幕墙排水孔

1) 幕墙定型单元：单元式玻璃幕墙在工厂将玻璃、铝框、保温隔热材料组装成一块块的幕墙定型单元，每一单元一般为 1 个层高，甚至 2～3 个层高，其宽度视运输安装条件而定，一般为 3～4m。图 4-79 为幕墙定型单元示例，由于高层建筑大多用空调来调节室内气候，故定型单元的大多数玻璃是固定的，只有少数玻璃扇开启。开启方式多用上悬窗或推拉窗，开启扇的大小和位置根据室内布置要求确定。

2) 幕墙立面划分：幕墙定型单元在建筑立面上的布置方式称为立面划分。元件式幕墙的立面常以竖梃拉通为特征，而单元式幕墙的安装元件是整块玻璃组成的墙板，因而其立面划分比较灵活。除横缝、竖缝拉通布置外，也可采用竖缝错

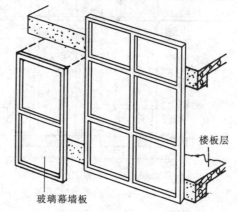

图 4-78 单元式玻璃幕墙

开，横缝拉通的划分方式。单元式幕墙进行立面划分时，上下墙板的接缝（横缝）略高于楼面标高（200～300mm），以便安装时进行墙板固定和板缝密封操作，左右两块幕墙板之间的垂直缝宜与框架柱错开，所以幕墙板的竖缝和横缝应分别与结构骨架的柱中心线和楼板梁错开，如图 4-80 所示。

3) 幕墙板的安装与固定：幕墙板与主体结构的梁或板的连接通常有两种方式。

①扁担支撑式：如图 4-81 所示，先在幕墙板背面装上一根镀锌方钢管（俗称铁扁担，如

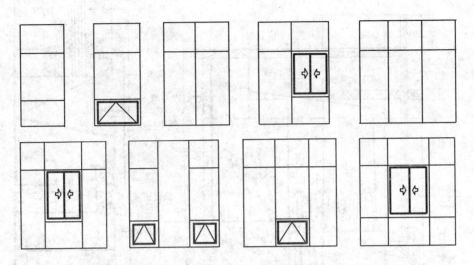

图 4-79 单元式玻璃幕墙定型单元

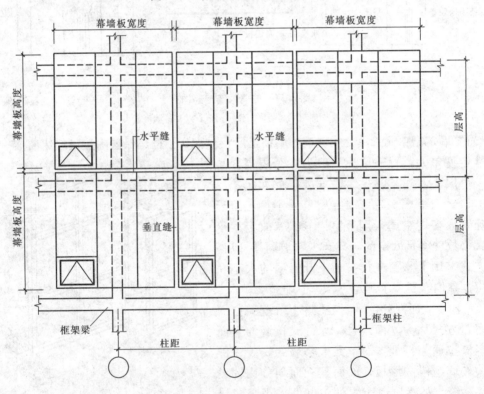

图 4-80 单元式玻璃幕墙立面划分

图 4-81 中立面图虚线所示），幕墙板通过这根铁扁担支搁在角形钢牛腿上，为了防止振动，幕墙板与牛腿接触处均垫上防振橡胶垫。当幕墙板就位找正后，随即用螺栓将铁扁担固定在牛腿上，而牛腿是通过预埋槽铁与框架梁相连的。

②挂钩式：如图4-82所示，相邻幕墙单元的竖框通过钢挂钩固定在预埋铁角上。

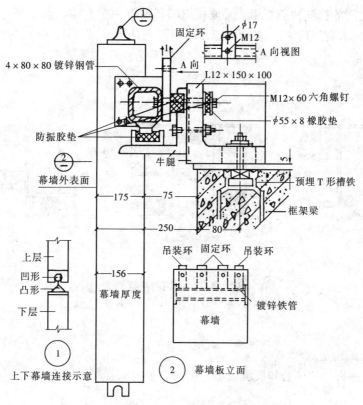

图 4-81 扁担支撑式连接构造

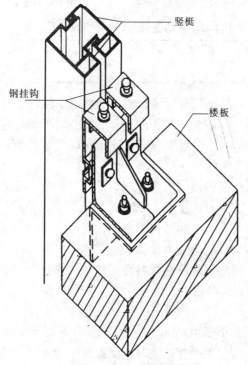

图 4-82 挂钩式连接构造

4）幕墙板之间的接缝构造：由于幕墙板之间都留有一定空隙，因此该处的接缝防水构造就十分重要，通常有三种方法进行处理。内锁契合法，见图 4-83（a）。衬垫法，见图 4-83（b）。密封胶嵌缝法，见图 4-83（c）。在以上三种方法中，都运用了等压腔原理，因此防水效果是有保障的。

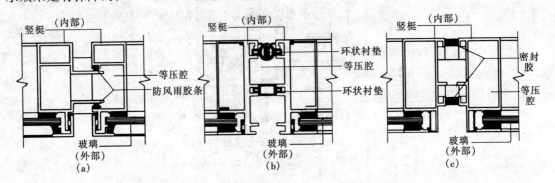

图 4-83　幕墙板之间的接缝构造
(a) 内锁契合法；(b) 衬垫法；(c) 密封胶嵌缝法

5. 全玻璃墙的构造问题

全玻璃墙由面板、玻璃肋和胶缝三部分组成，多用于首层大厅或大堂。与主体结构的连接有下部支承式和上部悬挂式。

（1）一般规定

1）玻璃高度大于表 4-41 限值的全玻幕墙应悬挂在主体结构上。

表 4-41　下端支承式全玻幕墙的最大高度

玻璃厚度（mm）	10, 12	15	19
最大高度（m）	4	5	6

2）全玻幕墙的周边收口槽壁与玻璃面板或玻璃肋的空隙均不宜小于 8mm，吊挂玻璃下端与下槽底的空隙尚应满足玻璃伸长变形的要求；玻璃与下槽底应采用弹性垫块支承或填塞，垫块长度不宜小于 100mm，厚度不宜小于 10mm；槽壁与玻璃间应采用硅酮建筑密封胶密封。

3）吊挂全玻幕墙的主体结构或结构构件应有足够的刚度，采用钢桁架或钢梁作为受力构件时，其挠度限值 $d_{f,1min}$ 宜取其跨度的 1/250。

4）吊挂式全玻幕墙的吊夹与主体结构间应设置刚性水平传力结构。

5）玻璃自重不宜由结构胶缝单独承受。

6）全玻幕墙的板面不得与其他刚性材料直接接触。板面与装修面或结构面之间的空隙不应小于 8mm，且应采用密封胶密封。

（2）面板

1）面板玻璃的厚度不宜小于 10mm；夹层玻璃单片厚度不应小于 8mm。

2）面板玻璃通过胶缝与玻璃肋相连接时，面板可作为支承于玻璃肋的单向简支板设计。

3）通过胶缝与玻璃肋连接的面板，在风荷载标准值作用下，其挠度限值宜取其跨度的

1/60；点支承面板的挠度限值宜取其支承点间较大边长的 1/60。

（3）玻璃肋

1）全玻幕墙玻璃肋的截面厚度不应小于 12mm，截面高度不应小于 100mm。

2）在风荷载标准值作用下，玻璃肋的挠度限值宜取其计算跨度的 1/200。

3）采用金属件连接的玻璃肋，其连接金属件的厚度不应小于 6mm。连接螺栓宜采用不锈钢螺栓，其直径不应小于 8mm。

连接接头应能承受截面的弯矩设计值和剪力设计值。接头应进行螺栓受剪和玻璃孔壁承压计算，玻璃验算应取侧面强度设计值。

4）夹层玻璃肋的等效截面厚度可取两片玻璃厚度之和。

5）高度大于 8m 的玻璃肋宜考虑平面外的稳定验算；高度大于 12m 的玻璃肋，应进行平面外稳定验算，必要时应采取防止侧向失稳的构造措施。

（4）胶缝

1）采用胶缝传力的全玻幕墙，其胶缝必须采用硅酮结构密封胶。

2）当胶缝宽度不满足结构的要求时，可采取附加玻璃板条或不锈钢条等措施，加大胶缝宽度。

（5）全玻璃墙的构造做法

1）这种玻璃幕墙在视线范围不出现铝合金框料，为观赏者提供了宽广的视域，并加强了室内外空间的交融。为广大建筑师所喜爱，在国内外都得到了广泛的应用。

2）为增强玻璃刚度，每隔一定距离用条形玻璃板作为加强肋板，玻璃板加强肋垂直于玻璃幕墙表面设置。因其设置的位置如板的肋一样，又称为肋玻璃，玻璃幕墙称为面玻璃，面玻璃和肋玻璃有多种交接方式，如图 4-84 所示。同时，面玻璃与肋玻璃相交部位宜留出一定的间隙。间隙用硅酮系列密封胶注满。间隙尺寸可根据玻璃的厚度而略有不同，具体详细的尺寸见图 4-85。

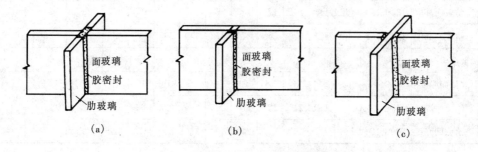

图 4-84　面玻璃与肋玻璃相交部位处理

(a) 肋玻璃在两侧；(b) 肋玻璃在单侧；(c) 肋玻璃穿过面玻璃

3）此种类型的玻璃幕墙所使用的玻璃多为钢化玻璃和夹层钢化玻璃，以增大玻璃的刚度和加强其安全性能。为了使其通透性更好，通常分格尺寸较大，否则就失去了这种玻璃幕墙的特点。如何确定玻璃的厚度、单块面积的大小、肋玻璃的宽度及厚度，这些均应经过计算，在强度及刚度方面，应满足最大风压情况下的使用要求，表 4-42 是玻璃肋截面高度选择表。现摘抄如下，以供参考。

密封节点尺寸(mm) ＼ 肋玻璃厚(mm)	a	b	c
12	4	4	6
15	5	5	6
19	6	7	6

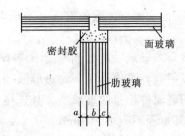

图 4-85　面玻璃与肋玻璃交接细部构造处理

表 4-42　玻璃肋截面高度的选用 （mm）

玻璃板宽度(m)	玻璃板高度	2m	2.5m	3m	4m	5m	6m	7m	8m
	风荷载标准值(kPa)	1.0	1.0	1.0	1.0	1.1	1.2	1.3	1.4
1	玻璃板厚度	8	8	8	8	10	12	15	15
	肋截面厚度	12 15	12 15	12 15	12 15 19	15 19	15 19	15 19	15 19
	双肋截面高度	100 90	125 115	150 135	200 180 160	240 210	300 265	360 320	430 380
	单肋截面高度	145 130	180 160	215 180	285 255 225	335 300	425 375	510 455	605 540
2	玻璃板厚度	8	8	8	10	12	15	19	19
	肋截面厚度	12 15	12 15	12 15	12 15 19	15 19	15 19	15 19	15 19
	双肋截面高度	120 105	145 130	175 155	235 210 185	275 245	345 310	420 370	495 440
	单肋截面高度	165 150	205 180	245 220	360 295 260	390 345	490 345	590 525	700 600
2.5	玻璃板厚度	8	10	10	12	15	19		
	肋截面厚度	12 15	12 15	12 15 19	12 15 19	15 19	15	19	15 19
	双肋截面高度	130 120	165 145	195 175 155	260 235 210	305 275	385	345	465 415
	单肋截面高度	185 165	230 205	275 245 220	370 330 295	435 385	545	485	660 585
3	玻璃板厚度	8	10	12	12	15	19		
	肋截面厚度	12 15	12 15	12 15 19	12 15 19	15 19	15 19	19	
	双肋截面高度	145 130	180 160	215 190 170	285 255 225	335 300	425	370	
	单肋截面高度	200 180	260 225	300 270 240	400 360 320	475 420	595	530	

4）玻璃固定方式

①上部悬挂式：用悬吊的吊夹，将肋玻璃及面玻璃悬挂固定。它由吊夹及上部支承钢结构受力，可以消除玻璃因自重而引起的挠度，从而保证其安全性。当全玻璃墙的高度大于4m时，必须采用悬挂方法固定，如图4-86（a）所示。

②下部支承式：用特殊型材，将面玻璃及肋玻璃的上、下两端固定。它的重量支承在其下部，由于玻璃会因自重而发生挠曲变形，所以它不能用作高于4m的全玻璃墙。室内的玻璃隔断也可采用这种方式，如图4-86（b）所示。

图4-87为吊夹固定的构造节点，图4-88是吊夹悬吊示意图。

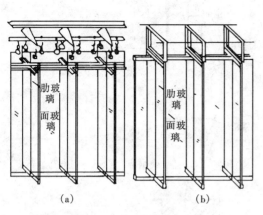

图 4-86 玻璃固定形式

（a）上部悬挂式；（b）下部支承式

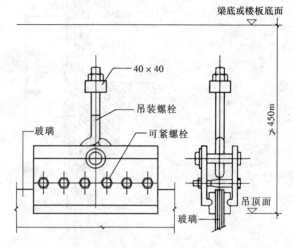

图 4-87 吊夹固定构造节点

6. 点支承玻璃幕墙的构造

点支承玻璃幕墙是由玻璃面板、支承装置和支承结构组成的幕墙。除用于墙体外，还可以用于雨罩、小型屋面等处。这种幕墙开窗较为困难。图 4-89 为点支承玻璃幕墙的构造详图。

（1）玻璃面板

1）四边形玻璃面板可采用四点支承，有依据时也可采用六点支承；三角形玻璃面板可采用三点支承。玻璃面板支承孔边与板边的距离不宜小于 70mm。

2）采用浮头式连接件的幕墙玻璃厚度不应小于 6mm；采用沉头式连接件的幕墙玻璃厚度不应小于 8mm。

安装连接件的夹层玻璃和中空玻璃，其单片厚度也应符合上述要求。

3）玻璃之间的空隙宽度不应小于 10mm，且应采用硅酮建筑密封胶嵌缝。

4）点支承玻璃支承孔周边应进行可靠的密封。当点支承玻璃为中空玻璃时，其支承孔周边应采取多道密封措施。

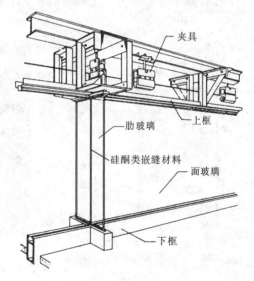

图 4-88 吊夹悬吊示意图

（2）支承装置

1）支承装置由转接件、爪件、连接件组成，并应符合现行行业标准《点支式玻璃幕墙支承装置》（JG 138—2001）的规定。

2）支承头应能适应玻璃面板在支承点处的转动变形，应用不锈钢制作。

3）支承头的钢材与玻璃之间宜设置弹性材料的衬垫或衬套，衬垫和衬套的厚度不宜小于 1mm。

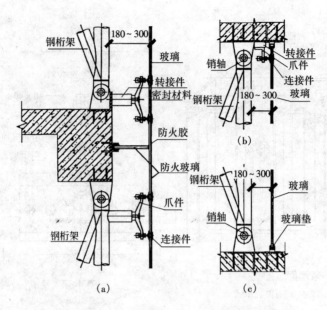

图 4-89 点支承式玻璃幕墙构造节点详图

(a) 层间垂直节点；(b) 上封口节点；(c) 下封口节点

4）除承受玻璃面板所传递的荷载或作用外，支承装置不应兼做其他用途。

图 4-90、图 4-91 为点支承结构的支承装置和连接件。

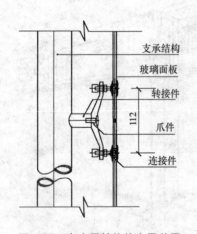

图 4-90 点支承结构的支承装置

图 4-91 点支承结构的连接件

（3）支承结构

点支承玻璃幕墙的支承结构有三种体系：即单根型钢或钢管立柱体系、桁架或空腹桁架体系、张拉式悬索体系（拉索式、杆件式、自平衡索桁架式）体系。

三种支承结构体系的示意图详见图 4-92。三种体系的工程实例详图 4-93。

三种支承结构体系的特点及适用范围详见表 4-43。

三种支承结构体系的设计选用要点。

1）单根型钢或钢管

①端部与主体结构的连接构造应能适应主体结构的位移；

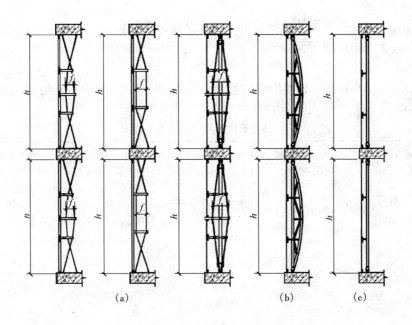

图 4-92　三种支承结构示意图

（a）张拉式悬索体系；（b）桁架式；（c）立柱式

图 4-93　三种体系的工程实例

②竖向构件宜按偏心受压构件或偏心受拉构件设计；水平构件宜按双向受弯构件设计，有扭矩作用时，应考虑扭矩的不利影响；

③受压杆件的长细比不应大于150；

④在风荷载标准值作用下，挠度限值宜取其跨度的1/250；计算时，悬臂结构的跨度可取其悬挑长度的2倍。

表 4-43　三种支承体系的特点及适用范围

分类 项目	拉索点支承玻璃幕墙	拉杆点支承玻璃幕墙	自平衡索桁架点支承玻璃幕墙	桁架或空腹桁架点支承玻璃幕墙	单根型钢或钢管立柱点支承玻璃幕墙
特点	轻盈、纤细、强度高，能实现较大跨度	轻巧、光亮，有极好的视觉效果	杆件受力合理，外形新颖，有较好的观赏性	有较大的刚度和强度，适合高大空间，综合性能好	对主体结构要求不高，整体效果简洁明快
适用范围	拉索间距 $b=1200\sim3500$ 层高 $h=3000\sim12000$ 拉索矢高 $f=h/(10\sim15)$	拉杆间距 $b=1200\sim3000$ 层高 $h=3000\sim9000$ 拉杆矢高 $f=h/(10\sim15)$	自平衡索间距 $b=1200\sim3500$ 层高 $h\leqslant15000$ 自平衡索桁架矢高 $f=h/(5\sim9)$	桁架间距 $b=3000\sim15000$ 层高 $h=6000\sim40000$ 桁架矢高 $f=h/(10\sim20)$	立柱间距 $b=1200\sim3500$ 层高 $h\leqslant8000$

2）桁架或空腹桁架

①可采用型钢或钢管作为杆件。采用钢管时宜在节点处直接焊接，主要不宜开孔，支管不应穿入主管内；

②钢管外直径不宜大于壁厚的50倍，支管外直径不宜小于主管外直径的0.3倍。钢管壁厚不宜小于4mm，主管壁厚不应小于支管壁厚；

③桁架杆件不宜偏心连接。弦杆与腹杠、腹杆与腹杆之间的夹角不宜小于30°；

④焊接钢管桁架宜按刚接体系计算，焊接钢管空腹桁架应按刚接体系计算；

⑤轴心受压或偏心受压的桁架杆件，长细比不应大于150；轴心受拉或偏心受拉的桁架杆件，长细比不应大于350；

⑥当桁架或空腹桁架平面外的不动支承点相距较远时，应设置正交方向上的稳定支撑结构；

⑦在风荷载标准值作用下，其挠度限值宜取其跨度的1/250。计算时，悬臂桁架的跨度可取其悬挑长度的2倍。

3）张拉杆索体系

①应在正、反两个方向上形成承受风荷载或地震作用的稳定结构体系。在主要受力方向的正交方向，必要时应设置稳定性拉杆、拉索或桁架；

②连接件、受压杆和拉杆宜采用不锈钢材料，拉杆直径不宜小于10mm；自平衡体系的受压杆件可采用碳素结构钢。拉索宜采用不锈钢绞线、高强钢绞线，可采用铝包钢绞线。钢绞线的钢丝直径不宜小于1.2mm，钢绞线直径不宜小于8mm。采用高强钢绞线时，其表面应作防腐涂层；

③结构力学分析时宜考虑几何非线性的影响；

④与主体结构的连接部位应能适应主体结构的位移，主体结构应能承受拉杆体系或拉索体系的预拉力和荷载作用；

⑤自平衡体系、杆索体系的受压杆件的长细比不应大于150；

⑥拉杆不宜采用焊接；拉索可采用冷挤压锚具连接，拉索不应采用焊接；

⑦在风荷载标准值作用下，其挠度限值宜取其支承点距离的1/200。

⑧张拉杆索体系的预拉力最小值，应使拉杆或拉索在荷载设计值作用下保持一定的预拉力储备。

六、金属幕墙与石材幕墙

《金属与石材幕墙工程技术规范》（JGJ 133—2001）中提出了金属与石材幕墙的相关技术问题，现分别介绍于下。

1. 材料

（1）石材

1）幕墙石材宜选用火成岩（花岗石），石材吸水率应小于0.8%。

2）花岗石板材的弯曲强度应经法定检测机构检测确定，其弯曲强度不应小于8.0MPa。

3）石板的表面处理方法应根据环境和用途决定。

4）为满足等强度计算的要求，火烧石板的厚度应比抛光石板厚3mm。

5）石材表面应采用机械进行加工，加工后的表面应用高压水冲洗或用水和刷子清理，严禁用溶剂型的化学清洁剂清洗石材。

（2）金属材料

1）幕墙采用的不锈钢宜采用奥式体不锈钢材。

2）钢结构幕墙高度超过40m时，钢构件宜采用高耐候结构钢，并应在其表面涂刷防腐涂料。

3）钢构件采用冷弯薄壁型钢时，其壁厚不得小于3.5mm。

4）铝合金幕墙应根据幕墙面积、使用年限及性能要求，分别选用铝合金单板（简称单层铝板）、铝塑复合板、铝合金蜂窝板（简称蜂窝铝板）；铝合金板材应达到国家相关标准及设计的要求。

5）根据防腐、装饰及建筑物的耐久年限的要求，对铝合金板材（单层铝板、铝塑复合板、蜂窝铝板）表面进行氟碳树脂处理时，应符合下列规定：

氟碳树脂含量不应低于75%。海边及严重酸雨地区，可采用三道或四道氟碳树脂涂层，其厚度应大于40μm；其他地区，可采用两道氟碳树脂涂层，其厚度应大于25μm。

氟碳树脂涂层应无起泡、裂纹、剥落等现象。此外，还可以采用低温陶瓷涂料，涂饰铝板表面。这种方法在韩国、日本和我国台湾均有应用。

6）单层铝板应符合下列现行国家标准的规定，幕墙用单层铝板，厚度不应小于2.5mm。

7）铝塑复合板应符合下列规定：

铝塑复合板的上、下两层铝合金板的厚度均应为0.5mm，其性能应符合现行国家标准《铝塑复合板》（GB/T 17748—2008）规定的外墙板的技术要求；铝合金板与夹心层的剥离强度标准值应大于7N/mm；

幕墙选用普通型聚乙烯铝塑复合板时，必须符合现行国家标准《建筑设计防火规范》

（GB 50016—2014）的有关规定。用于幕墙的铝塑复合板的厚度一般为不小于 4mm。

8）蜂窝铝板应符合下列规定：

应根据幕墙的使用功能和耐久年限的要求，分别选用厚度为 10mm、12mm、15mm、20mm 和 25mm 的蜂窝铝板。经常选用的是 20mm。

厚度为 10mm 的蜂窝铝板应由 1mm 厚的正面铝合金板、0.5～0.8mm 厚的背面铝合金板及铝蜂窝黏结而成。厚度在 10mm 以上的蜂窝铝板，其正、背面铝合金板厚度均应为 1mm。

（3）建筑密封材料

1）幕墙采用的橡胶制品宜采用三元乙丙橡胶、氯丁橡胶。密封胶条应为挤出成型，橡胶块应为压模成型。

2）幕墙采用的密封胶条应符合国家标准的规定。

3）幕墙应采用中性硅酮耐候密封胶，其性能应符合表 4-44 中的规定。

表 4-44　幕墙硅酮耐候密封胶的性能

项　　目	性　　能	
	金属幕墙用	石材幕墙用
表干时间	1～1.5h	
流淌性	无流淌	≤1.0mm
初期固化时间（≥25℃）	3d	4d
完全固化时间（相对湿度≥50%，温度 25±2℃）	7～14d	
邵氏硬度	20～30	15～25
极限拉伸强度	0.11～0.14MPa	≥1.79MPa
断裂延伸率	—	≥300%
撕裂强度	3.8N/mm	—
施工温度	5～48℃	
污染性	无污染	
固化后的变位承受能力	$25\% \leq \delta \leq 50\%$	$\delta \geq 50\%$
有效期	9～12 个月	

（4）硅酮结构密封胶

1）幕墙应采用中性硅酮结构密封胶；硅酮结构密封胶分单组分和双组分，其性能应符合现行国家标准《建筑用硅酮结构密封胶》（GB 16776—2005）的规定。

2）同一幕墙工程应采用同一品牌的单组分或双组分的硅酮结构密封胶，并应有保质年限的质量证书。用于石材幕墙的硅酮结构密封胶还应有证明无污染的试验报告。

3）同一幕墙工程应采用同一品牌的硅酮结构密封胶和硅酮耐候密封胶配套使用。

4）硅酮结构密封胶和硅酮耐候密封胶应在有效期内使用。

2. 构造

（1）一般规定

1）金属与石材幕墙的设计应根据建筑物的使用功能、建筑设计立面要求和技术经济能力，选择金属或石材幕墙的立面构成、结构型式和材料品质。

2）金属与石材幕墙的色调、构图和线型等立面构成，应与建筑物立面其他部位协调。

3）石材幕墙中的单块石材板面面积不宜大于 $1.5m^2$。

4）金属与石材幕墙设计应保障幕墙维护和清洗的方便与安全。

（2）幕墙性能

1）幕墙的性能应包括下列内容：

①风压变形性能；

②雨水渗漏性能；

③空气渗透性能；

④平面内变形性能；

⑤保温性能；

⑥隔声性能；

⑦耐撞击性能。

2）幕墙的性能等级应根据建筑物所在地的地理位置、气候条件、建筑物的高度、体形及周围环境进行确定。

3）幕墙构架的立柱与横梁在风荷载标准值作用下，钢型材的相对挠度不应大于 $l/300$（l 为立柱或横梁两支点间的跨度），绝对挠度不应大于 15mm；铝合金型材的相对挠度不应大于 $l/180$，绝对挠度不应大于 20mm。

4）幕墙在风荷载标准值除以阵风系数后的风荷载值作用下，不应发生雨水渗漏。其雨水渗漏性能应符合设计要求。

5）有热工性能要求时，幕墙的空气渗透性能应符合设计要求。

（3）幕墙构造的基本要求

1）幕墙的防雨水渗漏设计应符合下列规定：

幕墙构架的立柱与横梁的截面形式宜按等压原理设计。

单元幕墙或明框幕墙应有泄水孔。有霜冻的地区，应采用室内排水装置；无霜冻地区，排水装置可设在室外，但应有防风装置。石材幕墙的外表面不宜有排水管。

采用无硅酮耐候密封胶设计时，必须有可靠的防风雨措施。

2）幕墙中不同的金属材料接触处，除不锈钢外均应设置耐热的环氧树脂玻璃纤维布或尼龙 12 垫片。

3）幕墙的钢框架结构应设温度变形缝。

4）幕墙的保温材料可与金属板、石板结合在一起，但应与主体结构外表面有 50mm 以上的空气层。

5）上下用钢销支撑的石材幕墙，应在石板的两个侧面或在石板背面的中心区另采取安全措施，并应考虑维修方便。

6）上下通槽式或上下短槽式的石材幕墙，均宜有安全措施，并应考虑维修方便。

7）小单元幕墙的每一块金属板构件、石板构件都应是独立的，且应安装和拆卸方便，同时不应影响上下、左右的构件。

8）单元幕墙的连接处、吊挂处,其铝合金型材的厚度均应通过计算确定,并不得小于 5mm。

9）主体结构的防震缝、伸缩缝、沉降缝等部位的幕墙设计应保证外墙面的功能性和完整性。

（4）石材幕墙的构造

1）用于石材幕墙的石板，厚度不应小于25mm。

2）钢销式石材幕墙可在非抗震设计或6度、7度抗震设计幕墙中应用，幕墙高度不宜大于20m，石板面积不宜大于1.0m²。钢销和连接板应采用不锈钢。连接板截面尺寸不宜小于40mm×4mm。

3）加工石板应符合下列规定：

①石板连接部位应无崩坏、暗裂等缺陷；其他部位崩边不大于5mm×20mm，或缺角不大于20mm时可修补后使用，但每层修补的石板块数不应大于2‰，且宜用于立面不明显部位；

②石板的长度、宽度、厚度、直角、异型角、半圆弧形状、异型材及花纹图案造型、石板的外形尺寸均应符合设计要求；

③石板外表面的色泽应符合设计要求，花纹图案应按样板检查。石板四周围不得有明显的色差；

④火烧石应按样板检查火烧后的均匀程度，火烧石不得有暗裂、崩裂情况。

4）钢销式安装的石板加工应符合下列规定：

①钢销的孔位应根据石板的大小而定。孔位距离边端不得小于石板厚度的3倍，也不得大于180mm；钢销间距不宜大于600mm；边长不大于1.0m时，每边应设两个钢销，边长大于1.0m时，应采用复合连接；

②石板的钢销孔的深度宜为22～33mm，孔的直径宜为7mm或8mm，钢销直径宜为5mm或6mm，钢销长度宜为20～30mm；

③石板的钢销孔处不得有损坏或崩裂现象，孔径内应光滑、洁净。

5）通槽式安装的石板加工应符合下列规定：

①石板的上下两边或四边通槽宽度宜为6mm或7mm，不锈钢支撑板厚度不宜小于3.0mm，铝合金支撑板厚度不宜小于4.0mm；

②石板开槽后不得有损坏或崩裂现象，槽口应打磨成45°倒角；槽内应光滑、洁净。

6）短槽式安装的石板加工应符合下列规定：

①每块石板上下边应各开两个短平槽，短平槽长度不应小于100mm，在有效长度内，槽深度不宜小于15mm；开槽宽度宜为6mm或7mm；不锈钢支撑板厚度不宜小于3.0mm，铝合金支撑板厚度不宜小于4.0mm。弧形槽的有效长度不应小于80mm。

②两短槽边距离石板两端部的距离不应小于石板厚度的3倍且不应小于85mm，也不应大于180mm。

③石板开槽后不得有损坏或崩裂现象，槽口应打磨成45°倒角；槽内应光滑、洁净。

7）石板的转角宜采用不锈钢支撑件或铝合金型材专用件组装，并应符合下列规定：

①当采用不锈钢支撑件组装时，不锈钢支撑件的厚度不应小于3mm；

②当采用铝合金型材专用件组装时，铝合金型材壁厚不应小于4.5mm，连接部位的壁厚不应小于5mm。

8）单元石板幕墙的加工组装应符合下列规定：

①有防火要求的全石板幕墙单元，应将石板、防火板、防火材料按设计要求组装在铝合金框架上；

②有可视部分的混合幕墙单元，应将玻璃板、石板、防火板及防火材料按设计要求组装

在铝合金框架上；

③幕墙单元内石板之间可采用铝合金 T 形连接件连接；T 形连接件的厚度应根据石板的尺寸及重量经计算后确定，且其最小厚度不应小于 4.0mm；幕墙单元内，边部石板与金属框架的连接，可采用铝合金 L 形连接件，其厚度应根据石板尺寸及重量经计算后确定，且其最小厚度不应小于 4.0mm。

9）石板经切割或开槽等工序后均应将石屑用水冲干净，石板与不锈钢挂件间应采用环氧树脂型石材专用结构胶粘结。

10）已加工好的石板应立即存放于通风良好的仓库内，其角度不应小于 85°。

图 4-94 为钢销式石材幕墙的构造连接示意图。

图 4-95 为通槽式石材幕墙的构造节点详图。

图 4-96 为短槽式石材幕墙的构造节点详图。

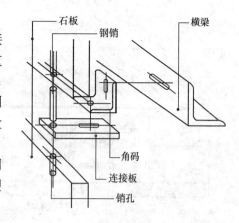

图 4-94　钢销式石材幕墙构造连接示意图

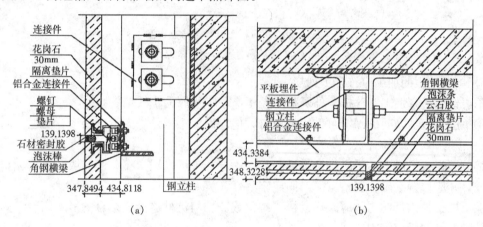

(a)　　　　　　　　　　　(b)

图 4-95　通槽式石材幕墙构造节点详图

(a) 垂直节点；(b) 水平节点

（5）金属幕墙的构造

1）金属板材的品种、规格及色泽应符合设计要求；铝合金板材表面氟碳树脂涂层厚度应符合设计要求。

2）金属板材加工允许偏差应符合表 4-45 的规定。

表 4-45　金属板材加工允许偏差（mm）

项　　目		允许偏差	项　　目		允许偏差
边　长	≤2000	±2.0	对角线长度	≤2000	2.5
	>2000	±2.5		>2000	3.0
			折弯高度		≤1.0
对边尺寸	≤2000	≤2.5	平面度		≤2/1000
	>2000	≤3.0	孔的中心距		±1.5

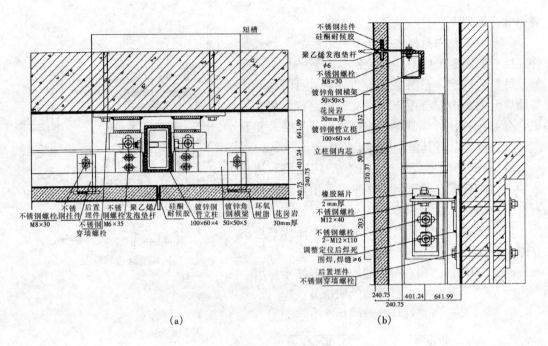

图 4-96 短槽式石材幕墙构造节点详图

(a) 水平节点；(b) 垂直节点

3) 单层铝板的加工应符合下列规定：

单层铝板折弯加工时，折弯外圆弧半径不应小于板厚的 1.5 倍；

①单层铝板加劲肋的固定可采用电栓钉，但应确保铝板外表面不应变形、褪色，固定应牢固；

②单层铝板的固定耳子应符合设计要求。固定耳子可采用焊接、铆接或在铝板上直接冲压而成，并应位置准确，调整方便，固定牢固；

③单层铝板构件四周边应采用铆接、螺栓或胶粘与机械连接相结合的形式固定，并应做到构件刚性好，固定牢固。

4) 铝塑复合板的加工应符合下列规定：

①在切割铝塑复合板内层铝板或聚乙烯塑料时，应保留不小于 0.3mm 厚的聚乙烯塑料，并不得划伤外层铝板的内表面；

②打孔、切口等外露的聚乙烯塑料及角缝，应采用中性硅酮耐候密封胶密封；

③在加工过程中铝塑复合板严禁与水接触。

④采用粘接方法与基层固定。

5) 蜂窝铝板的加工应符合下列规定：

①应根据组装要求决定切口的尺寸和形状，在切除铝芯时，不得划伤蜂窝铝板外层铝板的内表面；各部位外层铝板上，应保留 0.3～0.5mm 的铝芯；

②直角构件的加工，折角应弯成圆弧状，角缝应采用硅酮耐候密封胶密封；

③大圆弧角构件的加工，圆弧部位应填充防火材料；

④边缘的加工，应将外层铝板折合 180°，并将铝芯包封。

6) 金属幕墙的女儿墙部分，应用单层铝板或不锈钢板加工成向内倾斜的盖顶。

7）金属幕墙的吊挂件、安装件应符合下列规定：

单元金属幕墙使用的吊挂件、支撑件，宜采用铝合金件或不锈钢件，并应具备可调整范围；

单元幕墙的吊挂件与预埋件的连接应采用穿透螺栓；

铝合金立柱的连接部位的局部壁厚不得小于5mm。

8）铝板幕墙分格尺寸的大小和铝板材料尺寸、受力计算以及建筑立面划分密切相关。各种铝板的宽度尺寸常在1000～1600mm之间，长度尺寸可根据需要定制。因此铝板幕墙分格尺寸宽度应控制在1600mm以内，铝合金蜂窝板和单板的刚度较大，高度尺寸可达3m，而铝塑复合板的刚度较小，高度尺寸常控制在1800mm以内。

图4-97为铝合金型材骨架体系铝塑复合板幕墙构造节点示例。

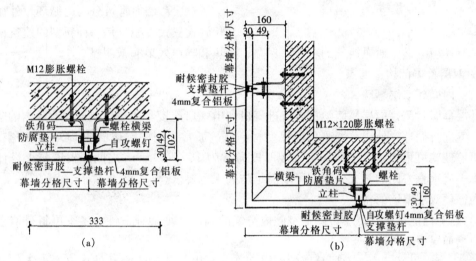

图4-97　铝塑复合板幕墙构造节点详图
(a) 水平节点大样；(b) 转角节点大样

（6）金属与石材幕墙的防火与防雷设计

1）金属与石材幕墙的防火除应符合现行国家标准《建筑设计防火规范》（GB 50016—2014）的有关规定外，还应符合下列规定：

①防火层应采取隔离措施，并应根据防火材料的耐火极限，决定防火层的厚度和宽度，且应在楼板处形成防火带；

②幕墙的防火层必须采用经防腐处理，且厚度不小于1.5mm的耐热钢板，不得采用铝板；

③防火层的密封材料应采用防火密封胶；防火密封胶应有法定检测机构的防火检验报告。

2）金属与石材幕墙的防雷设计除应符合现行国家标准《建筑物防雷设计规范》（GB 50057—2010)的有关规定外，还应符合下列规定：

①在幕墙结构中应自上而下地安装防雷装置，并应与主体结构的防雷装置可靠连接；

②导线应在材料表面的保护膜除掉部位进行连接；

③幕墙的防雷装置设计及安装应经建筑设计单位认可。

图 4-98　双层幕墙

七、双层幕墙

图 4-98 为双层幕墙的外观图。

依据国家建筑标准设计图集《双层幕墙》(07J103—8) 得知:

1. 双层幕墙的组成和类型

双层幕墙是双层结构的新型幕墙,它由外层幕墙和内层幕墙两部分组成。外层幕墙通常采用点支承玻璃幕墙、明框玻璃幕墙或隐框玻璃幕墙;内层幕墙通常采用明框玻璃幕墙、隐框玻璃幕墙或铝合金门窗。

双层幕墙通常可分为内循环、外循环和开放式三大类型,是一种新型的建筑幕墙系统。具有环境舒适、通风换气的功能,保温、隔热和隔声效果非常明显。

2. 双层幕墙的构造要点

(1) 内循环双层幕墙

外层幕墙封闭,内层幕墙与室内有进气口和出气口连接,使得双层幕墙通道内的空气与室内空气进行循环。外层幕墙采用隔热型材,玻璃通常采用中空玻璃或 LOW-E 中空玻璃;内层幕墙玻璃可采用单片玻璃,空气腔厚度通常为 150～300mm 之间。根据防火设计要求进行水平或垂直方向的防火分隔,可以满足防火规范要求。

内循环双层幕墙的特点:

1) 热工性能优越:夏季可降低空腔内空气的温度,增加舒适性;冬季可将幕墙空气腔封闭,增加保温效果。

2) 隔声效果好:由于双层幕墙的面密度高,所以空气声隔声性能优良,也不容易发生"串声"。

3) 防结露明显:由于外层幕墙采用隔热型材和中空玻璃,外层幕墙内侧一般不结露。

4) 便于清洁:由于双层幕墙的外层幕墙封闭,空气腔内空气与室内空气循环,便于清洁和维修保养。

5) 防火达标:双层幕墙在水平方向和垂直方向进行分隔,符合防火规范的规定。

(2) 外循环双层幕墙

内层幕墙封闭,外层幕墙与室外有进气口和出气口连接,使得双层幕墙通道内的空气可与室外空气进行循环。内层幕墙应采用隔热型材,可设开启扇,玻璃通常采用中空玻璃或 LOW-E 中空玻璃;外层幕墙设进风口、出风口且可开关,玻璃通常采用单片玻璃,空气腔宽度通常为 500mm 以上。

外循环双层幕墙通常可分为整体式、廊道式、通道式和箱体式 4 种类型。

外循环双层幕墙同样具有防结露、通风换气好、隔声优越、便于清洁的优点。

(3) 开放式双层幕墙:外层幕墙仅具有装饰功能,通常采用单片幕墙玻璃且与室外永久连通,不封闭。

开放式双层幕墙的特点:

1) 主要功能是建筑立面的装饰性,多用于旧建筑物的改造;

2）有遮阳作用；

3）改善通风效果，恶劣天气不影响开窗换气。

3.双层幕墙的技术要求

（1）抗风压性能：双层幕墙的抗风压性能应根据幕墙所受的风荷载标准值确定，且不应小于 $1kN/m^2$，并应符合《建筑结构荷载规范》（GB 50009—2012）的规定。

（2）热工性能：双层幕墙的热工性能优良，提高热工性能的关键是玻璃的选用。一般选用中空玻璃或 LOW-E 玻璃效果较好。采用加大空腔厚度只能带来热工性能下降。

（3）遮阳性能：在双层幕墙的空气腔中设置固定式或活动式遮阳可提高遮阳效果。

（4）光学性能：双层幕墙的总反射比应不大于 0.30。

（5）声学性能：增加双层幕墙每层玻璃的厚度对提高隔声效果较为明显。增加空气腔厚度对提高隔声性能作用不大。

（6）防结露性能：严寒地区不宜设计使用外循环双层幕墙。因为外循环的外层玻璃一般多用单层玻璃和普通铝型材，容易在空腔内产生结露。

（7）防雷性能：双层幕墙系统应与主体结构的防雷体系有可靠的连接。

八、幕墙擦窗机的设置与构造

为解决高层建筑外墙维修和擦窗问题，需设置擦窗设备。

擦窗机一般由主机及吊笼（附操纵室）两部分组成。根据擦窗及维修部分，擦窗机分为主楼擦窗机、旋转餐厅外墙擦窗机和裙楼擦窗机。

1.主楼擦窗机

（1）主机的规格及性能要求，由具体工程的提升高度、活动范围等因素决定。主机沿位于屋顶擦窗机平台（或女儿墙内侧轨道）上的两条工字钢轨道电动控制运行，主机可作 360°旋转，机身上方设有两根摇臂以缆绳吊动吊笼升降，如图 4-99 和图 4-100 所示。

（2）吊笼一般可容纳 1～2 人操作，操纵室设有对讲机，便于与主机联系。吊笼的外形及构造因建筑平面外形轮廓不同而异，因而吊笼均为非标准设备，根据设计要求加工以保证吊笼能达到墙身各部位。为使吊笼在空中升降及操作时保持平稳，特别是在风力作用下安全

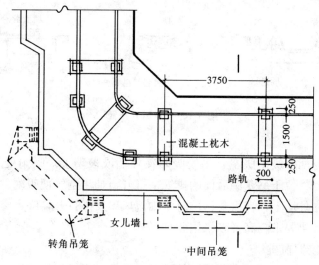

图 4-99 主楼擦窗机轨道平面

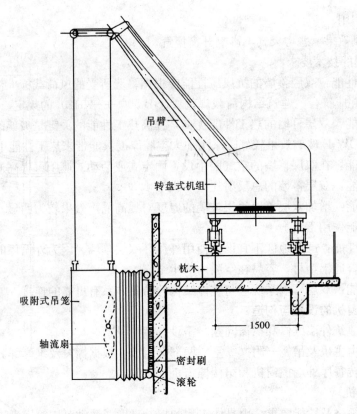

图 4-100　主楼擦窗机断面

操作，吊笼与墙体或玻璃面要有相应的固定措施。

（3）吊笼与墙体的固定有轨道式和吸附式两种：

1）轨道式

即吊笼沿建筑外墙上的导轨运行，但导轨的位置应与建筑立面效果统一考虑设计，高层建筑中，轨道式应用较多，如图 4-101 所示。

图 4-101　轨道式吊笼

2）吸附式

每个吊笼一般有两个吸附吸盘，吊笼吸附在外墙或玻璃上，吸附处是一个松软的尼龙刷，当需要吸附时，将位于尼龙刷后面的排气扇打开，抽出空气使吸附部分形成真空，从而使吊笼牢牢地吸附在外墙上，当需要移位时将轴流风扇反向打开，吸入空气，吸盘自动脱离墙面，对建筑立面效果要求较高者多采用此种形式。

2. 旋转餐厅外墙擦窗机

擦窗机沿外墙上、下两根环形不锈钢轨道，电动开关自控操纵（图 4-102）。

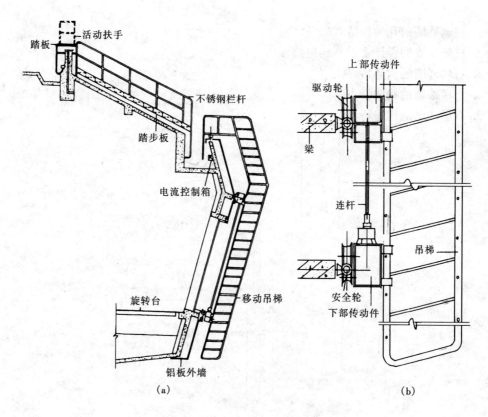

图 4-102 旋转餐厅外墙擦窗机

(a) 旋转餐厅外墙擦窗机断面；(b) 吊梯立面

3. 裙楼擦窗机

主机沿女儿墙上下二根轨道运行，摇臂带动吊笼上下升降。

综上所述，玻璃幕墙在国外已取得广泛应用，并朝着进一步提高保温、隔热、水密、气密、隔声、节能方向发展。随着金属压延工艺和石材切割工艺的改进，幕墙不仅采用玻璃，还采用铝、铜、钢的压型板材以及装饰天然石材及人造板材，使幕墙新的构造措施随之而出现。

复 习 思 考 题

1. 高层建筑的高度界限。
2. 高层建筑的应用。
3. 高层建筑的结构选型。
4. 高层建筑的结构构造措施。
5. 高层建筑的基础。
6. 高层建筑的地下室。
7. 高层建筑的楼梯间。
8. 高层建筑的室外疏散楼梯。
9. 高层建筑的楼板层构造。
10. 高层建筑的外墙构造类型。

11. 玻璃幕墙的几种构造做法。

12. 玻璃幕墙的设计要求与构造要求。

13. 石材幕墙的构造特点。

14. 金属幕墙的构造特点。

15. 双层幕墙的构造特点。

第五章　民用建筑的工业化体系

第一节　建筑工业化的概念

一、建筑工业化的含义

由于各国的社会制度、经济能力、资源条件、自然状况和传统习惯等不同，各国建筑工业化所走的道路也有所差异，对建筑工业化的理解也不尽相同。

1974年联合国经济事务部对建筑工业化的含义作了如下解释，即：在建筑上应用现代工业的组织和生产方法，用机械化进行大批量生产和流水作业。

我国最早提出走建筑工业化道路的文件是在1956年。1978年又明确提出："建筑工业化，就是用大工业的生产方法来建造工业与民用建筑。针对某一类房屋，采用统一的结构形式，成套的标准构件，采用先进的工艺。按专业分工，集中在工厂进行均衡的连续的大批量生产，在现场包括混凝土现浇和装修工程采用机械化施工，使建筑业从那种分散的、落后的、手工业的生产方式转到大工业的生产方式的轨道上来，从根本上来一个全面的技术改造。"

建筑工业化包含以下四点内容：

1. 设计标准化

设计标准化包括采用构件定型和房屋定型两大部分。构件定型又叫通用体系，它主要是将房屋的主要构配件按模数配套生产，从而提高构配件之间的互换性。房屋定型又叫专用体系，它主要是将各类不同的房屋进行定型，作成标准设计。

2. 构件工厂化

构件工厂化是建立完整的预制加工企业，形成施工现场的技术后方，提高建筑物的施工速度。目前建筑业的预制加工企业有混凝土预制构件厂、混凝土搅拌厂、门窗加工厂、模板工厂、钢筋加工厂等。

3. 施工机械化

施工机械化是建筑工业化的核心。施工机械化应注意标准化、通用化、系列化，既注意发展大型机械，也注意发展中小型机械。

4. 管理科学化

现代工业生产的组织管理是一门科学，它包括采用指示图表法和网络法，并广泛采用电子计算机等内容。

二、实现建筑工业化的途径

实现建筑工业化，当前有两大途径：

1. 发展预制装配化结构

这条途径是在加工厂生产预制构件，用各种车辆将构件运到施工现场，在现场用各种机械进行安装。这种方法的优点是：生产效率高，构件质量好，受季节影响小，可以均衡生产。缺点是：生产基地一次性投资大，在建造量不稳定的情况下，预制厂的生产能力不能充分发挥。这条途径包括以下建筑类型：

（1）砌块建筑

这是装配式建筑的初级阶段，它具有适应性强、生产工艺简单、技术效果良好、造价低等特点。砌块按其重量大小可以分为大型砌块（350kg 以上）、中型砌块（20～350kg 之间）和小型砌块（20kg 以下）。砌块应注意就地取材和采用工业废料，如粉煤灰、煤矸石、炉渣、矿渣等。我国的南方和北方广大地区均采用砌块来建造民用和工业房屋。

（2）大板建筑

这是装配式建筑的主导做法。它将墙体、楼板等构件均作成预制板，在施工现场进行拼装，形成不同的建筑。我国的大板建筑从 1958 年开始试点，1966 年以后批量发展。北方地区以北京、沈阳等地的大板住宅，南方地区以南宁的空心大板住宅效果最好。

（3）框架建筑

这种建筑的特点是采用钢筋混凝土的柱、梁、板制作承重骨架，外墙及内部隔墙采用加气混凝土、镀锌薄钢板、铝板等轻质板材建造的建筑。它具有自重轻、抗震性能好、布局灵活、容易获得大开间等优点，它可以用于各类建筑中。

（4）盒子结构

这是装配化程度最高的一种形式。以"间"为单位进行预制，分为六面体、五面体、四面体盒子。可以采用钢筋混凝土、铝材、木材、塑料等制作。

2. 发展工具式模板现浇与预制相结合的体系

这条途径的承重墙、板采用大块模板、台模、滑升模板、隧道模等现场浇筑，而一些非承重构件仍采用预制方法。这种做法的优点是：所需生产基地一次性投资比全装配少，适应性大，节省运输费用，结构整体性好。缺点是：耗用工期比全装配长。这条途径包括以下几种类型：

（1）大模建筑：不少国家在现场施工时均采用大模板。我国 1974 年起在沈阳、北京等地也逐步推广大模板建造住宅。这种做法的特点是内墙现浇，外墙采用预制板、砌筑砖墙或浇筑混凝土。它的主要特点是造价低，抗震性能好。缺点是：用钢量大，模板消耗较大。上海市推广"一模三板"："一模"即用大模板现场浇筑内墙，"三板"是预制外墙板、轻质隔墙板、整间大楼板。

（2）滑升模板：这种做法的特点是在浇筑混凝土的同时提升模板。采用滑升模板可以建造烟囱、水塔等构筑物，也可以建造高层住宅。它的优点是：减轻劳动强度，加快施工进度，提高工程质量，降低工程造价。缺点是：需要配置成套设备，一次性投资较大。

（3）隧道模：这是一种特制的三面模板，拼装起来后，可以浇筑墙体和楼板，使之成为一个整体。采用隧道模可以建造住宅或公共建筑。

（4）升板升层：这种做法的特点是，先立柱子，然后在地坪上浇筑楼板、屋顶板，通过特制的提升设备进行提升。只提升楼板的叫"升板"，在提升楼板的同时，连墙体一起提升的叫"升层"。升板升层的优点是节省施工用地，少用建筑机械。

第二节　装配式大板建筑

图 5-1 为大板建筑的剖面详图，从中我们可以看到大板建筑的构造组成。

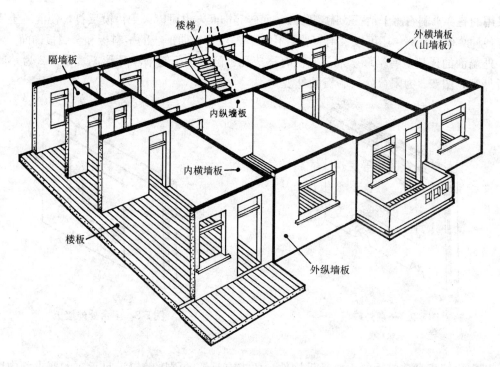

图 5-1 大板建筑

装配式大板建筑是工业化建筑体系中的一个重要建筑类型。我国的大板建筑研究试建始于 1959 年，并在全国各地都进行了试点。我国北方地区以实心大板为主，南方地区以空心大板为主。

一、装配式大板建筑的定义

大板建筑是大楼板、大墙板、大屋顶板的简称，其特点是除基础以外，地上的全部构件均为预制构件，通过装配整体式节点连接而建成的建筑。大板建筑的构件有内墙板、外墙板、楼板、楼梯、挑檐板和其他构件。

二、装配式大板建筑的主要构件

1. 外墙板

横墙承重下的外墙板是自承重或非承重的。外墙板应该满足保温隔热、防止风雨渗透等围护要求，同时也应考虑立面的装饰作用。外墙板应有一定的强度，使它可以承担一部分地震力和风力。山墙板是外墙板中的特殊类型，具有承重、保温、隔热和立面装饰作用。

墙板可以用同一种材料制作的单一板，也可以有两种以上材料制作的复合墙板。复合墙板由以下层次构成：

（1）承重层：它是复合墙板的支承结构。它是在墙板的内侧，这样可以减少水蒸气对墙板的渗透，从而减少墙板内部的凝结水。承重层可以用普通钢筋混凝土、轻集料混凝土和振动砖板制作。

（2）保温层：保温层处在复合墙板中间的夹层部位，一般用高效能的无机或有机的隔热保温材料作成，如加气混凝土、泡沫混凝土、聚苯乙烯泡沫塑料、蜂窝纸以及静止的空气层等。

（3）装饰层：它是复合板的外层，主要起装饰、保护和防水作用。装饰层的做法很多，经常采用的有：水刷石、干粘石、陶瓷锦砖、面砖等饰面，也可以采用衬模反打，使混凝土墙板带有各种纹理、质感，还可以采用Ｖ形、山形、波纹形和曲形线的塑料板和金属板饰面。

外墙面的顶部应有吊环，下部应留有浇筑孔，侧边应留键槽和环形筋。图5-2为一般外墙板外观，图5-3为阳台处外墙板的外观。

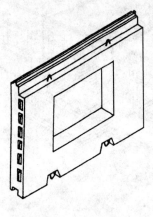

图5-2　一般外墙板

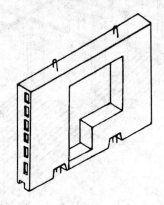

图5-3　阳台处外墙板

2. 内墙板

横向内墙板是建筑物的主要承重构件，要求有足够的强度，以满足承重的要求。内墙板应具有足够的厚度，以保证楼板有足够的搭接长度和现浇的加筋板缝所需要的宽度。横向内墙板一般采用单一材料的实心板，如混凝土板、粉煤灰矿渣混凝土板、振动烧结普通砖板等。

纵向内墙板是非承重构件，它不承担楼板荷载，但与横向内墙相连接起主要的纵向刚度的保证作用，因此也必须保证有一定的强度和刚度。实际上纵向墙板与横向墙板需要采用同一类型的板。

图5-4为内墙板的外观。

3. 隔墙板

隔墙板主要用于建筑物内部房间的分隔板，没有承重要求。为了减轻自重，提高隔音效果和防火、防潮性能，有多种材料可供选择，如钢筋混凝土薄板、加气混凝土板、碳化石灰板、石膏板等（图5-5）。

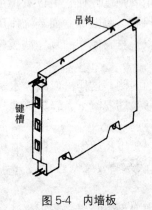

图5-4　内墙板

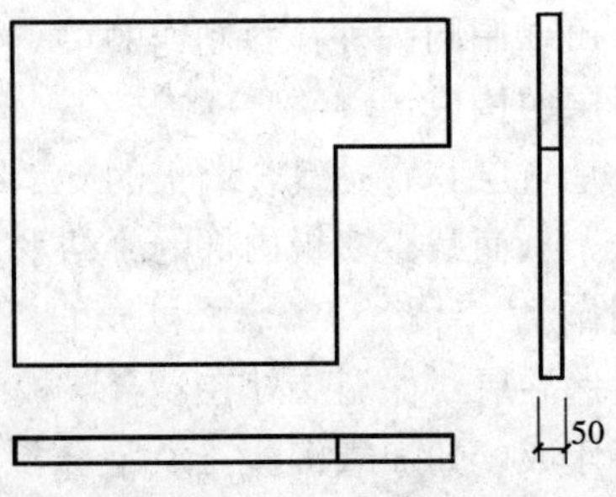

图5-5　隔墙板

4. 楼板

楼板可以采用钢筋混凝土空心板，也可以采用整块的钢筋混凝土实心板。

北京地区以采用整间钢筋混凝土实心板为主。这种板厚110mm，四边预留有胡子筋，安装时与相邻构件焊接。

在地震区，楼板与楼板之间、楼板与墙板之间的接缝，应利用楼板四角的连接钢筋与吊环互相焊接，并与竖向插筋锚接。此外，楼板的四边应预留缺口及连接钢筋，并与墙板的预埋钢筋互相连接后，浇筑混凝土。

连接钢筋的锚固长度应不小于 $30d$；坐浆的强度等级应不低于 M10，灌注用的豆石混凝土的强度等级不应低于 C15，也不应低于墙板混凝土的强度等级。

楼板在承重墙上的设计搁置长度不应小于 60mm；地震区楼板的非承重边应伸入墙内不小于 30mm。

图 5-6 为实心楼板详图。

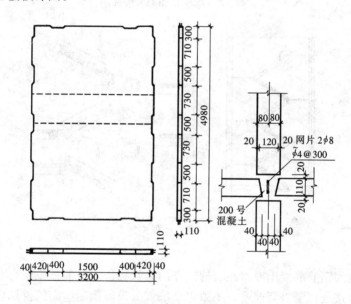

图 5-6　实心大楼板

5. 阳台板

一般阳台板为钢筋混凝土槽形板，两个肋边的挑出部分压入墙内，并与楼板预埋件焊接，然后浇灌混凝土。阳台上的栏杆和栏板也可以做成预制块，在现场焊接。

阳台板也可以由楼板挑出，成为楼板的延伸。

图 5-7 为楼板延伸阳台板的详图。

6. 楼梯

楼梯分成楼梯段和休息板（平台）两大部分。

休息板与墙板之间必须有可靠的连接，平台的横梁预留搁置长度不宜小于 100mm。常用的做法可以在墙上预留洞槽或挑出牛腿以支承楼梯平台（图 5-8）。

7. 屋面板及挑檐板

屋面板一般与楼板做法相同，仍然采用预制钢筋混凝土整间大楼板。

挑檐板一般采用钢筋混凝土预制构件，其挑出尺寸应在 500mm 以内（图 5-9）。

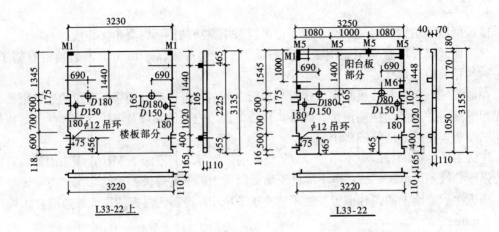

图 5-7　楼板延伸阳台板详图

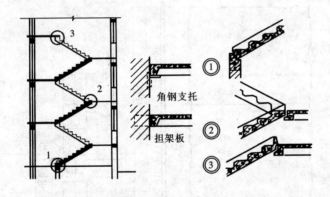

图 5-8　楼梯构造

8. 烟风道

烟风道一般为钢筋混凝土或水泥石棉制作的筒状构件。一般按一层一节设计,其交接处为楼板附近。交接处,要坐浆严密,不致串烟漏气。出屋顶后应砌筑排烟口并用预制钢筋混凝土块作压顶（图 5-10）。

三、装配式大板建筑的节点

节点的设计和施工是大板建筑的一个突出问题。大板建筑的节点要满足强度、刚度、延性以及抗腐蚀、防水、保温等构造要求。节点的性能如何,直接影响整个建筑物的整体性、稳定性和使用年限。

1. 焊接

焊接又称为"整体式连接"。它是靠构件上预留的铁件,通过连接钢板或钢筋焊接而成。这是一种干接头的做法。这种做法的优点是:施工简单,速度快,不需要养护时间。缺点是:局部应力集中,容易造成锈蚀,对预埋件要求精度高,位置准确,但耗钢量较大(图 5-11)。

2. 混凝土整体连接

这种做法又叫"装配整体式连接"。它是利用构件与附加钢筋互相连接在一起,然后浇筑高强度混凝土。它是一种湿接头。这种做法的优点是:刚度好,强度大,整体性强,耐腐蚀性能好。缺点是:施工时工序多,操作复杂,而且需要养护时间,浇筑后不能立即加荷载(图 5-12)。

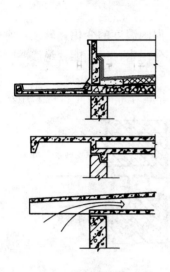

图 5-9　屋面板及挑檐板

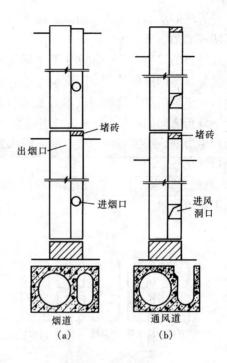

堵砖

出烟口

进烟口

堵砖

进风洞口

烟道
（a）

通风道
（b）

图 5-10　烟风道

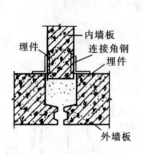

内墙板

埋件

连接角钢
埋件

外墙板

图 5-11　装配式大板的焊接节点

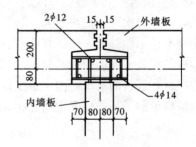

$2\phi12$　15 15　外墙板

200

80

内墙板

$4\phi14$

70 80 80 70

图 5-12　装配整体式接头

3.螺栓连接

这是一种装配式接头。它是靠制作时预埋的铁件,用螺栓连接而成。这种接头对于变形不太适应,常用于围护结构的墙板与承重墙板的连接。这种接头要求精度高,位置准确(图 5-13)。

四、装配式大板建筑的板缝处理

板材建筑的外墙连接,是材料干缩、温度变形和施工误差的集中点。板缝的处理应当根据当地冬、夏季气温变化,风雨条件,湿度状况,做到满足防水、保温、耐久、经济、美观和便于施工等要求。

1.板缝的防水

板缝的防水包括以下几种做法:

在墙板四边设置滴水或挡水台凹槽等,它是利用水的重力作用排除雨水,切断接缝的毛细管通路,达到防水效

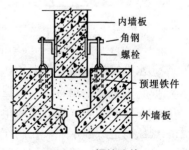

内墙板

角钢

螺栓

预埋铁件

外墙板

图 5-13　螺栓连接

果。这种方法的优点是经济、耐久、便于施工。但墙板外形较复杂，在运输、堆放、吊装时须注意防止墙边、墙角损坏。

外墙壁板的接缝有平缝和立缝两个部位。接缝要求密闭，以防止雨水和冷风渗透。由于接缝处又是保温的薄弱环节，因此也要求有足够的热阻，防止出现"热桥"。

（1）水平缝：水平缝的构造形式参见图5-14。

上下墙板之间的水平缝，一般多用坐浆并用砂浆勾缝，但因温度的变化，砂浆经常与板脱离而产生裂缝。通缝容易造成渗漏。滴水缝可以排除一部分雨水，但不能杜绝渗漏。高低缝和企口缝比较常用。

1）高低缝防水：上下墙板互相咬口，构成高低缝。水平缝外部的填充料可采用水泥砂浆，但不能填得过深（图5-15）。

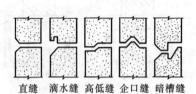

直缝 滴水缝 高低缝 企口缝 暗槽缝

图 5-14 水平缝

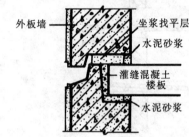

图 5-15 高低缝

2）企口缝防水：上下墙板作成企口形状，形成企口缝。企口中间为空腔，前端用水泥砂浆勾抹，并留排水孔（图5-16）。

水平缝不论采取哪种做法，都应注意以下几点：

①墙板与楼板（屋面板、基础）之间的水平接缝必须坐浆。

②地震区各墙板的水平缝内应至少设置一个销键，其做法可将墙板、楼板（屋面板、基础）预留缺口处的吊环或预埋钢筋互相焊接，并浇灌混凝土或作其他抗剪措施（图5-17）。

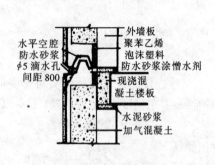

图 5-16 企口缝

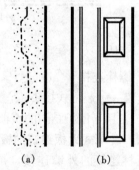

图 5-17 销键的做法

③水平缝还应嵌入保温条，然后在外侧勾抹防水砂浆。

（2）垂直缝：垂直缝的构造形式参见图5-18。

①在这些缝中，直缝最简单，采用时必须解决好砂浆勾缝，才不会漏水；企口缝除产生毛细现象而造成漏水外，在制作、运输、安装时增加不少困难；暗槽的做法是在槽内浇灌混凝土，经过振捣，缝口再用砂浆勾严；空腔做法是当前较多的一种。

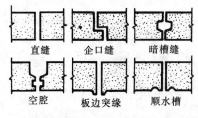

直缝　　企口缝　　暗槽缝

空腔　　板边突缘　　顺水槽

图 5-18　垂直缝

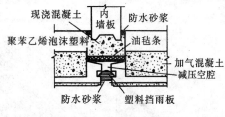

图 5-19　节点防水做法

②空腔的具体做法是在空腔前壁两立槽间嵌入塑料挡水板。挡水板靠本身的弹性所产生的横向推力牢固地嵌在凹槽内，在缝外勾抹水泥砂浆。塑料板上下端可以采用分段接缝的办法，以适应温度变化引起的胀缩变形。塑料挡雨板的主要作用是导水，抹水泥砂浆时它还起模板的作用。水泥砂浆勾缝的作用是避免塑料挡雨板直接暴露在大气中，以延缓塑料老化，保证空腔的排水效果见图 5-19。

③目前推荐采用的垂直缝做法

A　纵横墙板交接处竖向接缝应采用现浇混凝土灌缝，灌缝净面积不应小于 $100cm^2$，截面最小边尺寸不应小于 800mm。横墙板一般宜伸入纵墙内，不小于 20mm。

B　在地震区，当横墙在纵墙两侧不对正时，横墙板与纵墙板宜采用现浇混凝土销键连接；或在墙板上、下端及中部预埋钢板，用角钢焊接连接。此外，上、下角还应与楼板连接。

C　竖缝内应设置竖向插筋。对地震区，其直径不应小于 $\phi 12$，在房屋四角及楼梯间的内墙板交接处宜用 $2\phi 12$。非地震区插筋不小于 $1\phi 10$，竖向插入上、下楼层（基础）的长度不小于 500mm。

D　外墙板缝保温条应在墙板预埋件与连接铁件焊好后，顺竖缝空腔后壁插入。

2. 板缝的保温

板材建筑的突出热工问题是墙板接缝处和混凝土肋附近产生的结露现象。

产生结露的主要原因是墙板的内表面温度低于室内露点，致使空气中的水分在墙板内表面凝结，构成传热热桥。

防止结露必须注意两点：一是消灭热桥，二是阻止热空气渗透。板缝和肋边处要采用高效能的保温材料，避免形成热桥。板缝外侧用砂浆勾抹效果较好。

节点处的保温材料以聚苯乙烯泡沫塑料比较理想，见图 5-20。

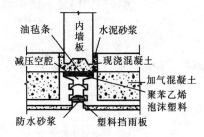

图 5-20　节点保温做法

第三节　大模板建筑

图 5-21 为大模板建筑的剖面图，从中可以看到浇筑内墙的大模板及外墙板等相关构件。

一、大模板建筑的定义

大模板建筑的内墙采用工具式大型模板现场浇筑的钢筋混凝土板墙（非地震区亦可采用混凝土板墙），外墙可以采用预制钢筋混凝土墙板、现砌砖墙或现场浇筑钢筋混凝土墙板，

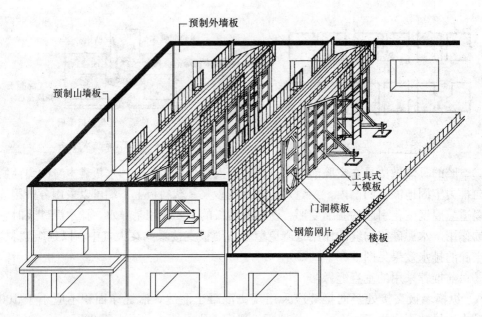

图 5-21 大模板建筑

它属于墙板承重体系。

大模板建筑在结构方面属于剪力墙体系。剪力是水平力，在水平力中又以地震力为主。这种体系强调横墙对正、纵墙拉通，以共同抵御地震力。它最适合在小开间、横墙承重的建筑中采用。这种体系广泛应用于住宅建筑中。

大模板建筑的模板多采用钢材制作，有平模、筒模等类型。

二、大模板建筑的分类

大模板建筑的类型，主要区分在外墙做法上。常见的类型有以下几种：

1. 现浇与预制相结合：这种做法的内墙为现场浇筑的钢筋混凝土板墙，外墙采用预制外墙板，这种做法称为外板内模，俗称"内浇外挂"。它主要用来建造高层建筑。

2. 现浇与砌砖相结合：这种做法的内墙为现场浇筑的钢筋混凝土板墙，外墙采用烧结普通砖砌筑砖墙。这种做法称为外砖内模，俗称"内浇外砌"。它主要用来建造多层建筑。

3. 全现浇做法：这种做法是内、外墙板均采用现场浇筑的钢筋混凝土板墙。它主要用来建造高层住宅。

三、大模板建筑的主要构件

这里以外板内模式（内浇外挂式）为重点，简要介绍一些构件的特点。

1. 内墙板

现场浇筑，厚度 160～180mm（横墙 160mm、纵墙 180mm），内放 $\phi6～\phi8$，间距 200mm 的双面网片。采用强度等级为 C20 混凝土浇筑。

2. 外墙板

加工厂预制，可以采用单一材料（如陶粒混凝土）或复合材料（如采用岩棉板材填芯的钢筋混凝土板）制作。厚度为 280～300mm。构件划分方法为：外横墙为每进深两块（个别中间进深为一块）板，外纵墙为每开间一块板。其形状与大模板建筑外墙板相同。

3. 楼板

加工厂预制，可以采用 130mm 厚的预应力短向圆孔板（俗称小板），也可以采用 110mm 厚的双向预应力的实心大板（俗称两面光大楼板）。

4. 楼梯

高层大模板建筑的楼梯有双跑和单跑两种做法。其组成包括楼梯段、楼梯梁和休息板。大模板建筑楼梯的休息板采用"担架"形，插入墙板中的预留孔内（图 5-22）。

5. 阳台板

加工厂预制，呈正槽形。挑出墙板外皮 1160mm，压墙尺寸为 100mm，代号为 MYT（图 5-23）。

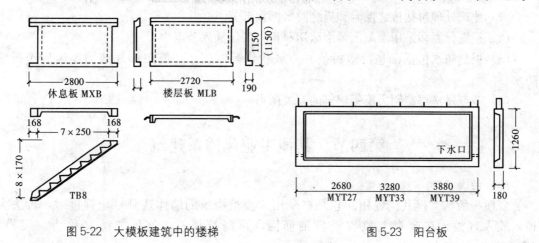

图 5-22　大模板建筑中的楼梯　　　　　　　　图 5-23　阳台板

6. 通道板

加工厂预制，呈反槽形。挑出墙板外皮 1300mm，压墙为 100mm，代号为 TD（图 5-24）。

7. 女儿墙板

加工厂预制。它是一种不带门窗洞口的小型外墙板，其高度为 1500mm（图 5-25）。

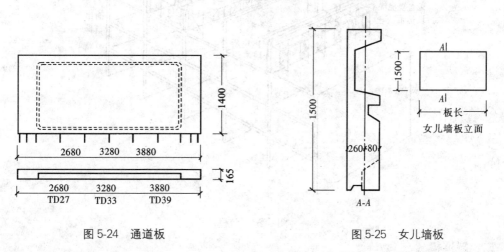

图 5-24　通道板　　　　　　　　　　图 5-25　女儿墙板

8. 隔墙板

一般采用 50mm 钢筋混凝土板隔墙，可以在加工厂预制或现场预制。

四、大模板建筑的节点连接

1. 结构连接

（1）外墙板间或内外墙板交接处采用构造柱，一般部位的主筋为 4ϕ12，边角部位的主筋为 4ϕ14。箍筋为预制板侧的环筋。混凝土强度等级为 C20。

（2）楼板与外墙板交接处应设置圈梁，其配筋为 4ϕ10，箍筋为 ϕ6，间距为 200mm。混凝土强度等级为 C20。

（3）楼板与内墙板交接处应保证搭接，最小尺寸为 60mm。用强度等级不低于 C20 的混凝土浇筑。

2. 建筑处理

（1）建筑处理包括板缝保温和板缝防水两大部分。

（2）板缝保温多采用聚苯乙烯炮沫塑料板，现场插入节点中。

（3）板缝防水包括油毡、塑料条、防水砂浆等做法，一般在作好结构连接后作板缝防水。

（4）节点做法可参阅大模板建筑的有关图形。

第四节　其他工业化体系建筑

一、台模

台模一般与大模共同使用。它是在采用大模板浇筑的墙体达到一定强度时，拆去大模，放入台模。在台模上放置楼板钢筋网，再浇筑楼板。这种方法又称为"飞模"（图5-26）。

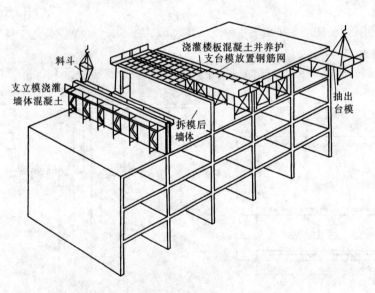

图 5-26　台模

二、隧道模

采用隧道模的目的是同时浇筑内墙与楼板，其模板呈"∏"形。拆模时应先抽出模板，再起吊至下一个流水段（图5-27）。

三、滑升模板

采用墙体内的钢筋作导杆，用油压千斤顶逐层提升模板，连续浇筑墙体的施工方法。这种方法适用于简单垂直形体、上下相同壁厚的建筑物。如烟囱、水塔、筒仓等构筑物和 25 层以下的建筑物（图 5-28）。

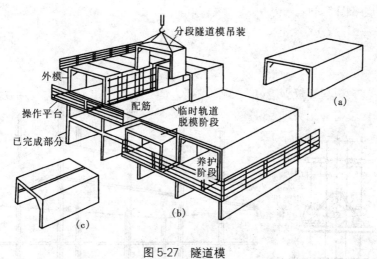

图 5-27　隧道模
（a）整体隧道模；（b）施工现场；（c）拼装隧道模

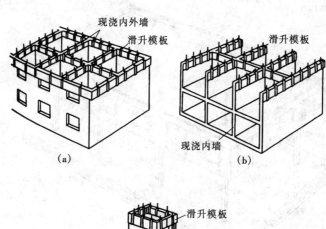

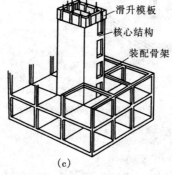

图 5-28　滑升模板
（a）纵横墙滑升；（b）横墙滑升；（c）核心结构滑升

四、升板升层

升板升层建筑是在房屋作完基础或底层地坪后，在底层地坪上重叠浇筑各层楼板和屋顶板，插立柱子，并以柱子作导杆，用提升设备逐层提升。只提升楼板的叫升板，连同墙体一起提升的叫升层（图 5-29）。

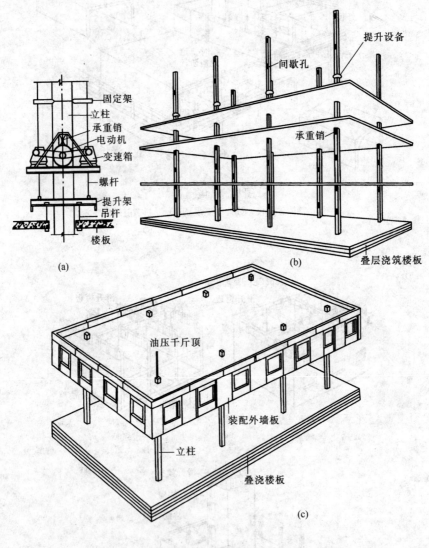

图 5-29　升板升层建筑
(a) 提升设备；(b) 升板建筑；(c) 升层建筑

五、盒子结构

在加工厂预制的整间盒子形结构组成的建筑。在加工厂不但可以完成盒子的结构部分内部装修，甚至家具设备等均可一次预制完成。

单个盒子的结构组成有整浇式、骨架条板组装式和预制板组装式等几种方式。按板材数量有六面体、五面体、四面体盒子（图 5-30）。

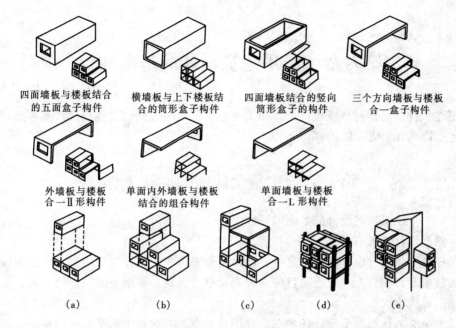

四面墙板与楼板结合的五面盒子构件　横墙板与上下楼板结合的筒形盒子构件　四面墙板结合的竖向筒形盒子的构件　三个方向墙板与楼板合一盒子构件

外墙板与楼板合一Ⅱ形构件　单面内外墙板与楼板结合的组合构件　单面墙板与楼板合一L形构件

(a)　　(b)　　(c)　　(d)　　(e)

图 5-30　盒子结构建筑

(a) 逐间拼装；(b) 隔间拼装；(c) 中间大厅两侧拼装；(d) 推架中间拼装；(e) 筒体周边拼装

复 习 思 考 题

1. 建筑工业化包含哪些内容？
2. 实现建筑工业化的途径有哪几条？其结构类型有几种？
3. 大模板建筑的构件划分及特点。
4. 大模板建筑的分类。
5. 大板（大模板）建筑的节点连接。
6. 其他类型工业化建筑体系的特点。

第六章　民用建筑设计的基本知识

民用建筑设计是针对房屋建筑及其相关专业学生应掌握的有关建筑设计基本知识而编排的。它包括以下几个方面的内容。

第一节　建筑设计前的准备工作

在进行一个建筑物的设计前，应做好以下几个方面的准备工作。

一、熟悉设计任务书

设计任务书是做好设计的依据之一。设计任务书应包括建设项目的要求、建筑面积的多少、房间数量及面积分配、建设项目的总投资及单方造价、基地范围、地物地貌、能源供应和设计期限等内容。

设计人员必须认真熟悉设计任务书，分析其要点，并对其中的某些内容提出修改或补充意见。

二、收集必要的原始数据

在开始设计前，应收集的原始数据有：

1. 气象资料

包括所在地区的温度、湿度、日照、雨雪、风向、风速、冻结深度等。

2. 基地地形及水文地质资料

包括基地地形标高、土壤种类及承载力、地下水位以及地震烈度等。

3. 水电等能源资料

包括基地周围的给水、排水、电缆、煤气、热力、有线电视、网络等管线布置及电源的供应情况。

4. 设计规范的要求及有关定额指标

现行的设计标准、规范、定额等。

三、设计前的调查研究

设计前调查研究的主要内容有：

1. 建筑物的使用要求

应深入访问使用单位的有关人员，认真调查同类型已建成房屋的设计特点及实际使用情况，通过分析和总结，对所设计建筑物的使用要求应了如指掌。

2. 建筑材料供应及结构施工等技术条件

应深入了解房屋所在地区的建筑材料供应的品种、规格、价格等情况，预制构件和门窗的规格与供应，施工技术和起重运输等设备条件。在了解上述条件以后，对选取什么样的结构，采取什么样的施工方法大有好处。

3. 基地勘察

应深入了解城市规划部门所划定的基地范围，深入进行现场勘察。从基地的地形、方位、面积、形状等条件，以及基地周围的原有道路、原有建筑、城市绿化等多方面的因素，考虑建筑物的具体位置、形状、体形和总平面布局的安排。

4. 熟悉当地的生活习俗与建筑经验

应深入了解房屋所在地区的生活习惯和民风民俗，考虑采用为人们喜闻乐见的建筑形象。

四、学习有关方针政策

国家的建筑设计方针是"适用、经济、在可能的条件下注意美观"。在进行建筑设计时，应按照适用、经济、美观的辩证关系处理问题，但应注意到美观有时也会变成适用的一部分（指一些等级较高或面临主要街道的建筑），切不可生搬硬套，死记硬背，要针对不同情况，不同对象灵活运用。

第二节　设计阶段的划分

建筑设计采取几个阶段取决于建筑物的重要性、面积大小、功能繁简。较复杂的建筑物一般按三段进行设计，大量性建造、功能简单的建筑物多采取二段设计。

一、三段设计

1. 初步设计

初步设计的主要任务是提出设计方案。即在已确定的基地范围内、按照设计要求、综合技术与艺术要求，提出设计方案。初步设计包括以下内容：

（1）建筑总平面图：总平面图上应有建筑物的位置、标高、道路、绿化和有关文字说明。常采取的比例尺为 1∶500～1∶2000。

（2）各层平面图和主要剖面图、立面图：这些图形上应标有房屋的主要尺寸、房间的面积、高度以及门窗位置、家具和设备的布置等，常用比例为 1∶100～1∶200。

（3）设计说明：主要说明设计意图、方案特点及主要技术经济指标。

（4）设计概算。

（5）必要时还应辅以建筑透视图或建筑模型。

2. 技术设计

技术设计的主要任务是在初步设计的基础上，进一步确定房屋各工种和工种之间的技术问题。

在技术设计阶段中，各工种要相互提供资料、提出要求，为编制施工图打下基础。

技术设计的图纸和文件，要求建筑工种的图纸标明与其他工种有关的详细尺寸，并编制建筑部分的技术说明书；结构工种应有房屋结构布置方案图，并附初步计算说明；设备工种（水、电、空调等）也应提供相应的图纸和说明书。

3. 施工图

施工图设计是建筑设计的最后阶段。

施工图包括：确定全部工程尺寸和用料，绘制建筑、结构、设备等全部施工图纸，施工说明书，结构计算书和施工预算。

施工图纸主要有建筑总平面图（比例尺为 1∶500）；各层平面图、各个朝向的立面图及必要的剖面图（比例尺为1∶100）；建筑构造详图（主要为外墙详图、楼梯详图、门窗详图及其他装饰详图等，比例尺为1∶20～1∶1之间）；结构施工图（主要有基础平面图和详图、楼层和顶板平面图和详图、现浇钢筋混凝土构件的配筋图等，比例为1∶100～1∶300之间）；设备施工图（主要有上下水、暖气、空调、电气等平面图和详图，比例尺为1∶100～1∶200之间）。

二、二段设计

1. 扩大初步设计

扩大初步设计要完成三段设计中的初步设计和技术设计的内容。

2. 施工图

施工图要完成的内容与三段设计中施工图的内容相同。

第三节 建筑设计的要求和依据

一、建筑设计的要求

1. 满足建筑功能要求

满足功能要求是建筑设计的首要任务，其任务是为人们创造良好的生产与生活环境。例如设计办公楼，首先要考虑办公室有安静的环境和良好的办公条件且彼此联系方便，其次应考虑生活设施（厕所、盥洗、饮水等用房）和工间休息活动用房及会议用房等。

2. 采用合理的技术措施

采用合理的技术措施指的是正确选用建筑材料、结构和施工方案，使房屋坚固耐久、建筑方便。

3. 具有良好的经济效果

房屋建造是一项综合的工作，它包括设计、施工等过程。各个阶段均应节约人力、物力和资金，必须因地制宜、就地取材。建筑设计的使用要求和技术措施，要和相应的造价、建筑标准统一起来。

4. 考虑建筑美观要求

建筑物既是物质产品，也是文化财富。在满足使用要求的同时，还需要考虑人们对建筑美观方面的要求。建筑设计要努力创造简洁、明朗、朴素、大方、反映时代和精神面貌的建筑形象。

5. 符合总体规划要求

单体建筑是总体规划的重要组成部分，它必须与周围环境相协调。周围环境指的是原有建筑的状况（平面形状与立体形象），道路的走向，绿化布置等内容。

二、建筑设计的依据

1. 尺度

它包括人体尺度和人体活动所需要的空间尺度。建筑物中的家具、设备的尺寸，踏步、窗台、栏杆的高度，门洞、走廊、楼梯的宽度与高度以及各类房间的空间高度都与人体的尺度有关。20世纪50年代我国成年男子的平均高度为1670mm，成年女子的平均高度为1560mm。

人体的各种活动均需要有一定的空间尺度，其具体数值可以在图6-1中找到。

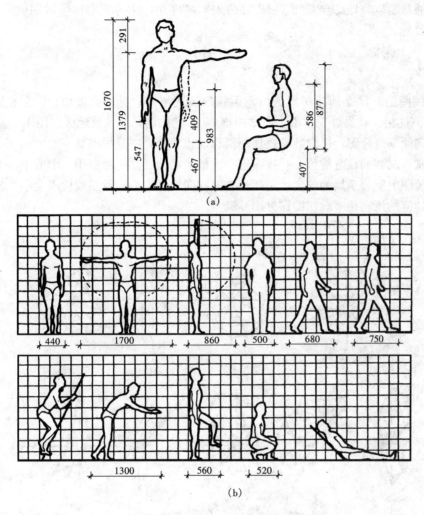

图 6-1　人体尺度和人体活动所需的空间尺度

2.家具、设备尺寸及使用空间

在进行房间布置时，应首先确定有几件家具、设备，还应了解每件设备的基本尺寸及使用空间。如办公室除办公桌外，还应有书柜（架）、茶几、文件柜等。居室除安排床铺外，还应有组合柜、写字台等设备。

3.有关气象资料

有关气象资料包括温度、湿度、日照、雨雪、风向、风速等因素，它对建筑物的设计有较大影响。例如湿热地区，房屋应考虑隔热、通风和遮阳等问题；干冷地区，房屋则应考虑采暖和保温等问题。

日照和主导风向对房屋的朝向和间距关系密切；风速是高层建筑的结构布置和体形设计要考虑的重要内容之一。

降雨和降雪则对屋顶形式和构造做法关系极为密切。

这里侧重介绍日照间距及风向频率玫瑰图。其余资料均可从有关资料集中找到。

（1）日照间距：日照间距是为了保证后排房屋在底层窗台高度处，保证冬季能有一定的日照时间。通常是以当地冬至日正午 12 时的太阳高度角，作为确定房屋日照间距的依据。其计算式为：

$$L = \frac{H}{\tan\alpha}$$

式中 L 为房屋间距，H 是前排房屋檐口至后排房屋底层窗台处的高度值，α 为冬至日正午 12 时的太阳高度角。在设计工作中，通常确定 L/H 的比值，如北京地区采用 1.5 左右。

（2）风向频率玫瑰图：风向频率玫瑰图简称风玫瑰图，它是根据某一地区多年平均统计的各个方向吹风次数的百分数值，并按一定的比例绘制而成。一般多用八个或十六个罗盘方位表示，玫瑰图上所表示风的吹向，是指从外面吹向地区中心，且实线代表全年，虚线代表夏季。主要地区的风向频率玫瑰图详见图 6-2。

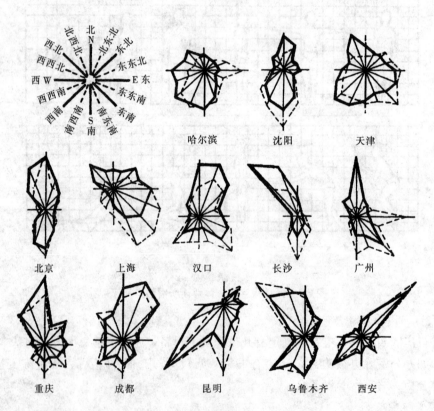

图 6-2　风玫瑰图

4. 地形、地质条件和地震烈度

地形平缓或起伏、地质构成、土壤特性和地基承载力的大小对建筑物的平面组合、结构布置和建筑体形都有明显的影响。较陡的地形、房屋可以错层建造；复杂的地质条件，应在基础和主体结构上采取相应的构造措施。

地震烈度表示地面及房屋建筑遭受地震破坏的程度。在烈度为 6 度或 6 度以下的地区，原则上不考虑地震设防，7 度及 7 度以上的地区应进行地震设防。建筑物的设防是针对烈度而不是针对震级，震级与烈度的对应关系可参见表 6-1，不同烈度的破坏程度见表 6-2。

表 6-1 震级与烈度的对应关系

震　　级	1~2	3	4	5	6	7	8	8以上
震中烈度	1~2	3	4~5	6~7	7~8	9~10	11	12

注：震源深度为 10~30 公里。

表 6-2 不同烈度的破坏程度

地震烈度	地面及建筑物受破坏的程度
1~2 度	人们一般感觉不到，只有地震仪才能记录到
3 度	室内少数人能感到轻微的震动
4~5 度	人们有不同程度的感觉，室内物件有些摆动和有尘土掉落现象
6 度	较老的建筑多数要被损坏，个别出现有倒塌的可能；有时在潮湿松散的地面上，有细小裂缝出现，少数山区发生土石散落
7 度	家具倾覆破坏，水池中产生波浪，对坚固的住宅建筑有轻微的损坏，如墙上产生轻微的裂缝，抹灰层大片脱落，瓦从屋顶掉下等；工厂的烟囱上部倒下；严重破坏陈旧的建筑物和简易建筑物，有时有喷砂冒水现象
8 度	树杆摇动很大，甚至折断；大部分建筑遭到破坏；坚固的建筑物墙上产生很大裂缝而遭到严重的破坏；工厂的烟囱和水塔倒塌
9 度	一般建筑物倒塌或部分倒塌；坚固的建筑物受到严重破坏，其中大多数变得不能用，地面出现裂缝，山区有滑坡现象
10 度	建筑严重破坏；地面裂缝很多，湖泊水库有大浪出现；部分铁轨弯曲变形
11~12 度	建筑普遍倒塌，地面变形严重，造成巨大的自然灾害

第四节　建 筑 平 面 设 计

一、建筑平面的组成

建筑平面一般由三部分组成，它们是使用部分（主要使用房间和辅助使用房间）、交通联系部分（走道、楼梯、电梯）和结构构件（墙体、柱子）所占面积。

建筑平面主要表示建筑物在水平方向房屋各部分的组合关系，并集中反映建筑物的功能关系，因而平面设计是建筑设计中的重要一环。

二、主要使用房间的设计

1. 主要使用房间的分类

从使用房间的功能要求来分，主要有：

（1）生活用的房间，住宅的起居室、卧室、宿舍和招待所的卧室等。

（2）工作、学习用的房间：各类建筑中的办公室、值班室、学校中的教室、实验室等。

（3）公共活动房间，商场的营业厅、剧场、电影院的观众厅、休息厅等。

上述各类房间的要求也不相同。生活、工作和学习用的房间要求安静、干扰少、朝向好；公共活动房间人流比较集中，进出频繁，因此室内活动和通行面积的组织比较重要，特别是人员的疏散问题较为突出。

2. 主要使用房间的设计要求

（1）房间的面积、形状和尺寸要满足室内使用活动和家具、设备合理的布置要求。

（2）门窗的大小和位置，应考虑房间的出入方便，疏散安全，采光、通风良好。

（3）房间的构成应使结构构造布置合理，施工方便，要有利于房间之间的组合，所用材料要符合建筑标准。

（4）室内空间，以及顶棚、地面、各个墙面和构件细部，要考虑人们的审美要求。

3. 房间面积的确定

房间面积与使用人数有关。人均使用面积应按符合相关建筑设计规范的规定。

（1）住宅

《住宅建筑设计规范》（GB 50096—2011）中规定：

1）房间组成：每套住宅应由卧室、起居室（厅）、厨房和卫生间等基本功能空间组成。

2）套型的使用面积应符合下列规定：

① 套型一：由卧室、起居室（厅）、厨房和卫生间等组成的套型，其使用面积不应小于 $30m^2$；

② 套型二：由兼起居的卧室、厨房和卫生间等组成的最小套型，其使用面积不应小于 $22m^2$。

3）卧室、起居室（厅）的面积指标

① 卧室的使用面积：双人卧室不应小于 $9m^2$；单人卧室不应小于 $5m^2$；兼起居的卧室不应小于 $12m^2$。

② 起居室（厅）的使用面积不应小于 $10m^2$；

③ 起居室（厅）内布置家具的墙面直线长度宜大于 3m。

④ 无直接采光的餐厅、过厅等，使用面积不宜大于 $10m^2$。

（2）中小学校

《中小学校设计规范》（GB 50099—2011）中规定：

1）规模

① 完全小学应为每班 45 人，非完全小学应为每班 50 人；

② 完全中学、初级中学、高级中学应为每班 50 人；

③ 九年制学校中 1～6 年级应与完全小学相同，7～9 年级应与初级中学相同。

2）面积指标

① 主要教学用房的使用面积指标（m^2/座）（表 6-3）

表 6-3　主要教学用房的使用面积指标（m^2/座）

房间名称	小学	中学
普通教室	1.36	1.39
计算机教室	2.00	1.92
语言教室	2.00	1.92

房间名称	小学	中学
美术教室	2.00	1.92
书法教室	2.00	1.92
音乐教室	1.70	1.64
舞蹈教室	2.14	3.15
合班教室	0.89	0.90
学生阅览室	1.80	2.00
教师阅览室	1.80	2.30

② 主要教学辅助用房的使用面积指标（m^2/每间）（表6-4）

表6-4　主要教学辅助用房的使用面积指标（m^2/每间）

房间名称	小学	中学
普通教室教师休息室	3.50（每位教师）	3.50（每位教师）
实验员室	12.00	12.00
仪器室	15.00	24.00
历史资料室	12.00	12.00
地理资料室	12.00	12.00
计算机教室资料室	24.00	24.00
语言教室资料室	24.00	24.00
美术教室教具室	24.00	24.00
乐器室	24.00	24.00
舞蹈教室更衣室	12.00	12.00

3）学生宿舍

① 学生宿舍不得设在地下室或半地下室。

② 学生宿舍每室居住人数不得超过6人，每个学生的使用面积不宜小于 $3.00m^2$。

③ 每个学生的储藏空间宜为 $0.30\sim0.45m^2$。

4）普通教室的布置

① 单人课桌的平面尺寸为 $0.60mm\times0.40mm$。

② 课桌排距不应小于 $0.90m$，独立的非完全小学可为 $0.85m$。

③ 最前排课桌的前沿与前方黑板的水平距离不宜小于 $2.20m$。

④ 最后排课桌的前沿与前方黑板的水平距离小学不宜大于 $8.00m$，中学不宜大于 $9.00m$。

⑤ 教室最后排座椅之后应预留不小于 $1.10m$ 的横向疏散走道。

⑥ 教室中纵向走道：中小学不应小于 $0.60m$，独立的非完全小学可为 $0.55m$。

⑦ 沿墙布置的课桌端部与墙面或壁柱、管道等墙面凸出物的净距不宜小于 $0.15m$。

⑧ 前排边座座椅与黑板远端的水平视角不应小于 $30°$。

5）黑板及讲台的数据指标

① 黑板

A. 黑板的长度：小学不宜小于 3.60m，中学不宜小于 4.00m。

B. 黑板的高度不应小于 1.00m。

C. 黑板下边缘与讲台面的垂直距离小学宜为 0.80～0.90m，中学宜为 1.00～1.10m。

② 讲台

讲台的长度应大于黑板的长度，宽度不应小于 0.80m，高度宜为 0.20m。讲台边缘应大于黑板边缘每边分别不应小于 0.40m。

（3）办公建筑

《办公建筑设计规范》（JGJ 67—2006）中规定：

1）规模与分类

办公建筑的分类见表 6-5。

表 6-5　办公建筑的分类

类别	示例	设计使用年限	耐火等级
一类	特别重要的办公建筑	100 年或 50 年	一级
二类	重要的办公建筑	50 年	不低于二级
三类	普通的办公建筑	25 年或 50 年	不低于二级

2）办公建筑的面积指标

① 普通办公室每人使用面积不应小于 $4m^2$。单间办公室净面积不应小于 $10m^2$。

② 设计绘图室每人使用面积不应小于 $6m^2$。研究工作室每人使用面积不应小于 $5m^2$。

③ 小会议室使用面积宜为 $30m^2$。中会议室使用面积宜为 $60m^2$。

④ 中小会议室每人使用面积：有会议桌的不应小于 $1.80m^2$。无会议桌的不应小于 $0.80m^2$。

（4）托儿所、幼儿园

《托儿所、幼儿园建筑设计规范》（JGJ 39—87）中规定：

1）规模

① 接纳三周岁以下的幼儿为托儿所，接纳三周岁至六周岁幼儿的为幼儿园。

② 幼儿园的规模（包括托、幼合建的）分为：大型：10～12 个班；中型：6～9 个班；小型：5 个班以下。

③ 单独的托儿所的规模以不超过 5 个班为宜。

④ 托儿所、幼儿园每班人数

A. 托儿所：乳儿班及托儿小班、中班 15～20 人，大班 21～25 人。

B. 幼儿园：小班 20～25 人、中班 26～30 人、大班 31～35 人。

2）房间组成

① 生活用房：活动室、寝室、卫生间（厕所、盥洗、洗浴）等。全日制的托、幼宜将活动室与寝室合并设置。

② 服务用房：医务保健室、保育员值班室、办公室等。

③ 供应用房：厨房、烧水间、洗衣房等。

3）生活用房的设计

① 严禁将幼儿用房设在地下室或半地下室。

② 托儿所、幼儿园的儿童用房在一、二级耐火等级的建筑中，不应设在四层及四层以上。三级耐火等级的建筑不应设在三层及三层以上。四级耐火等级的建筑不应超过一层。

③ 面积指标

A. 幼儿园生活用房每班的最小使用面积应符合表6-6的规定。

表6-6 幼儿园生活用房每班的最小使用面积（m²）

房间名称＼规模	大型	中型	小型
活动室	50	50	50
寝室	50	50	50
卫生间	15	15	15
衣帽贮藏室	9	9	9
音体活动室	150	120	90

B. 托儿所生活用房每班的最小使用面积应符合表6-7的规定。

表6-7 托儿所生活用房每班的最小使用面积

房间名称	使用面积（m²）	房间名称	使用面积（m²）
乳儿室	50	卫生间	10
喂奶室	15	贮藏室	6
配乳室	8	—	—

④ 服务用房的设计

A. 服务用房的使用面积不应小于表6-8的规定。

表6-8 服务用房的使用面积（m²）

房间名称＼规模	大型	中型	小型
医务保健室	12	12	10
隔离室	2×8	8	8
晨检室	15	12	10

B. 医务保健室和隔离室宜相邻布置。若为楼房时应布置在底层。隔离室内应布置厕所。

C. 晨检室宜设置在建筑物的主要出入口。

D. 幼儿洗浴设施与职工洗浴设施不宜共用。

⑤ 供应用房的设计

A. 供应用房的使用面积不应小于表6-9的规定。

表 6-9　供应用房的使用面积（m²）

房间名称	规模	大型	中型	小型
厨房	主副食加工间	45	36	30
	主食库	15	10	15
	副食库	15	10	15
	冷藏室	8	6	4
	配餐间	18	15	10
消毒间		12	10	8
洗衣房		15	12	8

4. 房间的形状和尺寸

房间的平面形状与室内使用活动特点，家具布置方式，以及采光、通风、音响等因素有关。有时还要考虑人们对室内空间的观感。

住宅、宿舍、学校、办公楼等建筑类型，大多采用矩形平面的房间。

在决定矩形平面的尺寸时，要注意宽度及长度尺寸应满足使用要求和符合模数的规定。以普通教室为例，第一排座位距黑板的最小尺寸为 2m，前排边座与黑板远端夹角控制在不小于 30°，最后一排座位距黑板的距离应不大于 8.5m。普通教室应注意从左侧采光。此外，教室宽度应满足家具设备和使用空间的要求，一般常用 5.7m×9.0m，6.0m×9m，6.6m×9.9m 等规格。办公室和住宅卧室等房间，大多采用沿外墙短向布置的矩形平面，这是综合考虑家具布置、房间组合、技术经济条件和节约用地等多方面因素考虑的。常用尺寸为 3.3m×5.1m，3.3m×5.4m，3.6m×5.4m，3.6m×6.0m 等。

影院、剧场、体育馆的观众厅，由于使用人数多，有视听和疏散要求；一般采用较复杂的平面形状。这种平面以大厅为主，附属房间分布在大厅周围。

5. 门窗洞口大小与布置

（1）住宅

1）窗洞口的大小应通过窗地比确定。

① 卧室、起居室（厅）、厨房的窗地比为 1/7。

② 楼梯间（设置采光窗时）的窗地比为 1/10。

2）门洞口的最小尺寸应符合下列规定（表 6-10）：

表 6-10　门洞口的最小尺寸

类　别	宽度（m）	高度（m）
共用外门	1.20	2.00
户（套）门	1.00	2.00
起居室（厅）门	0.90	2.00
卧室门	0.90	2.00
厨房门	0.80	2.00
卫生间门	0.70	2.00
阳台门（单扇）	0.70	2.00

注：1. 表中门洞高度不包括门上亮子高度，宽度以平开门为准；

　　2. 洞口两侧地面有高差时，以高地面为起算高度。

（2）中小学校

1）窗

① 应按窗地比的数值确定窗洞口的大小。

② 窗的平面位置应实现无暗角和眩光，中小学教室一侧有采光窗时，应保证从左侧采光。

③ 窗的平面位置应能实现自然通风（穿堂风），一般应将窗与窗或窗与门对应布置。

2）门

① 房间疏散门开启后，每樘门净通行宽度不应小于 0.90m。

② 每间教学用房的疏散门均不应少于 2 个。

③ 当教室处于袋形走道尽端时，若教室内任一处距教室门的距离不超过 15.00m，且门的通行净宽度不应小于 1.50m 时，可设 1 个门。

（3）办公建筑

1）窗：应按窗地比的数值确定窗洞口的大小。

2）门：

① 办公室内门的洞口宽度不应小于 1.00m；洞口高度不应小于 2.10m；

② 建筑物的外门应按"百人指标"确定洞口宽度，净宽度不应小于 1.20m。

（4）托儿所、幼儿园

1）窗的要求

① 侧面采光的窗地面积比不应小于表 6-11 的规定。

表 6-11　侧面采光的窗地面积比

房间名称	窗地面积比
音体活动室、活动室、乳儿室	1/5
寝室、喂奶室、医务保健室、隔离室	1/6
其他房间	1/8

注：单侧采光时，房间进深与窗上口距地面高度的比值不宜大于 2.5。

② 楼层无室外阳台时，应设窗护栏。

③ 距地 1.30m 内不应开设平开窗。

④ 活动室、音体活动室窗台高度不宜大于 0.60m。

2）门的要求

① 在距地 0.60～1.20m 高度内，不应装易碎玻璃。

② 在距地 0.70m 处，宜加设幼儿专用扶手。

③ 不应设置门槛和弹簧门。

④ 外门宜设纱门。

⑤ 活动室、寝室、音体活动室应设双扇平开门，其宽度不应小于 1.20m。疏散通道中不应使用转门、弹簧门和推拉门。

⑥ 严寒、寒冷地区主体建筑的主要出入口应设置挡风门斗，其双层门中心距离不应小于 1.60m。

三、辅助使用房间的设计

(1) 住宅

1) 厨房

① 使用面积：套型一的使用面积不应小于 4.00m²；套型二的使用面积不应小于 3.50m²。

② 宜布置在套内进入口处。

③ 应设置洗涤台、案台、炉灶及排油烟机、热水器等设施或预留位置。

④ 单排布置设备的厨房净宽不应小于 1.50m，双排布置设备的厨房其两排设备之间的净距不应小于 0.90m。

2) 卫生间

① 每套住宅卫生间应至少配置便器、洗浴器、洗面器，使用面积不应小于 2.50m²。

② 不同设备组合卫生间的使用面积：

A. 设便器、洗面器时，不应小于 1.80m²；

B. 设便器、洗浴器时，不应小于 2.00m²；

C. 设洗面器、洗浴器时，不应小于 2.00m²；

D. 设洗面器、洗衣机时，不应小于 1.80m²；

E. 单设便器时，不应小于 1.10m²；

③ 无前室的卫生间的门不应直接开向起居室（厅）或厨房。

④ 卫生间不应直接布置在下层住户的卧室、起居室（厅）、厨房和餐厅的上层。

⑤ 当卫生间布置在本套内下层住户的卧室、起居室（厅）、厨房和餐厅的上层时，均应有防水和便于检修的措施。

⑥ 每套住宅应设置洗衣机的位置及条件。

3) 阳台

① 每套住宅宜设阳台或平台。

② 顶层阳台应设雨罩。

③ 各套住宅之间毗连的阳台应设分户搁板。

(2) 中小学校

1) 卫生间：教学用建筑每层均应设学生男、女厕所和教师男、女厕所。

2) 卫生间的设备

① 卫生间应设置前室。男、女生厕所不得共用一个前室。

② 男生厕所的设备数量为每 40 人设 1 个大便器或 0.60m 长大便槽。每 20 人设 1 个小便斗或或 0.60m 长小便槽。

③ 女生厕所的设备数量为每 13 人设 1 个大便器或 0.60m 长大便槽。

④ 每 40～45 人设 1 个洗手盆或 0.60m 长盥洗槽。

⑤ 卫生间内或卫生间附近应设污水池。

(3) 办公建筑

1) 厕所应设前室。

2) 厕所的门不宜直接开向办公用房、门厅、电梯厅。

3) 办公建筑卫生洁具的服务人数应符合表 6-12 的规定。

表 6-12 办公、商场、工厂和其他公用建筑为职工配置的卫生洁具服务人数

适合任何种类职工使用的卫生标准

数量（人）	大便器数量	洗手盆数量
1～5	1	1
6～26	2	2
26～50	3	3
51～75	4	4
76～100	5	5
>100	增建卫生间的数量或按每 25 人的比例增加设施	

其中男性职工的卫生设施

男性职工人数	大便器数量	小便器数量
1～15	1	1
16～30	2	1
31～45	2	2
46～60	3	2
61～75	3	3
76～90	4	3
91～100	4	4
>100	增建卫生间的数量或按每 50 人的比例增加设施	

注：1. 洗手盆设置：50 人以下，每 10 人配 1 个，50 人以上，每增加 20 人增配 1 个。

  2. 男女性别的厕所必须各设一个。

四、交通联系部分的设计

（1）住宅

1）走道

① 套内入口过道净宽不宜小于 1.20m。

② 通往卧室、起居室（厅）的过道净宽不应小于 1.00m。

③ 通往厨房、卫生间、贮藏室的过道净宽不应小于 0.90m。

2）楼梯

① 楼梯梯段净宽不应小于 1.10m，不超过 6 层的住宅，一边设有栏杆的梯段净宽不应小于 1.00m。

② 楼梯踏步宽度不应小于 0.26m，踏步高度不应大于 0.175m。

③ 楼梯休息平台净宽不应小于楼梯梯段净宽，且不得小于 1.20m（剪刀楼梯为 1.30m）。

④ 扶手高度不应小于 0.90m（从踏步前缘量起）。

3）台阶与坡道

① 台阶：公共出入口台阶踏步宽度不宜小于 0.30m，踏步高度不宜大于 0.15m，并不宜小于 0.10m。

② 坡道与无障碍措施

A. 7 层及 7 层以上住宅的建筑入口、入口平台、候梯厅、公共通道应采取无障碍措施。

B. 建筑入口设台阶时，应同时设置轮椅坡道和扶手。坡道的坡度见表 6-13。

表 6-13　坡道的坡度

坡度	1:20	1:16	1:12	1:10	1:8
最大高度（m）	1.50	1.00	0.75	0.60	0.35

C. 供轮椅通行的门的净宽不应小于 0.80m。

D. 供轮椅通行的走道和通道净宽不应小于 1.20m。

4）电梯与自动扶梯

① 7 层及 7 层以上的住宅应设置电梯。

② 住宅入口层楼面距室外设计地面的高度超过 16m 时应设置电梯。

③ 候梯厅深度不应小于 1.50m。

（2）中小学校

1）走道

① 走道应根据在该走道疏散的总人数按百人指标计算确定。百人指标见表 6-14。

表 6-14　百人指标

所在楼层位置	耐火等级		
	一、二级	三级	四级
地上一、二层	0.70	0.80	1.05
地上三层	0.80	1.05	—
地上四、五层	1.05	1.30	—
地下一、二层	0.80	—	—

② 每股人流的宽度应按 0.60m 计算。疏散走道宽度最少应为 2 股人流。

③ 教学用房内走道净宽度不应小于 2.40m，单侧走道及外廊的净宽度不应小于 1.80m。

2）门厅与过厅

① 教学用房在建筑的主要出入口处宜设置门厅。

② 建筑物出入口的净通行宽度不得小于 1.40m，门内外个 1.50m 范围内不宜设置台阶。

3）楼梯

① 梯段宽度不应小于 1.20m，并应按 0.60m 的整倍数增加。每个梯段可增加 0.15m 的摆幅宽度。

② 踏步尺寸：各类小学 0.26m×0.15m；各类中学 0.28m×0.16m。

③ 楼梯的坡度不得大于 30°。

④ 梯井净宽不得大于 0.11m。两梯段扶手间的水平净距宜为 0.10～0.20m。

⑤ 扶手高度应为 0.90m，水平扶手高度应为 1.10m。

4）电梯

① 5 层及 5 层以上办公建筑应设电梯。

② 可按办公建筑面积每 5000m² 设置 1 台电梯的标准计算电梯数量。

（3）办公建筑

办公建筑的走道净宽度见表 6-15。

表 6-15 走道的最小净宽度

走道长度（m）	走道净宽（m）	
	单面布局	双面布局
≤40	1.30	1.50
>40	1.50	1.80

（4）托儿所、幼儿园

1）走道

主体建筑走道净宽度不应小于表 6-16 的规定。

表 6-16 主体建筑走道净宽度（m²）

房间名称 房间布置	双面布房	单面布房或外廊
生活用房	1.80	1.50
服务、供应用房	1.50	1.30

2）楼梯

① 楼梯除设成人扶手外，并应在靠墙一侧设幼儿扶手，其高度不应大于 0.60m。

② 楼梯踏步宽度不应小于 0.26m，踏步高度不应大于 0.15m。

3）电梯

托儿所、幼儿园为楼房时，宜设置小型垂直提升食梯。

4）台阶

在幼儿安全疏散和经常出入的通道上，不应设置台阶。设置坡道时，坡度不应大于 1：12。

五、房间的平面布置应有利于抗震

下列布置方法对抗震不利，应予以注意。

1. 局部设置地下室。

2. 大房间设在顶层的端部。

3. 楼梯间放在建筑物的边角部位。

4. 建筑物的转角部位房间设置转角窗。

5. 平面凹凸不规则（平面凹进的尺寸不应大于相应投影方向总尺寸的 30%）。

6. 采用砌体墙与混凝土墙混合承重。

六、建筑平面的组合设计

1. 建筑平面组合设计的任务

（1）根据建筑功能和卫生要求，合理安排各组成部分的位置。

（2）组织好建筑物内部和内外之间方便和安全的联系。

（3）考虑到结构布置、施工方法和所用材料的合理性，并考虑美观要求。

(4) 考虑总体规划要求，注意节约用地。

2. 建筑平面组合的几种方式

(1) 走廊式组合。这种方式是在走廊的一侧或两侧布置房间。房间相互联系比较方便，与外界联系通过走廊实现。走廊两侧布置房间，形成走廊较暗时，可在走道尽端开窗或在门上作有亮子，以改善采光条件。

走廊式组合主要用于办公、教学、旅馆、宿舍等类建筑中（图6-3）。

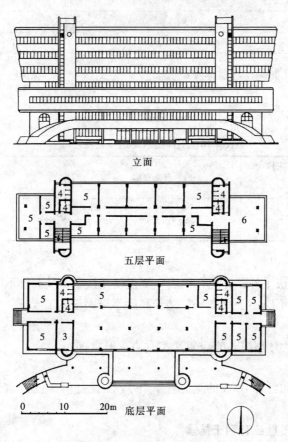

立面

五层平面

底层平面

0　　10　　20m

深圳　文锦渡海关办公楼（7层）

图6-3　走廊式组合

(2) 套间式组合。这种方式是房间之间直接穿通，联系最为简捷、方便。

套间式组合主要应用于使用顺序和连续性较强，使用时不需分隔的建筑，如火车站、展览馆、浴室等建筑中（图6-4）。

(3) 大厅式组合。这种方式是在人流集中、厅内具有一定活动特点并需要较大空间时形成的组合方式。

大厅式组合常以一个面积较大、活动人数较多、有一定视、听等使用特点的大厅为主，辅以其他辅助房间，如剧院、会堂、体育馆等建筑中（图6-5）。

3. 建筑平面组合与结构类型的关系

(1) 当房间的开间大部分相同，并符合钢筋混凝土板的经济跨度时，多采用横向墙体承

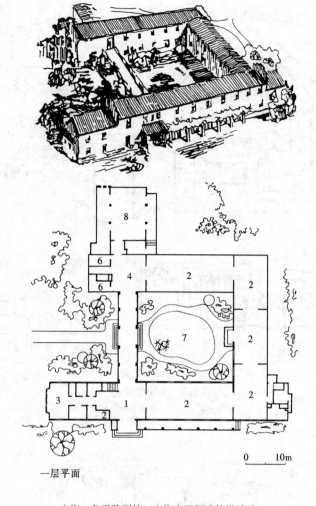

一层平面

上海 鲁迅陈列馆（上海市民用建筑设计院）

图 6-4 套间式组合

1—门厅；2—陈列厅；3—接待；4—休息；5—办公；6—厕所；
7—内院；8—报告厅；9—库房；10—小卖部；11—教室

重的横墙承重方案。

　　（2）当房间的进深基本相同，并符合钢筋混凝土板的经济跨度时，多采用纵向墙体承重的纵墙承重方案。

　　（3）当房间的进深与开间尺寸均符合钢筋混凝土板的经济跨度时，可采用纵横墙同时承重的混合承重方案。

　　（4）当房间面积较大、层高较高、荷载较重或建筑物层数较高时，可采用框架结构。框架结构的特点是采用柱、梁、板形成的骨架承重、墙体只起围护与分隔作用。

　　（5）当房间的面积和体量均较大时，可以采用空间结构，其主要形式有折板结构、壳体结构、网架结构、悬索结构等。

　　4. 建筑平面组合与基地环境的关系

　　（1）基地大小和形状，对房屋的层数、平面组合的布局关系极为密切。图 6-6 为不同基

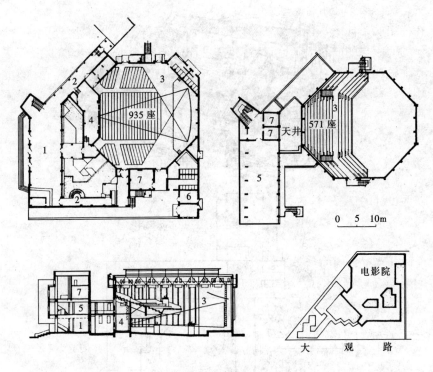

昆明　大观电影院

图 6-5　大厅式组合

1—门厅；2—休息厅；3—观众厅；4—放映机房；5—文娱厅；6—通风机房；7—办公

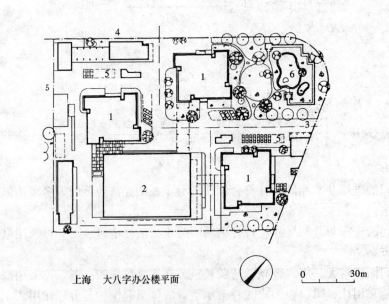

上海　大八字办公楼平面

图 6-6　总平面图布置

1—主楼；2—综合楼；3—主要出入口；4—辅助出入口；

5—停车场；6—喷水池

地条件的中学教学楼平面组合。

（2）在一定的条件下，建筑物之间必要的间距和建筑朝向，对进深尺寸和平面组合关系密切。房屋的间距与朝向必须满足日照、防火、通风和使用要求的关系。

（3）基地的地形条件。坡地建筑的平面组合应依山就坡，使建筑物的内部组合、剖面关系与地形相符合。当建筑平行于等高线布置时，应采用阶梯状的平面组合；当建筑物垂直或斜交于等高线布置时，应采用错层式的平面组合。

第五节 建筑剖面设计

一、剖面设计的任务

建筑物的各部分高度和剖面形式的确定；建筑层数的确定；建筑空间组合和利用；建筑剖面中结构和构造的关系。是剖面设计的主要任务。

二、房间的高度和剖面形式

1. 房间的层高与净高

（1）住宅

1）住宅层高宜为 2.80m。

2）卧室、起居室（厅）的室内净高不应低于 2.40m。室内面积不大于 1/3 的区域局部净高不应低于 2.10m。

3）利用坡屋顶内空间作卧室、起居室（厅）时，至少有 1/2 的使用面积的室内净高不应低于 2.10m。

4）厨房、卫生间的室内净高不应低于 2.20m。

5）厨房、卫生间内排水横管下表面与楼面、地面净距不得低于 1.90m，且不得影响门、窗扇开启。

（2）中小学校

主要教学用房的最小净高见表 6-17。

表 6-17　　主要教学用房的最小净高

教 室	小学	初中	高中
普通教室、史地、美术、音乐教室	3.00	3.05	3.10
舞蹈教室		4.50	
科学、计算机、劳动、技术、和班教室、实验室		3.10	
阶梯教室	最后一排（楼地面最高处）距顶棚或上方突出物最小距离为 2.20m		

（3）办公建筑

1）一类办公建筑净高不应低于 2.70m；二类办公建筑净高不应低于 2.60m；三类办公建筑净高不应低于 2.50m；

2）办公建筑的走道净高不应低于 2.20m；贮藏间净高不应低于 2.00m。

（4）托儿所、幼儿园

1) 室内最低净高不应低于表 6-18 的规定。

表 6-18 生活用房室内最低净高

房间名称	最低净高（m）
活动室、寝室、乳儿室	2.80
音体活动室	3.60

注：特殊形式的顶棚，最低处距地面净高不应低于 2.20m。

2) 单侧采光的活动室，其进深不宜超过 6.60m。楼层活动室宜设置室外活动的阳台或露台。

2. 构造措施

(1) 住宅

1) 卧室、起居室（厅）、厨房不应布置在地下室。

2) 除卧室、起居室（厅）、厨房以外的其他房间可布置在地下室，但应对采光、通风、防潮、排水及安全防护等采取措施。

(2) 办公建筑

1) 特别重要的办公建筑主楼的正下方不宜设置地下汽车库。

2) 每层应设置垃圾回收间。

3. 房间的剖面形式

房间的剖面形状与以下因素有关。

(1) 室内使用性质和活动特点：对于室内使用人数少、房间面积小的房间，应以矩形为主；对于室内使用人数多、面积较大且有视听要求等使用特点的房间应作成阶梯形或斜坡形。

(2) 采光和通风要求

1) 采光一般以自然光线为主。室内光线的强弱和照度是否均匀与窗的宽度、位置和高度有关。

2) 单面采光时，窗的上沿离地面的高度，应大于房间进深长度的 1/2；双面采光时，窗的上沿离地面的高度应不小于总深度的 1/4。

3) 窗台的高度应与使用要求、人体尺度和家具高度有关，一般为 900mm 左右。窗上口应尽可能小，以避免顶棚出现暗角。常用尺寸应不小于 450mm。

4) 房间内的通风要求与室内进出风口在剖面上的位置高低有关，也与房间净高有一定的影响。温湿和炎热地区的民用房屋，应利用空气的气压差，组织室内穿堂风。一些房间，如厨房，可以利用气楼来排除热量。

(3) 结构类型的要求

1) 在砌体结构中，现浇钢筋混凝土梁板比预制钢筋混凝土梁板的净空大，为减小梁的高度，可以把矩形截面改作 T 形或十字形。

2) 空间结构可以与剖面形状结合起来选用，常用的空间结构有悬索、壳体、网架、膜结构等类型。

(4) 设备位置的要求：设备经常指的是手术室的无影灯、舞台的吊景设备等，这些都直接影响到剖面的形状与高度。

（5）室内空间比例关系：室内空间宽而低常给人以压抑的感觉，狭而高的房间又会使人感到拘谨。一般根据房间面积大小、室内顶棚的处理方式、窗子的比例关系等因素，给人创造出感觉舒适的空间来。

三、房屋层数的确定

影响房屋层数的因素很多，主要有房屋本身的使用要求，城市规划要求，结构类型特点，建筑防火要求等。

不同的建筑性质对层数要求不同。如幼儿园、门诊部等以单层或低层为主。

城市规划从改善城市面貌和节约用地角度考虑，也对房屋层数作了具体的规定。以北京地区为例：紫禁城是中心，呈"盆形"向四周发展。即二环路以内以建造多层为主，一般为4～6层。二环路以外可以适当建造些高层，但层数不宜过高，紫禁城两侧，应保留部分平房，新建房屋一般以2～3层为主。

砌体结构以建造多层为主，其他结构可以建造多层、高层。特种结构一般以建造低层为主。建筑防火也是影响结构和建筑层数的重要因素，应按有关规定确定层数。

四、剖面组合方式

剖面组合可以采用单一的方式，也可以采用组合的方式。图6-7为剧场的剖面组合，高差变化较多，但功能十分明确。常用的组合方式有：高层加裙房、错层和跃层等方式。

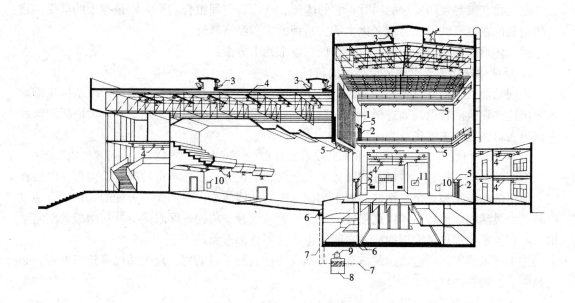

图6-7　剖面的组合

1—防火幕；2—防火门；3—排烟窗；4—闭式喷头；5—开式喷头与水幕喷头；6—消防排水明沟；

7—消防排水管；8—消防污水池；9—消防污水泵；10—消火栓；11—消防控制室观察窗

1. 高层加裙房

在高层建筑的底层部位建造高度不超过24m的房屋称为裙房。裙房只能在高层建筑的三面兴建，另一面用作消防通道。裙房大多数用作服务性房屋。

2. 错层

错层是在建筑物的纵、横剖面中，房屋几部分之间的楼地面，高低错开，以节约空间。其过渡方式有台阶、楼梯等。

3. 跃层

跃层多用于住宅中，每个住户有上下层的房间，并用户内专用楼梯联系。这样作的优点是节约公共交通面积，彼此干扰少，通风条件好。但结构较为复杂。

五、边角空间的利用

充分利用建筑物内部的空间，等于扩大了建筑物的使用面积。

边角空间指的是下列地方：

1. 房间内的空间

如在床铺上作吊柜，厨房中作搁板，图书馆的阅览室内设夹层等。

2. 走廊、门厅和楼梯间的空间利用

如在高度较大的周围设置夹层或走马廊，楼梯间的底部作贮藏室，顶部作水箱间等。

第六节　建筑体形和立面设计

一、建筑体形和立面设计的任务

建筑物在满足使用要求的同时，它的体形、立面、空间组合均给人以精神上的享受。建筑的美观问题也反映了社会的文化生活、精神面貌和经济基础。

建筑体形和立面设计的任务主要表现在以下几个方面：

1. 反映建筑功能要求和建筑类型的特征

不同功能要求的建筑类型，具有不同的内部空间组合特点，房屋的外部形象也应相应地表现出这些建筑的特点。如进深小、入口多、分组设置阳台的建筑为住宅；有大面积橱窗和人流出入口明显位置的建筑为商场等。

2. 符合材料性能、结构构造和施工技术的特点

不同的材料、构造和施工方法对体形和立面影响很大。墙体承重的砌体结构容易取得朴实、稳重的建筑造型效果。钢筋混凝土和钢框架的结构体系，由于受力分配的变化，容易取得轻巧、灵活的立面特点。以高强度的钢材、钢筋混凝土或钢丝网水泥等材料构成的空间结构，不仅为室内提供了大型的活动空间，也丰富了外部形象。

施工技术的不同，也给建筑体形带来不少变化。如板材结构、盒子结构等建筑外观，必然是简洁、规整的特点。

3. 掌握建筑标准和相应的技术经济指标

严格按照国家规定的建筑标准，选用材料、造型、装修标准。

4. 适应基地环境和建筑规划的群体布置

总体规划的影响和基地大小、形状，使房屋的体形受到一定的制约。山区或丘陵地区，宜采用错层布置，炎热地区建筑，立面上应空透或采取相应的遮阳措施。

5. 符合建筑造型和立面构图的一般规律

建筑体形和立面设计，还必须遵循立面构图规律，本着"古为今用"、"洋为中用"、"推陈出新"的精神，有分析地借鉴吸收国内外先进经验，创造为广大人民喜闻乐见、具有我国

民族风格的建筑特色。

二、建筑体形的组合

建筑体形反映建筑物总的体量大小、组合方式、比例尺度等，它对房屋外形的总体效果具有重要影响。

建筑体形有对称型和非对称型两种。对称体形有明显的中轴线，主次关系分明、形体完整，容易取得端正、庄严的感觉。一些会堂和纪念性建筑物多采用这种做法。不对称体形布局比较灵活、自由，容易取得舒展、活泼的造型效果。一些医院、疗养院、园林建筑等常采用这种体形。

建筑体形组合，应遵守以下规律：

1. 完整均衡、比例恰当

简单的几何体和对称的体形、容易达到完整均衡的效果。对于不对称的体形，为了达到均衡的效果，应注意各部分的比例关系，使其协调一致，有机联系，在不对称中取得均衡。

2. 主次分明、交接明确

建筑体形的组合，要处理各组成部分的连接关系，尽可能做到主次分明、交接明确。

常采用的连接方式：形体直接连接或铰接，两个形体之间加通廊连接和两个形体之间加连接体连接等方式。

3. 体形简洁、环境协调

简洁的建筑体形容易取得完整统一的造型效果。

建筑体形还应考虑与地形、绿化等基地环境一致，使建筑物在基地环境中求得统一。

三、建筑立面设计

建筑立面是表示房屋四周的外部形象。立面构图是与平面、剖面紧密结合的。

建筑立面由许多构件所组成，它们是墙体、梁柱、门窗、阳台、外廊以及台基、勒脚、檐口等。建筑立面设计实际上是确定上述构件的比例、尺度、节奏、虚实等关系，使其体形完善、形式与内容统一。

1. 比例和尺度

尺度正确、比例协调，是使立面完整统一的重要方面。立面上踏步高低、栏杆、窗台高度，大门拉手等均应与人的尺度相协调。比例包括构件的自身比例（如门窗宽高尺寸等）和细部与总体的比例。

2. 节奏感和虚实对比

建筑立面上，相同构件或门窗有规律的变化，给人以节奏感。节奏应做到既整齐统一又富有变化。墙面中构件的竖向或横向划分，也能够明显地表现立面的节奏感和方向感。横向划分的立面通常具有轻巧、亲切的感觉；竖向划分的立面一般具有重、挺拔的感觉。

建筑立面的虚实对比，通常是指由于形体凹凸的光影效果所形成的比较强烈的明暗对比。虚指的是门窗洞口、门廊和凹廊等，实指的是墙面、栏板和柱墩等。

3. 材料质感和色彩配置

装修材料的质感和色彩的变化，给人们留下完整的外观印象。

粗糙的表面显得厚重、平整光滑的表面感觉轻巧。

白色和浅色感到明快、清新；深色为主的表面、显得端重、稳重；红、褐色趋于热烈；

蓝、绿色感到宁静。

4. 重点及细部处理

建筑物的重点部位指的是门口和楼梯间等地方、细部指的是勒脚、窗台、遮阳、雨篷及檐口、女儿墙等地方。

在作立面设计时，对上述部位应在形状、材料、颜色上取得变化，使立面丰富多彩。

复 习 思 考 题

1. 设计前应进行哪些准备工作？
2. 设计阶段怎样划分？
3. 建筑设计的要求有哪些？
4. 建筑设计的依据是什么？
5. 平面设计的任务是什么？
6. 建筑平面有几种形式？
7. 剖面设计要解决哪几个问题？
8. 常见的剖面组合方式有几种？
9. 建筑立面设计的任务是什么？
10. 建筑体形有几种类型？
11. 建筑立面设计应解决哪几个问题？

第七章　单层工业厂房的建筑构造

第一节　概　　述

图 7-1 为钢筋混凝土结构单层工业厂房的剖面图,从中我们可以看出构造的组成关系及主要技术名称。

一、工业建筑的分类

工业建筑是指为各类工业生产使用而建造的建筑物和构筑物。工业建筑既要为生产服务,也要为从事生产的广大劳动者服务。工业建筑应满足坚固适用、经济合理和技术先进的建设方针。

1. 工业建筑的分类

(1) 从层数上进行区分:

1) 单层工业厂房:单层工业厂房是指层数仅为一层的工业厂房,它主要用于重工业类的生产车间,如冶金类的钢铁厂、冶炼厂,机械类的汽车厂、拖拉机厂、电机厂、机械制造厂,建筑材料工业类的水泥厂、建筑制品厂等。这类

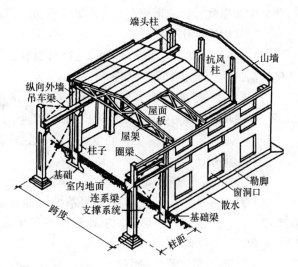

图 7-1　单层工业厂房的组成

厂房的特点是设备体积大、重量重、车间内以水平运输为主。生产过程中的联系靠厂房中的起重运输设备和各种车辆进行。

2) 多层工业厂房:多层工业厂房是指层数在 2 层及 2 层以上的厂房,常用的层数为2～6层。它主要用于轻工业类的厂房中,如电子类的电子元件、电视仪表,印刷行业中的印刷厂、装订厂,食品行业中的食品加工厂,轻工类的皮革厂、服装厂等。这类厂房的设备轻、体积小,工厂的大型机床一般安装在底层,小型设备一般安装在楼层。车间运输分垂直和水平两大部分。垂直运输靠电梯,水平运输则通过小型运输工具,如电瓶车等。

3) 混合厂房:这是单层工业厂房与多层工业厂房混合在一幢建筑中。这类厂房多用于化工类的建筑中。

(2) 从跨度的数量和方向来区分:

1) 单跨厂房:指只有一个跨度的厂房。

2) 多跨厂房:指由几个跨度组合而成的厂房,车间内部彼此相通(图 7-2)。

3) 纵横相交厂房:指由两个方向的跨度组合而成的工业厂房,车间内部彼此相通。

(3) 从跨度尺寸区分:

1) 小跨度:指小于或等于 12m 的单层工业厂房。这类厂房的结构类型以砌体结构

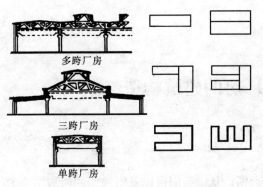

图 7-2　厂房的跨度及平面形式

为主。

2）大跨度：指 15～36m 的单层工业厂房。其中 15～35m 的厂房以钢筋混凝土结构为主，跨度在 36m 及 36m 以上时，一般以钢结构为主。

（4）从车间特点来区分：

1）灵活车间：这是柱距较大、跨度尺寸也较大的生产厂房，它可以满足工艺要求并随时进行设备调整。

2）联合车间：这是把几个车间合并成一个面积较大的车间。目前世界上最大的联合车间，其面积可达 200000m²。

（5）从生产性质来区分：

1）冷加工车间：这类车间指的是在常温状态下，加工非燃烧物质和材料的生产车间，如机械制造类的金工车间、修理车间等。

2）热加工车间：这类车间指的是在高温和熔化状态下，加工非燃烧物质和材料的生产车间，如机械制造类中的铸工、锻压、热处理车间等。

3）恒湿恒温车间：这类车间里要求有恒湿恒温条件，以满足生产的要求，如纺织车间、精密仪器车间等。

2. 有关单层工业厂房的技术名词

（1）跨度：指单层工业厂房中两条纵向轴线之间的距离。《厂房建筑模数协调标准》（GB/T 50006—2010）中规定，工业厂房的跨度在 18m 及 18m 以下时取 3m 的倍数；18m 以上时取 6m 的倍数。

（2）柱距：指单层工业厂房中两条横向轴线之间的距离。上述规范中规定，柱距一般为 6m。

（3）厂房高度：指单层工业厂房中的柱顶高度和牛腿面高度。一般均为 300mm 的倍数。

（4）柱网：指单层工业厂房中纵向轴线与横向轴线共同决定的轴线网；其交点处设置承重柱。这种平面称为柱网平面（见图 7-3）。

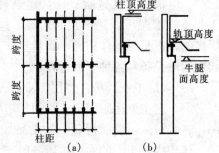

图 7-3　常用技术名词图解

（a）平面；（b）高度

二、单层工业厂房的组成与类型

1. 单层厂房的荷载传递

单层工业厂房中的荷载有动荷载和静荷载两大类。动荷载主要来自吊车运行时的起动和刹车力，此外还有地震荷载、风荷载等。静荷载包括建筑物的自重、吊车的自重和雪荷载、积灰荷载等。就上述荷载的传递路线可分为：竖向荷载、横向水平荷载、纵向水平荷载三部分。其传递路线见图 7-4、图 7-5、图 7-6。

2. 单层厂房的构件组成

从上述三个简图中，我们可以看到单层工业厂房主要由以下构件组成：

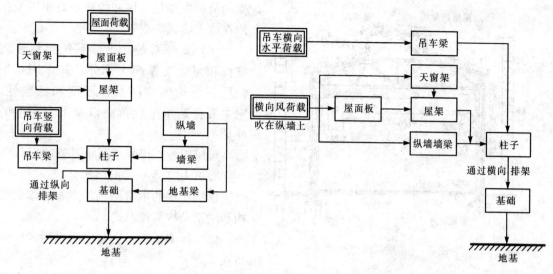

图 7-4　竖向荷载

图 7-5　横向水平荷载

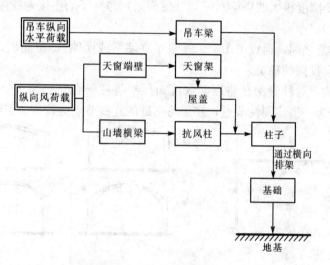

图 7-6　纵向水平荷载

（1）屋盖结构：其中包括屋面板、屋架（或屋面梁）及天窗架、托架等。

1）屋面板：它铺在屋架或屋面梁上，屋面板直接承受其上面的荷载，并传给屋架(屋面梁)。

2）屋架（屋面梁）：它是屋盖结构的主要承重构件。屋面板上的荷载、天窗荷载都要由屋架（屋面梁）承担。屋架（屋面梁）搁置在柱子上。

（2）吊车梁：吊车梁安放在柱子伸出的牛腿上。它承受吊车自重、吊车最大起重量以及吊车刹车时产生的冲切力，并将这些荷载传给柱子。

（3）柱子：它是厂房的主要承重构件，它承受着屋盖、吊车梁、墙体上的荷载，以及山墙传来的风荷载，并把这些荷载传给基础。

（4）基础：它承担作用在柱子上的全部荷载，以及基础梁承担的部分墙体荷载，并由基础传给地基。基础采用独立式基础。

（5）外墙围护系统：它包括厂房四周的外墙、抗风柱、墙梁和基础梁等。这些构件所承

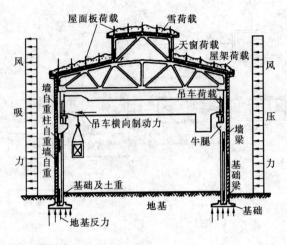

图 7-7 单层厂房剖面

受的荷载主要是墙体和构件的自重以及作用在墙上的风荷载等。

（6）支撑系统：支撑系统包括柱间支撑和屋盖支撑两大部分，其作用是加强厂房结构的空间整体刚度和稳定性。它主要传递水平风荷载以及吊车产生的冲切力。

单层工业厂房的剖面如图 7-7 所示。

3. 单层工业厂房的结构类型

单层厂房的承重结构，主要有排架结构和刚架结构两种形式。

（1）排架结构：这是广泛采用的一种型式。

1）排架结构是由柱子、基础、屋架（屋面梁）构成的一种骨架体系。它的基本特点是把屋架看成为一个刚度很大的横梁。屋架（屋面梁）与柱子的连接为铰接，柱子与基础的连接为刚接（图 7-8）。

2）排架和排架之间，通过吊车梁、连系梁（墙梁或圈梁）、屋面板以及支承系统组成，其作用是保证横向排架的稳定。

（2）刚架结构：这种做法是将屋架（屋面梁）与柱子合并成为一个构件。柱子与屋架（屋面梁）连接处为一整体刚性节点，柱子与基础的连接节点为铰接节点（图 7-9）。

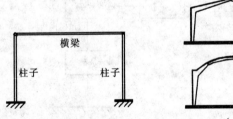

图 7-8 排架结构

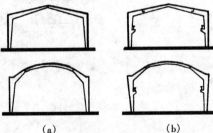

（a）　　　　　　　（b）

图 7-9 刚架结构

（a）现浇刚架；（b）预制刚架

三、单层工业厂房内部的起重运输设备

起重吊车是单层工业厂房中一种使用广泛的起重运输设备，它包括单轨电动葫芦、梁式吊车和桥式吊车等。

1. 悬挂式单轨吊车

它由电动葫芦和工字钢轨道两部分组成。工字钢轨可以悬挂在屋架（屋面梁）下皮，起重量 Q 为 0.5～5t（图 7-10）。

2. 单梁电动起重吊车

它由梁架和电动葫芦组成。梁架可以悬挂在屋架

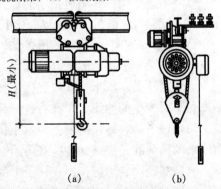

（a）　　　　（b）

图 7-10 悬挂式单轨吊车

（a）侧面；（b）正面

下皮或支承在吊车梁上。电动葫芦仍然安置在工字钢上。运送物品时，梁架沿厂房纵向移动，电动葫芦沿厂房横向移动，起重量 Q 为 1～5t（图 7-11）。

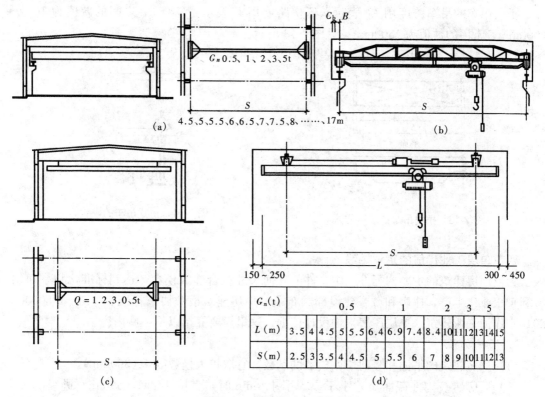

图 7-11　单梁电动起重吊车

（a）有吊车梁单梁式；（b）有吊车梁桁架式；（c）（d）悬挂式

3. 桥式吊车

它由桥架和起重小车组成。桥架支承在吊车梁上。桥架沿厂房长度方向运行，起重小车沿厂房宽度方向运行。桥式吊车的起重量为 5～350t，适用于 12～36m 跨度的厂房。桥式吊车的吊钩有单钩、主副钩（即大小钩，表示方法是分数线上为主钩的起重量，分数线下为副钩的起重量，如 50/20、100/25 等）和软钩、硬钩之分。软钩为钢丝绳挂钩，硬钩为铁臂支承的钳、槽等（图 7-12、图 7-13、图 7-14）。

桥式吊车按工作的重要性及繁忙程度分为轻级、中级、重级工作制，用 J_c 来代表。J_c 表示吊车的开动时间占全部生产时间的比率。轻级工作制 $J_c = 15\%$；中级工作制 $J_c = 25\%$，主要用于机械加工和装配车间等；重级工作制 $J_c = 40\%$，主要用于冶金车间和工作繁忙的其他车间。工作制对结构强度影响较大。桥式吊车的支承轮子，沿吊车梁上的轨道纵向往返行驶，

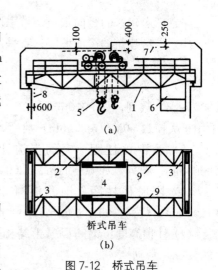

图 7-12　桥式吊车

1—吊架；2—水平系杆；3—轮子；4—带铰车的起重行车；5—吊轮；6—司机室；7—上部触轮的位置；8—吊车梁触轮的位置；9—吊车桥架梁

起重小车则在桥架上往返行驶。它们在起动和刹车时产生较大的冲切力，因而在选用支承桥式吊车的吊车梁时必须注意这些影响。

桥式吊车的吊车跨度用 L_k 表示。厂房跨度用 L 表示。L 与 L_k 之间的差值为 1000～2000mm，常用的数值为 1500mm。见图 7-13 所示。

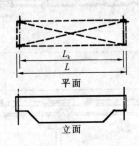

图 7-13　桥式吊车的表达方法

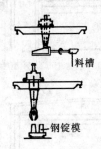

图 7-14　桥式吊车的硬钩

四、单层工业厂房的定位轴线

为使厂房建筑的主要构配件、组合件的几何尺寸符合建筑模数，达到标准化和系列化，有利于工业化生产，住房和城乡建设部颁布了《厂房建筑模数协调标准》（GB/T 50006—2010）作为工业建筑（单层厂房）的设计依据。这里扼要介绍以下一些内容。

1. 基本规定

（1）厂房建筑的平面和竖向协调模数的基数，宜取扩大模数 3M（300mm）。

（2）厂房建筑构件截面尺寸小于或等于 400mm 时，宜按 1/2M（50mm）进级，大于400mm 时，宜按 1M（100mm）进级。

（3）厂房建筑的纵横向定位，宜采用单轴线；当需设置插入距或联系尺寸时，可采用双轴线。

（4）厂房建筑的竖向定位，可采用相应的设计标高线作为定位线。

（5）厂房建筑的屋面坡度，宜采用 1∶5、1∶10、1∶15、1∶20、1∶30。

2. 钢筋混凝土结构厂房

（1）跨度：钢筋混凝土结构厂房的跨度小于或等于 18m 时，应采用扩大模数 30M（3000mm）数列，如 9000mm、12000mm、15000mm、18000mm 等。跨度大于 18m 时，应采用扩大模数 60M（6000mm）数列，如 24000mm、30000mm、36000mm 等。

（2）承重柱柱距：钢筋混凝土结构厂房的承重柱柱距，应采用扩大模数 60M（6000mm）数列。如 6000mm、12000mm 等。

（3）抗风柱柱距：钢筋混凝土结构厂房的抗风柱柱距，应采用扩大模数 15M（1500mm）数列。如 4500mm、6000mm、7500mm 等。

（4）柱顶高度：钢筋混凝土结构厂房自室内地面至柱顶的高度，应采用扩大模数 3M（300mm）数列。

（5）牛腿高度：有吊车的厂房，自室内地面至支承吊车梁的牛腿面的高度，应采用扩大模数 3M（300mm）数列。当牛腿面的高度大于 7000mm 时，应采用扩大模数 6M（600mm）数列。

图 7-15 为跨度与柱距示意图；图 7-16 为高度示意图。

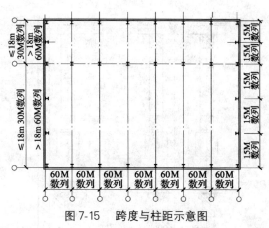

图 7-15　跨度与柱距示意图

（6）定位线

1）厂房墙、柱与横向定位轴线的定位

① 除变形缝处的柱、端部柱以外，柱的中心线应与厂房横向定位轴线相重合。

② 横向变形缝处柱应采用双柱及两条横向定位轴线，柱的中心线均应从定位轴线向两侧各移 600mm（图 7-17）。

2）厂房墙、边柱与纵向定位轴线的定位

① 边柱外缘和墙内缘宜与纵向定位轴线相重合。

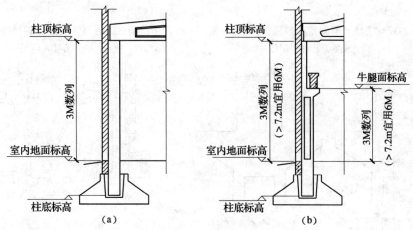

图 7-16　高度示意图

（a）无吊车剖面；（b）有吊车剖面

② 在有吊车梁的厂房中，边柱外缘和纵向轴线之间可加设联系尺寸，联系尺寸应采用 3M（300mm）数列。若墙体采用砌体结构时，联系尺寸可采用 1/2M 数列（图 7-18）。

3）厂房中柱与纵向定位轴线的定位

① 等高厂房的中柱，柱的中心线宜与纵向定位轴线相重合。

② 等高厂房的中柱，当相邻跨内需设插入距时，插入距应采用 3M（300mm），柱中心线宜与插入距中心线相重合（图 7-19）。

4）厂房高低跨柱与纵向定位轴线的定位

① 高低跨处采用单柱时，高跨上柱外缘与封墙内缘宜与纵向定位轴线相重合（图7-20）。

② 高低跨处采用双柱时，应采用两条定位轴线，并应设插入距，柱与纵向定位轴线的定位可按边柱的有关规定确定（图 7-21）。

5）吊车梁与纵向定位轴线的关系

① 吊车梁的纵向中心线与纵向定位轴线间的距离通常为 750mm，需要时亦可采用 1000mm 或 500mm（图 7-22）。

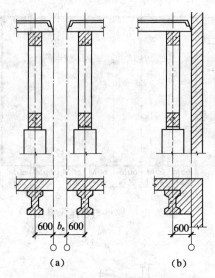

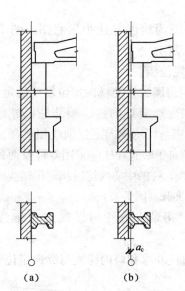

图 7-17　墙柱与横向定位轴线的定位

(a) 横向变形缝；(b) 短柱

图 7-18　墙、边柱与纵向定位轴线的定位

(a) 一般柱；(b) 有插入距中柱

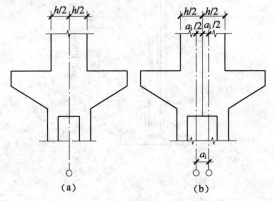

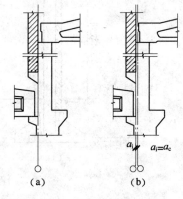

图 7-19　厂房中柱与纵向定位轴线的定位

(a) 一般中柱；(b) 有插入距中柱

图 7-20　高低跨中柱与纵向定位轴线的定位

(a) 一般中柱；(b) 有插入距中柱

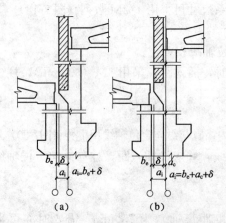

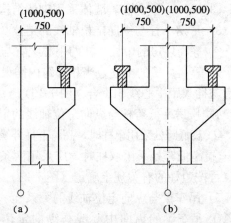

图 7-21　高低跨处双柱与纵向定位轴线的定位

(a) 一般中柱；(b) 有插入距中柱

图 7-22　吊车梁与纵向定位轴线的定位

(a) 边柱；(b) 中柱

② 吊车梁的两端面标志尺寸应与横向定位轴线相重合。

3. 普通钢结构厂房

（1）跨度：普通钢结构厂房的跨度小于 30m 时，应采用扩大模数 30M 数列，跨度大于或等于 30m 时，应采用扩大模数 60M 数列。

（2）柱距：普通钢结构厂房的柱距宜采用扩大模数 15M 数列，且宜采用 6000mm、9000mm、12000mm。

（3）柱顶高度：普通钢结构厂房自室内地面至柱顶的高度，应采用扩大模数 3M 数列。

（4）牛腿高度：有吊车的普通钢结构厂房，自室内地面至支承吊车梁的牛腿面的高度，宜采用基本模数 1M（100mm）数列。

4. 轻型钢结构厂房

（1）跨度：轻型钢结构厂房的跨度小于或等于 18m 时，宜采用扩大模数 30M 数列，跨度大于 18m 时，宜采用扩大模数 60M 数列。

（2）柱距：轻型钢结构厂房的柱距宜采用扩大模数 15M 数列，且宜采用 6000mm、7500mm、9000mm、12000mm。无吊车的中柱柱距宜采用 12000mm、15000mm、18000mm、24000mm。

（3）柱网：当生产工艺需要时，轻型钢结构厂房可采用多排多列纵横式柱网，同方向柱距（跨度）尺寸宜取一致，纵横向柱距可采用扩大模数 5M 数列，且纵横向柱距相差不宜超过 25%。

（4）柱顶高度：轻型钢结构厂房自室内地面至柱顶或房屋檐口的高度，应采用扩大模数 3M 数列。

（5）牛腿高度：有吊车的轻型钢结构厂房，自室内地面至支承吊车梁的牛腿面的高度，应采用扩大模数 3M 数列。

（6）抗风柱柱距：轻型钢结构厂房山墙处的抗风柱柱距，应采用扩大模数 5M（500mm）数列。

第二节　钢筋混凝土结构单层厂房的主要结构构件

一、柱子

柱子是单层工业厂房的竖向承重构件，它承重垂直荷载和水平荷载，并与外墙相连接，因此在选型上十分重要。

1. 柱子的种类

单层工业厂房中的柱子，主要采用钢筋混凝土柱；跨度大、振动多的厂房，一般采用钢柱；跨度小，起重量轻的厂房，一般采用砖柱。

柱子从位置上区分，有边列柱、中列柱、高低跨柱（以上均属于承重柱）和抗风柱（图 7-23）。

砖柱的截面一般为矩形。钢柱的截面一般采用格构形。钢筋混凝土柱的截

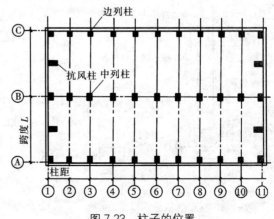

图 7-23　柱子的位置

面类型有矩形、工字形、空心管柱和双肢柱。

各种柱形如图 7-24 所示。

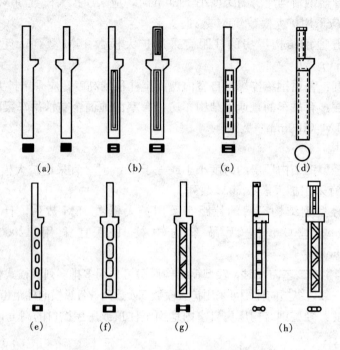

图 7-24　柱子的类型

(a) 矩形柱；(b) 工字形柱；(c) 预制空腹板工字形柱；(d) 单肢管柱；
(e) 双肢柱；(f) 平腹杆双肢柱；(g) 斜腹杆双肢柱；(h) 双肢管柱

(1) 矩形柱：这种柱的构造简单，施工方便。对中心受压柱或截面较小的柱子经常采用。矩形截面柱的缺点是不能充分发挥混凝土的承压能力，且自重大，消耗材料多。

(2) 工字形柱：这种柱的截面形式比较合理，整体性能好，比矩形柱减少消耗材料 30%～40%，施工较简单，在工业厂房中是一种经常采用的柱截面形式。

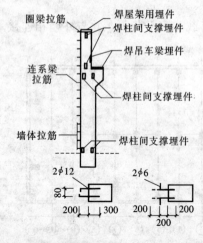

图 7-25　柱子的拉筋与埋件

(3) 空心管柱：这种柱子采用高速离心方法制作。其直径在 200～400mm 之间。牛腿部分需浇筑混凝土，牛腿上下均为单管。

(4) 双肢柱：在荷载作用下，双肢柱主要承受轴向力，因而可以充分发挥混凝土的强度。这种柱子断面小，自重轻，两肢间便于通过管道，少占空间。在吊车吨位较大的单层工业厂房中，柱子的截面也相应加大，采用双肢柱可以省去牛腿，简化了构造。

2. 柱身上的埋件与拉筋

柱子是单层工业厂房的主要竖向承重构件，特别是钢筋混凝土柱应预埋好与屋架、吊车梁、柱间支撑的埋件，还要预留好与圈梁、墙体的拉筋（图 7-25）。

二、基础与基础梁

1. 基础

单层工业厂房的基础主要采用杯形基础。这种基础呈独立形。基础的底面积由计算确定。基础的剖面形状一般做成锥形或阶梯形，预留杯口以便插入预制柱（图 7-26）。

2. 基础梁

采用排架结构的单层工业厂房，外墙通常不再作条形基础，而是将墙砌筑在特制的基础梁上，基础梁的断面形状如图 7-27 所示。基础梁搁置在杯形基础的顶面上，成为承自重墙，这样做的好处是避免排架与砖墙的不均匀下沉。当基础埋置较深时，可将基础梁放在基础上表面加的垫块上或柱的小牛腿上，以减少墙身的用砖量。

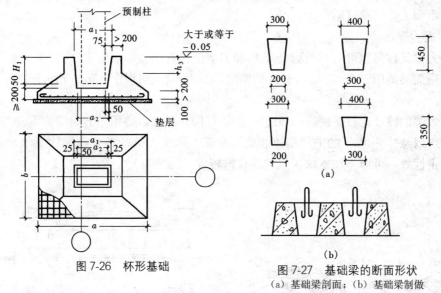

图 7-26　杯形基础

图 7-27　基础梁的断面形状
(a) 基础梁剖面；(b) 基础梁制做

基础梁在放置时，梁的表面应低于室内地坪 50mm，高于室外地坪 100mm，并且不单作防潮层（图 7-28）。

在寒冷地区的基础梁下部应设置防止土层冻胀的措施。一般做法是把梁下冻土挖除，换以干砂、矿渣或松散土层，以防止基础梁受冻土挤压而开裂。其做法如图 7-29 所示。

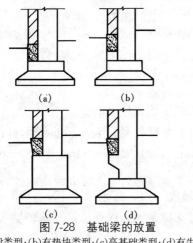

图 7-28　基础梁的放置
(a)一般类型；(b)有垫块类型；(c)高基础类型；(d)有牛腿类型

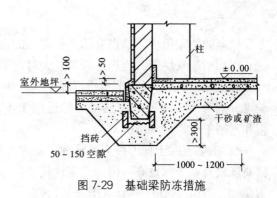

图 7-29　基础梁防冻措施

三、屋盖体系

1. 屋盖的两种体系

单层工业厂房的屋盖起着围护和承重两种作用。它包括承重构件（屋架、屋面梁、托架和檩条）和屋面板两大部分。

（1）无檩体系：这是常用的一种做法。其做法是将大型屋面板直接放置在屋架或屋面梁上，屋架（屋面梁）放在柱子上。这种做法的整体性好，刚度大，可以保证厂房的稳定性，而且构件数量少，施工速度快。

（2）有檩体系：这种做法是将各种小型屋面板或瓦直接放在檩条上，檩条可以采用钢筋混凝土或型钢做成。檩条支承在屋架或屋面梁上。有檩体系的整体刚度较差，适用于吊车吨位小的中小型工业厂房（图7-30）。

2. 屋面大梁

屋面大梁又称薄腹梁，其断面呈T形和工字形，有单坡和双坡之分。

单坡屋面梁适用于6m、9m、12m的跨度，双坡屋面梁适用于9m、12m、15m、18m的跨度。

屋面大梁的坡度比较平缓，一般统一定为1/10～1/12，适用于卷材屋面和非卷材屋面。屋面大梁可以悬挂5t以下的电动葫芦和梁式吊车。屋面大梁的特点是形状简单，制作安装方便，稳定性好，可以不加支撑，但它的自重较大（图7-31）。

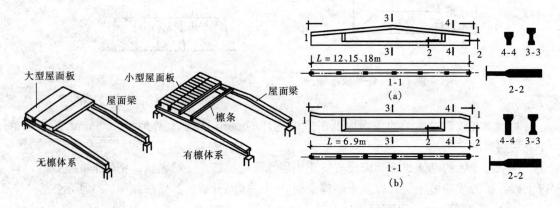

图7-30 屋盖结构

图7-31 屋面大梁

(a) 双坡屋面梁 12m、15m、18m；(b) 单坡屋面梁跨度 6.9m

3. 屋架

屋架的类型很多，这里介绍几种常用的钢筋混凝土屋架。

（1）桁架式屋架：当厂房跨度较大时，采用桁架式屋架比较经济。

1）预应力钢筋混凝土折线形屋架：这种屋架的上弦杆件是由若干段折线形杆件组成。坡度分别为1/5和1/15。这种屋架适用于12m、15m、18m、21m、24m、30m、36m的中型和重型工业厂房（图7-32）。

2）钢筋混凝土梯形屋架：这种屋架的上弦杆件坡度一致，常采用1/10～1/12，它的端部高度较高，中间更高，因而稳定性较差。一般通过支撑系统来保证稳定。这种层架的跨度为18m、21m、24m、30m（图7-33）。

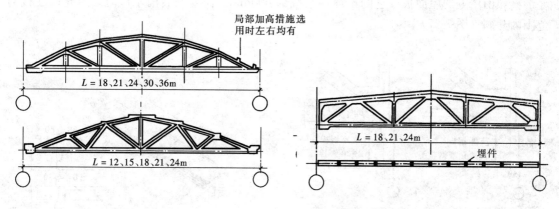

图 7-32 折线形屋架   图 7-33 梯形屋架

3）三角形组合式屋架：这种屋架的上弦采用钢筋混凝土杆件，下弦采用型钢或钢筋。上弦坡度为 1/3.5～1/5，适用于有檩屋面体系，其跨度为 9m、12m、15m。在小型工业厂房中均可采用这种屋架（图 7-34）。

（2）两铰拱和三铰拱屋架：从力学原理可知，两铰拱屋架的支座节点为铰接，顶部节点为刚接。三铰拱屋架的支座节点和顶部节点均为铰接。这种屋架上弦采用钢筋混凝土或预应力钢筋混凝土杆件，下弦梁用角钢或钢筋。这种屋架不适合于振动大的厂房。这种屋架的跨度为 12m、15m，上弦坡度为 1/4。上弦上部可以铺放屋面板或大型瓦（图 7-35）。

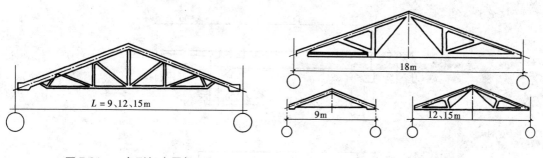

图 7-34 三角形组合屋架   图 7-35 两铰拱屋架

（3）屋架与柱子的连接：屋架与柱子的连接，一般采用焊接。即在柱头预埋钢板，在屋架下弦端部也有埋件，通过焊接连在一起（图 7-36a）。屋架与柱子也可以采用栓接。这种做法是在柱头预埋有螺栓，在屋架下弦的端部焊有连接钢板，吊装就位后，用螺母将屋架拧牢（图 7-36b）。

4. 屋面板

单层工业厂房的屋面板类型很多，这里只重点介绍预应力钢筋混凝土大型屋面板，其他只作图示。

（1）预应力钢筋混凝土大型屋面板：

1）这是广泛采用的一种屋面板，它的标志尺寸为 1.5m×6.0m，适用于屋架间距 6m的一般工业厂房。这种板呈槽形，四周有边肋，中间有三道横肋，使用时槽口向下，屋顶面平整光滑。大型屋面板的四角有预埋铁件，提供了与屋架（屋面梁）的焊接条件。用于横向变形缝和山墙处的屋面板，它的预埋件距端部 600mm。需要安装雨水口时，只允许在板肋范围内开洞（图 7-37）。

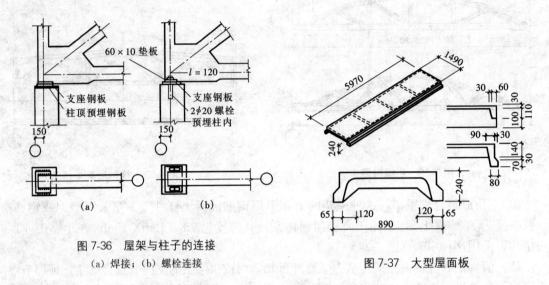

图 7-36　屋架与柱子的连接
（a）焊接；（b）螺栓连接

图 7-37　大型屋面板

2）与大型屋面板配合使用的还有一种檐口板，主要用于单层工业厂房的外檐处。檐口板的标志尺寸也是 1.5m×6.0m，板的一侧有挑出尺寸为 300mm 和 500mm 的挑檐（图 7-38）。

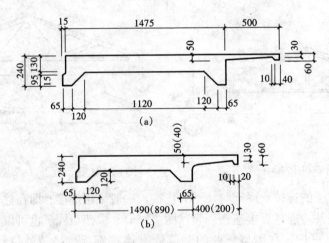

图 7-38　带挑檐的大型屋面板
（a）大挑口挑檐板；（b）一般尺寸挑檐板

（2）预应力钢筋混凝土 F 形屋面板：F 形板包括 F 形板、脊瓦、盖瓦三部分，常用坡度为 1/4（图 7-39）。它属于构件自防水屋面。

（3）预应力钢筋混凝土单肋板：属于构件自防水屋面，其做法与 F 形板相似（图 7-40）。

（4）钢丝网水泥单槽板：属于搭盖式自防水屋面，适用于 1/3～1/5 坡度的有檩屋面上（图 7-41）。

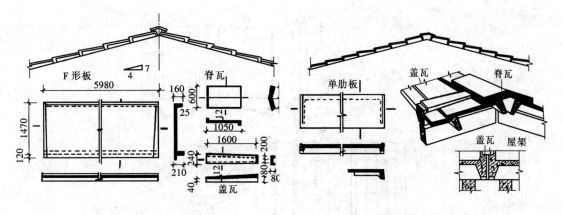

图 7-39 F形屋面板   图 7-40   单肋板

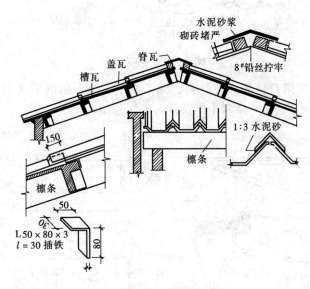

图 7-41   单槽板

（5）预应力钢筋混凝土 V 形折板：它是一种轻型屋盖，属于板架合一体系（图 7-42）。

5. 托架：因工艺要求或设备安装的需要，柱距需作 12m，而屋架（屋面梁）的间距和大型屋面板长度仍为 6m 时，应加设承托屋架的托架，通过托架将屋架上的荷载传给柱子。托架一般采用钢筋混凝土制作（图 7-43）。

四、吊车梁

当单层工业厂房设有桥式吊车（梁式吊车）时，需要在柱子的牛腿处设置吊车梁。吊车在吊车梁上铺设的轨道上行走。吊车梁直接承受吊车的自重和起吊物件的重量，以及刹车时产生的水平荷载。吊车梁由于安装在柱子之间，它亦起到传递纵向荷载，保证厂房纵向刚度和稳定的作用。

1. 吊车梁的种类

（1）T 形吊车梁：T 形吊车梁的上部翼缘较宽，扩大了梁的受压面积，安装轨道也方便。这种吊车梁适用于 6m 柱距，5～75t 的重级工作制，3～30t 的中级工作制，2～20t 的

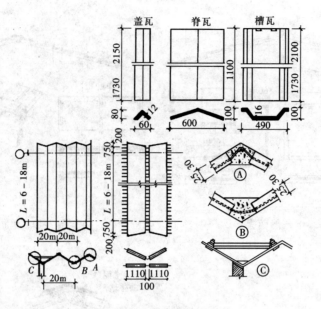

图 7-42　Ｖ形折板

轻级工作制。T形吊车梁自重轻、省材料、施工方便。吊车梁的梁端上下表面均留有预埋件，以便安装焊接（图 7-44）。梁身上的圆孔为电线预留孔。

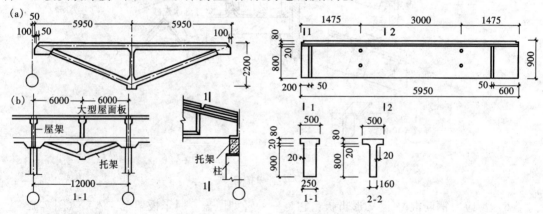

图 7-43　钢筋混凝土托架　　　　　　　　　图 7-44　T形吊车梁

　　（2）工字形吊车梁：工字形吊车梁为预应力钢筋混凝土制成，它适用于 6m 柱距，12～30m 跨度的厂房，起重量为 5～75t 的重级、中级、轻级工作制（图 7-45）。

　　（3）鱼腹式吊车梁：鱼腹式吊车梁受力合理，腹板较薄，节省材料，能较好地发挥材料的强度。鱼腹式吊车梁适用于柱距为 6m、跨度为 12～30m 的厂房，起重量可达 100t（图 7-46）。

　　2. 吊车梁与柱子的连接

　　吊车梁与柱子的连接多采用焊接的方法。为了承受吊车的横向水平刹车力，在吊车梁的上翼缘与柱间用角钢或钢板连接，以承受吊车的横向推力。吊车梁的下部在安装前应放钢垫板一块，并与柱牛腿上的预埋钢板焊牢。吊车梁与柱子空隙填以强度等级为 C20 混凝土，以传递刹车力（图 7-47）。

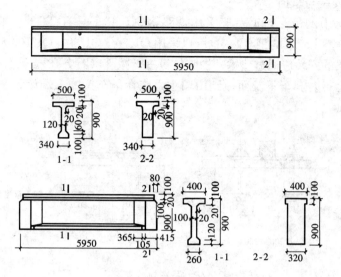

图 7-45　工字形吊车梁

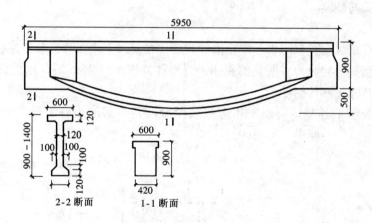

图 7-46　鱼腹式吊车梁

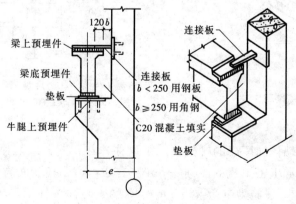

图 7-47　吊车梁与柱子连接

3. 吊车轨的安装与车挡

单层工业厂房中的吊车轨道一般采用铁路钢轨，其型号有 TG38、TG43、TG50（即 38kg/m、43kg/m、50kg/m 的钢轨）。也可以采用 QU70、QU80、QU100 型号的吊车专用钢轨。轨道与吊车梁的安装应通过垫木、橡胶垫等进行减震（图 7-48）。

为了防止在运行时刹车不及而撞到山墙上，应在吊车梁的末端设置车挡（止冲装置）。连接方法见图 7-49。

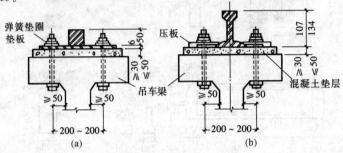

图 7-48　吊车轨的安装

（a）方形轨道；（b）工字形轨道

五、连系梁与圈梁

1. 连系梁

连系梁是厂房纵向柱列的水平连系构件，常作在窗口上皮，并代替窗过梁。连系梁对增强厂房纵向刚度、传递风力有明显的作用。当墙体高度超过 15m 时，则应设置连系梁，以承受上部的墙体重量并传给柱子。

连系梁与柱子的连接，可以采用焊接或拴接，其截面形式有矩形和 L 形，分别用于 240mm 和 365mm 的砖墙中（图 7-50）。

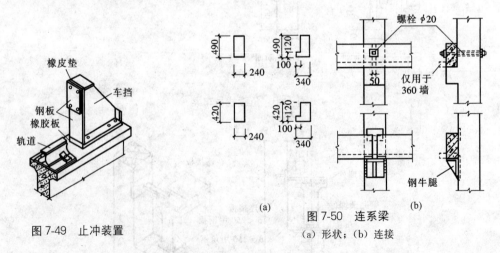

图 7-49　止冲装置

图 7-50　连系梁

（a）形状；（b）连接

2. 圈梁

圈梁的作用是将墙体同厂房的排架柱、抗风柱连在一起，以加强整体刚度和稳定性。圈梁应在墙体内，按照上密下疏的原则每 5m 左右加一道。其断面高度应不小于 180mm，配筋数量主筋为 $4\phi10$，箍筋为 $\Phi 6@250$mm。圈梁应与柱子伸出的预埋筋进行连接（图 7-51）。

410

六、支撑系统和抗风柱

在单层工业厂房中，支撑的主要作用是保证和提高厂房结构和构件的承载力、稳定性和刚度，并传递一部分水平荷载。

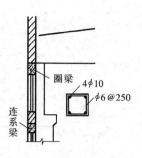

图 7-51 圈梁

1. 支撑系统

单层工业厂房的支撑系统包括屋盖支撑和柱间支撑两大部分。

（1）屋盖支撑：屋盖支撑主要是为了保证上下弦杆件在受力后的稳定，并保证山墙受到风力以后的传递。

1）水平支撑：这种支撑布置在屋架上弦或下弦之间，沿柱距横向布置或沿跨度纵向布置。水平支撑有上弦横向水平支撑、下弦横向水平支撑、纵向水平支撑、纵向水平系杆等（图 7-52）。

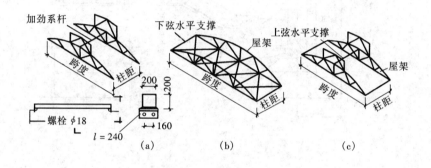

图 7-52　水平支撑

（a）加劲系杆；（b）下弦水平支撑；（c）上弦水平支撑

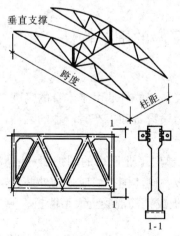

图 7-53　垂直支撑

2）垂直支撑：这种支撑主要是保证屋架与屋面梁在使用和安装阶段的侧向稳定，并能提高厂房的整体刚度（图 7-53）。

（2）柱间支撑：柱间支撑一般设在厂房变形缝的区段中部，其作用是承受山墙抗风柱传来的水平荷载及传递吊车产生的纵向刹车力，以加强纵向柱列的刚度和稳定性，是厂房必须设置的支撑系统。柱间支撑一般采用钢材制成（图7-54）。

2. 抗风柱

在厂房的山墙外设置抗风柱，用以承受墙面上的风荷载，一部分风荷载由抗风柱上端通过屋盖系统传到纵向柱列上去，一部分由抗风柱直接传给基础。当厂房高度或跨度较大时，一般都设置钢筋混凝土抗风柱。在抗风柱外作砖墙。为了减少抗风柱的截面尺寸，可在山墙内侧设置水平抗风梁，作为抗风柱的支点。

抗风柱的间距，在不影响端部开门的情况下，取 4.5m 或 6m。抗风柱的下端插入杯形基础内，柱上端应通过特制的弹簧板与屋架（屋面梁）作构造连接（图 7-55）。

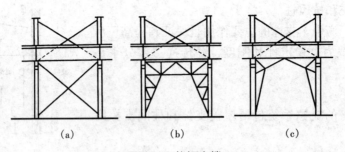

图 7-54 柱间支撑

(a) 剪刀式；(b) 门式；(c) 三角交叉式

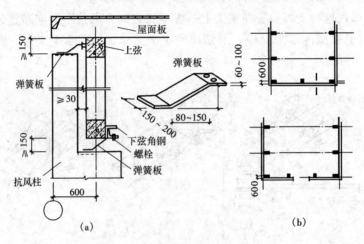

图 7-55 抗风柱

(a) 抗风柱与屋架的连接；(b) 抗风柱的位置

第三节 钢筋混凝土结构单层厂房的围护构件

一、外墙

单层工业厂房的墙体包括厂房外墙和内部隔墙。单层厂房的外墙由于本身的高度与跨度都比较大，要承受自重和较大的风荷载，还要受到起重运输设备和生产时产生的震动，墙身必须具有足够的刚度和稳定性。

《非结构构件抗震设计规范》（JGJ 339—2015）中对单层工业厂房的围护墙和隔墙作了如下规定：围护墙宜采用轻质墙板或钢筋混凝土大型墙板，砌体围护墙应采用外贴式，并与承重柱可靠拉结；柱距大于或等于 12m 时应采用轻质墙板或钢筋混凝土大型墙板。

1. 烧结普通砖墙

烧结普通砖墙在单层工业厂房中，除跨度小于 15m，吊车吨位小于 5t 可以作为承重和围护结构外，一般均为围护作用，墙体的厚度一般为 240mm 和 365mm。

（1）墙体的位置

1）由于墙体属于自承重墙，墙下不做条形基础，而是通过基础梁将砖墙的重量传给基础。当墙身的高度大于 15m 时，还应加设连系梁来承托上部墙身。

2）墙身一般在柱子外侧，形成"封闭结合"。这种方法构造简单，施工方便。也可以把墙体放在柱子中间，以增加排架的刚度，这种做法对抗震比较有利（图7-56）。

《非结构构件抗震设计规范》（JGJ 339—2015）中规定：围护墙沿纵向宜均匀对称布置，不宜一侧为外贴式，另一侧为嵌砌式或开敞式；不宜一侧采用砌体墙，另一侧采用轻质墙板。

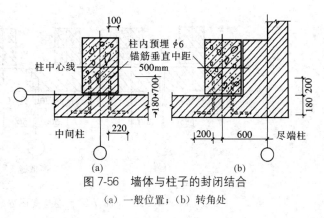

图 7-56　墙体与柱子的封闭结合
(a) 一般位置；(b) 转角处

（2）墙身加固措施

1）砖墙与柱子必须有可靠的连接。《建筑抗震设计规范》（GB 50011—2010）中规定：围护墙应与柱子牢固连紧，还应与屋面板、天沟板或檩条拉结。拉结钢筋的设置原则是：上下间距为 500～620mm，钢筋数量为 2φ6，伸入墙体内部不应少于 500mm。当采用管柱时，则应注意加强连接。

2）砖墙应在下列部位设置现浇钢筋混凝土圈梁：

① 一般情况下，梯形屋架端部上弦和柱顶的标高处应各设一道，当屋架端部高度不大于 900mm 时可仅设一道。

② 应按上密下疏的原则每隔 4m 左右在窗顶增设一道圈梁，不等高厂房的高低跨封墙和纵横跨交接处的悬墙，圈梁的竖向间距不应大于 3m。

③ 圈梁应闭合，圈梁的截面宽度宜与墙厚相同，截面高度不应小于 180mm；圈梁的纵筋，6～8 度时不应少于 4φ12，9 度时不应少于 4φ14。

3）在山墙处的墙体应与抗风柱联系。当厂房的跨度在 15m 以下、柱顶标高在 8m 以下时，可以采用砖砌抗风柱并与砖墙一起砌筑。

4）当外墙檐部采用女儿墙时，为保证女儿墙的稳定性，要采用可靠的拉结。其做法是在屋面板的横向缝中设置钢筋，并将钢筋两端与女儿墙内的钢筋拉结，形成"工"字形的主筋，然后用细石混凝土灌牢。

（3）墙身变形缝

单层工业厂房的变形缝应按《建筑抗震设计规范》（GB 50011—2010）的规定执行。构造做法详见图7-57。

2. 砌块墙

为改革砖墙存在的缺点，砌块墙便得到了一定的发展。砌块墙一般均利用轻质材料，如加气混凝土砌块、轻质混凝土砌块、陶粒空心砌块等。

砌块墙的连接与砖墙做法基本相同。首先应保证横平竖直、灰浆饱满、错缝搭接，其次用拉接钢筋来保证其稳定。

3. 大型板材墙

（1）墙板类型及其他

1）单层工业厂房的大型墙板类型很多。按墙板的性能不同，有保温墙板和非保温墙板；

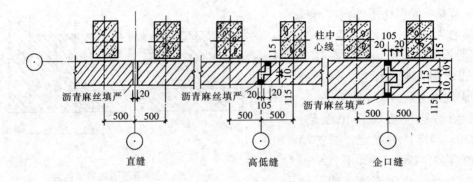

图 7-57 墙身变形缝

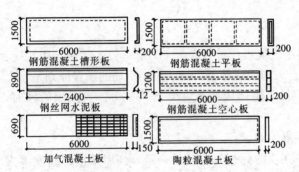

图 7-58 墙板类型

按墙板本身的材料、构造和形状的不同，有钢筋混凝土槽形板，烟灰膨胀矿渣混凝土平板，钢丝网水泥折板，预应力钢筋混凝土板等（图 7-58）。

2）在很多采用墙板的单层工业厂房中采用窗框板，用以代替钢（木）带形窗框。

3）墙板的基本长度，应与柱距一致，常用值为 6m。此外，用于山墙和为了适应 9m、15m、21m、27m 跨度的要求，增加了 4.5m 和 7.5m 两种板长，以满足各种跨度的组装需要。

4）板的高度一般应以 1200mm 为主。为适应开窗尺寸和窗台的需要，还可以配合 900mm、1500mm 的板型，供调剂使用。

5）板的厚度按 $\frac{1}{10}$M 进级，常用厚度为 150～200mm，但应注意满足保温要求。

6）由于板在墙面上的位置不同。如一般墙面、转角、檐口、勒脚、窗台等部位，板的形状、构造、预埋件的位置也不尽相同。

（2）墙板与柱子的连接：把预制墙板拼成整片的墙面，必须保证墙板与排架、墙板与墙板有可靠的连接。要求连接的方法必须简单，便于施工。目前采用的连接方法有柔性连接和刚性连接两种。

1）柔性连接：柔性连接指的是用螺栓连接。也可以在墙板外侧加压条，再用螺栓与柱子压紧压牢。这种连接方法对地基的不均匀下沉或有较大震动的厂房比较适宜（图 7-59）。

2）刚性连接：刚性连接指的是用焊接连接。其具体做法是在柱子侧边及墙板两端预留铁件，然后用型钢进行焊接连接。这种连接方法可以增加厂房的刚度，但在不良地基或震动较大的厂房

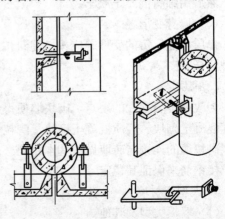

图 7-59 墙板与柱的柔性连接

中，墙板容易开裂。这种做法只适用于抗震设防在 7 度及 7 度以下的工业建筑中（图 7-60）。

必须指出，以上的办法只是解决了侧向连接。墙板是按自承重考虑的，当最下的墙板达到极限承压力时，在极限高度以上的墙板应用铁件承托，铁件焊于柱子上。

（3）板缝处理

1）板缝可以做成各种形式。水平缝有平缝、滴水缝、高低缝、外肋平缝等（图 7-61）。垂直缝有直缝、喇叭缝、单腔缝、双腔缝等（图 7-62）。

2）在墙板的变形缝处，可以用铁皮进行覆盖，铁皮钉在缝两侧的木块上（图 7-63）。

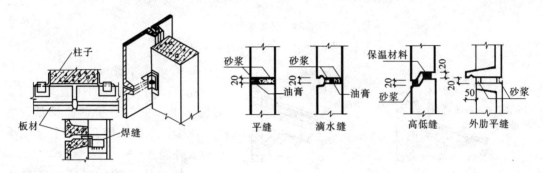

图 7-60　墙板与柱的刚性连接　　　　　图 7-61　水平板缝的形式

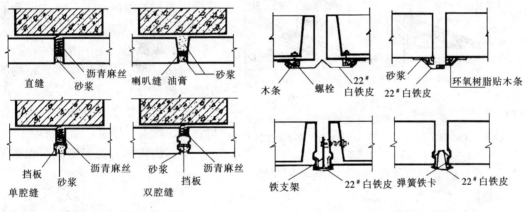

图 7-62　垂直板缝的形式　　　　　图 7-63　变形缝的盖板

4. 轻质板材墙

轻质板材墙适用于一些不要求保温、隔热的热加工车间、防爆车间和仓库的外墙。

轻质板材墙包括石棉水泥板、石棉水泥瓦、瓦楞铁皮、塑料墙板、铝合金板以及夹层玻璃等。

轻质墙板只起围护作用，墙板除传递水平风荷载外，不承受其他荷载。墙身自重也由厂房骨架来承担。

采用波形石棉水泥瓦时，为防止损坏和连接方便，一般在墙角、门洞边及窗台以下的勒脚部分，常用砖墙来配合。波形石棉水泥瓦通常悬挂在柱子之间的横梁上，横梁呈 L 形或 T 形，焊于柱子表面的埋件上（或加作钢板牛腿）。横梁间距应是板长。水泥瓦与横梁用铁卡子与螺栓夹紧，螺栓孔应在波峰处，并加作 5mm 厚毡垫，左右搭接不少于一个瓦垅（图7-64）。

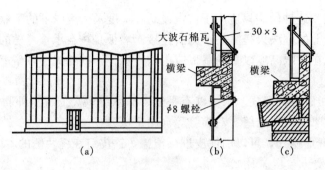

图 7-64　轻质板材墙

(a) 立面；(b) 中间节点；(c) 下部节点

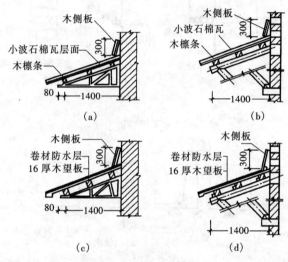

图 7-65　石棉水泥瓦挡雨板

(a) 钢支架石棉瓦；(b) 木支架石棉瓦；(c) 钢支架木板；
(d) 木支架木板

5. 开敞式外墙

在我国南方地区的热加工车间及某些化工车间，为了迅速排烟、散气、除尘，一般采用开敞式外墙或半开敞式外墙。

开敞式外墙的底半部用砖砌矮墙，上部设开敞式挡雨板。图 7-65 为石棉水泥瓦挡雨板，图 7-66 为钢筋混凝土挡雨板。

二、屋面

屋面是单层工业厂房围护结构的主要组成部分。它直接经受风雨、酷热、严寒等自然条件的影响。它应满足防水、排水、保温、隔热等要求。

屋面的构造分为保温屋面和非保温屋面、卷材屋面和构件自防水屋面等不同做法。

1. 卷材防水屋面

(1) 层次和常用材料：卷材防水屋面的构造层次与民用建筑基本相同，这里仅扼要简述如下：（由下向上顺序排列，见图 7-67）。

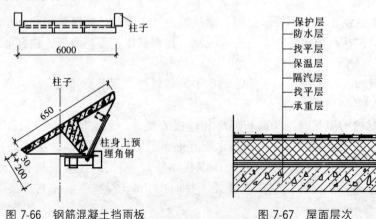

图 7-66　钢筋混凝土挡雨板

图 7-67　屋面层次

1）基层：它是屋面的受力层。除采用第二章第五节所述的各类屋面板外，还可以采用预应力"三合一"屋面板。"三合一"屋面板是承重、保温、防水三种作用合一的屋面板，规格为1500mm宽、6000mm长，它适用于无檩体系中，屋面坡度为1/8～1/12。

2）找平层：一般用1：2.5水泥砂浆，20mm厚，其上应刷乳化沥青1～2道。

3）隔汽层：在屋面上设有保温层，并且室内相对湿度较大、水蒸气含量较多时应设置隔汽层。其做法一般为一毡二油或刷两遍沥青乳化沥青。

4）保温层：主要作用是防寒保温。北京地区主要采用聚苯乙烯泡沫塑料（XPS板），厚度为60～80mm。也可以采用蛭石混凝土、泡沫混凝土、沥青膨胀珍珠岩、焦渣等保温材料。

5）找平层：为了使保温屋表面平整，便于铺放油毡，应抹20mm厚1：3水泥砂浆进行找平。

6）防水层：在雨水较少的地区采用二毡三油，在雨水较多的地区采用三毡四油。目前还可以采用防水效果较好的高聚物改性沥青卷材及橡胶类卷材。

7）保护层：一般采用3～5mm的绿豆砂或小豆石，推铺均匀。

若车间里的相对湿度小，水蒸气含量较少时，应取消隔汽层，同时取消其下部的找平层。

（2）排水坡度：卷材屋面的坡度取决于屋面梁、屋架的坡度，常采用结构找坡的做法，坡度为1/10～1/12。

2. 非卷材防水屋面

非卷材防水屋面指的是构件自防水屋面。这种做法在我国南方地区采用较多。

构件自防水屋面的关键是处理好板缝和防止板面的渗漏问题。

板缝的处理主要采用嵌缝油膏，接缝上部做附加油毡，以防渗漏（图7-68）。

3. 屋面排水

（1）屋面排水方式：厂房的屋面排水方式按有无雨水管可以分为有组织排水和无组织排水；按水落管的位置可以分为内排水和外排水。排水方式的选择见图7-69。

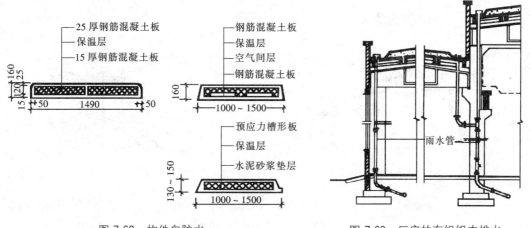

图7-68　构件自防水　　　　　　　　图7-69　厂房的有组织内排水

1）有组织排水的排水路线是将雨水汇集到天沟，经水斗和水落管，将雨水排除到室外或地下雨水管道。

2）无组织排水的排水路线是雨水不经雨水管和檐沟，而直接由屋面经檐口自由排落到地面。这也叫自由落水。

3）厂房屋面的雨水，主要从沿墙天沟和中间天沟排除。多跨厂房的中间天沟和沿墙天沟，一般都采用有组织的内排水方式。在靠近外墙的屋面，可采用天沟进行有组织的排水，也可以自由落水。

4）在我国北方寒冷地区和东北等严寒地区，不宜采用自由落水，以防冰柱坠落伤人。在屋面积灰较多的厂房，如铸铁车间的冲天炉部分，不宜采用有组织排水。

5）在我国北方寒冷地区和东北等严寒地区需要采暖的厂房，多采用有组织的内排水方式。为了防止天沟处结冰，天沟处不设保温材料。雨水管设在室内，屋面上融化的雪水，就可以迅速排除。

（2）屋面坡度和水斗水管：为保证排水通畅，排水天沟应有一定的排水坡度，其纵向坡度一般取 0.5‰～1‰。雨水斗的间距一般为 24～30m。雨水管的直径有 75mm、100mm、125mm、150mm、200mm 等规格。常用的规格为 100mm。排水斗和排水管均采用铸铁制成，其形状如图 7-70 所示。

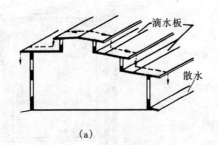

图 7-70　铸铁水斗

为宜，否则，应采用檐沟排水。

4．屋面构造

（1）纵墙挑檐

1）当厂房采用自由落水时，应该将屋檐挑出，一般采用带挑檐的屋面板，支承在屋架端部的挑梁上。防水卷材要处理端部的收头，用热沥青粘牢，防止卷翘（图 7-71）。

2）如果从挑檐落下的雨水是落在低跨的屋面上时，其高差不能过大，一般以 4m

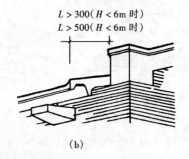

图 7-71　自由落水

(a) 无组织排水；(b) 大型屋面板挑檐

（2）天沟：天沟包括沿墙天沟和中间天沟两大部分。

1）沿墙天沟：

①沿墙天沟包括有天沟构件和去掉保温层直接在屋面板上作成天沟的两种做法。有天沟构件的做法适用于我国南方地区和北方非采暖车间（图7-72）。

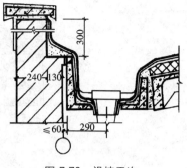

②去掉保温层在屋面板上直接作天沟的做法适用于我国北方采暖车间；雨水管穿透大型屋面板，从室内排走雨水。

2）中间天沟：在等高多跨厂房的两坡屋面之间，可以采用两块槽形板或去掉屋面板上的保温屋，形成中间天沟。雨水管穿透大型屋面板，将雨水从室内排走（图7-73）。

图 7-72　沿墙天沟

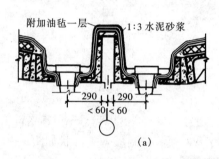

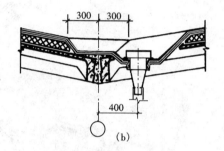

图 7-73　中间天沟

(a) 中间无沟作法一；(b) 中间无沟作法二

3）山墙女儿墙：山墙处的女儿墙的最小高度应取 500mm，屋面卷材放在压顶下表面。压顶应挑出墙面两侧各 60mm，内放钢筋，浇筑混凝土形成压顶板（图7-74）。

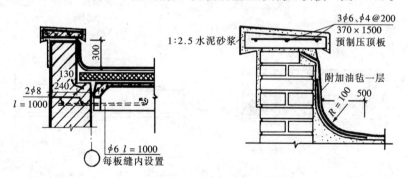

图 7-74　山墙女儿墙

4）屋面变形缝：屋面变形缝是指厂房横向、纵向变形缝外的构造。屋面变形缝应解决好防水材料的固定和保温材料的堵头，常砌筑120mm矮墙，上放木砖，并用铁皮覆盖，以防漏雨（图7-75）。

5．屋面的保温与隔热

（1）保温：屋面保温仅在我国北方地区采暖厂房中设置。屋面保温层放在屋面板上部的做法叫"上保温"；保温层放在屋面板下部的做法叫"下保温"，他主要用于构件自防水屋面（图7-76）。

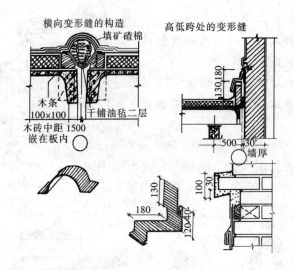

图 7-75　屋面变形缝

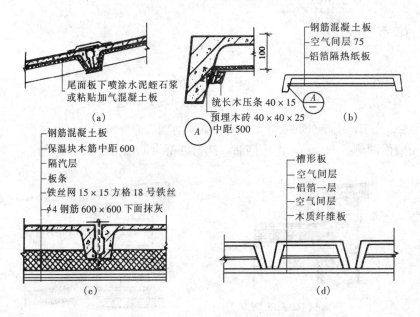

图 7-76　屋面的下保温做法

（2）隔热：在炎热地区的低矮厂房中，一般应作隔热处理。厂房高度在 9m 以上，可不考虑隔热处理，主要用加强通风来达到降温。厂房高度大于 6m、小于 9m 时，还应考虑跨度大小来选择：若高度大于跨度的 1/2，不需作隔热处理；若高度小于或等于跨度的 1/2 时，应作隔热。具体做法可参见（图 7-77）。

三、天窗

在大跨度和多跨的单层工业厂房中，为了满足天然采光和自然通风的要求，常在厂房的屋顶上设置各种类型的天窗。

天窗的类型很多，一般就其在屋面的位置常分为：上凸式天窗，常见的有矩形天窗、三

420

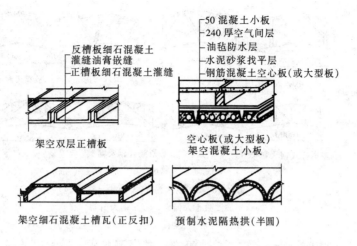

图 7-77 屋面的隔热做法

架空双层正槽板

反槽板细石混凝土
灌缝油膏嵌缝
正槽板细石混凝土灌缝

空心板(或大型板)
架空混凝土小板

50 混凝土小板
240 厚空气间层
油毡防水层
水泥砂浆找平层
钢筋混凝土空心板(或大型板)

架空细石混凝土槽瓦(正反扣)

预制水泥隔热拱(半圆)

角形天窗、M 形天窗等;下沉式天窗,常见的有横向下沉式、纵向下沉式及井式天窗等;平天窗,常见的有采光罩、采光屋面板等(图 7-78)。

一般天窗都具有采光和通风双重作用。但采光兼通风的天窗,一般很难保证排气的效果,故这种做法只用于冷加工车间;而通风天窗排气稳定,故只应用于热加工车间。

1. 上凸式天窗

上凸式天窗是我国单层工业厂房采用最多的一种。它沿厂房纵向布置,采光、通风效果均较好。下面以矩形天窗为例,介绍上凸式天窗的构造。

矩形天窗由天窗架、天窗屋面、天窗端壁、天窗侧板和天窗扇等组成(图 7-79)。

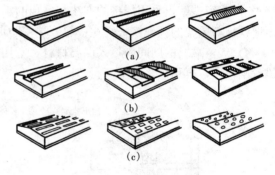

图 7-78 天窗的类型
(a) 上凸式;(b) 下沉式;(c) 平天窗

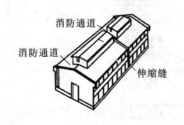

消防通道
消防通道
伸缩缝

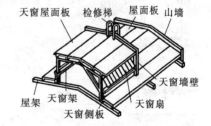

天窗屋面板　检修梯　屋面板　山墙
天窗墙壁
天窗扇
屋架　天窗侧板　天窗架

图 7-79　矩形天窗的组成

(1) 天窗架

1) 天窗架是天窗的承重结构,它直接支承在屋架上。天窗架的材料一般与屋架、屋面梁的材料一致。天窗架的宽度约占屋架、屋面梁跨度的 1/2～1/3,同时也要照顾屋面板的尺寸。天窗扇的高度为天窗架宽度的 0.3～0.5 倍。

2) 矩形天窗的天窗架通常用 2～3 个三角形支架拼装而成(图 7-80)。

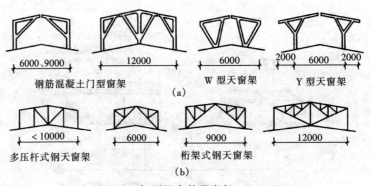

图 7-80 矩形天窗的天窗架
(a) 钢筋混凝土天窗架；(b) 钢天窗架

（2）天窗端壁

1）天窗端壁又叫天窗山墙，它不仅使天窗尽端封闭起来，同时也支承天窗上部的屋面板。它也是一种承重构件。

2）天窗端壁是由预制的钢筋混凝土肋形板组成。当天窗架跨度为 6m 时，用两个端壁板拼接而成；天窗架的跨度为 9m 时，用三个端壁板拼接而成。

3）天窗端壁也采用焊接的方法与屋顶的承重结构焊接。其做法是天窗端壁的支柱下端预埋铁板与屋架的预埋铁板焊在一起。端壁肋形板之间用螺栓连接。

4）天窗端壁的肋间应填入保温材料，常用块材填充。一般采用加气混凝土块，表面用铅丝网栓牢，再用砂浆抹平（图 7-81）。

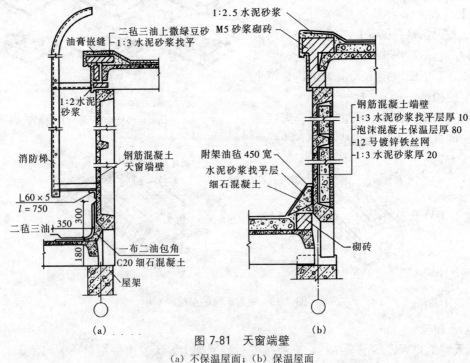

图 7-81 天窗端壁
(a) 不保温屋面；(b) 保温屋面

（3）天窗侧板

1）天窗侧板是天窗窗扇下的围护结构，相当于侧窗的窗台部分，其作用是防止雨水溅入室内。

2）天窗侧板可以做成槽形板式，其高度由天窗架的尺寸确定，一般为 400～600mm，但应注意高出屋面为 300mm。侧板长为 6m。槽形板内应填充保温材料，并将屋面上的卷材用木条加以固定（图 7-82）。

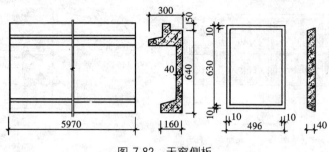

图 7-82　天窗侧板

（4）天窗窗扇：天窗窗扇可以采用钢窗扇或木窗扇。钢窗扇一般为上悬式；木窗扇一般为中悬式。

1）上悬式钢窗扇：这种窗扇防飘雨较好，最大开启角度为 45°，窗高有 900mm、1200mm、1500mm 三种（图 7-83）。

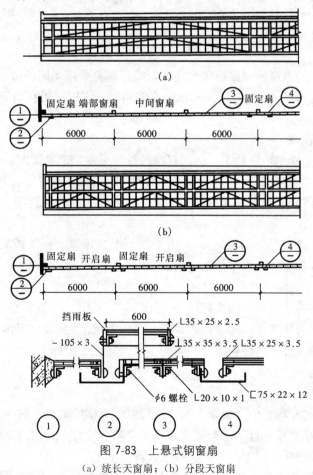

图 7-83　上悬式钢窗扇
（a）统长天窗扇；（b）分段天窗扇

423

2）中悬式木窗扇：窗扇高有 1200mm、1800mm、2400mm、3000mm 四种规格（图7-84）。

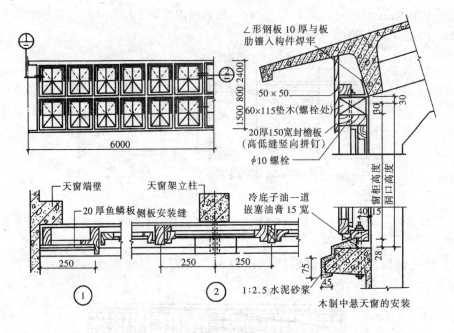

图 7-84　中悬式木窗扇

（5）天窗屋面：天窗屋面与厂房屋面相同，檐口部分采用无组织排水，把雨水直接排在厂房屋面上。檐口挑出尺寸为 300～500mm。在多雨地区可以采用在山墙部位作檐沟，形成有组织的内排水。

（6）天窗挡风板

1）天窗挡风板主要用于热加工车间。有挡风板的天窗叫避风天窗。

2）矩形天窗的挡风板不宜高过天窗檐口的高度。挡风板与屋面板之间应留出 50～100mm 的空隙，以利于排水又使风不容易倒灌。挡风板的端部应封闭，并留出供清除积灰和检修时通行的小门。

3）挡风板的立柱焊在屋架上弦上，并用支撑与屋架焊接。挡风板采用石棉板，并用特制的螺钉将石棉板拧于立柱的水平檩条上（图 7-85）。

2．下沉式天窗

这里着重介绍天井式天窗的构造做法。

（1）布置方法：天井式天窗布置比较灵活，可以沿屋面的一侧、两侧或居中布置。热加工车间可以采用两侧布置。这种做法容易解决排水问题。在冷加工车间对上述几种布置方式均可采用（图 7-86）。

（2）井底板的铺设

1）天井式天窗的井底板位于屋架上弦，搁置方法有横向铺放与纵向铺放两种。

2）横向铺放是井底板平行于屋架摆放。铺板前应先在屋架下弦上搁置檩条，并应有一定的排水坡度。若采用标准屋面板时，其最大长度为 6m。

3）纵向铺板是把井底板直接放在屋架下弦上，可省去檩条，增加天窗垂直口净空高度。

但屋面有时受到屋架下弦节点的影响，故采用非标准板较好。

4）图 7-87 表明了上述两种做法。

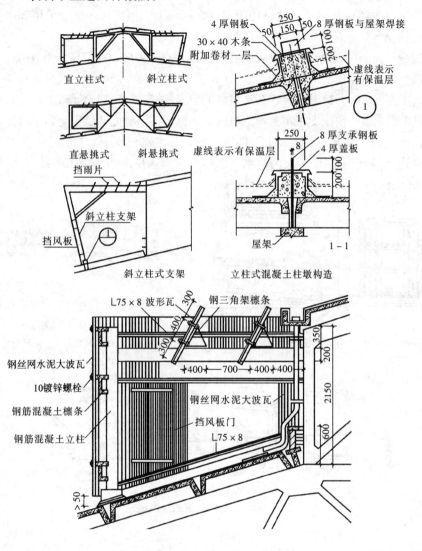

图 7-85 天窗挡风板

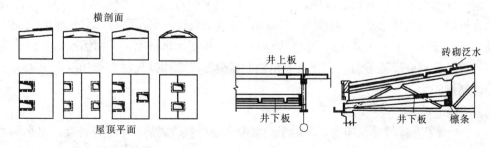

图 7-86 井式天窗的布置　　　　图 7-87 下沉式天窗铺板

（3）挡雨措施

1）井式天窗通风口常不设窗扇，做成开敞式。为防止屋面雨水落入天窗内，敞开的口部应设挑檐，并设挡雨板，以防雨水飘落室内。

2）井上口挑檐，由相邻屋面直接挑出悬臂板，挑檐板的长度不宜过大。井上口应设挡雨片，在井上口先铺设空格板，挡雨片固定在空格板上。挡雨片的角度采用30°～60°，材料可用石棉瓦、钢丝网水泥板、钢板等（图7-88）。

（4）窗扇：窗扇可以设在井口处或垂直口外，垂直口一般设在厂房的垂直方向，可以安装上悬或中悬窗扇，但窗扇的形式不是矩形，而应随屋架的坡度而变，一般呈平行四边形。井上口窗扇的做法：可以在井口做导轨，在平窗扇下面安装滑轮，窗扇沿导轨而移动；另一种做法是在口上设中悬窗扇；窗扇支承在上口空格板上，可根据需要而调整窗扇角度（图7-89）。

（5）排水设施：天井式天窗有上下两层屋面，排水比较复杂。其具体做法可以采用无组织排水（在边跨时）、上层通长天沟排水、下层通长天沟排水和双层天沟排水等（图7-90）。

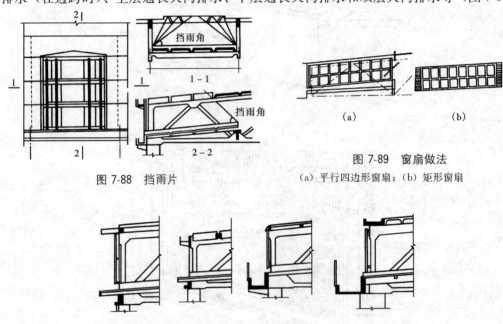

图 7-88　挡雨片

图 7-89　窗扇做法
(a) 平行四边形窗扇；(b) 矩形窗扇

图 7-90　下沉式天窗的排水设施

3. 平天窗

平天窗是与屋面基本相平的一种天窗。平天窗有采光屋面板、采光罩、采光带等做法。下面介绍一种采光屋面板的构造实例。

采光屋面板的长度为6m，宽度为1.5mm，它可以取代一块屋面板。采光屋面板应比屋面稍高，常作成450mm，上面用5mm的玻璃，固定在支承角钢上，下面铺有铅丝网作为保护措施，以防玻璃破碎坠落伤人。在支承角钢的接缝处应该用铁皮泛水遮挡（图7-91）。

四、侧窗和大门

1. 大门

厂房、仓库和车库等建筑的大门，由于经常搬运原材料、成品、生产设备及进出车辆等原因，需要能通行各种车辆。大门洞口的尺寸决定于各种车辆的外形尺寸和所运输物品的大小。

大门洞口的宽度，一般应比运输车辆的宽度大于700mm；洞口高度应比车体高度高出200mm，以保证车辆通行时不致碰撞大门门框。

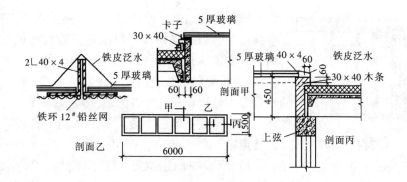

图 7-91　采光屋面板

（1）大门洞口的尺寸

1）进出 3t 矿车的洞口尺寸为 2100mm×2100mm；

2）进出电瓶车的洞口尺寸为 2100mm×2400mm；

3）进出轻型卡车的洞口尺寸为 3000mm×2700mm；

4）进出中型卡车的洞口尺寸为 3300mm×3000mm；

5）进出重型卡车的洞口尺寸为 3600mm×3600mm；

6）进出汽车起重机的洞口尺寸为 3900mm×4200mm；

7）进出火车的洞口尺寸为 4200mm×5100mm、4500mm×5400mm。

（2）大门的材料：单层工业厂房的大门材料有木材、钢木组合、普通型钢与空腹薄壁钢等几种，门宽尺寸较大时，可以采用其他材料。

（3）大门类型

1）平开门：平开门的洞口尺寸一般不大于 3600mm×3600mm，当一般门的面积大于 5m^2 时，宜采用钢木组合门。门框一般采用钢混凝土制成（图 7-92）。

2）推拉门：推拉门由门扇、门轨、地槽、滑轮和门框组成。门扇有钢板门扇、空腹薄壁钢木门扇等（图 7-93）。

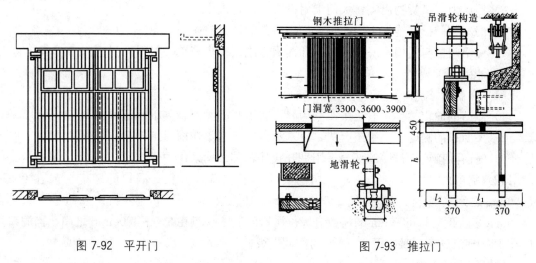

图 7-92　平开门　　　　　　　　　　图 7-93　推拉门

3）空腹薄壁钢折叠门：这种门的上下均装有滑轮铰链，门洞上下导轨的水平位置应与

427

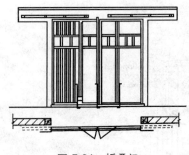

图 7-94 折叠门

墙面成一定的角度，使门扇开启后能全部折叠平行于墙面，空腹薄壁钢门的壁较薄，应注意保养与维护。这种门不适用于有腐蚀性介质的车间（图7-94）。

4）折叠门：折叠门有三种安装方式，即：侧悬式、侧挂式和中悬折叠式三种（图 7-95）。

（4）特点：单层工业厂房的大门，具有以下几个明显的特点。

1）厂房的门扇大于门框。门框一般由钢筋混凝土制成。

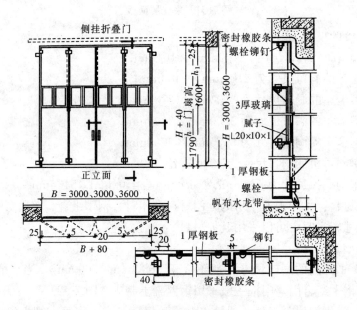

图 7-95 侧挂式折叠门

2）厂房大门供货物出入，大门上附设小门供行人出入。

3）门扇与门框的连接不用合页，而用特制的铰链。

4）一组门框与门扇，一般由骨架和面板组成，很少有单一材料的门。

2. 侧窗

（1）侧窗的特点

1）侧窗的面积大。一般以吊车梁为界，其上叫高侧窗，其下叫低侧窗。

2）大面积的侧窗多采用组合式，由基本窗扇、基本窗框、组合窗三部分组成。

3）侧窗除接近工作面的部分采用平开式外，其余均采用中悬式。

（2）侧窗的尺寸：单层工业厂房的尺寸一般应符合模数。洞口的宽度一般在 900～6000mm 之间，当洞口宽度在 2400mm 以内时，取 300mm 的模数进级；洞口宽度在 2400mm 以上时，取 600mm 的模数进级。洞口的高度一般在 900～4800mm 之间，当洞口高度在 1200～4800mm 时，用 600mm 的模数进级。

（3）侧窗的类型

1）木侧窗：除在人的正常高度内采用平开窗外，其余部分均采用中悬窗。中悬窗有靠框式和进框式两种做法（图 7-96）。连接方法与民用建筑的做法相同。

2) 钢侧窗：钢窗分为空腹和实腹两种类型；按开启形式的不同，可以分为固定窗、中悬窗、平开窗等（图 7-97）。钢窗窗框四边均安装有连接铁件，铁脚为 4mm×18mm、长度为 100mm 左右的钢板冲压成型，并用强度等级为 C20 混凝土灌牢。

（4）钢筋混凝土侧窗

1) 钢筋混凝土侧窗一般采用强度等级为 C30 半干硬性细石混凝土、内配低碳冷拔钢丝点焊骨架捣制而成。它适用于一般工业厂房。

2) 窗洞口宽度尺寸有 1800mm、2400mm、3000mm，高度尺寸有 1200mm、1800mm 两种。窗框四角及上下横框间预埋件焊上角钢，并在窗洞口周边相应的位置上预留孔洞，将

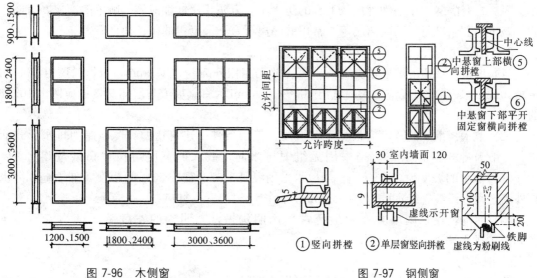

图 7-96　木侧窗　　　　　　　　　　图 7-97　钢侧窗

螺栓一端插入孔洞，用 1：2 水泥砂浆灌孔，另一端与角钢螺栓连接。

3) 窗框与洞口之间的缝隙应用 1：2 水泥砂浆填实勾缝。

4) 窗框在运输、堆放、安装时应垂直立放，避免横放。

5) 为了安装固定玻璃，应在窗框上预留固定玻璃的锚固孔。在安装开启窗格内，用长脚合页固定窗扇（图 7-98）。

五、其他构造

1. 地面

厂房地面一般由面层、垫层和地基组成。当面层材料为块状材料或在构造上有特殊要求时，还要增加结合层、隔离层、找平层等。

（1）面层：它是地面最上的表面层。它直接承受作用于地面上的各种外来因素的影响，如碾压、摩擦、冲击、高温、冷冻、酸碱等；面层还必须满足生产工艺的特殊要求，如防水、防爆、防火等。面层厚度可查阅《建筑地面设计规范》（GB 50037—2013）来确定。

（2）垫层：垫层是处于面层下部的结合层。它的作用

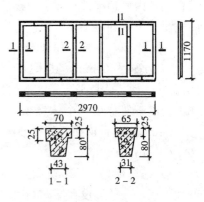

图 7-98　钢筋混凝土窗

是承受面层传来的荷载，并将这些荷载分布到基层上去。垫层可以分为刚性材料（如混凝土、碎砖三合土等）和柔性材料（如砂、碎石、炉渣等）。垫层的最小厚度可由上述规范的有关表格中查找。

（3）基层：基层是地面的最下层，是经过处理的地基上，通常是素土夯实。

（4）结合层：结合层是连接块状材料的间层，它主要起结合作用。常用的材料及厚度由规范中查找。

（5）找平层：找平层主要起找平、过渡作用。一般采用的材料是水泥砂浆或混凝土。

（6）隔离层：隔离层是为了防止有害液体在地面结构中渗透扩散或地下水由下向上的影响而设置的构造层。隔离层的设置及其方案的选择，取决于地基土的情况与工厂生产的特点。隔离层有隔除由于毛细管现象上升的防水层，有防止侵蚀性液体影响的隔离层，有防止酸、碱下渗而腐蚀材料的隔离层等。常用的隔离层有石油沥青油毡、热沥青等。

2. 坡道、散水、明沟

（1）坡道：坡道的坡度常取 10％～15％。若室内外高差为 150mm，坡道长度可取 1000～1500mm，坡道的宽度应比大门宽出 600～1000mm 为宜。坡道与墙体交接处应留出 10mm 的缝隙。

（2）散水：散水的宽度应根据土壤性质、气候条件、建筑物的高度和屋面排水形式而定，一般为 600～1000mm。当采用无组织排水时，散水的宽度可按檐口线放出 200～300mm。散水的坡度为 3％～5％。当散水采用混凝土时，宜按 30m 间距设置伸缩缝。散水与外墙之间宜设缝，缝宽可为 20～30mm，缝内应填沥青类材料。

（3）明沟：在我国南方多雨地区常采用明沟做法。明沟的宽度及深度均应不小于 200mm，排水坡度为 1％。

3. 钢梯

单层工业厂房中常采用各种钢梯，如作业台钢梯、吊车钢梯、消防及屋面检修用钢梯等，以解决生产之间的联系。上述钢梯的宽度一般为 600～800mm，梯级每步高为 300mm，其形式有直梯与斜梯两种。直梯的梯梁常用角钢，踏步用 $\phi18$ 圆钢；斜梯的梯梁多采用 6mm 厚钢板，踏步用 3mm 厚花纹钢板，也可以用不少于 $2\phi18$ 的圆钢作成。金属梯除消防梯外，一端支承在地面上，另一端支承在墙柱或工作台上。钢梯与墙结合时，应在墙内预留孔洞，钢材伸入墙内并用强度等级为 C20 的混凝土嵌固。钢梯与钢筋混凝土构件结合时，或在构件内放预埋件，或采用螺栓连接。钢梯还应该设有圆钢栏杆。金属梯易锈蚀，应先涂防锈漆、再刷油漆，并定期进行检修。

（1）作业台钢梯：作业台梯多采用钢梯，其坡度有 45°、59°、73° 和 90°。45°梯坡度较小，宽度采用 800mm，其休息平台高度不大于 4800mm。59°梯坡度居中，宽度为 600mm、800mm 两种，休息平台高度不超过 5400mm。73°梯的休息平台高度不超过 5400mm；当工作平台高于斜梯第一个休息平台时，可作成双折或多折梯。90°梯的休息平台高度不超过 4800mm。作业台钢梯的各种形式如图 7-99 所示。

（2）吊车梯

1）吊车梯是为吊车司机上下吊车使用的专用梯，其位置应在车间的角落或不影响生产的柱中间，一般多设在端部的第二柱距的柱边。每台吊车应设有自己的专用梯。

2）吊车梯一般为斜梯，梯段有单跑和双跑两种。为避免平台与吊车相碰，吊车梯的平

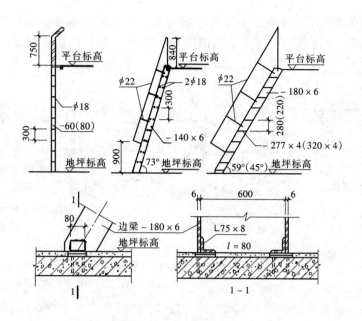

图 7-99 作业台钢梯

台应低于桥式吊车的操纵室,再从梯平台设直梯去吊车操纵室。当梯平台的高度为 5~6m 时,梯中间还须设休息平台。当梯平台的高度在 7m 以上时,则应采用双跑楼梯,其坡度应不大于 60°。吊车梯的位置有三种:靠近边柱;在中柱处,柱的一侧有平台;在中柱处,柱的两侧有平台(图 7-100)。

3)为解决吊车梁上部的通行,可以在吊车梁与外纵墙之间或在两个吊车梁之间架设走道板。图 7-101 为走道板构造。

(3)消防、检修梯:单层工业厂房屋顶高度大于 10m 时,应有专用梯自室外地面通至屋面,以及从厂房屋面通至天窗屋面,以作为消防及检修之用。相邻厂房的高度差在 2m 以上时,也应设置消防、检修梯。消防梯和检修梯一般均沿外墙设置,且多设在端部山墙处,其位置应按《建筑设计防火规范》(GB 50016—2014)的规定设置。消防梯采用直梯,直梯又分为屋顶无女儿墙和屋顶有女儿墙两种情况。消防检修梯的底端应高出室外地面 2~3m,以防止无关人员攀登。钢梯与墙面之间相距应不小于 250mm。梯梁用焊接的角钢埋入墙内,墙

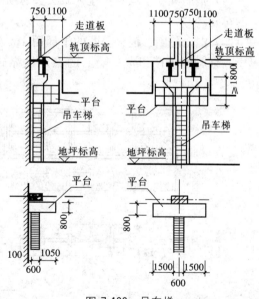

图 7-100 吊车梯

内应预留 240mm×240mm 孔洞,深度最小为 240mm,然后用强度等级为 C20 的混凝土嵌固;也可以作成带角钢的预制块随墙砌筑(图 7-102)。

4.隔断

在单层工业厂房中,根据生产和使用的要求,需在车间内设车间办公室、工具库、临时

库房等。有时因生产状况的不同，也需要进行分隔。分隔用的隔断常采用 2100mm 高的木板、砖墙、金属网、钢筋混凝土板、混合隔断等。

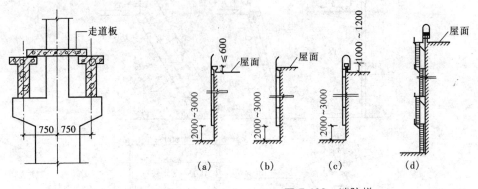

图 7-101　走道板

图 7-102　消防梯
（a）有女儿墙、无转弯扶手；（b）无女儿墙、无转弯扶手；
（c）有女儿墙、有转弯扶手；（d）多跑爬梯

（1）木隔断：这种隔断多用于车间内的工具室、办公室。由于构造的不同，可分为全木隔断和组合木隔断。木隔断隔扇也可装玻璃。木隔断的造价较高。

（2）烧结普通砖隔断：烧结普通砖隔断常采用 240mm 厚砖墙，或带有壁柱的 120mm 厚的砖墙。这种做法造价低，防火性能较好。

（3）金属网隔断：金属网隔断是由金属网和框架组成。金属网可用钢板网或镀锌铁丝网。

（4）钢筋混凝土隔断：这种做法多为预制装配，施工方便，适用于火灾危险性大和湿度大的车间。

（5）混合隔断：混合隔断的下部用 1m 左右的 120mm 厚烧结普通砖墙，上部用玻璃木隔扇或金属网隔扇组成。隔断的稳定性靠砖柱来保证。砖柱距离为 3000mm 左右（图 7-103、图 7-104）。

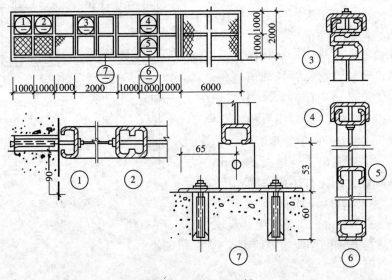

图 7-103　金属网隔断

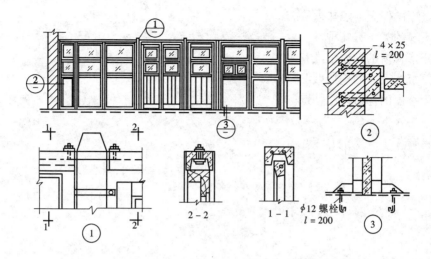

图 7-104　隔断

复习思考题

1. 工业建筑的分类方法有哪些？

2. 什么叫冷加工车间？什么叫热加工车间？

3. 单层厂房常用的技术名词有哪些？

4. 单层厂房由哪些构件组成？

5. 单层工业厂房的起重运输设备有哪些？

6. 什么叫滚轴支座？

7. 柱子的构造特点。

8. 基础与基础梁的构造特点。

9. 基础周围节点的构造特点。

10. 屋盖体系中的有檩屋盖与无檩屋盖的区别是什么？

11. 常用的屋面大梁与屋架有几种？它们如何与柱子连接？

12. 吊车梁的种类与连接方法有哪些？

13. 单层厂房的支承系统有哪些？

14. 构造柱的位置与屋架的连接做法。

15. 单层工业厂房中墙体的位置。

16. 单层厂房中墙体的特点有哪些？

17. 大型板材墙有几种类型？

18. 板材墙与柱子的连接方法。

19. 开敞式外墙的构造做法与应用范围。

20. 屋面排水的种类及应用。

21. 卷材防水的做法。

22. 非卷材防水的种类与应用。

23. 屋面节点的构造做法。

24. 屋面的保温与隔热做法。
25. 天窗的类型有几种?
26. 矩形天窗的构件组成有哪些?
27. 下沉式天窗的构造做法特点。
28. 天平窗的构造做法特点。

附录 与建筑构造密切相关的内容

一、建筑面积的计算细则

《建筑工程建筑面积计算规范》（GB/T 50353—2013）中规定：

1. 建筑物的建筑面积应按自然层外墙结构外围水平面积之和计算。结构层高在2.20m及以上的，应计算全面积；结构层高在2.20m以下的，应计算1/2面积。

2. 建筑物内设有局部楼层时，对于局部楼层的二层及以上楼层，有围护结构的应按其围护结构外围水平面积计算，无围护结构的应按其结构底板水平面积计算。结构层高在2.20m及以上的，应计算全面积；结构层高在2.20m以下的，应计算1/2面积。

3. 形成建筑空间的坡屋顶，结构净高在2.10m及以上的部位应计算全面积；净高在1.20m及以上至2.10m以下的部位应计算1/2面积；结构净高在1.20m以下的部位不应计算建筑面积。

4. 场馆看台下的建筑空间，结构净高在2.10m及以上的部位应计算全面积；结构净高净高在1.20m及以上至2.10m以下的部位应计算1/2面积；结构净高在1.20m以下的部位不应计算建筑面积。室内单独设置的有围护设施的悬挑看台，应按看台结构底板水平投影面积计算建筑面积。有顶盖无围护结构的场馆看台应按其顶盖水平投影面积的1/2计算面积。

5. 地下室、半地下室应按其结构外围水平面积计算。结构层高在2.20m及以上的，应计算全面积；结构层高在2.20m以下的，应计算1/2面积。

6. 出入口外墙外侧坡道有顶盖的部位，应按其外墙结构外围水平面积的1/2计算面积。

7. 建筑物架空层及坡地建筑物吊脚架空层，应按其顶板水平投影计算建筑面积。结构层高在2.20m及以上的，应计算全面积；结构层高在2.20m以下的，应计算1/2面积。

8. 建筑物的门厅、大厅应按一层计算建筑面积，门厅、大厅内设置的走廊应按走廊结构底板水平投影面积计算建筑面积。结构层高在2.20m及以上的，应计算全面积；层高在2.20m以下的，应计算1/2面积。

9. 建筑物的架空走廊，有顶盖和围护结构的，应按其围护结构外围水平面积计算全面积；无围护结构、有围护设施的，应按其结构底板水平投影面积计算1/2面积。

10. 立体书库、立体仓库、立体车库，有围护结构的，应按其围护结构外围水平面积计算建筑面积；无围护结构、有围护设施的，应按其结构底板水平投影面积计算建筑面积。无结构层的应按一层计算，有结构层的应按其结构层面积分别计算。结构层高在2.20m及以上的，应计算全面积；结构层高在2.20m以下的，应计算1/2面积。

11. 有围护结构的舞台灯光控制室，应按其围护结构外围水平面积计算。结构层高在2.20m及以上的，应计算全面积；层高在2.20m以下的，应计算1/2面积。

12. 附属在建筑物外墙的落地橱窗，应按其围护结构外围水平面积计算。结构层高在

2.20m 及以上的，应计算全面积；层高在 2.20m 以下的，应计算 1/2 面积。

13. 窗台与室内楼地面高差在 0.45m 以下且结构净高在 2.10m 及以上的凸（飘）窗，应按其围护结构外围水平面积计算 1/2 面积。

14. 有围护设施的室外走廊（挑廊），应按其结构底板水平投影面积计算 1/2 面积；有围护设施（或柱）的檐廊，应按其围护设施（或柱）外围水平面积计算 1/2 面积。

15. 门斗应按其围护结构外围水平面积计算建筑面积。结构层高在 2.20m 及以上的，应计算全面积；结构层高在 2.20m 以下的，应计算 1/2 面积。

16. 门廊应按其顶板水平投影面积的 1/2 计算建筑面积；有柱雨篷应按其结构板水平投影面积的 1/2 计算建筑面积；无柱雨篷的结构外边线至外墙结构外边线的宽度在 2.10m 及以上的，应按雨篷结构板的水平投影面积的 1/2 计算建筑面积。

17. 设在建筑物顶部的、有围护结构的楼梯间、水箱间、电梯机房等，结构层高在 2.20m 及以上的应计算全面积；结构层高在 2.20m 以下的，应计算 1/2 面积。

18. 围护结构不垂直于水平面的楼层，应按其底板面的外墙外围水平面积计算。结构净高在 2.10m 及以上的部位，应计算全面积；结构净高在 1.20m 及以上至 2.10m 以下的部位，应计算 1/2 面积；结构净高在 1.20m 以下的部位，不应计算建筑面积。

19. 建筑物内的室内楼梯、电梯井、提物井、管道井、通风排烟竖井、烟道，应并入建筑物的自然层计算建筑面积。有顶盖的采光井应按一层计算面积。结构净高在 2.10m 及以上的应计算全面积；结构净高在 2.10m 以下的，应计算 1/2 建筑面积。

20. 室外楼梯应并入所依附建筑物自然层，并应按其水平投影面积的 1/2 计算建筑面积。

21. 在主体结构内的阳台，应按其结构外围水平面积计算全面积；在主体结构外的阳台，应按其结构底板水平投影面积计算 1/2 面积。

22. 有顶盖无围护结构的车棚、货棚、站台、加油站、收费站等，应按其顶盖水平投影面积的 1/2 计算建筑面积。

23. 以幕墙作为围护结构的建筑物，应按幕墙外边线计算建筑面积。

24. 建筑物的外墙外保温层，应按其保温材料的水平截面积计算，并计入自然层建筑面积。

25. 与室内相通的变形缝，应按其自然层合并在建筑物建筑面积内计算。对于高低联跨的建筑物，当高低跨内部连通时，其变形缝应计算在低跨面积内。

26. 对于建筑物内的设备层、管道层、避难层等有结构层的楼层，结构层高在 2.20m 及以上的，应计算全面积；结构层高在 2.20m 以下的，应计算 1/2 面积。

注：1. 架空层：仅有结构支撑而无外围护结构的开敞空间层。

2. 架空走廊：专门设置在建筑物二层及二层以上，作为不同建筑物之间水平交通的空间。

3. 落地橱窗：突出外墙面且根基落地的橱窗。

4. 檐廊：建筑物挑檐下的水平交通空间。

5. 挑廊：挑出建筑物外墙的水平交通空间。

6. 骑楼：建筑底层沿街面后退且留出公共人行空间的建筑物。

7. 过街楼：跨越道路上空并与两边建筑相连的建筑物。

8. 露台：设置在屋面、首层地面或雨篷上供人室外活动的有围护设施的平台。

二、哪些部分可以不计入建筑面积？

《建筑工程建筑面积计算规范》（GB/T 50353－2013）中规定建筑物的下列部分可以不计入建筑面积。

1. 与建筑物内不相连通的建筑部件。

2. 骑楼、过街楼底层的开放公共空间和建筑物通道。

3. 舞台及后台悬挂幕布和布景的天桥、挑台等。

4. 露台、露天游泳池、花架、屋顶的水箱及装饰性结构构件。

5. 建筑物内的操作平台、上料平台、安装箱和罐体的平台。

6. 勒脚、附墙柱、垛、台阶、墙面抹灰、装饰面、镶贴块料面层、装饰性幕墙、主体结构外的空调室外机搁板（箱）、构件、配件，挑出宽度在 2.10m 以下的无柱雨篷和顶盖高度达到或超过两个楼层的无柱雨篷。

7. 窗台与室内地面高差在 0.45m 以下且结构净高在 2.10m 以下的凸（飘）窗，窗台与室内地面高差在 0.45m 及以上的凸（飘）窗。

8. 室外爬梯、室外专用消防钢楼梯。

9. 无围护结构的观光电梯。

10. 建筑物以外的地下人防通道，独立的烟囱、烟道、地沟、油（水）罐、气柜、水塔、贮油（水）池、贮仓、栈桥等构筑物。

三、建筑层数如何确定？

建筑层数指的是建筑物的自然楼层数。《建筑设计防火规范》（GB 50016－2014）中规定下列空间可不计入建筑层数：

（1）室内顶板面高出室外设计地面的高度不大于 1.5m 的地下或半地下室。

（2）设置在建筑底部且室内高度不大于 2.2m 的自行车库、储藏室、敞开空间。

（3）建筑屋顶上突出的局部设备用房、出屋面的楼梯间等。

四、建筑高度如何确定？

《建筑设计防火规范》（GB 50016－2014）中规定建筑高度的计算应符合下列规定：

1. 建筑屋面为坡屋面时，建筑高度应为建筑室外设计地面至其檐口与屋脊的平均高度。

2. 建筑屋面为平屋面（包括有女儿墙的平屋面）时，建筑高度应为建筑室外设计地面至其屋面面层的高度。

3. 同一座建筑有多种形式屋面时，建筑高度应按上述方法分别计算后，取其中最大值。

4. 对于台阶式地坪，当位于不同高程地坪上的同一建筑之间有防火墙分隔，各自有符合规范规定的安全出口，且可沿建筑的两个长边设置贯通式或尽头式消防车道时，可分别计算各自的建筑高度。否则，应按其中建筑高度最大者确定该建筑的建筑高度。

5. 局部突出屋顶的瞭望塔、冷却塔、水箱间、微波天线间或设施、电梯机房、排风和排烟机房以及楼梯出口小间等辅助用房占屋面面积不大于 1/4 者，可不计入建筑高度。

6. 对于住宅建筑，设置在底部且室内高度不大于 2.20m 的自行车库、储藏室、敞开空间，室内外高差或建筑的地下或半地下室的顶板面高出室外设计地面的高度不大于 1.50m 的部分，可不计入建筑高度。

五、当前推广使用、限制使用和禁止使用的建筑材料与建筑制品

1. 当前推广使用的建筑材料与建筑制品

当前推广使用的建筑材料与建筑制品见附表1。

附表1　当前推广使用的建筑材料与建筑制品

建筑材料及其制品	具体材料	推广使用的原因
钢材	冷轧带肋钢筋焊接网	替代人工绑扎钢筋、保证施工质量、提高工效
混凝土及其制品	新型干法散装水泥	质量稳定；能耗低；在生产、运输、使用过程中节约资源，保护环境
	预拌混凝土	质量稳定、减少环境污染
	普通预拌砂浆	质量稳定，可以使用各种外加剂、提高施工质量
	再生混凝土骨料	变废弃物为混凝土骨料，循环利用、节约、环保
	轻质泡沫混凝土	保温、质轻、低弹减震性、施工简单
	聚羧酸系高效减水剂	掺量低、保塑性好
墙体材料	B04级、B05级加气混凝土砌块和板材	质轻、保温性能好
	保温、结构、装饰一体化外墙板	节能、防火、装饰层牢固
	石膏空心墙板和砌块	轻质、隔声、节能、防火、利用工业废弃物
	保温混凝土空心砌块	保温、隔热
	井壁用混凝土砌体模块	坚固、耐久、密闭性好、可保护水质
	浮石	轻质、保温、可替代黏土和页岩
建筑保温材料	岩棉防火板、防火条	提高保温系统的防火能力
建筑门窗幕墙及附件	传热系数 K 值低于 2.5 的高性能建筑外窗	提高节能水平
	低辐射镀膜玻璃（LOW-E）	允许可见光进入、阻断红外线透过。夏天可以减少热量进入室内、冬天减少热量传到室外
	石材用建筑密封胶	耐腐蚀、不污染石材
防水材料	自粘聚合物改性沥青防水卷材	适应基层变形能力强，适用于非明火作业的施工环境
	挤塑聚烯烃（TPO）防水卷材	耐候性、耐腐蚀性、耐微生物滋生性能强
	钠基膨润土防水毯	防渗性强、耐久性好、柔韧性好、价格便宜、不受环境温度影响
	喷涂聚脲防水材料	涂膜无毒、无味、抗拉强度高、耐磨、耐高低温、阻燃、厚度均匀
建筑装饰装修材料	瓷砖粘结胶粉	质量稳定、使用方便、节约资源、减少污染
	装饰混凝土轻型挂板	装饰效果好、利用废渣、施工效率高
	超薄石材复合板	节约石材、减轻建筑物的负荷
	弹性聚氨酯地面材料	耐磨、耐老化、自洁性好
	水泥基自流平砂浆	施工速度快、不开裂、强度好
	柔性饰面砖	体薄质轻、防水、透气、柔韧性好、施工简便
市政	砂基透水砖、透水沟构件、透水沥青混凝土	有利于收集雨水、补充地下水

2. 当前限制使用的建筑材料与建筑制品

当前限制使用的建筑材料与建筑制品见附表2。

附表 2　当前限制使用的建筑材料与建筑制品

建筑材料及其制品	具体材料	限制使用的原因
混凝土材料	袋装水泥（特种水泥除外）	浪费资源、污染环境
	立窑水泥	浪费资源、污染环境、质量不稳定
	现场搅拌混凝土	浪费资源、污染环境
	现场搅拌砂浆	储存和搅拌过程中污染环境
墙体材料	±0.000 以上部位限制使用实心砖	浪费资源、能源消费大
	60mm 及以下厚度的隔墙板	隔声和抗冲击性能差
建筑保温材料	聚苯颗粒、玻化微珠等颗粒保温材料	节能不达标
	水泥聚苯板	保温性能不稳定
	墙体内保温浆料（膨胀珍珠岩等）	热工性能差、手工湿作业、不易控制质量
	模塑聚苯乙烯保温板	燃烧性能只有 B2 级，达不到 A 级指标
	金属面聚苯夹芯板	芯材达不到燃烧性能的要求
	金属面硬质聚氨酯板	芯材达不到燃烧性能的要求
	非耐减性玻纤网格布	容易产生砂浆开裂
建筑门窗幕墙及附件	普通平板玻璃和简易双玻外开窗	气密、水密、保温隔热性能差
	普通推拉铝合金外窗	气密、水密、保温隔热性能差
	单层普通铝合金外窗	气密、水密、保温隔热性能差
	实腹、空腹钢窗	气密、水密、保温隔热性能差
	单腔结构塑料型材	气密、水密、保温隔热性能差
	PVC 隔热条、密封胶条	强度低、不耐老化、密闭功能差
防水材料	使用汽油喷灯法热熔施工的沥青类防水卷材	易发生火灾
	石油沥青纸胎油毡	不能保证质量，污染环境
	溶剂型建筑防水涂料（冷底子油）	易发生火灾，施工过程中污染环境
	厚度≤2mm 的改性沥青防水卷材	热熔后易形成渗漏点，影响防水质量
建筑装饰装修材料	以聚乙烯醇为基料的仿瓷内墙涂料	耐水性能差，污染物超标
	聚丙烯酰类建筑胶粘剂	耐温性能差，耐久性差，易脱落
	不耐水石膏类刮墙腻子	耐水性能差，强度低
	聚乙烯醇缩甲醛胶粘剂（107胶）	粘结性能差，污染物排放超标

3. 当前禁止使用的建筑材料与建筑制品

当前禁止使用的建筑材料与建筑制品见附表3。

附表 3　　当前禁止使用的建筑材料与建筑制品

建筑材料及其制品	具体材料	禁止使用的原因
混凝土	多功能复合型混凝土膨胀剂	质量难控制
	氯化镁类混凝土膨胀剂	生产工艺落后，易造成混凝土开裂
墙体材料	黏土砖（包括掺和其他原料，但黏土用量超过20%的实心砖、多孔砖、空心砖）	破坏耕地、污染环境
	黏土和页岩陶粒及以黏土和页岩陶粒为原料的建材制品	破坏耕地、污染环境
	手动成型的GRC轻质隔墙板	质量难控制、功能不稳定
	以角闪石石棉（蓝石棉）为原料的石棉瓦等建材制品	危害人体健康
建筑保温材料	未用玻纤网增强的水泥（石膏）聚苯保温板	强度低、易开裂
	充气石膏板	保温性能差
	菱镁类复合保温板、踢脚板	性能差、容易翘曲、产品易返卤、维修困难
建筑门窗幕墙及附件	80mm（含）系列以下普通推拉塑料外窗	强度低、易出轨、有安全隐患
	改性聚氯乙烯（PVC）弹性密封胶条	弹性差、易龟裂
	幕墙T型挂件系统	单元板块不可独立拆装、维修困难
防水材料	沥青复合胎柔性防水卷材	拉力和低温柔度指标低，耐久性差
	焦油聚氨酯防水涂料	施工过程污染环境
	焦油型冷底子油（JG-1型防水冷底子油涂料）	施工质量差，生产和施工过程污染环境
	焦油聚氯乙烯油膏（PVC塑料油膏聚氯乙烯胶泥煤焦油油膏）	施工质量差，生产和施工过程污染环境
	S型聚氯乙烯防水卷材	耐老化性能差、防水功能差
	采用二次加工复合成型工艺再生原料生产的聚乙烯丙纶等复合防水卷材	耐老化性能差、防水功能差
建筑装饰装修材料	聚醋酸乙烯乳液类（含BVA乳液）、聚乙烯醇及聚乙烯醇缩醛类、氯乙烯—偏氯乙烯共　聚乳液内外墙涂料	耐老化、耐玷污、耐水性差
	以聚乙烯醇—纤维素—淀粉—聚丙烯酸胺为主要胶粘剂的内墙涂料	耐擦洗性能差、易发霉、起粉
	以聚乙烯醇缩甲醛（107胶）为胶结材料的水溶性涂料	施工质量差、挥发有害气体
	聚乙烯醇水玻璃内墙涂料（106内墙涂料）	施工质量差、挥发有害气体
	多彩内墙涂料（树脂以硝化纤维素为主，溶剂以二甲苯为主的O/W型涂料）	施工质量差、施工过程中挥发有害气体

参 考 文 献

[1] 中华人民共和国建设部. GB 50352—2005. 民用建筑设计通则[S]. 北京：中国建筑工业出版社，2005.

[2] 中华人民共和国住房和城乡建设部. GB/T 50002－2013. 建筑模数协调标准[S]. 北京：中国建筑工业出版社，2013.

[3] 中华人民共和国住房和城乡建设部. GB/T 50006－2010. 厂房建筑模数协调标准[S]. 北京：中国计划出版社，2011.

[4] 中华人民共和国住房和城乡建设部. GB/T 50504－2009. 民用建筑设计术语标准[S]. 北京：中国计划出版社，2009.

[5] 中华人民共和国建设部. GB/T 50353－2013. 建筑工程建筑面积计算规范[S]. 北京：中国计划出版社，2013.

[6] 中华人民共和国住房和城乡建设部. GB 50096－2011. 住宅设计规范[S]. 北京：中国建筑工业出版社，2011.

[7] 中华人民共和国建设部. GB 50368－2005. 住宅建筑规范[S]. 北京：中国建筑工业出版社，2006.

[8] 中华人民共和国建设部. JGJ 67－2006. 办公建筑设计规范[S]. 北京：中国建筑工业出版社，2007.

[9] 中华人民共和国建设部. JGJ 36—2005. 宿舍建筑设计规范[S]. 北京：中国建筑工业出版社，2005.

[10] 中华人民共和国城乡建设环境保护部. JGJ 39—87. 托儿所、幼儿园建筑设计规范[S]. 北京：中国建筑工业出版社，1987.

[11] 中华人民共和国住房和城乡建设部. GB 50099—2011. 中小学校设计规范[S]. 北京：中国建筑工业出版社，2011.

[12] 中华人民共和国建设部. GB/T 50340—2003. 老年人居住建筑设计标准[S]. 北京：中国建筑工业出版社，2003.

[13] 中华人民共和国住房和城乡建设部. GB 50763—2012. 无障碍设计规范[S]. 北京：中国建筑工业出版社，2012.

[14] 中华人民共和国建设部. GB 50038—2005. 人民防空地下室设计规范[S]. 北京：国家人民防空办公室，2005.

[15] 中华人民共和国建设部. GB/T 50314—2006. 智能建筑设计标准[S]. 北京：中国计划工业出版社，2007.

[16] 中华人民共和国住房与城乡建设部. GB/T 50378—2014. 绿色建筑评价标准[S]. 北京：中国建筑工业出版社，2014.

[17] 中华人民共和国住房和城乡建设部. GB 50687—2013. 养老设施建筑设计规范[S]. 北京：中国建筑工业出版社，2013.

[18] 中华人民共和国住房和城乡建设部. GB 50011—2010. 建筑抗震设计规范[S]. 中国建筑工业出版社，2010.

[19] 中华人民共和国住房和城乡建设部. JGJ 339—2015. 非结构构件抗震设计规范[S]. 中国建筑工业出版社，2015.

[20] 中华人民共和国住房和城乡建设部. GB 50003—2011. 砌体结构设计规范[S]. 北京：中国建筑工业出版社，2012.

[21]　中华人民共和国住房和城乡建设部. JGJ 3—2010. 高层建筑混凝土结构技术规程[S]. 北京：中国建筑工业出版社，2011.

[22]　中华人民共和国住房和城乡建设部. GB 50223—2008. 建筑工程抗震设防分类标准[S]. 北京：中国建筑工业出版社，2008.

[23]　中华人民共和国住房和城乡建设部. GB 50007—2011. 建筑地基基础设计规范[S]. 北京：中国建筑工业出版社，2012.

[24]　中华人民共和国住房和城乡建设部. GB 50010—2010. 混凝土结构设计规范[S]. 北京：中国建筑工业出版社，2011.

[25]　中华人民共和国建设部. GB 50016—2014. 建筑设计防火规范[S]. 北京：中国计划出版社，2014.

[26]　中华人民共和国住房和城乡建设部. JGJ 289—2012. 建筑外墙外保温防火隔离带技术规程[S]. 北京：中国建筑工业出版社，2012.

[27]　中华人民共和国建设部. GB 50222—95. 建筑内部装修设计防火规范（2001 年版）[S]. 北京：中国建筑工业出版社，2001.

[28]　中华人民共和国住房和城乡建设部. GB 50118—2010. 民用建筑隔声设计规范[S]. 北京：中国建筑工业出版社，2010.

[29]　中华人民共和国住房与城乡建设部. GB 50033—2013. 建筑采光设计标准[S]. 北京：中国建筑工业出版社，2012.

[30]　中华人民共和国建设部. GB 50176－93. 民用建筑热工设计规范[S]. 北京：中国计划出版社，1993.

[31]　中华人民共和国建设部. GB 50189—2015. 公共建筑节能设计标准[S]. 北京：中国建筑工业出版社，2015.

[32]　北京市质量技术监督局. DB11—687—2009. 公共建筑节能设计标准[S]. 北京：北京市规划委员会，2009.

[33]　中华人民共和国住房和城乡建设部. JGJ 26—2010. 严寒和寒冷地区居住建筑节能设计标准[S]. 北京：中国建筑工业出版社，2010.

[34]　中华人民共和国住房和城乡建设部. JGJ 134—2010. 夏热冬冷地区居住建筑节能设计标准[S]. 北京：中国建筑工业出版社，2010.

[35]　中华人民共和国建设部. JGJ 75—2012. 夏热冬暖地区居住建筑节能设计标准[S]. 北京：中国建筑工业出版社，2013.

[36]　北京市规划委员会. DB11/891—2012，2013 年版. 居住建筑节能设计标准[S]. 北京：北京市规划委员会，2013.

[37]　中华人民共和国住房和城乡建设部. GB 50574—2010. 墙体材料应用统一技术规范[S]. 北京：中国建筑工业出版社，2010.

[38]　中华人民共和国住房和城乡建设部. GB 50345—2012. 屋面工程技术规范[S]. 北京：中国建筑工业出版社，2012.

[39]　中华人民共和国住房和城乡建设部. JGJ 230—2010. 倒置式屋面工程技术规范[S]. 北京：中国建筑工业出版社，2011.

[40]　中华人民共和国住房和城乡建设部. JGJ 155—2013. 种植屋面工程技术规程[S]. 北京：中国建筑工业出版社，2013.

[41]　中华人民共和国住房和城乡建设部. GB 50037—2013. 建筑地面设计规范[S]. 北京：中国计划出版社，2013.

[42]　中华人民共和国住房和城乡建设部. JGJ 142—2012. 辐射供暖供冷技术规程[S]. 北京：中国建筑工业出版社，2012.

[43] 中华人民共和国住房和城乡建设部. JGJ/T 175—2009. 自流平地面工程技术规程[S]. 北京：中国建筑工业出版社，2009.

[44] 中华人民共和国住房和城乡建设部. GB 50108—2008. 地下工程防水技术规范[S]. 北京：中国建筑工业出版社，2009.

[45] 中华人民共和国建设部. JGJ 102—2003. 玻璃幕墙工程技术规范[S]. 北京：中国建筑工业出版社，2003.

[46] 中华人民共和国建设部. JGJ 133—2001. 金属与石材幕墙工程技术规范[S]. 北京：中国建筑工业出版社，2001.

[47] 中华人民共和国住房和城乡建设部. JGJ/T 157—2013. 建筑轻质条板隔墙技术规程[S]. 北京：中国建筑工业出版社，2013

[48] 中华人民共和国建设部. JGJ 144—2011. 外墙外保温工程技术规程[S]. 北京：中国建筑工业出版社，2011.

[49] 中华人民共和国住房和城乡建设部. GB 50325—2010.(2013 年版)民用建筑工程室内环境污染控制规范[S]. 北京：中国计划出版社，2013.

[50] 中华人民共和国国家质量监督检验检疫总局。GB 6566—2010. 建筑材料放射性核素限量[S]. 北京：中国标准出版社，2010.

[51] 中华人民共和国住房和城乡建设部. JGJ 113—2009. 建筑玻璃应用技术规程[S]. 北京：中国建筑工业出版社，2009.

[52] 中华人民共和国住房和城乡建设部. JGJ/T 235—2011. 建筑外墙防水工程技术规程[S]. 北京：中国建筑工业出版社，2011.

[53] 中华人民共和国住房和城乡建设部. JGJ/T 14—2011. 混凝土小型空心砌块建筑技术规程[S]. 北京：中国建筑工业出版社，2011.

[54] 中华人民共和国住房和城乡建设部. JGJ/T 17—2008. 蒸压加气混凝土建筑应用技术规程[S]. 北京：中国建筑工业出版社，2009.

[55] 中华人民共和国住房和城乡建设部. JGJ/T 220—2010. 抹灰砂浆技术规程[S]. 北京：中国建筑工业出版社，2010.

[56] 中华人民共和国住房和城乡建设部. JGJ/T 223—2010. 预拌砂浆应用技术规程[S]. 北京：中国建筑工业出版社，2010.

[57] 中华人民共和国住房和城乡建设部. JGJ 214—2010. 铝合金门窗工程技术规程[S]. 北京：中国建筑工业出版社，2011.

[58] 中华人民共和国住房和城乡建设部. JGJ 103—2008. 塑料门窗安装及验收规范[S]. 北京：中国建筑工业出版社，2008.

[59] 中华人民共和国国家质量监督检验检疫总局. GB 12955—2008. 防火门[S]. 北京：中国标准出版社，2008.

[60] 中华人民共和国国家质量监督检验检疫总局. GB 16809—2008. 防火窗[S]. 北京：中国标准出版社，2008.

[61] 中华人民共和国住房和城乡建设部. JGJ 237—2011. 建筑遮阳工程技术规程[S]. 北京：中国建筑工业出版社，2011.

[62] 中华人民共和国住房和城乡建设部. CJJ/T 135—2009. 透水水泥混凝土路面技术规程[S]. 北京：中国建筑工业出版社，2009.

[63] 中华人民共和国住房和城乡建设部. JGJ 209—2010. 民用建筑太阳能光伏系统应用技术规范[S]. 北京：中国建筑工业出版社，2009.

[64] 中华人民共和国建设部. JG/T 231—2007. 建筑玻璃采光顶[S]. 北京：中国标准出版社，2008.

[65] 中华人民共和国住房和城乡建设部. CJJ/T 188—2012. 透水砖路面技术规程[S]. 北京：中国建筑工业出版社，2012.

[66] 中华人民共和国住房和城乡建设部. CJJ/T 190—2012. 透水沥青路面技术规程[S]. 北京：中国建筑工业出版社，2012.

[67] 中华人民共和国住房和城乡建设部. JGJ 255—2012. 采光顶与金属屋面技术规程[S]. 北京：中国建筑工业出版社，2006.

[68] 中华人民共和国住房和城乡建设部. JGJ 10—2015. 车库建筑设计规范[S]. 北京：中国建筑工业出版社，2015.

[69] 中国建筑标准设计研究院. 01J925—1. 压型钢板、夹芯板屋面及墙体建筑构造[S]. 北京：中国计划出版社，2001.

[70] 中国建筑标准设计研究院. 07J103—8. 双层幕墙[S]. 北京：中国计划出版社，2007.

[71] 杨金铎主编. 房屋建筑构造(第二版)[M]. 北京：中国建材工业出版社，2011.